● 国家专利导航项目（企业）研究和推广中心系列丛书

专利导航
应用案例选编

张 勇◎主 编

知识产权出版社
全国百佳图书出版单位
—北京—

图书在版编目（CIP）数据

专利导航应用案例选编/张勇主编. —北京：知识产权出版社，2024.7. —ISBN 978-7-5130-9395-8

Ⅰ.G306.72-65

中国国家版本馆 CIP 数据核字第 2024P6Q329 号

内容提要

本书遵循专利导航的基本理念，以《专利导航指南》（GB/T 39551—2020）系列国家标准为总体依据，系统介绍了国家标准中的区域规划、产业规划、企业经营、研发活动以及人才管理 5 种类型专利导航案例。案例经过精心裁选，考虑了专利导航类型的全面性、案例故事的完整性、方法与标准的契合性、成果应用的创新性等，并着重对案例研究中运用国家标准的具体方法进行了解读。书后还收录了专利导航的重要政策文件。本书兼顾专利导航项目的理论性、实践性和操作性，适合知识产权及产业经济主管部门、行业组织、各类创新主体管理人员以及专利信息研究人员阅读参考。

责任编辑：张利萍　程足芬　　　　　责任校对：谷　洋
封面设计：杨杨工作室·张冀　　　　　责任印制：刘译文

专利导航应用案例选编

张　勇　主编

出版发行：	知识产权出版社有限责任公司	网　　址：	http://www.ipph.cn
社　　址：	北京市海淀区气象路 50 号院	邮　　编：	100081
责编电话：	010-82000860 转 8387	责编邮箱：	65109211@qq.com
发行电话：	010-82000860 转 8101/8102	发行传真：	010-82000893/82005070/82000270
印　　刷：	三河市国英印务有限公司	经　　销：	新华书店、各大网上书店及相关专业书店
开　　本：	720mm×1000mm　1/16	印　　张：	23.5
版　　次：	2024 年 7 月第 1 版	印　　次：	2024 年 7 月第 1 次印刷
字　　数：	450 千字	定　　价：	118.00 元
ISBN 978-7-5130-9395-8			

出版权专有　侵权必究
如有印装质量问题，本社负责调换。

编委会

主　编　张　勇
副主编　白　艳　蓝　娟　陈宇超
成　员　李妍达　王莉莎　张栌月　王呈祥
　　　　　　吕婉宁　陈　醉　曹思宏

十年匠心磨砺，十年守正创新
（代序）

【编者按】 本文是根据本书主编张勇 2023 年 2 月 15 日在国家专利导航综合服务平台启动大会上演讲内容整理形成的文稿。作为专利导航试点工程及历次重大专利导航相关政策研究及示范项目研究工作的深度参与者，演讲者在演讲内容中以亲历者的角度系统回顾了专利导航探索发展中的"十年匠心磨砺，十年守正创新"。大会召开时，演讲内容收到线下线上的强烈反响并获得听众深度共鸣。作为专利导航发展全程的亲历团队，本文至今读来，仍让编委会深感情真意切、动人心扉、催人奋进。从专利导航研究与应用实践层面而言，本文既可以作为专利导航十年发展筚路蓝缕、一路凯歌的系统总结，亦是在继往开来的基础上，面向专利导航未来十年初心不改、砥砺奋进的行动宣言！

是以本文为本书代序！

本书主编在国家专利导航综合服务平台启动大会发言现场照片

尊敬的各位领导、各位线上线下的同仁：

大家上午好！

刚刚我们一起聆听了雷筱云司长对专利导航十年工作的回顾，她从顶层设计和宏观政策两个角度对专利导航进行了全面的回顾，也为我们擘画了专利导航未来发展的远景。

今天，站在专利导航进入体系化、平台化推进的历史交汇点，我们不禁心潮澎湃，十年来专利导航从理念、实践到推广的激情燃烧岁月历历在目，让我们一起来回顾关于专利导航的十年故事……

我们沿着时空的隧道回溯到专利导航元年——2012年。

十年磨一剑、十年有匠心。

2012年11月，党的十八大胜利召开，创新驱动发展战略成为国家战略。国家知识产权局党组审时度势，提出了专利导航概念。在国家知识产权局原党组成员、副局长贺化的亲自推动下，专利导航迅速成为由我们知识产权人提出的创新驱动发展历史进程中的"专利版"解决方案。

2013年4月，国家知识产权局印发《关于实施专利导航试点工程的通知》。同年11月，原专利管理司领导带队前往郑州超硬材料专利导航实验区调研，由此拉开了专利导航理念在实践层面探索的序幕。面对一个任务重、时间紧的项目，国家知识产权局从顶层设计上做好了组织架构的设计，决策组、执行组和技术组三级联动，建立了专利导航的组织保障机制。与此同时，对本项目实施规划了两个阶段，其中第二阶段明确要求专利导航成果必须落地实施，即制定专利导航产业发展规划并落实。现在我们认识到，衡量一个专利导航项目成果的金标准是它是否能够被良好地运用。那么，它的历史起点就在于郑州超硬材料专利导航项目第二阶段成果运用工作。在项目研究为期两个月的紧张时间中，我们处理了6万条数据，基本上完全依靠人工清洗和标引，最后形成了可视化的专利导航信息图谱。同时，我们在产业结构优化调整、企业整合培育、技术引进研发、人才培育引进、专利转化运用等方面提出了产业专利导航的5条基本路径。这些路径模式被沿用至今，并已纳入《专利导航指南》国家标准之中。

郑州超硬材料专利导航项目开创了专利信息分析的多个先河。在大数据的使用上、在专家团队的多样化以及成果形式的简便易读方面都取得了突破性的进展。我们最终形成了一套方向、定位和路径的专利导航基本逻辑模型，绘制了以专利数据为基础的专利导航蓝图，形成了《郑州超硬材料产业发展规划》。郑州超硬材料项目的成功经验点燃了专利导航实践的第一把火，在行业内引起了强烈的反响，一时间好评如潮，被誉为升级版的专利信息分析。

潮水退尽的今天，我们回望过去，越来越深刻地感受到郑州超硬材料专利导航项目带给我们的不仅仅是实践层面和理论层面的新突破，它更多地带给我们的是专利导航的郑州初心，那就是我们始终应当服务于产业和企业的创新发展、坚持需求导向、坚持求真务实、坚持与时俱进、坚持开放包容。

十年来，我们用心守护初心。

十年来，我们始终坚持面向需求，努力做实专利导航。我们深知没有真实需求的专利导航不是真正的专利导航，在一次次的实践中，我们坚持面对面地了解需求、面对面地分析需求、面对面地研判需求，努力把专利导航工作做得细而又细、实而又实、深而又深。因为我们深知，唯有做实专利导航我们才能深入实施专利导航试点工程，才能大力推广专利导航示范项目，才能在不同层面上支撑知识产权运营体系建设工作，满足企业和产业创新发展的多样化实际需求。刚刚雷司长也讲到，2018年在第一次实施郑州专利导航五年之后，我们再一次实施了郑州超硬材料的专利导航，从方法和结果层面上验证了专利导航的理论和方法的科学性。

十年来，我们始终坚持面向产业，努力做深专利导航。围绕产业链部署创新链、围绕创新链布局产业链，我们努力发挥专利数据链接技术、链接创新、链接产业的数据特点，深挖专利数据在战略性新兴产业等重点产业领域的关键信息，加强专利导航分析研究。在新能源、生物医药等一系列的重点产业领域，我们高频次地开展了多项专利导航研究。在"卡脖子"的相关技术领域，我们以集成电路为例，在集成电路产业、功率半导体产业，面向特定的区域、面向特定的产业技术开展了多次、针对性的专利导航，助力产业精准施策。

十年来，我们始终坚持面向问题，努力做精专利导航。从发现问题、分析问题、分解问题、解决问题到优化问题解决的路径，我们始终一丝不苟。在企业产品开发层面，我们不断把问题细化，提出企业应当发展什么样的产品、什么样的技术能够支撑这样的产品、有了这个技术以后如何形成专利组合并实现专利运营。在投资对象评估层面，我们把专利信息分层，精准地对接需求，为投资提供针对性决策支撑。

十年来，我们始终坚持面向时代，努力做通专利导航。我们深知，专利导航是伴随着大数据时代的发展而发展的，而大数据是信息化发展的新阶段，我们要做通专利导航就必须打通数据的互联互通。在专利数据层面，我们努力拓展，不断将专利数据与产业数据、经济数据、科技数据进行融通组合，为做精做通专利导航提供数据层面的支撑。

十年来，我们始终坚持面向市场，努力做宽专利导航。专利导航具有鲜明的中国特色，从它提出以来一直是自上而下的推动方式，作为一种服务体系，要有强大的生命力必然需要面向市场。十年来，我们通过各种方式，做让产业和企业看得懂、用得好、付得起的专利导航。我们努力将专利导航口径不断地拓宽，在金融领域、科技领域加强推进专利导航服务。今天，我们已经看到，在区域产业发展规划、在招商引资、招才引智、研发立项等多种应用中，专利导航正发挥着越来越重要的作用。

十年来，我们衣带渐宽、初心不改。服务产业、服务企业是我们不变的目标。我们坚持需求导向、坚持求真务实、坚持与时俱进、坚持开放包容。历史和实践一再证明，没有任何一种理念和理论可以在不创新的情况下永葆生命力，专利导航亦是如此。

十年来，我们坚持融合创新。

我们坚持创新专利导航理论。专利导航概念提出之初，面对很多的质疑，我们以理论创新回应问题，迅速回答了什么是专利导航、为什么要提出专利导航、专利信息为什么能导航等一系列基础问题，并从实践逻辑层面上不断地证明专利导航为什么能、为什么行、为什么好。面对行业存在的专利导航、专利预警、知识产权区域布局、专利评议和传统专利分析之间的困惑，我们系统地梳理了基于专利信息的不同的服务模式，明确了专利导航是与专利信息分析一脉相承的、贴近产业的、以创新方法服务创新的一种服务模式。在理论演进的同时，在实践积累的基础上，我们提出了专利导航一个不变的理念，就是服务于产业和企业的创新发展；提出了三个基本特征，就是以专利数据为基础、以精准建模为方法、以信息的价值最大化为它孜孜追求的目标。

我们坚持创新专利导航场景。伴随着理论层面的不断突破，我们在专利导航的应用场景上也在不断地突破。在《专利导航指南》（GB/T 39551—2020）系列国家标准中，我们提出了5种类型的基本专利导航类型：区域规划类、产业规划类、企业经营类、研发活动类和人才管理类专利导航。并且以建立精准模型为指向，进一步细化出了13种专利导航的应用场景。

我们坚持创新专利导航工具。工欲善其事，必先利其器。随着应用场景的不断拓展，专利导航的分析工具也在不断地演进和迭代之中。从检索工具、分析工具，到信息化平台，我们看到现在有越来越多的服务机构在从单一到综合、从静态到动态、从人工到智能，开发出越来越丰富的专利导航分析工具。

我们坚持创新专利导航方法。十年来，我们始终没有忘记专利导航方法的研究与迭代，从模型的精准化、个性化，到路径设计及分析指标的不断精细化，我们一直在创新路上。例如，在面向高质量发展的产业基本导航路径方面，我们以强链、补链、融链、固链、延链为基本目标，可以为创新发展绘制产业生态链的路径图谱。

我们坚持创新专利导航形式。专利导航从理论到方法、内容、形式，我们始终在努力创新。从形式层面，我们可以看到，从最初简单的文字研究报告到后来的可视化图谱、可视化交互大屏，到目前我们可以提供短视频研究报告，让读者可以在一个简短的视频中快速获取到专利导航研究成果，在高度信息凝练中，把人才链、创新链、资金链和产业链进行互动融合。形式创新带来了更高的接受度，我们一直在与时俱进地努力！

十年来，专利导航的发展与创新，我们始终与产业同行、与技术同行、与时代同行、与创新中国同行。从一个理念、一个示范项目、一个研究团队开始，今天，在助力中国创新的伟大进程中，越来越多的有识之士、有志之士加入专利导航团队，成为新时代的专利导航人。

回望十年专利导航成果，成果源于全体专利导航人的匠心磨砺与守正创新。而今，迈入中国式现代化建设的伟大历史征程，让我们满怀信心与期待，不忘初心，守正创新，一起续写关于专利导航的崭新篇章。

谢谢大家！

张勇

2023 年 2 月 15 日

前　言

专利导航是在我国深入实施创新驱动发展战略的新形势下，在专利信息运用方面探索创新并及时总结出的一系列新理念、新机制、新方法和新模式。这不仅是改革开放以来知识产权中国化应用的理论新突破，更是新时代中国知识产权运用体系建设支撑性的制度创新成果。专利导航的推广应用，对于我国提升知识产权治理能力与水平、推动完善知识产权全球治理具有重要的引领作用。

2012年9月，国家知识产权局党组以立足全局的战略眼光和锐意开拓的创新精神，敏锐洞察创新发展大势，提出专利导航的理念并专题研究决定开展专利导航探索试点工作。2013年4月，国家知识产权局印发《关于实施专利导航试点工程的通知》（国知发管字〔2013〕27号），首次正式提出"专利导航"是以专利信息资源利用和专利分析为基础，把专利运用嵌入产业技术创新、产品创新、组织创新和商业模式创新，引导和支撑产业科学发展的探索性工作。2013年至2018年5年国家专利导航试点工程开展期间，专利导航的理念不断深化，内涵外延不断丰富，关键技术不断突破，适用场景不断拓展，被列入国家知识产权战略和专利事业发展战略的年度推进计划，纳入国家和地方重大产业政策文件，逐步发展成为我国产业政策和创新发展不可或缺的重要内容。2018年在深化党和国家机构改革中，专利导航被确定为重新组建后的国家知识产权局的重要职责。2020年2月国务院办公厅第三批支持创新改革举措中明确指出要推动"以产业数据、专利数据为基础的新型产业专利导航决策机制"。2021年6月1日，《专利导航指南》（GB/T 39551—2020）系列国家标准正式实施。2021年7月，国家知识产权局发布了《关于加强专利导航工作的通知（国知办发运字〔2021〕30号）》，明确提出了"争取到2025年，专利导航项目规划设计、资源保障和成果应用进一步加强，财政投入专利导航项目管理制度措施更加完善，各地区建成一批比较成熟的专利导航服务基地，构建起特色化、规范化、实效化的专利导航服务工作体系，专利导航产业创新发展重要作用得到有效发挥"的总体目标。2022年9月，国家知识产权局发文确定了首批26家国家级专利导航工程支撑服务机构；11月，国家知识产权局批准由中国专利保护协会构建国家专利导航综合服务平台；12 月，国家知识产权局发文确定了首批 104 家国家级专利导航服务基地。2023 年 2 月 15 日，国家专利导航综合服务平台启动会在北京隆重举行。国家专利导航综合服务平台的启动，是专利导航在继往开来中开启又一个十年的历史交汇点，标志着专利导航进入平台化、体系化发展的全新历史阶段。

回顾十年来的探索发展历程，专利导航从点上起步到线上延展，再到面上铺开，经过"理念提出—实践探索—理论总结—指导实践"的螺旋上升，内容愈加丰富，特征愈加明显，体系愈加完善，深入有效地融入了产业经济各方面，这与专利导航的初心理念完全吻合，实现了专利导航的初步预期目标，验证了专利导航作为一种科学理论的有效性和实用性。

从 2020 年起，为落实党中央、国务院的决策部署，将专利导航工作推向深入，国家知识产权局先后组织研究、编纂、出版了《专利导航典型案例汇编》、《专利导航指南》（GB/T 39551—2020）系列国家标准，以及《专利导航指南系列标准解读》等专著。上述著作和标准，或以提供示范项目的方式，或以提供标准化业务方法的方式，或以方法细化解读的方式，为全国专利导航工作实践提供了填补空白式的三种参考，有力地指导了全国各地的专利导航工作实践。

由于专利试点工程期间主要开展的是区域规划类、产业规划类及企业经营类 3 类专利导航试点，因此，《专利导航典型案例汇编》只收录了这 3 种类型的专利导航案例。在《专利导航指南》（GB/T 39551—2020）系列国家标准研究制定阶段，从理论总结与业务方法体系化的角度出发，多种以专利信息分析为基础的数据运用模式都被纳入指南国家标准之中，最终形成了 5 种基本专利导航类型。但是，目前并没有关于研发活动类及人才管理类专利导航的应用案例正式出版，而且，区域规划类、产业规划类及企业经营类专利导航在近几年的应用实践中，思路、方法和成果应用方向也在不断迭代创新。

作为《专利导航典型案例汇编》、《专利导航指南》（GB/T 39551—2020）系列国家标准、《专利导航指南系列标准解读》等著作的主要研究编纂工作承担单位，国家专利导航项目（企业）研究和推广中心、华智数创（北京）科技发展有限责任公司（下称华智数创）近年来也经常接到包括政府、企事业单位及服务机构关于缺少研发活动类、人才管理类示范案例的相关咨询，许多政府主管领导、专家、学者及相关服务从业者都呼吁华智数创在既往已经为行业贡献众多专利导航基础研究成果的基础上，通过公开出版多种案例的方式，继续为业界提供不同类型专利导航的应用示范，推动专利导航标准的贯彻实施，推动专利导航服务市场的健康发展，推动专利导航助力高质量发展的行稳致远。

为响应社会需求，履行华智数创作为国家专利导航项目研究和推广中心的使命担当，为专利导航的发展继续贡献绵薄之力，出版一本能够满足社会最新需求、填补相关空白的专利导航应用案例著作成为不能推卸的责任。在长时间的论证研究基础上，2023 年我们将本书出版列入年度工作计划。首先确定了本书总体编纂及案例遴改的基本原则：应当与上述权威著作在理念上一脉相承，内容上相互补充，体例上保持一致，方法上继往开来，应当在填补上述著作案例类型空白的基础上，兼顾 5 种专利导航案例类型的全面性、案例故事本身的完整性、案例方法对于国家标准的契合性、案例应用的创新性等。根据上述原则，本书编委会在华智数创数百项专利导航案例库中反复遴选，最终选择了 6 个案例（企业经营类有两个案例），经脱密处理后汇编成本应用案例选编。

本书共包括 6 章，第一章与上述几本专著第一章内容相似，一脉相承地介绍了专利导航的发展沿革、理念特征、指南标准、应用场景等内容，第二章到第六章依次对区域规划类、产业规划类、企业经营类、研发活动类、人才管理类 5 种专利导航项目案例进行介绍，并以概述、应用案例和案例解析的结构予以呈现。本书编写由编委会统筹，编委会由华智数创多名全程参与专利导航试点工程研究，参与专利导航指南系列国家标准研究、标准解读研究，以及其他具有丰富专利导航实践研究经验的资深专家作为主要成员，具体分工为：张勇确立全书编写大纲、确定书稿框架，并负责书稿总体审定；白艳负责组织编纂及全书统稿；张勇撰写了第一章；蓝娟、王莉莎撰写了第二章；白艳、吕婉宁、张栌月撰写了第三章；白艳、李妍达撰写了第四章；白艳、陈醉、李妍达撰写了第五章；陈宇超、王呈祥撰写了第六章，曹思宏编纂了附录一部分，收录了继 2020 年《专利导航典型案例汇编》出版以来国家知识产权局发布的相关重要文件；附录二部分收录了张勇关于专利导航的文章。另有多名华智数创专利导航研究人员、其他相关单位的领导和工作人员参与了本书原始项目的研究工作，在此一并表示感谢！限于时间紧迫和研究欠深，本书难免挂一漏万，书中不当之处在所难免，还请读者不吝指正！希望本书的出版能够有助于普及推广专利导航的理念，辅导各类主体规范应用指南系列标准，推动建立专利导航决策机制，促进知识产权现代化治理能力和水平的提升。

借此机会，我们也向长期以来关心华智数创发展的国家知识产权局领导，国家知识产权局各相关司、部，特别是运用促进司及其各处室领导，上级公司中国专利技术开发公司领导，地方知识产权局领导，企事业单位领导和朋友，从事知识产权服务工作的同仁，以及其他社会各界朋友表示衷心的感谢！感谢各位领导、朋友对华智数创发展的关心和支持，感谢大家对华智数创专利导航研究与推广工作的支持和帮助！各位领导和朋友的关心、支持和帮助，是我们在知识产权高端服务领域，特别是专利导航方面不忘初心、砥砺前行的动力！谢谢大家！

我们相信，在大数据时代已经到来的今天，以数据为根基的专利导航高度契合开放式创新的特点，必将继续全面融入经济社会创新发展的各个领域、各个环节，成为支撑产业创新发展决策的重要模式方法。让我们一起携手，为专利导航的全面深化推进而持续努力，为以专利导航助推高质量发展而持续努力，为知识产权支撑中国式现代化的早日实现而持续不懈努力！

编委会

2024 年 2 月 20 日

目 录
CONTENTS

第1章 引 言 ·································· **001**

  1.1 专利导航的发展沿革 / 001
  1.2 专利导航的理念特征 / 004
    1.2.1 专利导航的基本理念 / 004
    1.2.2 专利导航的基本特征 / 005
  1.3 专利导航国家标准简介 / 006
    1.3.1 专利导航系列指南标准介绍 / 006
    1.3.2 专利导航标准中的应用场景 / 008
  1.4 本书案例精选的说明 / 010

第2章 区域规划类专利导航应用案例 ·················· **012**

  2.1 概 述 / 012
  2.2 应用案例 / 014
    2.2.1 案例简介 / 014
    2.2.2 案例成果 / 014
  2.3 案例解析 / 052
    2.3.1 基础条件解析 / 053
    2.3.2 项目启动解析 / 054
    2.3.3 项目实施解析 / 056
    2.3.4 质量控制解析 / 060
    2.3.5 成果产出解析 / 060
    2.3.6 成果运用及绩效评价解析 / 061

第3章　产业规划类专利导航应用案例 ………………………… 063
3.1　概　述 / 063
3.2　应用案例 / 064
3.2.1　案例简介 / 064
3.2.2　案例成果 / 065
3.3　案例解析 / 129
3.3.1　基础条件解析 / 130
3.3.2　项目启动解析 / 131
3.3.3　项目实施解析 / 132
3.3.4　质量控制解析 / 135
3.3.5　成果产出解析 / 136
3.3.6　成果运用及绩效评价解析 / 138

第4章　企业经营类专利导航应用案例 ………………………… 140
4.1　概　述 / 140
4.2　应用案例1——以投资并购对象评估为目标的专利导航 / 142
4.2.1　案例简介 / 142
4.2.2　案例成果 / 143
4.3　案例1解析 / 183
4.3.1　基础条件解析 / 183
4.3.2　项目启动解析 / 184
4.3.3　项目实施解析 / 185
4.3.4　质量控制解析 / 187
4.3.5　成果产出解析 / 188
4.3.6　成果运用及绩效评价解析 / 188
4.4　应用案例2——以企业产品开发为目标的专利导航 / 189
4.4.1　案例简介 / 189
4.4.2　案例成果 / 190
4.5　案例2解析 / 228
4.5.1　基础条件解析 / 228
4.5.2　项目启动解析 / 229
4.5.3　项目实施解析 / 230
4.5.4　质量控制解析 / 232
4.5.5　成果产出解析 / 233

4.5.6　成果运用及绩效评价解析 / 233

第 5 章　研发活动类专利导航应用案例 ……………………… 235
5.1　概　述 / 235
5.2　应用案例 / 236
　　5.2.1　案例简介 / 236
　　5.2.2　案例成果 / 237
5.3　案例解析 / 266
　　5.3.1　基础条件解析 / 266
　　5.3.2　项目启动解析 / 267
　　5.3.3　项目实施解析 / 267
　　5.3.4　质量控制解析 / 269
　　5.3.5　成果产出解析 / 270
　　5.3.6　成果运用及绩效评价解析 / 270

第 6 章　人才管理类专利导航应用案例 ……………………… 272
6.1　概　述 / 272
6.2　应用案例 / 273
　　6.2.1　案例简介 / 273
　　6.2.2　案例成果 / 274
6.3　案例解析 / 290
　　6.3.1　基础条件解析 / 291
　　6.3.2　项目启动解析 / 292
　　6.3.3　项目实施解析 / 293
　　6.3.4　成果产出解析 / 297
　　6.3.5　质量控制解析 / 298
　　6.3.6　成果运用及绩效评价解析 / 299

附　录 ……………………………………………………………… 300
附录 1　2020 年以来国家层面专利导航重要政策文件汇编 ……… 300
　　附录 1.1　国家知识产权局办公室关于加强专利导航
　　　　　　　工作的通知 / 300
　　附录 1.2　国家知识产权局办公室关于开展专利导航
　　　　　　　工程支撑服务机构建设工作的通知 / 304

附录1.3 国家知识产权局办公室关于确定首批国家级
专利导航工程支撑服务机构的通知 / 316

附录1.4 国家知识产权局办公室关于同意建设国家专利导航
综合服务平台的函 / 319

附录1.5 国家知识产权局办公室关于面向重点产业组织开展
国家级专利导航服务基地建设工作的通知 / 320

附录1.6 国家知识产权局办公室关于确定首批国家级专利导航
服务基地的通知 / 328

附录1.7 专利导航工程实施评价方案 / 333

附录1.8 国家知识产权局办公室关于开展2021—2023年
专利导航工程绩效评价工作的通知 / 337

附录1.9 国家知识产权局办公室关于公布2023年度专利导航
优秀成果的通知 / 340

附录2 关于全面深化推进专利导航工作的思考 ································ **344**

第1章 引　言

1.1　专利导航的发展沿革

专利导航是在我国深入实施创新驱动发展战略的新形势下，在专利信息运用方面探索创新并及时总结出的一系列新理念、新机制、新方法和新模式。这不仅是改革开放以来知识产权中国化应用的理论新突破，更是新时代中国知识产权运用体系建设支撑性的制度创新成果。专利导航的推广应用，对于我国提升知识产权治理能力与水平、推动完善知识产权全球治理具有重要的引领作用[1]。

2012年9月，国家知识产权局党组以立足全局的战略眼光和锐意开拓的创新精神，敏锐洞察创新发展大势，提出专利导航的理念并专题研究决定开展专利导航探索试点工作。这项决定对于充分发挥知识产权引领作用、推动创新驱动发展具有深远意义，标志着中国特色知识产权制度的理论和实践在专利信息运用方面进入新的发展阶段，开启了知识产权与经济发展深度融合的新征程。随后，由国家知识产权局原副局长贺化牵头，原专利管理司具体负责，在第一时间组织成立国家专利导航试点工程研究组（以下简称工程研究组）进行系统谋划和深入研究。

2013年4月，国家知识产权局印发《关于实施专利导航试点工程的通知》（国知发管字〔2013〕27号），首次正式提出"专利导航"是以专利信息资源利用和专利分析为基础，把专利运用嵌入产业技术创新、产品创新、组织创新和商业模式创新，引导和支撑产业科学发展的探索性工作。2016年，在国家知识产权局组织研制、国家标准化管理委员会批准的国家标准《科研组织知识产权管理规范》（GB/T 33250—2016）和《高等学校知识产权管理规范》（GB/T 33251—2016）中，将专利导航定义为：在科技研发、产业规划和专利

---

[1] 国家专利导航试点工程研究组. 专利导航典型案例汇编[M]. 北京：知识产权出版社，2020：1.

运营等活动中,通过利用专利信息等数据资源,分析产业发展格局和技术创新方向,明晰产业发展和技术研发路径,提高决策科学性的一种模式。

2013 年至 2018 年 5 年国家专利导航试点工程开展期间,专利导航的理念不断深化,内涵外延不断丰富,关键技术不断突破,适用场景不断拓展,其功能由最初的导航产业创新发展拓展到重大项目分析评议、区域创新资源布局等,被广泛适用于区域规划、产业规划、企业经营、研发活动和人才管理等应用场景,形成了多层次、开放式、立体化的方法体系,并紧贴创新发展的需求继续发展完善。其间,国家知识产权局大力推进专利导航在地方、园区、产业和企业等不同层面的制度创新实践,以数据运用推动知识产权治理创新,全面推动产业创新发展。专利导航作为践行新发展理念的重大改革创新举措,从启动专利导航工程的试点探索,到列入国家知识产权战略和专利事业发展战略的年度推进计划,再到全面纳入国家和地方重大产业政策文件,逐步发展成为我国产业政策和创新发展不可或缺的重要内容。

2018 年,在深化党和国家机构改革中,专利导航被确定为重新组建后的国家知识产权局的重要职责。专利导航工作职责的法定化,标志着专利导航从试点探索阶段迈向全面推广阶段,也标志着专利导航正式成为我国知识产权管理部门转变政府职能、提升治理能力的重要内容。

2019 年 3 月,为了对专利导航试点探索工作成果进行系统总结和凝练,进一步全面有效推广专利导航理念与方法,国家知识产权局启动了《专利导航指南》系列国家标准(下称标准)的制定工作。标准制定研究历时 20 个月,经历了科学设计编制框架、统筹推进研究编制工作、广泛吸纳各方意见等阶段。标准全面总结了专利导航试点工程及各类相关实践的研究成果,梳理形成了区域规划、产业规划、企业经营、研发活动、人才管理等 5 种应用场景及其工作方法。

2020 年 11 月 9 日,国家市场监督管理总局和国家标准化管理委员会共同发布了《专利导航指南》(GB/T 39551)系列国家标准,自 2021 年 6 月 1 日起正式实施。标准的发布与实施,是国家知识产权局积极履行法定工作职责的重要举措,是对 2020 年 2 月国务院办公厅第三批支持创新改革举措——"以产业数据、专利数据为基础的新型产业专利导航决策机制"的积极响应和贯彻落实,也为专利导航面向中长期的全面、深化推广奠定了坚实的工作基础。

2021 年 7 月,国家知识产权局发布了《关于加强专利导航工作的通知》(国知办发运字〔2021〕30 号),在简要总结专利导航发展演进的历史经纬之后,围绕标准的推广实施,明确提出了"争取到 2025 年,专利导航项目规划设计、资源保障和成果应用进一步加强,财政投入专利导航项目管理制度措施更加完善,各地区建成一批比较成熟的专利导航服务基地,构建起特色化、规范化、实效化的专利导航服务工作体系,专利导航产业创新发展重要作用得到有效发挥"的总体目标,通知的发布,既是对专利导航历史发展的总结,也是对专利导航面向未来全面推广和应用的部署与展望,具有继往开来的重要意义。

为了落实上述通知精神,加速构建专利导航服务工作体系,2022 年 9 月,国家知识产权局发文确定了首批 26 家国家级专利导航工程支撑服务机构;2022 年 11 月,国家知识产权局批准由中国专利保护协会构建国家专利导航综合服务平台;2022 年 12 月,国家知识产权局发文确定了首批 104 家国家级专利导航服务基地。上述三类主体的确定,标志着以"基地"为专利导航需求提供方、"机构"为专利导航服务提供方、"平台"为信息汇聚及导流中枢的专利导航服务工作体系的初步构建。

2023 年 2 月 15 日,国家专利导航综合服务平台启动会在北京隆重举行,国家知识产权局卢鹏起副局长到会并作重要讲话。时任国家知识产权局运用促进司雷筱云司长作专利导航政策演进专题演讲,对十年来专利导航的推进思路及宏观政策进行了全面系统阐释。本书主编、国家专利导航项目(企业)研究和推广中心主任、华智数创(北京)科技发展有限责任公司总经理张勇作为专利导航试点工程启动以来的重要参与、研究专家应邀作《十年匠心磨砺,十年守正创新》专题演讲,对十年来专利导航的推进历程及研究探索进行了全面回顾,从实践层面对雷筱云司长的演讲进行了呼应。全国各地方政府主管部门代表、服务机构、企事业单位代表上千人在现场或线上参加会议。国家专利导航综合服务平台的启动,是专利导航在继往开来中开启又一个十年的历史交汇点,标志着专利导航进入平台化、体系化发展的全新历史阶段。

历经十年的探索发展,专利导航从点上起步到线上延展,再到面上铺开,经过理念提出—实践探索—理论总结—指导实践的螺旋上升,内容愈加丰富,特征愈加明显,体系愈加完善,深入有效地融入了产业经济各方面。专利导航的理念与实践成效得到了国际同行的充分关注,已经开启国际化发展之路。由我国提出立项并主导制定的首个知识产权管理国际标准《创新管理—知识产权管理指南》(ISO 56005)中,专利导航作为全新的创新管理工具得到更广泛的认同。2023 年下半年,《创新管理—知识产权管理指南》(ISO 56005)在我国开始宣贯实施,专利导航作为标准中重要的创新管理工具,通过国际标准贯标途径,必将在更广阔的舞台上,为助力全球产业经济创新发展发挥出越来越重要的作用。

我们相信,随着大数据时代的到来,以数据为根基的专利导航高度契合开放式创新的特点,将全面融入经济社会创新发展的各个领域、各个环节,成为支撑产业创新发展决策的重要因素,在国内、国际两个市场得到更为广泛的应用,实现更大的发展。

1.2 专利导航的理念特征

1.2.1 专利导航的基本理念

2000 年前后,专利信息运用工作在我国开始探索起步并快速发展,20 多年来,先后出现的与之关联的主要概念包括:专利信息分析、专利预警、专利评议、知识产权区域布局、专利导航等,这些概念相互之间有很强的关联性,但又有各自独特的内涵❶。毋庸置疑,海量的、离散的专利文献数据是所有类型专利信息运用的数据基础。基于专利文献数据,不同类型的专利信息运用是通过从中抽取不同的信息元素,构建不同的数据模型,挖掘不同的数据关联,从而寻找面向不同目标、解决不同问题的有价值信息。

专利导航作为专利信息运用的最新实践探索和理论研究成果,其与这些传统的信息运用方式在时序上一脉相承、内容上深度关联,其基础方法仍然运用了传统专利信息、专利预警、专利评议等分析方法,因此,从基因承袭的角度,可以说,专利导航是整合了专利预警等传统信息运用的升级版专利信息运用方式。但从另一方面来看,这种承袭并非简单的继承。传统的专利信息分析、专利评议、专利预警等信息运用方式,主要是通过专利数据分析解决专利本身的问题,比如,防控专利风险、化解专利危机等,本质上仍是"就专利说专利"的数据运用,并没有跳出专利本身的磁场,主要的服务对象仍是专利相关圈内人员,所以是一种被动的内循环数据运用。专利导航则是在专利数据的基础上,运用大数据方法,结合多维度、非专利数据,面向创新发展,挖掘高价值信息,主动解决创新发展中的一系列问题的新的信息运用方法,其服务对象十分广泛,远远超出了专利圈本身。从这个意义上说,专利导航是一种主动克服专利磁场、跳出专利服务内循环、服务专利圈外的主动数据运用。从被动运用到主动运用专利数据,从简单运用到组合运用专利数据,从单一场景运用到跨界运用专利数据,这是一种历史性的飞跃,是知识产权人为解决创新发展相关问题的主动智慧输出,也是我们在面向高质量发展过程中,可以称专

---

❶ 张勇. 专利预警——从管控风险到决胜创新 [M]. 北京:知识产权出版社,2015:30.

利导航为创新发展"专利版"解决方案的底气所在。

认识到这种飞跃后，我们回望专利导航的历史发展，就可以更加深刻地感受到专利导航概念提出的必要性、重要性和创造性，同时，也让我们更加确信：专利导航之所以能够星火燎原、行稳致远，根本原因就在于其始终秉持面向高质量发展、主动跨界融通、服务创新驱动的基本理念。

1.2.2 专利导航的基本特征

专利导航在融入并助力产业实现自主可控、创新发展基本理念的指引下，在专利信息分析方法的基础上，综合了专利预警等具体应用场景，以大数据分析为依托，将聚焦于权利保护的分析拓展到全面支撑创新发展决策的分析，并以路径导航的方式将专利信息运用从权利保护的技术层面提升到有效配置创新资源的制度层面，因而具有区别于一般决策支撑方法和传统专利信息分析方法的鲜明特征，主要表现在以下三个方面：

以专利数据为基础。专利数据是专利导航的基本信息元素，也是专利导航在信息来源上区别于其他决策方法的最核心特征。专利数据作为承载技术创新的重要载体，其所包含的创新信息的密度远高于普通数据。专利数据具有高度的信息集成性，不仅包含了技术、法律、市场等多维度综合信息，也能够在时间、空间上及时反映信息的动态变化；专利数据具有便于信息互联互通的良好包容性，专利数据形式趋于标准化，全球各国的专利数据虽然语言文字不同，但以基本一致的格式发布；不同国家的专利数据之间，专利数据与产业、经济、科技等多元多态数据之间，都能以专利数据为中心进行顺畅的数据维度扩展。专利数据作为优质数据所表现出的显著特征，具有其他类型数据难以达到的高度契合性，可以很好地结合大数据技术进行数据相关性分析，高效率、高质量地挖掘创新决策支撑信息。

以精准建模为方法。专利导航与传统专利信息分析的显著区别是，其理念的开放包容性决定了具体操作方法的灵活性及多样性。专利导航根据具体的应用需求，可以构建面向不同运用场景的逻辑模型；根据不同的逻辑模型，可以针对性设定数据采集的数量、维度及精确度等边界参数；根据不同的数据范围，可以按需取舍关联分析的网格宽度，确保适当颗粒度的有效信息高效率析出。专利导航模型、数据和分析的针对性运用，使得专利导航具有面向产业需求的自适应性，对信息力度和粒度的强弱与大小进行加工处理，确保面向各类决策支撑的信息的精准性，从而更好地服务于产业创新发展。

以价值最大化为目标。专利导航的制度基础是专利制度以信息公开换取权利保护的基本规则,其核心目标就是借由信息价值的最大化实现创新资源配置效益的最大化。通过构建专利数据与作为"催化剂"的其他多维度数据的连接,专利导航不断拓展专利数据挖掘的深度和广度,提取多样化、多维度的高质量信息,促进供给产业创新发展决策信息的价值最大化,提升支撑决策的精准度,有效促进产业创新要素的高效流动,提升创新水平和效率,从而在专利信息价值最大化的基础上实现产业创新资源配置效益的最大化,助力产业自主可控发展。

1.3 专利导航国家标准简介

标准化,是指为了在既定范围内获得最佳秩序,促进共同利益,对现实问题或潜在问题确立共同使用和重复使用的条款以及编制、发布和应用文件的活动。❶ 通过标准化这一手段,提升实施主体的专利导航操作水平,推动专利导航行稳致远,在专利导航试点工程圆满结束以后,不仅具备需求迫切性,也满足现实可行性。2019年3月,国家知识产权局启动专利导航标准制定工作。《专利导航指南》系列国家标准的制定工作历时20个月,经历了科学设计编制框架、统筹推进研究编制工作、广泛吸纳各方意见等阶段。2020年11月,由国家市场监督管理总局和国家标准化管理委员会共同发布《专利导航指南》(GB/T 39551—2020)系列标准,自2021年6月1日起正式实施。

1.3.1 专利导航系列指南标准介绍

《专利导航指南》(GB/T 39551—2020)系列标准是对多年来专利导航系列工作成果进行系统全面总结而形成的推荐性国家标准。标准目前由"1个总则+5个专项指南(区域规划、产业规划、企业经营、研发活动和人才管理)+1个服务要求"共7个标准构成,如图1-1所示。

总则提出了专利导航项目实施的通用模板。专项指南以总则为基础,分别面向不同应用场景,提出了针对区域规划、产业规划、企业经营、研发活动、人才管理等各类别专利导航项目实施的逻辑分析模型和特殊要求。服务要求规定了在有外部机构提供相关服务的情况下针对服务提供的全面要求。

《专利导航指南》(GB/T 39551—2020)系列国家标准主要有以下特点:

---

❶ 《标准化工作指南 第1部分:标准化和相关活动的通用术语》(GB/T 20000.1—2014)第3.1条。

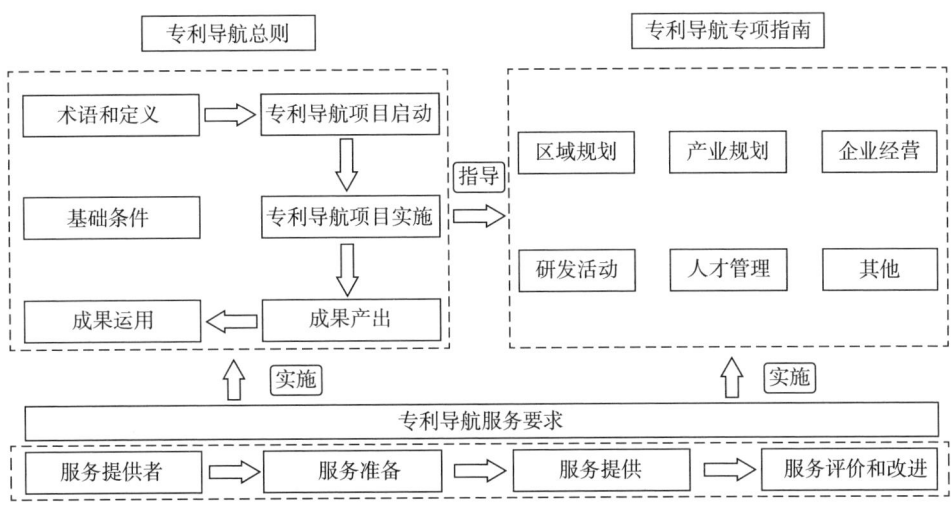

图 1-1 《专利导航指南》内容框架

一是内容的全面性。该系列标准将专利导航试点工程、知识产权分析评议和知识产权区域布局等实践探索的专利信息利用方法，拓展为面向区域规划、产业规划、企业经营、研发活动、人才管理等不同应用场景的专利导航方法，以总则提出专利导航项目实施通用模板，以各专项指南提出面向不同应用场景的逻辑分析模型和特殊要求，以服务要求规定在有外部机构提供相关服务的情况下针对服务提供的全面要求。既有专利导航服务创新资源有效配置的产业、区域等战略层面的内容，又有服务企业技术创新、合规管理、风险防控和投资并购等操作层面的内容。

二是方法的实用性。该系列标准将专利导航实施过程解构为专利导航基础条件、专利导航项目启动、项目实施、成果产出、成果运用和绩效评价等工作流程，并对专利导航项目实施中的信息采集、数据处理、专利导航分析等关键步骤分解为输入、步骤与方法、输出、质量控制，便于各类主体灵活运用流程化、模块化的工具和方法开展专利导航工作实践。

三是成果的有效性。一方面在项目实施过程中以质量控制的方式加强全过程管理，确保专利导航研究的系统性、分析方法的科学性、成果呈现的规范性；另一方面以绩效评价的方式加强结果管理，要求对照专利导航工作需求，采取目标管理评价方法进行成果运用绩效评价，确保专利导航的决策建议有效应用。

《专利导航指南》系列国家标准为政府部门、企事业单位、行业组织、服务机构等各类主体提供了实施专利导航项目的基本工作流程和典型应用方法。

各类主体根据创新发展决策工作的实际需求，选择适用的相关标准，按照标准的规范要求，在具备专利导航项目实施的基础条件下，遵循专利导航项目启动、项目实施的业务流程，产出专利导航成果，并通过建立成果运用机制、开展绩效评价等手段，能够确保专利导航成果的有效运用，实现为创新发展决策提供有效支撑的目标。

1.3.2　专利导航标准中的应用场景

根据《专利导航指南》系列国家标准的描述，区域规划类、产业规划类、企业经营类、研发活动类和人才管理类是5种已经成熟的具体应用场景。具体来说，区域规划类专利导航主要面向政府部门，为区域创新发展决策提供支撑，成果可以作为产业规划专利导航的前置输入和重要参考；产业规划类专利导航主要面向政府部门和行业组织，为产业创新发展决策提供支撑，成果可以作为企业经营、研发活动和人才管理等专利导航的前置输入和重要参考；企业经营类专利导航主要面向各类企业，内容涵盖了企业市场化运营活动中的投融资活动、产品布局、技术创新等应用场景。同时，研发活动、人才管理等类别的专利导航主要面向有此类需求的各类主体。这两类专利导航可以单独实施，也可以组合实施，还可以被区域规划、产业规划、企业经营专利导航引用，作为其组成部分。

1. 区域规划类专利导航

区域规划类专利导航是以服务不同层级的区域性经济载体的创新发展为基本导向，以专利数据为基础，通过建立包括多种知识产权数据、科教数据、经济数据等多维度数据的关联分析模型，深入解构区域创新发展竞争力及区域创新资源与发展实际之间的科技、企业及产业匹配度等关键问题，针对区域发展定位、区域发展方向及区域资源优化布局等区域规划的基本问题提供决策支撑的专利导航活动。

2. 产业规划类专利导航

产业规划类专利导航是以服务特定区域的特定产业创新发展为基本导向，以专利数据为基础，通过建立包括专利数据、产业数据、创新主体数据、政策环境数据等多维度数据的关联分析模型，深入解构专利链和产业链的互动关系以及产业发展中的专利控制力等关键问题，针对特定产业的发展方向、特定区域特定产业的当前定位及发展路径等产业规划的基本问题提供决策支撑的专利导航活动。

3. 企业经营类专利导航

企业经营类专利导航是以服务企业经营发展的各类活动为基本导向，以专利数据为基础，通过建立包括专利数据、技术数据、产品数据、市场数据等多维数据的关联分析模型，深入解构企业发展所处的竞争环境、竞争风险、竞争机遇等关键问题，针对企业战略制定、投融资活动、研发创新、产品保护等多样化具体经营活动提供相应决策支撑的专利导航活动。

4. 研发活动类专利导航

研发活动类专利导航是以服务技术或产品研发的全流程或特定环节为基本导向，以专利数据为基础，通过建立专利数据、科教数据、产品数据、市场数据等多维数据的关联分析模型，深入解构研发活动或其特定环节所面临的研发环境、研发风险、研发机遇等关键问题，针对研发活动的研发方向确定、研发风险规避、研发路线优化、研发资源配置等基本问题提供决策支撑的专利导航活动。

5. 人才管理类专利导航

人才管理类专利导航是以服务人才的综合管理为基本导向，以专利数据为基础，通过构建专利数据、科技数据、企业数据、信用数据、市场数据等多维数据的关联分析模型，深入解构特定领域创新型人力资源分布及流动与专利、科技、企业及市场活动的互动关系等关键问题，针对人才遴选方向、人才综合评价、人才引进风险等具体活动提供决策支撑的专利导航活动。

在上述5种类型的专利导航中，区域规划类专利导航又可以进一步细分为以区域布局为目标的专利导航和以区域创新质量评价为目标的专利导航两个子类型；企业经营类专利导航可以细分为以投资并购对象遴选为目标的专利导航、以投资对象评估为目标的专利导航、以企业上市准备为目标的专利导航、以技术合作开发为目标的专利导航、以技术引进为目标的专利导航以及以企业产品开发为目标的专利导航6个子类型；研发活动类专利导航可以细分为评价研发立项的专利导航和辅助研发过程的专利导航两个子类型；人才管理类专利导航可以细分为以人才遴选为目标的专利导航和以人才评价为目标的专利导航两个子类型。也就是说，根据《专利导航指南》（GB/T 39551—2020）系列国家标准，目前专利导航有13种细分应用场景，这些应用场景，可以单独使用，也可以根据实际情况组合使用。进一步地，专利导航作为一种开放理论体系，我们相信，随着其应用范围的进一步拓展和应用实践的进一步丰富，未来必将出现更多专利导航应用场景。特别是2023年10月，国务院发布《专利转化运用专项行动方案（2023—2025年）》以后，配合专利技术的转化运用，一定会催生专利导航的新模式、新方法、新场景。迎接新挑战，解决新问题，这是专利导航的理念使然、特征使然，更是专利导航从业者的使命使然！

1.4 本书案例精选的说明

2020年3月,国家专利导航试点工程研究组全面梳理试点工程期间众多项目,优选出区域规划类、产业规划类及企业经营类各一个案例汇编形成的《专利导航典型案例汇编》正式出版。2021年6月,《专利导航指南》(GB/T 39551—2020)系列国家标准正式实施。2022年8月,为配合标准的推广实施,国家知识产权局运用促进司组织编写的《GB/T 39551〈专利导航指南〉系列标准解读》正式出版。上述著作和标准,或以提供示范项目的方式,或以提供标准化业务方法的方式,或以方法细化解读的方式,为全国专利导航工作实践提供了填补空白式的3种参考,有力地指导了全国各地的专利导航工作实践。

由于专利试点工程期间主要开展的是区域规划类、产业规划类及企业经营类3类专利导航试点,因此,《专利导航典型案例汇编》只收录了这3种类型的专利导航案例。在《专利导航指南》(GB/T 39551—2020)系列国家标准研究制定阶段,从理论总结与业务方法体系化的角度出发,原知识产权区域布局、专利分析评议的很多应用场景也作为专利信息运用的探索成果,在进行思路和方法的整体统一之后,系统地整合在专利导航框架之内,并被纳入指南国家标准之中,最终形成了5种基本专利导航类型、13种具体应用场景。但是,目前并没有关于研发活动类及人才管理类专利导航的应用案例正式出版,而且,区域规划类、产业规划类及企业经营类在近几年的应用实践中,思路、方法和成果应用方向也在不断迭代创新。

作为《专利导航典型案例汇编》、《专利导航指南》(GB/T 39551—2020)系列国家标准、《GB/T 39551〈专利导航指南〉系列标准解读》等著作的主要研究编纂工作承担单位,国家专利导航项目(企业)研究和推广中心、华智数创(北京)科技发展有限责任公司近年来也经常接到包括政府、企事业单位及服务机构关于缺少研发活动类、人才管理类示范案例的相关咨询,很多政府主管领导、专家、学者及相关服务从业者都呼吁华智数创在既往已经为行业贡献众多专利导航基础研究成果的基础上,通过公开出版多种案例的方式,继续为业界提供不同类型专利导航的应用示范,推动专利导航标准的贯彻实施,推动专利导航服务市场的健康发展,推动专利导航助力高质量发展的行稳致远。

为响应社会需求,履行华智数创作为国家专利导航项目研究和推广中心的使命担当，为专利导航的发展继续贡献绵薄之力，出版一本能够满足社会最新需求、填补相关空白的专利导航应用案例著作成为不能推卸的责任。在长时间的论证研究基础上，我们首先确定了本书总体编纂及案例遴选的基本原则：应当与上述权威著作在理念上一脉相承，内容上相互补充，体例上保持一致，方法上继往开来，应当在填补上述著作案例类型空白的基础上，兼顾5种专利导航案例类型的全面性、案例故事本身的完整性、案例方法与国家标准的契合性、案例应用的创新性等。根据上述原则，本书编委会在华智数创数百项专利导航案例库中反复遴选，最终选择了6个案例（企业经营类有两个案例），经脱密处理后汇编成本应用案例选编。

本书在体例上与《专利导航典型案例汇编》保持一致，内容上包括了指南标准中的全部5类案例，在介绍具体的应用案例时，除了案例本身，还基于华智数创团队对于各类专利导航项目实施以及对指南标准制定、解读的丰富研究经验，把案例解读和标准解读进行了充分结合。一方面对指南标准中对该类项目开展的基础条件、项目启动、项目实施、质量控制、成果产出、成果运用及绩效评价的有关要求进行了简要介绍；另一方面着重对本书选编的案例项目在具体执行中，对上述标准要求的基本满足或进一步超越方法进行了阐释，以方便读者了解标准的要求及实战中的具体操作方法。

第 2 章　区域规划类专利导航应用案例

2.1　概　述

区域是实现创新驱动发展战略的基本载体和着力点，区域创新是区域经济发展乃至整个国民经济社会发展的关键所在。当前，我国经济发展进入速度变化、结构优化和动力转换的面向高质量发展新常态，创新引领区域发展的趋势更加明显，知识产权作为科技成果向现实生产力转化的桥梁和纽带，对区域创新发展的基本保障作用和对供给侧结构性改革的制度与技术供给作用更加突出，区域知识产权的快速发展，在地区经济社会发展中的地位愈发重要。

"发展是硬道理"的核心是质量和效益。尽管我国整体的知识产权发展取得了长足的进步，但我国各区域仍存在知识产权数量与质量不协调、知识产权布局和创新资源结合不够紧密、知识产权支撑产业发展不够有力等问题。以专利数据为基础，运用专利导航方法，开展区域专利导航正是为了探索性地解决这些问题。

根据《专利导航指南　第 1 部分：总则》（GB/T 39551.1—2020）的定义，区域规划类专利导航是指支撑区域规划决策的专利导航。具体来说，区域规划类专利导航是以服务不同层级的区域性经济载体的创新发展为基本导向，以专利数据为基础，通过建立包括多种知识产权数据、科教数据、经济数据等多维度数据的关联分析模型，深入解构区域创新发展竞争力及区域创新资源与发展实际之间的科技、企业及产业匹配度等关键问题，针对区域发展定位、区域发展方向及区域资源优化布局等区域规划的基本问题提供决策支撑的专利导航活动。

《专利导航指南　第 2 部分：区域规划》（GB/T 39551.2—2020）中具体定义了区域规划类专利导航的两种子类型，一类是以区域布局为目标的专利导航，面向大类产业的区域产业发展规划，构建其与专利、研发资源配置模式的协调机制的分析框架，依据静态匹配、动态协调及综合关系分析，提出以知识产权为核心优化区域资源配置的导引和具体实施方案；另一类是以区域创新质量评价为目标的专利导航，面向区域创新活动，通过综合运用专利信息和经济数据，分析区域创新发展竞争力与匹配度评价结果的耦合程度，明确区域产业创新发展优势和不足，引导创新资源合理配置，促进区域创新过程的良性循环。图2-1展示了区域规划类专利导航指南整体框图。

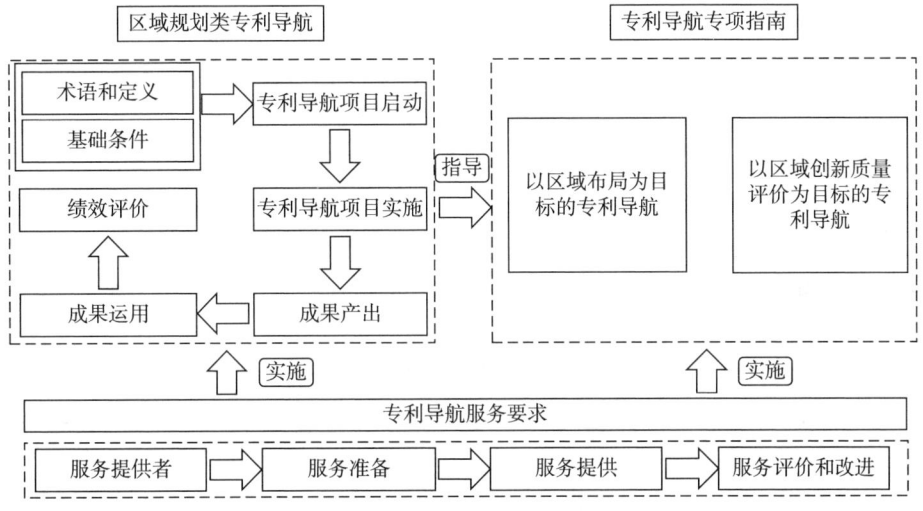

图2-1　区域规划类专利导航指南整体框图

从区域规划类专利导航两种子类型的发展历史来看，以区域布局为目标的专利导航思路和方法主要源自国家知识产权局在2018年之前实施的知识产权区域布局试点工作，以区域创新质量评价为目标的专利导航主要源自国家知识产权局在2018年之前在知识产权强省强市等工作开展中的探索经验。两种子类型以不同的研究方法，为区域创新发展提供不同视角的决策支撑。从近几年的项目开展实践来看，由于数据资源的可及性及投入成本等因素的影响，以区域创新质量评价为目标的专利导航在全国范围内的开展较多，受到的关注度较大，目前也有个别地方在项目实际开展中探索两种子类型的融合运用。本章精选的案例是以区域创新质量评价为目标的区域规划类专利导航应用案例。

2.2 应用案例

2.2.1 案例简介

自 2017 年 4 月形成了"专利导航区域创新高质量发展评价指标体系",提炼设定了专利导航区域创新高质量发展指数（Patent based Navigation region Innovation high-quality Development index,简称 PNID 指数）之后,以区域创新质量评价为目标的专利导航在全国各级区域陆续开展。几年以来,基于该体系,华智数创已为我国三大城市群（京津冀、长三角、粤港澳）、全国 31 省（区、市）、GDP 排名前 30 城市、21 个知识产权运营服务体系建设重点城市、多个省及下辖地市、多个市辖区、高新区、产业园区等陆续开展了区域规划类专利导航分析,分析的对象从城市群到省,再到副省级城市、地级市、国家级新区、高新区等各级区域层面,覆盖了我国现有主要城市群及 1/2 的省份。"区域创新质量评价报告"已成为地方政府领导全面了解区域创新质量的白皮书,是地方政府进一步开展产业规划类专利导航和企业经营类专利导航决策的参考依据。

本案例以我国 C 省为实例,进行创新发展质量评价研究。研究所用各类数据截至 2020 年底。需要特别说明的是,本案例仅为专利导航探索研究所用,各种数据及其排名不代表本书编写组立场。

2.2.2 案例成果

2.2.2.1 创新发展质量评价总体指数

专利导航区域创新高质量发展指数（PNID 指数）是客观反映区域创新发展质量的综合变动程度及变动趋势的相对数,是衡量区域创新发展质量的晴雨表。PNID 指数数值越高,说明区域创新发展质量水平越好。创新质量的高低最终反映在区域可持续发展的能力和趋势上,同时创新质量也是一个相对概念,强调与其他区域的横向比较。为综合掌握 C 省创新发展质量总体水平,本案例选取了全国 31 省（区、市）作为 C 省 PNID 指数测算的对标对象,给出了 2019 年、2020 年 PNID 指数数据。如无特殊说明,本案例涉及的区域排名共涉及两个方面,一是在 31 省（区、市）的排名,二是在与 C 省知识产权同类型六省中的排名。

1. 专利导航 C 省创新高质量发展指数

从整体测算结果来看，如图 2-2 所示，C 省 2020 年 PNID 指数为 31.0，在 31 省（区、市）中排名第 14 位，较 2019 年下降 1 位。从二级指数来看，2020 年 C 省创新发展竞争力指数为 54.1，在 31 省（区、市）中排名第 15 位，较 2019 年下降 5 位。2020 年 C 省创新发展匹配度指数为 0.57，在 31 省（区、市）中排名第 16 位，较 2019 年下降 1 位。

区域	2019年区域创新高质量发展指数排名	2019年创新发展竞争力指数排名	2019年创新发展匹配度指数排名	2020年区域创新高质量发展指数排名	2020年创新发展竞争力指数排名	2020年创新发展匹配度指数排名
A省	1	2	1	1	2	1
D省	2	1	3	2	1	7
B省	3	3	2	3	3	3
E省	4	4	6	4	4	2
F省	5	6	7	5	5	4
M省	6	8	11	6	11	5
O省	14	9	16	7	8	12
K省	8	5	14	8	6	20
J省	7	7	12	9	7	15
L省	11	12	8	10	9	9
G省	9	13	4	11	10	11
I省	16	15	17	12	13	8
N省	10	11	10	13	12	13
C省	13	10	15	14 ⬇	15 ⬇	16 ⬇
S省	19	23	13	15	19	6

图 2-2　31 省（区、市）PNID 指数排名

在知识产权同类型六省中，C 省 2020 年 PNID 指数排名第 4 位，高于 H 省和 P 省；较 2019 年下降 1 位，被 O 省超过。从二级指数来看，2020 年 C 省创新发展竞争力指数排名第 4 位，高于 H 省和 P 省；较 2019 年下降 2 位，被 O

省和I省超过。2020年C省创新发展匹配度指数排名第3位，低于I省和O省；较2019年下降1位。

从国内生产总值（GDP）与PNID指数的拟合结果看，如图2-3所示，GDP与PNID指数线性正向相关，区域PNID指数越高，创新发展质量越好，相应的区域生产总值也越高。C省2020年生产总值在31省（区、市）中排名第17位，C省在31省（区、市）中PNID指数排名第14位，区域PNID指数排名高于GDP排名。在知识产权同类型六省中，C省生产总值和PNID指数排名分别为第6位、第4位。

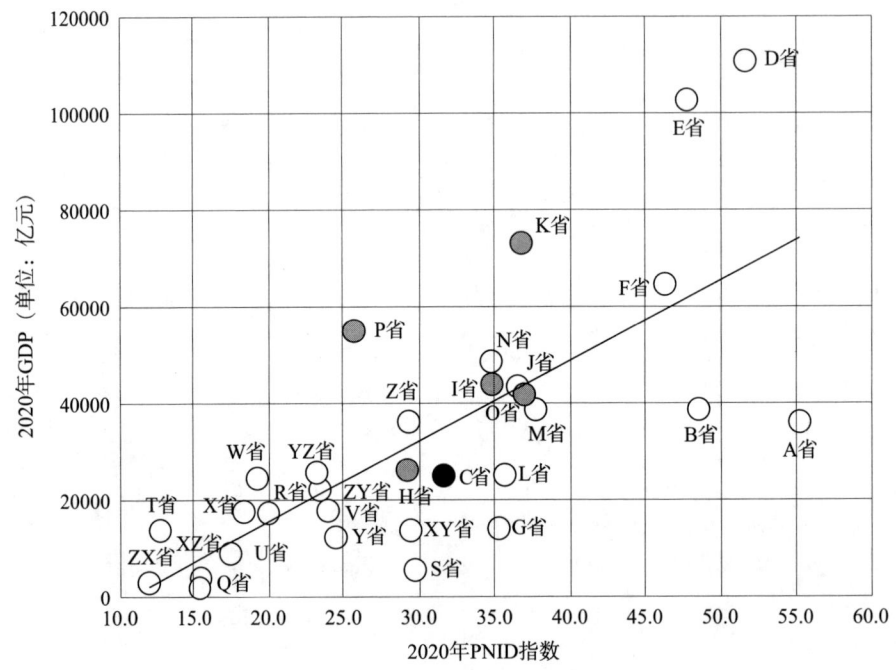

图2-3　31省（区、市）生产总值与PNID指数分布关系

从区域创新发展竞争力指数与创新发展匹配度指数分布象限看，如图2-4所示，在31省（区、市）中，E省、D省、A省、F省、B省等区域的创新发展竞争力指数和匹配度指数均处在较高的水平，ZX省、XZ省、T省、U省等区域的创新发展竞争力指数和匹配度指数均处在较低的水平。

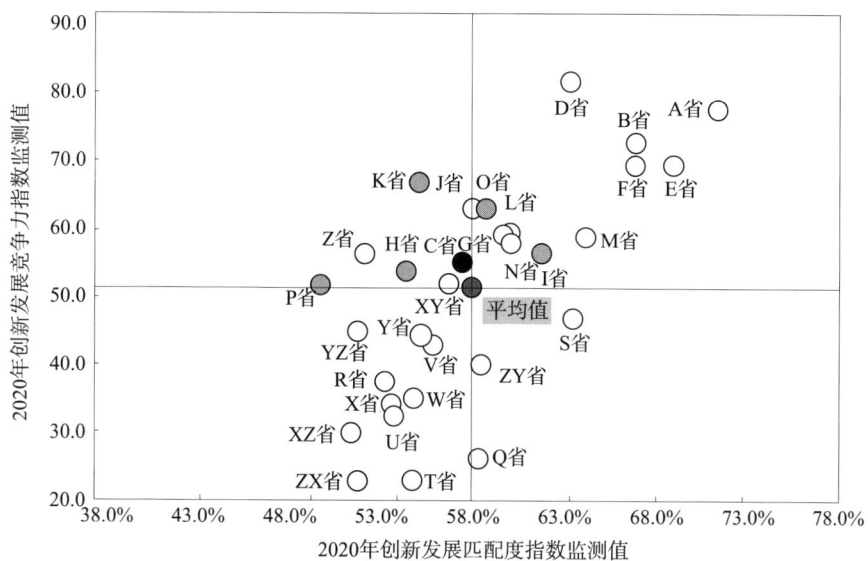

图 2-4　31 省（区、市）创新发展竞争力指数与创新发展匹配度指数分布关系

2. C 省创新发展竞争力指数排名

区域的发展是不断构筑竞争优势、发挥优势的过程。区域创新发展竞争力考察维度主要包括创新要素集聚、创新产出和创新效益情况。其中，创新要素集聚指数主要关注发明创造主体、权利拥有主体等专利活动主体的集聚情况。区域创新发展最为直接的体现就是创新产出成果，创新产出指数主要反映创新投入产出的数量和质量。区域创新发展在促进经济社会发展方面体现为创新效益指数，创新效益指数涉及微观和宏观两个层面，分别是专利层面的专利运营等和产业层面的专利密集型产业等指标。

C 省 2020 年创新发展竞争力三级指标中：

创新要素集聚指数为 53.5，在 31 省（区、市）中排名第 15 位，较 2019 年下降 5 位。其中研发人员参与发明创造平均次数在 31 省（区、市）中排名第 31 位，较 2019 年下降 1 位；高被引发明人占比在 31 省（区、市）中排名第 12 位，较 2019 年上升 1 位；重点创新主体数量在 31 省（区、市）中排名第 17 位，与 2019 年持平；专利活动新进入企业数量在 31 省（区、市）中排名第 17 位，较 2019 年下降 1 位；商标活动新进入企业数量在 31 省（区、市）中排名第 17 位，较 2019 年下降 1 位；集成电路布图设计参与企业数量在 31 省（区、市）中排名第 11 位，较 2019 年上升 3 位；集成电路布图设计参与的创作人数量在 31 省（区、市）中排名第 11 位，较 2019 年上升 3 位。

创新产出指数为 56.4，在 31 省（区、市）中排名第 15 位，较 2019 年下降 7 位。其中每万人口发明专利拥有量在 31 省（区、市）中排名第 12 位，较 2019 年下降 2 位；每万人口高价值发明专利拥有量在 31 省（区、市）中排名第 13 位，较 2019 年下降 1 位；维持十年以上有效发明专利占比在 31 省（区、市）中排名第 17 位，与 2019 年持平；高被引专利数量在 31 省（区、市）中排名第 17 位，较 2019 年下降 1 位；维持十年以上有效商标占比在 31 省（区、市）中排名第 15 位，与 2019 年持平；集成电路布图设计数量在 31 省（区、市）中排名第 14 位，较 2019 年上升 1 位。

创新效益指数为 52.8，在 31 省（区、市）中排名第 14 位，较 2019 年下降 6 位。其中专利运营次数在 31 省（区、市）中排名第 13 位，较 2019 年上升 1 位；专利许可合同备案平均金额在 31 省（区、市）中排名第 19 位，较 2019 年下降 2 位；专利质押融资平均金额在 31 省（区、市）中排名第 22 位，较 2019 年下降 1 位；2019 年专利密集型产业产值占比在 31 省（区、市）中排名第 3 位，较 2019 年下降 1 位；2020 年每亿元出口总值国际专利申请受理量在 31 省（区、市）中排名第 18 位，较 2019 年下降 1 位；商标质押融资平均金额在 31 省（区、市）中排名第 22 位，较 2019 年下降 6 位。

3. C 省创新发展匹配度指数排名

创新发展匹配度考察维度包括专利与科技匹配度、专利与企业匹配度以及专利与产业匹配度。科技匹配度指数主要反映专利产出与研发经费和人员投入的匹配度，企业匹配度指数主要反映专利活动与企业创新主体地位的匹配度，产业匹配度指数主要反映专利产出结果与产业发展导向、产业产值份额的吻合度。

C 省 2020 年创新发展匹配度各个三级指标中：

科技匹配度指数为 57.7，在 31 省（区、市）中排名第 20 位，较 2019 年下降 5 位。其中，C 省 2020 年每亿元研发投入专利授权量在 31 省（区、市）中排名第 25 位，较 2019 年下降 3 位；C 省 2020 年每万人年研发人员专利授权量在 31 省（区、市）中排名第 28 位，较 2019 年下降 5 位；高校发明专利拥有量占比在 31 省（区、市）中排名第 19 位，较 2019 年上升 3 位；科研机构发明专利拥有量占比在 31 省（区、市）中排名第 19 位，较 2019 年下降 4 位；高校发明家占比在 31 省（区、市）中排名第 5 位，与 2019 年持平；科研机构发明家占比在 31 省（区、市）中排名第 12 位，与 2019 年持平。

企业匹配度指数为 61.4，在 31 省（区、市）中排名第 11 位，较 2019 年上升 3 位。其中，获得发明专利授权企业数量占比在 31 省（区、市）中排名第 12 位，较 2019 年下降 2 位；2018—2020 年持续获得发明专利授权企业数量占比在31省（区、市）中排名第13位，较2019年上升10位；高新技术企业发明专利平均拥有量在31省（区、市）中排名第16位，较2019年下降3位；中小企业发明专利覆盖度在31省（区、市）中排名第5位，较2019年下降1位；上市公司每亿元营业收入有效发明专利数量在31省（区、市）中排名第25位，与2019年持平。

产业匹配度指数为55.8，在31省（区、市）中排名第20位，较2019年下降3位。其中，新兴产业专利相对优势指数在31省（区、市）中排名第15位，较2019年上升3位；新兴产业发明专利授权量在31省（区、市）中排名第15位，与2019年持平；新兴产业企业创新主体数量占比在31省（区、市）中排名第29位，与2019年持平；主导产业产值与专利匹配度在31省（区、市）中排名第27位，较2019年下降10位；专利饱和产业占比在31省（区、市）中排名第15位，与2019年持平；产值专利密集度达标比在31省（区、市）中排名第13位，较2019年上升4位。

2.2.2.2　创新发展竞争力分析

1. 创新要素集聚情况

区域的本义就是聚集，聚集产生连接，创新由此诞生。培育和集聚创新要素是建设知识产权强省的根本。高端优质资源创新要素的不断集聚，将产生显著的规模效应和辐射效应，而产业发展的过程就是先进生产要素和优秀人才向区域集聚的过程，并且产业一旦形成规模，将产生滚雪球式的集聚效应，会吸引更多的外部资源要素加快集聚，促进内部新生主体快速衍生和成长。已有数据表明，创新要素尤其是高端优质创新资源集聚的区域，往往会成为带动区域经济增长的龙头。

（1）发明创造主体集聚现状

各类创新要素中，人才是第一要素，创新驱动本质上是人才驱动，创新人才已成为推动区域经济发展、提升国际竞争力和获得国际话语权的核心资源。

1）C省研发人员体量处于中游，但参与发明创造的活跃度不高。

研究与试验发展（R&D）人员指参与研究与试验发展项目研究、管理和辅助工作的人员，也是从事技术创新和发明创造的主要群体。研发人员参与发明创造平均次数将从事研究开发活动的人力规模与从事发明创造的发明人规模相结合，反映了研发人员参与发明创造的活跃程度。

统计数据显示：C省2019年研发人员数量为160668人，在31省（区、市）中排名第15位，较上年上升1位；2020年公开公告的专利发明人及设计人共175203人次，C省2020年研发人员参与发明创造平均次数为1.23次，较 2019 年提高了 0.07 次，低于全国平均水平（1.73 次），在 31 省（区、市）中排名第 31 位，位于最末。在知识产权同类型六省中，2020 年 C 省研发人员体量和参与发明创造平均次数均排名最末，研发人员创新创业潜力和发明创造活跃度有待提高。

2）C 省高端发明创造人员体量和占比在 31 省（区、市）中均处于中游。

区域所拥有创新资源的质和量均会对区域创新发展的能力和效率产生影响，创新资源特别是高质量的创新人才资源是区域创新关键中的关键，而高质量创新人员往往具有紧缺性和流动性，如何吸引和留存高精尖人才是区域人才工作的重点。通常，"高被引发明人"是引领技术创新的高端发明创造人才，入选"高被引发明人"名单，意味着该发明人在所从事的技术领域具有极大的影响力，其创新成果为该领域后续创新做出了较大贡献。高被引发明人占比突出了人才结构中的"高精尖"导向，反映了发明家等高端发明创造人才密度。

统计数据显示，C 省 2020 年高被引发明人为 1094 人，在 31 省（区、市）中排名第 15 位，处于中游，排名较上年上升 1 位；高被引发明人占比为 2.53%，较上年下降 0.22 个百分点，但在 31 省（区、市）中排名第 12 位，较上年上升 2 位。在知识产权同类型六省中，C 省高被引发明人数仅高于 I 省，排名第 5 位；高被引发明人占所有发明人的比重位于 O 省和 K 省之后，排名第 5 位。

3）C 省战略性新兴产业专利中高校/研究机构发明人占比具有优势。

表 2-1 示出了 C 省九大战略性新兴产业已授权发明专利的发明人分布情况，发明人数量最多的产业是新一代信息技术产业（10043 人），其次是生物产业（7654 人）和高端装备制造产业（3244 人）；新材料产业（2660 人）、节能环保产业（2622 人）、新能源产业（1935 人）和新能源汽车产业（1258 人）发明人数量均在千人以上；数字创意产业（711 人）和相关服务业（140 人）发明人数量未破千。

表 2-1　C 省各产业已授权发明专利的发明人情况（截至 2020 年底）

战略性新兴产业	企业发明人占比	高校/研究机构发明人占比	发明人总量/人
新一代信息技术产业	29.0%	65.3%	10043
高端装备制造产业	49.7%	46.2%	3244
新材料产业	31.5%	63.4%	2660
生物产业	25.2%	49.1%	7654

战略性新兴产业	企业发明人占比	高校/研究机构发明人占比	发明人总量/人
新能源汽车产业	62.9%	33.8%	1258
新能源产业	38.3%	56.4%	1935
节能环保产业	39.0%	56.0%	2622
数字创意产业	21.2%	71.7%	711
相关服务业	29.3%	52.1%	140

各产业已授权发明专利中，企业发明人❶占比最高的前三个产业分别是新能源汽车产业、高端装备制造产业和节能环保产业，占比分别达到了62.9%、49.7%和39.0%；而高校/研究机构发明人占比最高的前三个产业分别是数字创意产业、新一代信息技术产业和新材料产业，占比分别达到了71.7%、65.3%和63.4%。与发明申请相比，授权专利中发明人更向高校/研究机构偏移，占比超过了一半。

4）C省战略性新兴产业协同创新中新一代信息技术产业相对活跃。

从表2-2中可以看出，C省战略性新兴产业专利中涉及合作申请数量最多的产业是新一代信息技术产业（1214件），且是排在第2位的新材料产业（595件）的两倍有余，其次是节能环保产业（312件）、生物产业（236件）、新能源产业（232件）、新能源汽车产业（204件）、高端装备制造产业（169件），合作申请发明专利数量均超百件；数字创意产业和相关服务业涉及合作申请的发明专利分别为64件和14件。

表2-2 C省各产业发明专利合作申请情况（截至2020年底）

战略性新兴产业	企业占比	高校/研究机构占比	合作申请量/件
新一代信息技术产业	43.8%	45.1%	1214
生物产业	47.9%	38.1%	236
高端装备制造产业	50.9%	37.3%	169
新材料产业	38.0%	33.1%	595
节能环保产业	83.7%	10.9%	312
新能源产业	39.2%	45.7%	232

---

❶ 企业发明人是指发明人对应专利的申请（专利权）人类型为企业。

续表

战略性新兴产业	企业占比	高校/研究机构占比	合作申请量/件
新能源汽车产业	42.2%	38.2%	204
数字创意产业	50.0%	37.5%	64
相关服务业	21.4%	57.1%	14

战略性新兴产业各产业合作申请专利中，第一申请人类型是企业的专利占比均在20%以上，其中节能环保产业、高端装备制造产业和数字创意产业企业专利占比居前三，分别达83.7%、50.9%和50.0%；相关服务业、新能源产业和新一代信息技术产业合作申请专利中，第一申请人类型是高校/研究机构的专利占比分别为57.1%、45.7%、45.1%，领先其他产业。

（2）权利拥有主体集聚现状

1）C省重点创新主体体量和增速处于中下游水平，其拥有的战略性新兴产业发明专利主要集中在新一代信息技术产业。

创新主体是区域最为重要的能动要素，区域创新能力是通过区域各微观创新主体依靠自己所拥有的创新资源通过彼此之间的协作而形成的，影响这种创新能力强弱的基本因素就是创新主体数量。本书中重点创新主体是有效发明专利达到一定水平的企业、高校等专利权人，重点创新主体的数量体现了区域在重点企业、高校、科研院所的集聚程度。

统计结果显示：2020年C省拥有72个重点创新主体，较2019年增长8个，在31省（区、市）中排名第17位，排名与上年持平。相较于2018年，C省重点创新主体数量增加14个，年均增速（11.4%）在31省（区、市）中排名第24位，位于下游。在知识产权同类型六省中，2020年C省重点创新主体数量和近三年年均增速均排名最末。从产业分布来看，C省重点创新主体有效发明专利中有5939件为战略性新兴产业发明专利，48.1%集中于新一代信息技术产业，其次是节能环保产业（19.1%），其余产业占比均未超过10%。

C省重点创新主体发明专利拥有量占C省全部发明专利拥有量的比重为51.2%，其中发明专利拥有量前十重点创新主体如表2-3所示，由6所高校、3家企业和1家科研机构组成。

表2-3　C省重点创新主体发明专利拥有量（截至2020年底）

重点创新主体	发明专利拥有量/件
C省大学	3771
C省某大学	1675
C省某公司	1411
A大学	893
C省某学院	523
C省交通大学	503
某技术股份有限公司	442
某实业股份有限公司	433
C省理工大学	432
中国科学院C省某研究院	374

2）C省专利活动新进入企业数量在31省（区、市）中处于中游，但增速相对落后。

企业是技术创新的主体，新企业代表产业发展的新活力和新方向。如果说持续参与专利活动的企业是区域技术创新的中流砥柱，那么参与专利申请活动的新企业是区域创新动力的"新鲜血液"，是未来成为重点创新主体的后备力量。专利活动新进入企业数量反映了区域集聚重点技术创新主体的后劲和潜力，体现了区域技术创新活力和市场主体知识产权意识。

如表2-4所示，C省2018—2020年三年期间，专利活动新进入企业数量共8921家，其中，2020年为3023家，在31省（区、市）中排名第17位，排名较上年下降1位。2018年至2020年，C省专利活动新进入企业数量三年年均下降速度为3.9%。在知识产权同类型六省中，C省新进入企业数量仅高于H省，位列第5位。

表2-4　C省专利活动新进入企业情况（2018—2020年）

年份	新进入企业数量/家	代表性企业	申请量/件
2018	3271	C省某智能科技有限公司	343
		C省某环保科技有限公司	62
		C省某仪器有限公司	55
2019	2627	C省某网络有限公司	67
		C省某移动通信有限公司	57
		C省某科技有限公司	53

续表

年份	新进入企业数量/家	代表性企业	申请量/件
2020	3023	C省某智能科技有限公司	76
		C省某科技有限公司	67
		C省某光电技术研究院有限公司	63

2. 创新产出情况

(1) 创新产出数量

1) C省每万人口发明专利拥有量及增速在31省（区、市）中均具有优势。

每万人口发明专利拥有量是指每万人拥有经知识产权行政部门授权且在有效期内的发明专利件数，是国际上通用的衡量一个地区科研产出质量和市场应用水平的综合指标。该指标被纳入《中华人民共和国国民经济和社会发展第十三个五年规划纲要》。

统计数据显示，截至2020年底，C省每万人口发明专利拥有量为11.3件，较2019年增长0.8件，但低于全国平均水平（15.8件），在31省（区、市）中排名第12位，较上年排名下降2位，被J省和K省超过。相较于2018年，C省每万人口发明专利拥有量增长2.2件，年均增速为11.6%，在31省（区、市）中排名第24位，处于下游水平。

在知识产权同类型六省中，C省每万人口发明专利拥有量排名第4位，高于O省和P省，但2018—2020年C省每万人口发明专利拥有量年均增速排名最末。

2) C省每万人口高价值发明专利拥有量低于全国平均水平，且增长缓慢。

推动经济社会高质量发展，离不开高质量知识产权特别是高价值专利的重要支撑。《中华人民共和国国民经济和社会发展第十四个五年规划和2035年远景目标纲要》提出，更好保护和激励高价值专利，首次将"每万人口高价值发明专利拥有量（件）"纳入经济社会发展主要指标。我国明确将以下5种情况的有效发明专利纳入高价值发明专利拥有量统计范围：战略性新兴产业的发明专利、在海外有同族专利权的发明专利、维持年限超过10年的发明专利、实现较高质押融资金额的发明专利、获得国家科学技术奖或中国专利奖的发明专利。高价值专利具有专利稳定性强、价值较高的特点，因此地区高价值专利的保有量，可以更精确地反映该地区的创新发展活力。

统计数据显示，截至2020年底，C省高价值发明专利拥有量为3124件，每万人口高价值发明专利拥有量为3.7件，较上年增长0.4件，但仍低于全国平均水平（6.5件），在31省（区、市）中排名第21位，排名较上年下降1位。2020年较2018年，C省每万人口高价值发明专利拥有量年均增速为17.4%，在31省（区、市）中排名第22位，位于下游水平。

在知识产权同类型六省中，C省每万人口高价值发明专利拥有量排名第4位，高于O省和P省，但2018—2020年年均增速排名最末。

（2）创新产出质量

1）C省维持十年以上有效发明专利数量处于31省（区、市）中游位置，产业分布主要集中在生物产业和新一代信息技术产业。

专利维持费用随着维持年限的延长而增加，是否长时间维持专利取决于专利带来的预期收益与专利维持成本之间的权衡结果，通常专利权人主要为技术水平和经济价值较高的专利长久支付维持费用。专利权人维持专利的愿望越强烈，意味着专利的价值越高。长时间维持（尤其是维持十年以上）的有效发明专利占比反映了区域所拥有的高质量专利水平。

统计数据显示，截至2020年底，C省维持十年以上有效发明专利数量为2900件，同比增长25.9%，在31省（区、市）中排名第17位，处于中游水平；维持十年以上有效发明专利占C省全部有效发明专利的比重为8.2%，较上年增长1.1个百分点，但低于全国平均水平（12.7%），在31省（区、市）中排名第26位，处于下游水平。在知识产权同类型六省中，2020年C省维持十年以上有效发明专利数量排名最末，维持十年以上有效发明专利占比排名第4位，高于I省和H省。

截至2020年底，C省维持十年以上有效发明专利前十申请人中有8家企业，其中C省某公司以161件维持十年以上有效发明专利居首位，某技术股份有限公司、C省大学分别以139件、131件排名第2、3位。

从产业情况来看，C省维持十年以上战略性新兴产业有效发明专利主要集中在生物产业、新一代信息技术产业，两产业在维持十年以上战略性新兴产业有效发明专利中所占比重分别为37.2%、32.4%。

2）C省高被引专利数量和年均增速均处于31省（区、市）中游，高被引战略性新兴产业专利集中在新一代信息技术产业。

高被引专利在被引用过程中，能够对后续技术创新产生深远广泛的溢出效应，能够为后续技术创新奠定坚实的技术基础。现有研究表明，涉及重大创新或重大技术进步的专利，通常具有相对较高的被引用次数，高被引专利通常是代表重大发明创造的专利，是具有高度影响力的核心专利，高被引专利是目前国际通用的评估重要技术或关键核心技术表现的量化手段。

统计数据显示，2020年C省拥有233件高被引专利，较上年增长5件，但 C 省高被引专利数量在 31 省（区、市）中排名第 17 位，较上年下降 1 位。2018—2020 年，C 省高被引专利数量年均增长 28.5%，略高于全国平均水平（27.8%），在 31 省（区、市）中排名第 13 位。在知识产权同类型六省中，2020 年 C 省高被引专利数量排名最末，2018—2020 年年均增速排名第 5 位，仅高于 P 省。C 省高被引专利中有 81 件属于战略性新兴产业，主要集中在新一代信息技术产业。

2020 年 C 省高被引专利数量为 3 件及以上的专利权人共有 10 位，如表 2-5 所示，其中居首位的专利权人是 C 省大学，其拥有 37 件高被引专利，其次是 C 省某大学。

表 2-5　C 省高被引专利数量情况（截至 2020 年底）

专利权人	高被引专利数量/件
C 省大学	37
C 省某大学	19
C 省某公司	9
C 省某有限公司	8
C 省某新能源汽车公司	7
A 大学	6
C 省某学院	4
某集团 C 省研究院有限公司	4
中国科学院 C 省某研究院	3
C 省某材料有限公司	3

3）C 省获得中国专利奖的专利数量及增速均处于 31 省（区、市）中游。

中国专利奖是由中国国家知识产权局和世界知识产权组织共同主办的，是中国唯一的专门对授予专利权的发明创造给予奖励的政府部门奖，得到联合国世界知识产权组织（WIPO）的认可。中国专利奖重在强化知识产权创造、保护、运用，推动经济高质量发展，鼓励和表彰为技术（设计）创新及经济社会发展做出突出贡献的专利权人和发明人（设计人）。

统计数据显示，截至 2020 年底，C 省 91 件专利获得中国专利奖，在 31 省（区、市）中排名第 17 位。相较于 2018 年，C 省 2020 年获得过中国专利奖的专利增加 23 件，年均增速为 15.7%，略低于全国平均水平（17.4%），在 31 省（区、市）中排名第 11 位。在知识产权同类型六省中，截至 2020 年底 C 省获得过中国专利奖的专利数量排名最末；2018—2020 年年均增速排名第 5 位，仅高于 H 省。

3. 创新效益情况

（1）专利运营

1）C省专利运营形式以专利转让为主，转让次数排名领先许可和质押。

自2014年以来，各个地区充分发挥知识产权对供给侧结构性改革的制度供给和技术供给双重作用，加速实现知识产权价值，在一系列工作的直接带动下，区域知识产权运营业态蓬勃兴起，技术交易日趋活跃。

统计数据显示，2020年，C省包括专利转让、许可、质押等在内的专利运营次数达到10214次，在31省（区、市）中排名第13位，较上年上升1位；其中C省专利转让次数达9536次，在31省（区、市）中排名第12位，较上年上升2位；专利许可次数为69次，在31省（区、市）中排名第19位，较上年下降2位；专利质押次数为610次，在31省（区、市）中排名第22位，较上年下降8位。

在知识产权同类型六省中，2020年C省在专利运营总次数和转让次数上均排名第5位，仅高于H省；许可、质押次数均排名最末。

2）C省近三年涉及转让专利最多的申请人是C省大学，转让量超70件的申请人由8家企业和3所高校组成；C省专利许可类型以排他许可为主。

C省近三年发生转让的专利数量超70件（包括70件）的共有11位申请人，由8家企业和C省大学、C省某职业技术学院、C省某大学3所高校组成。C省大学以443件转让专利量居首位，C省某公司以一件之差排名第2位，某汽车集团下的C省某新能源汽车公司排名第3位。

C省发生许可的专利数量不多，但许可类型涉及较多，以排他许可为主，占比约2/3，其次是普通许可，占比17.7%，独占许可占比与普通许可接近，为15.6%。C省近三年涉及专利许可最多的专利权人为C省某公司，占C省许可专利的66.0%，其被许可人均为C省某新能源汽车公司，许可类型均为排他许可，是C省排他许可占比较高的主要原因。

（2）专利效益

1）C省专利质押融资数量在知识产权同类型六省中排名靠后，但平均金额较为领先。

专利质押融资是专利权利人将其合法拥有的且目前仍有效的专利权出质，从银行等金融机构取得资金，并按期偿还资金本息的一种融资方式。专利质押融资是科技与金融结合实现专利权价值的重要手段，是科技型中小微企业重要的融资渠道。地区专利质押融资平均金额，反映了地区技术创新成果支撑企业融资的效益，体现了知识产权金融支持地区创新发展的程度。

统计数据显示，C省2020年专利质押融资项目数量为49项，在31省

（区、市）中排名第 22 位，较上年下降 1 位，专利质押融资平均金额为 1689.8 万元/项，高于全国平均水平（1522.7 万元/项），在 31 省（区、市）中排名第 16 位，位于中游。

C 省 2019 年专利质押融资项目数量为 35 项，在 31 省（区、市）中排名第 21 位，专利质押融资平均金额为 4494.3 万元/项，远高于全国平均水平（1564.6 万元/项），在 31 省（区、市）中排名第 3 位，仅次于 XZ 省和 S 省。

在知识产权同类型六省中，C 省在专利质押融资数量上排名最末，且其余五个省份在 31 省（区、市）中均排名前十；同时专利质押融资项目平均金额居首位。

2）2020 年 C 省商标质押融资数量处于 31 省（区、市）中游位置，较上年增长幅度较大，平均金额相对落后。

商标质押融资是商标注册人将自己所拥有的、依法可以转让，且有一定知名度和影响力的商标专用权作为债权的担保，从银行等金融机构取得资金，并按期偿还资金本息的一种融资方式。商标权质押是中小微型企业灵活融资的有效渠道。地区商标质押融资平均金额，一定程度上体现了该地区优质商标权的商业价值。

统计数据显示，C 省 2020 年商标质押融资项目数量为 17 项，在 31 省（区、市）中排名第 16 位，较上年上升 6 位；C 省 2020 年商标质押融资平均金额为 2105.9 万元/项，低于全国平均水平（3442.2 万元/项），在 31 省（区、市）中排名第 20 位，位于中下游。

C 省 2019 年商标质押融资项目数量为 9 项，在 31 省（区、市）中排名第 22 位，位于下游。C 省 2019 年商标质押融资平均金额为 2955.6 万元/项，低于全国平均水平（3134.4 万元/项），在 31 省（区、市）中排名第 15 位，位于中游。

在知识产权同类型六省中，2020 年 C 省商标质押融资合同数量排名第 4 位，高于 P 省和 O 省，平均金额排名第 5 位，仅高于 H 省。

(3) 产业效益

1）C 省专利密集型产业产值占工业总产值比重超六成，但年均增速为负。

专利密集型产业的发明专利密集度高，主要依赖技术创新与知识产权参与市场竞争，对社会经济的拉动能力强、贡献度大。国家知识产权局于 2016 年 9 月发布了我国《专利密集型产业目录（2016）》。该目录包括 8 大产业，涵盖 48 个国民经济中类行业，具体包括信息基础产业、软件和信息技术服务业、现代交通装备产业、智能制造装备产业、生物医药产业、新型功能材料产业、高效节能环保产业、资源循环利用产业。专利密集型产业对应的国民经济行业工业大类主要为：化学原料和化学制品制造业、医药制造业、金属制品业、通用设备制造业、专用设备制造业、汽车制造业、铁路船舶航空航天和其他运输设备制造业、电气机械和器材制造业、计算机通信和其他电子设备制造业、仪器仪表制造业、水的生产和供应业。

统计数据显示，2019年C省专利密集型相关工业行业产值为13613.8亿元，占C省工业总产值的比重为63.9%，远高于全国平均水平（45.0%），在31省（区、市）中排名第3位，仅次于B省、Y省；2017—2019年年均下降2.3%，在31省（区、市）中排名第23位，位于下游。在知识产权同类型六省中，C省专利密集型相关工业行业产值占C省工业总产值的比重排名第1位，近两年增长速度排在第5位，仅高于K省。

2）C省PCT国际专利申请受理量在31省（区、市）中处于中游水平。

PCT国际专利申请受理量反映了地区海外专利布局以及向外申请专利的意识和能力，还可以衡量区域高质量或高价值专利申请规模，可以用来评价一个区域参与国际竞争的程度和实力。PCT国际专利申请受理量是《"十三五"国家知识产权保护和运用规划》的主要指标之一。

统计数据显示，2019年C省国际专利申请受理量为218件，2020年每亿元出口总值国际专利申请受理量为0.05件，低于全国平均水平，在31省（区、市）中排名第29位，仅高于T省和Q省。在知识产权同类型六省中，C省当年度国际专利受理量和每亿元出口总值国际专利申请受理量均排名最末。

3）C省涉诉专利为360件，C省第一中级人民法院承接涉诉专利最多。

专利诉讼是针对专利纠纷的解决办法之一，它是指当事人和其他诉讼参与人在人民法院进行的与专利权及相关权益有关的各种诉讼的总称。

统计数据显示，截至2020年底，C省涉诉专利共有360件，其中发明专利86件，实用新型专利127件，外观设计专利147件。涉诉案件以专利权人统计，C省某模具有限公司以20件涉诉专利排名第1位，其为被告，原告均为C省博观知识产权服务有限公司，这些专利目前均已失效。根据表2-6的案件审理法院排名情况，C省第一中级人民法院承接了55件涉诉专利，排名第1位；省外的A省知识产权法院、某市知识产权法院、A省高级人民法院、最高人民法院、A省第一中级人民法院（司法公开示范法院）等也承接了大量的审理工作。

表2-6 C省涉诉专利审理法院专利数量分布情况（5件以上）

法院	涉诉专利数量/件
C省第一中级人民法院	55
C省高级人民法院	40

续表

法院	涉诉专利数量/件
C省第五中级人民法院	27
A省知识产权法院	20
某市知识产权法院	13
A省高级人民法院	12
C省高级人民法院｜C省第一中级人民法院	9
最高人民法院	8
A省第一中级人民法院（司法公开示范法院）	7

4. 非专利知识产权客体创新情况

《中华人民共和国民法典》于2020年5月28日第十三届全国人民代表大会第三次会议通过，其中提到，知识产权是权利人依法就下列客体享有的专有的权利：作品、发明、实用新型、外观设计、商标、地理标志、商业秘密、集成电路布图设计、植物新品种、法律规定的其他客体。

本小节针对商标、集成电路布图设计和地理标志等知识产权的客体创新竞争力开展分析。

（1）商标

商标是商品生产者、经营者在其生产或者销售的商品上，或者服务提供者在其提供的服务上使用的，用于区别商品或服务来源的标志。该标志可以由文字、图形、字母、数字、三维标志、声音、颜色组合，或上述要素的组合组成，且应具有显著性。经国家知识产权局商标局核准注册的商标为"注册商标"，受法律保护。

2019年4月23日，第十三届全国人民代表大会常务委员会第十次会议通过了对《中华人民共和国商标法》作出修改的决定。《中华人民共和国商标法》的修改条款自2019年11月1日起施行。

1）C省商标申请量和注册量处于31省（区、市）中游，C1地区商标申请和注册数量居C省首位。

对向商标局申请注册的商标，商标局经审查对于符合审查规定的商标予以初步审定公告；公告期满无异议的，予以核准注册，发给商标注册证，并予公告。

2020年，C省申请商标160862件，在31省（区、市）中排名第15位，较上年下降1位；商标注册件数为104748件，在31省（区、市）中排名第15位，保持不变。2020年C省各地区中申请商标排名第1位的是C1地区，申请商标 19530 件，排名第 2、3 位的分别为 C2 地区（18645 件）和 C3 地区（14022 件）。2020 年 C 省各地区中商标注册排名前 3 位的同样为 C1 地区（12703 件）、C2 地区（12518 件）和 C3 地区（9185 件）。

2020 年，在知识产权同类型六省中 C 省商标申请量排名最末，注册量高于 H 省，排名第 5 位。

2）C 省商标活动新进入企业数量处于 31 省（区、市）中游，但在知识产权同类型六省中排名最末。

商标注册人享有商标专用权，受法律保护，商标也是商标注册人的无形资产，为企业经营活动提供帮助。商标活动新进入企业数量反映了区域集聚经济主体的后劲和潜力，体现了市场主体的知识产权意识。

统计数据显示，2020 年 C 省拥有 12649 个商标活动新进入企业，在 31 省（区、市）中排名第 17 位，相较于 2019 年下降 1 位，被 H 省超过。在知识产权同类型六省中，C 省商标活动新进入企业数量排名最末，同时知识产权同类型六省均排在 31 省（区、市）的前 20。

3）C 省维持十年以上有效商标占比均处于 31 省（区、市）和知识产权同类型六省的下游位置。

注册商标每十年需要进行一次商标续展，以延长其有效期。维持十年以上商标说明其至少经历过一次续展，是对商标注册人来说价值较高、愿意支付费用和办理续展手续的高价值商标。维持十年以上的有效商标占比反映了区域所拥有的高质量商标水平。

统计数据显示，截至 2020 年底，C 省维持十年以上的有效商标数量为 26877 件，同比增长 49.1%，数量规模在 31 省（区、市）中排名第 15 位，位于中游；2020 年维持十年以上有效商标占 C 省有效商标总量的比重为 4.7%，低于全国平均水平（5.8%），相较于 2019 年超过了 YZ 省，在 31 省（区、市）中排名第 26 位。在知识产权同类型六省中，C 省维持十年以上有效商标数量仅高于 H 省，占比仅高于 P 省，均排名第 5 位。

（2）集成电路布图设计

集成电路，是指半导体集成电路，即以半导体材料为基片，将至少有一个是有源元件的两个以上元件和部分或者全部互连线路集成在基片之中或者基片之上，以执行某种电子功能的中间产品或者最终产品；集成电路布图设计，是指集成电路中至少有一个是有源元件的两个以上元件和部分或者全部互连线路的三维配置，或者为制造集成电路而准备的上述三维配置。

1）C 省集成电路布图设计数量规模不具有优势，但增长较快。

集成电路布图设计的保护不能适用于《专利法》或《著作权法》，为了保护集成电路布图设计专有权,鼓励集成电路技术的创新,促进科学技术的发展,《集成电路布图设计保护条例》经2001年3月28日国务院第36次常务会议通过,自2001年10月1日起施行。集成电路布图设计数量可以部分反映区域新一代信息技术产业的情况。

统计数据显示,2020年C省公布了146件集成电路布图设计,较上年增长100余件,在31省(区、市)中排名第14位,较上年上升1位。从2018—2020年年均增速可以看出,作为一个新兴知识产权客体,原有体量较小的集成电路布图设计的认知度正在不断提升,C省年均增速为170.2%,高于全国平均水平(76.7%),在31省(区、市)中排名第4位。

在知识产权同类型六省中,2020年C省集成电路布图设计数量仅高于O省,排名第5位;从年均增速来看,P省、K省和C省在31省(区、市)中分别排名第2、3、4位,且除排名第17位的I省外全部排在前15位中。

2)C省集成电路布图设计参与企业和布图设计创作人数量均处于中游水平。

集成电路布图设计参与的企业数量可以反映区域新一代信息技术产业相关知识产权保护程度以及创新主体对冷门知识产权保护措施的了解程度。

统计数据显示,2020年C省参与集成电路布图设计的企业数量为66个,创作人数量为124个,在31省(区、市)中均排名第11位,较上年上升3位。2019年C省参与集成电路布图设计的企业数量为12个,创作人数量为44个,在31省(区、市)中均排名第14位,位于中游。在知识产权同类型六省中,2020年C省集成电路布图设计参与的企业数量排名第4位,高于O省和H省;集成电路布图设计参与的创作人数量排名第3位,低于K省和I省。

(3)地理标志

地理标志是《TRIPs协定》规定的七种知识产权之一,是一种承载巨大经济价值的无形资产。我国地理标志资源丰富,潜在的商业价值和文化价值十分突出。《中华人民共和国民法典》明确将"地理标志"专门列为一类知识产权客体,确立了地理标志权在知识产权权利体系中的重要地位。地理标志资源的运用依托区位优势、生态环境、旅游特色、资源禀赋、产业基础等条件,逐步成为各省份提振经济、兴农富农的重要手段。对C省地理标志产品资源进行摸查,从多个维度对C省的地理标志资源进行统计分析和全国定位,能够从大知识产权的角度评价C省地理标志资源禀赋及其运用状况。

1)C省获保护地理标志产品数量占全国数量的比重不足百分之一。

地理标志产品是指依照《地理标志产品保护规定》相关规定,获准保护的原产地地理标志产品。统计数据显示,截至2021年7月,全国范围内累计获保护地理标志产品 2338 个，前五位是 N 省（296 个）、J 省（165 个）、D 省（160 个）、V 省（148 个）和 F 省（118 个），均高于全国平均水平（76 个），B 省与 S 省处在全国范围末位（12 个）。C 省累计获保护地理标志产品 14 个，在全国 31 个省（区、市）中排名第 26 位，占全国获保护产品数量的比重仅为 0.6%。

2) C1 地区和 C2 地区位列 C 省地理标志产品数量前两位。

统计数据显示，C 省 14 个地理标志产品分布在 C 省下辖的 11 个地区，其中 1 件地理标志产品由 C 省申请保护。C1 地区（2 个）、C2 地区（2 个）产品保护数量位列 C 省前两位；C3 地区、C4 地区、C5 地区、C6 地区、C7 地区、C8 地区、C9 地区、C10 地区各有 1 件地理标志产品；其他地区均无地理标志产品。

3) 全国范围初级农产品和加工食品类地理标志资源占比均超八成，C 省两者占比略低于全国平均水平。

地理标志产品的类别主要包括初级农产品、加工食品、其他初级产品（多为中药材）、其他产品和工艺品。由于地理标志所标示商品与该地理来源相关联，相当大的程度上涉及产地特有的自然环境条件，包括气候、土壤、水源等因素，并关联特定地域的传统工艺及人文因素，所以保护对象绝大多数是农产品，包括初级农产品和加工食品。

统计数据显示，全国范围内地理标志资源以初级农产品和加工食品为主，全国 2338 个地理标志产品中，1155 个为初级农产品，759 个为加工食品，248 个为其他初级产品，88 个为工艺品，88 个为其他产品。

C 省的 14 个地理标志产品中，6 个为初级农产品，如 C6 花椒、C11 青蒿、C7 方竹笋、C3 脐橙、C2 柑橘、C9 红桔；5 个为加工食品，如 C1 豆豉、C12 榨菜、C4 榨菜、C5 桃片、C2 豆腐乳；1 个为其他初级产品，如 C8 黄连；2 个为其他产品，如 C1 双宫丝、C10 秀油；无工艺品。从地理标志产品类别分布来看，C 省初级农产品占比 43%，略低于全国平均水平（49%）；加工食品占比 36%，略高于全国平均水平（32%），其余均为其他初级产品及其他产品。

4) C 省 2012 年之后无新增地理标志保护产品。

从地理标志产品保护趋势来看，全国获保护地理标志产品数量整体呈现出 2005 年至 2014 年逐年上升、2014 年后平均每年均有所下降的特点。从表 2-7 所示的 C 省地理标志产品保护趋势来看，自 2002 年至 2012 年，C 省每年或每两年均新增获保护的地理标志产品，如 2005 年之前获保护的 C1 豆豉、C1 双宫丝、C12 榨菜、C10 秀油、C8 黄连与 C4 榨菜，2005 年获保护的 C6 花椒，

2006 年获保护的 C11 青蒿，2008 年获保护的 C7 方竹笋，2009 年获保护的 C5 桃片，2009 年获保护的 C3 脐橙，2010 年获保护的 C2 柑橘，2010 年获保护的 C9 红桔，2012 年获保护的 C2 豆腐乳。C 省 2012 年之后无新增地理标志保护产品。

表 2-7　C 省地理标志产品公告年分布

公告年	数量	产品名称
2005 年之前	6	C1 豆豉、C1 双宫丝、C12 榨菜、C10 秀油、C8 黄连、C4 榨菜
2005 年	1	C6 花椒
2006 年	1	C11 青蒿
2008 年	1	C7 方竹笋
2009 年	2	C5 桃片、C3 脐橙
2010 年	2	C2 柑橘、C9 红桔
2012 年	1	C2 豆腐乳

5）C 省地理标志产品用标企业数量和产品利用率均低于全国平均水平。

使用地理标志产品专用标志的企业（以下简称用标企业）是指依照《地理标志产品保护规定》和《地理标志产品保护工作细则》相关规定，经程序审查合格注册登记并发布公告，可在其产品上使用地理标志产品专用标志，获得地理标志产品保护的企业。

统计数据显示，截至 2021 年 7 月，我国 31 个分布有地理标志产品的省（区、市）均有企业核准使用地理标志专用标志，合计 9063 家。其中，I 省受益于 I1 岩茶（452 家）、I2 白茶（333 家）、I3 白瓷（140 家）等成熟地理标志产业发展，遥遥领先于其他省份，以累计核准 1713 家企业使用地理标志专用标志的数量排在第 1 位；E 省受益于 E1 蟹（574 家）等成熟地理标志产业发展，与其他省份差距持续拉大，以累计核准 860 家企业使用地理标志专用标志的数量排在第 2 位；N 省以微弱差距（824 家）位列第 3；C 省用标企业数量 19 家，排名第 29 位，远低于全国平均水平（292 家），占全国用标企业的 0.2%，且 C 省 19 家用标企业中 15 家为 C5 桃片地理标志产品的用标企业。

从用标企业地区分布来看，C 省共有三个地区拥有用标企业，且每个地区各有一件地理标志产品得到用标。其中，C5 地区位列 C 省第 1 位，拥有用标企业 15 家，用标企业数量占 C 省总量的 78.9%；C6 地区（3 家）、C11 地区（1 家）分别位列 C 省第 2、3 位。

从地理标志产品利用率来看，截至 2021 年 7 月，全国范围内 2338 个地理标志产品中 1065 个产品有用标企业，产品利用率达 45.6%。A 省（84.6%）、M 省（71.8%）、ZX 省（68.8%）、Y 省（67.9%）、S 省（66.7%）位列前 5 位。C 省 14 个地理标志产品中 3 个产品有用标企业，产品利用率为 21.4%，在全国排名第 29 位，且仅 C5 地区、C6 地区、C11 地区分别有 1 件地理标志产品被使用，分别用标 15 次、3 次、1 次。

2.2.2.3　创新发展匹配度分析

过程的功能是在输入输出转化过程中最终实现目标。过程的核心理念是要确保增值。对过程的评价主要包括投入与产出的效率评价、方向与结果的吻合度评价。创新发展匹配度主要关注创新投入产出的各转化过程。对于区域创新链，从科技投入到专利产出，衡量的是专利与科技的匹配度。把专利当作经营与生产要素投入到实现企业绩效和产业绩效，衡量的是专利与企业、产业之间的匹配度。区域创新发展的质量就在于"投入—产出—绩效"过程的良性循环，表现为专利活动与科技、企业、产业发展的高度匹配。

1. 专利与科技匹配度

（1）研发经费投入产出效率

C 省每亿元研发投入专利授权量及增幅均低于全国平均水平。

技术创新效率是指在研发活动中投入与产出的对比关系，反映了在给定投入的情况下获取最大产出的能力。R&D 投入是创新投入力度的直接反映，专利是技术创新产出成果的重要形式。每亿元研发投入专利授权量❶反映了地区研发经费投入的专利产出密度，体现了创新效率情况。

统计数据显示，C 省 2019 年研发经费内部支出为 469.6 亿元，对应的 2020 年三种专利授权量依次为发明专利 7637 件、实用新型专利 40021 件、外观设计专利 7719 件。经折合计算，C 省 2020 年每亿元研发投入专利授权量为 37.0 件，低于全国平均水平（48.2 件）。C 省 2020 年每亿元研发投入专利授权量较上年增长 3.0 件，增长幅度远低于全国平均水平（9.9 件），在 31 省

---

❶ 考虑到研发投入与专利产出之间的时间滞后问题，设定时滞为 1 年。即 2019 年每亿元研发投入专利授权量 = 2020 年专利授权量（件）/2019 年研究与试验发展（R&D）经费内部支出（亿元）。计算 2019 年每亿元研发投入专利授权量需要 2020 年的专利授权量数据，故本指标目前最晚只能给出 2019 年相关数据。

（区、市）中排名第 30 位，仅高于 A 省。C 省 2020 年每亿元研发投入专利授权量在 31 省（区、市）中排名第 25 位，较上年下降 3 位。

C 省 2020 年每亿元研发投入专利授权量在知识产权同类型六省中排名第 4 位，仅高于 H 省（34.2 件）和 O 省（30.6 件）。2020 年较 2019 年增长幅度在知识产权同类型六省中排名末位。

（2）研发人力投入产出效率

C 省每万人年研发人员专利授权量和增幅均低于全国平均水平。

研发人员的数量和素质决定着创新活动的质量，每万人年研发人员专利授权量❶反映了区域研发人力投入的专利产出密度，体现了创新效率情况。

统计数据显示，C 省 2019 年 R&D 人员全时当量为 9.8 万人年，对应的 2020 年每万人年研发人员专利授权量为 1779.5 件，低于全国平均水平（2222.8 件），在 31 省（区、市）中排名第 28 位，仅高于 H 省、W 省和 O 省。C 省 2020 年每万人年研发人员专利授权量较上年增长 264.5 件，增长幅度低于全国平均水平（501.0 件），在 31 省（区、市）中排名第 27 位。

2020 年每万人年研发人员专利授权量在知识产权同类型六省中排名第 4 位，仅高于 H 省（1731.2 件）和 O 省（1533.0 件）。增长幅度在知识产权同类型六省中排名第 5 位，仅高于 H 省（239.0 件）。

（3）高校和科研机构专利产出量

1）C 省高校发明专利覆盖率略高于全国平均水平，科研机构发明专利覆盖率大幅度下降。

高校和科研机构是我国国家创新体系中重要的组成部分。只有高校、科研机构发挥自身人才优势、学科优势，不断推进相关领域的科技创新，与企业深度合作，才能深度提升该地区的创新能力和水平。因此，在一个地区中，高校、科研机构创新活动的活跃程度也体现了该地区的创新热度。

统计数据显示，截至 2020 年底，C 省高校数量为 75 所，拥有发明专利的高校数量为 58 所，高校有效发明专利覆盖率为 77.3%，略高于全国平均水平（76.0%），在 31 省（区、市）中排名第 19 位，较上年增长 3 位。C 省 2020 年高校有效发明专利覆盖率较 2019 年增长 4.0%，增幅高于全国平均水平（1.29%），在 31 省（区、市）中排名第 6 位。C 省 2020 年高校有效发明专利覆盖率在知识产权同类型六省中排名第 4 位，较上年上升 1 位，增长幅度在知识产权同类型六省中排名第 2 位，仅低于 P 省（4.2%）。

截至 2020 年底，C 省科研机构数量为 447 所，拥有发明专利的科研机构

---

❶ 考虑到研发投入与专利产出之间的时间滞后问题，设定时滞为 1 年。

数量为106所，科研机构有效发明专利覆盖率为23.7%，略低于全国平均水平（24.0%），在31省（区、市）中排名第19位，较2019年下降4位。C省2020年科研机构有效发明专利覆盖率较2019年下降3.1%，下降幅度高于全国平均水平（1.6%）。C省2020年科研机构有效发明专利覆盖率在知识产权同类型六省中排名第4位，仅高于H省（19.7%）和O省（16.9%），下降幅度在知识产权同类型六省中仅低于I省（5.4%）。

2）C省高校发明家在知识产权同类型六省中居首位，科研机构发明家占比处于31省（区、市）中上游水平。

在专利评价体系中，专利被引证次数是评价专利质量的重要指标。高被引专利的发明人则被认为是相关领域的技术领军者[1]。

统计数据显示，截至2020年底，C省高校发明人共有37750人，其中高校发明家共有355人，在高校发明人总数中占比0.94%，高于全国平均水平（0.82%），在31省（区、市）中排名第5位。C省2020年高校发明家占比较2019年增长0.01%，在31省（区、市）中排名与2019年持平。C省2020年高校发明家占比在知识产权同类型六省中排名第1位，排名与2019年持平。

截至2020年底，C省科研机构发明人共有13120人，其中科研机构发明家共有93人，在科研机构发明人总数中占比0.71%，低于全国平均水平（0.87%），在31省（区、市）中排名第12位。C省2020年科研机构发明家占比较2019年增长0.11%，但在31省（区、市）中排名与2019年持平。C省2020年科研机构发明家占比在知识产权同类型六省中排名第3位，高于K省、I省和H省，在知识产权同类型六省中排名较2019年下降1位。

2. 专利与企业匹配度

（1）企业总体专利活动

企业作为经济活动的基本单元和市场主体，是技术创新与市场的桥梁，是科技和经济紧密结合的重要力量。企业应该是技术创新决策、研发投入、科研组织、成果转化的主体。

统计数据显示，截至2020年底，C省企业共拥有发明专利22136件、实用新型专利101089件、外观设计专利19451件，发明专利占三种专利的比重为15.5%。C省共有4658家企业拥有发明专利，C省全部企业数量为516287家，拥有发明专利的企业数量占C省全部企业数量的比重为0.9%。

C省三年持续获得发明专利授权的企业占比略高于全国平均水平，是知识

---

[1] 高校、科研机构高被引专利的发明人在本书中被称为高校发明家、科研机构发明家。

产权同类型六省中唯一呈增长的省（区、市）。

2018—2020年，C省持续获得发明专利授权的企业数量为442家，在获得过发明专利授权的企业中占比10.7%，略高于全国平均水平（10.2%），在31省（区、市）中排名第13位。C省2020年持续获得发明专利授权企业数量占比较2019年增长0.1%，但排名较2019年下降9位。

C省2020年持续获得发明专利授权企业数量占比在知识产权同类型六省中排名第3位，低于H省（14.4%）和P省（13.3%）。C省2020年持续获得发明专利授权企业数量占比较2019年增长0.1%，是知识产权同类型六省中唯一呈增长的省（区、市），其余省（区、市）均出现下降。

（2）C省A股上市公司专利活动

C省A股上市公司有效发明专利集中程度高，覆盖率达五成。

C省共有56家A股上市公司，2020年共获得发明专利授权298件，较2019年同比增长3.1%。截至2020年底，C省A股上市公司共拥有发明专利2359件，A股上市公司中拥有发明专利的公司数量为28家，发明专利覆盖率为50.0%。从A股上市公司平均拥有量来看，2020年C省A股上市公司发明专利平均拥有量为42.13件，较上年增长3.46件。

截至2020年底，C省28家拥有有效发明专利的A股上市公司中，C省某公司以1445件有效发明专利居首位，其余企业均在300件以下，C省某自动化股份有限公司、某动力股份有限公司分别以213件、149件有效发明专利排名第2位、第3位。C省A股上市公司中，拥有100件以上有效发明专利的共有4家，拥有100件以下、10件以上的共有10家，有效发明专利量前14家企业共拥有发明专利2316件，占全部A股上市公司有效发明专利量的98.2%，集中程度相对较高。

（3）C省重点企业专利活动

1）C省科技型中小企业发明专利覆盖率超三成，发明专利平均拥有量呈小幅度增长。

2020年C省共有2456家科技型中小企业。专利统计数据显示，2020年C省科技型中小企业共获得发明专利授权1769件，较上年同比增长11.3%。截至2020年底，C省科技型中小企业共拥有发明专利8105件，发明专利平均拥有量为3.30件，较上年增加0.59件。在2456家科技型中小企业中，拥有发明专利的企业数量为801家，发明专利覆盖率达32.6%，低于全国平均水平（36.3%），在31省（区、市）中排名第16位，较2019年上升2位，在知识产权同类型六省中排名第4位，仅高于H省（21.1%）和P省（20.6%）。

C省拥有50件以上有效发明专利的科技型中小企业数量共有21家，共拥有有效发明专利 2409 件,占全部科技型中小企业有效发明专利量的 29.7%,其中 C 省 RZYY 有限公司以 800 件有效发明专利居首位,C 省 YYGY 研究院有限责任公司和 C 省 JD 设计研究院以 144 件并列第 2 位。

2)C 省高新技术企业有效发明专利覆盖率超四成,发明专利平均拥有量低于全国平均水平。

高新技术企业是知识密集、技术密集的经济实体,2020 年 C 省共有高新技术企业 4240 家。统计数据显示,C 省 2020 年高新技术企业发明专利授权量为 2602 件,较上年(2546 件)同比增长 2.2%。截至 2020 年底,C 省高新技术企业中,拥有发明专利的高新技术企业数量是 1700 家,高新技术企业的发明专利覆盖率达 40.1%。截至 2020 年底,C 省高新技术企业共拥有发明专利 13469 件,发明专利平均拥有量为 3.18 件,低于全国平均水平(3.78 件),在 31 省(区、市)中排名第 16 位,在知识产权同类型六省中排名第 4 位。C 省 2020 年高新技术企业发明专利平均拥有量较上年增长 0.54 件,增幅在 31 省(区、市)中排名第 5 位,增幅在知识产权同类型六省中排名第 1 位。

截至 2020 年底,C 省拥有发明专利的高新技术企业中,C 省某公司以 1445 件有效发明专利居首位,其余企业均拥有 500 件以下,其中 100 件以上的共有 12 家,100 件以下、50 件以上的共有 14 家,前 27 家高新技术企业共拥有有效发明专利 5101 件,占 C 省高新技术企业有效发明专利量的 37.9%。

3. 专利与产业匹配度

产业是区域的脊梁。从国外主要发达国家产业发展的经验来看,产业专利数量与产业规模和发展状况会高度正相关,产业专利与产业创新发展能力越匹配,产业竞争的优势就越明显,产业发展的趋势就越向好。《C 省国民经济和社会发展第十四个五年规划和 2035 年远景目标纲要》中提及,把制造业高质量发展放到更加突出的位置,培育具有国际竞争力的战略性新兴产业集群和先进制造业集群,巩固壮大实体经济根基,加快建设国家重要先进制造业中心,同时结合 C 省重点产业和发展现状,推动文化产业创新发展。以下就 C 省战略性新兴产业、支柱产业和工业产业的专利活动与产业发展进行匹配度分析。

(1)战略性新兴产业

战略性新兴产业创新要素密集,投资风险大,发展国际化,国际竞争激烈,对知识产权创造和运用依赖强,对知识产权管理和保护要求高。开展战略性新兴产业专利布局储备,是抢占新一轮经济和科技发展制高点、化解战略性新兴产业发展风险、支撑战略性新兴产业形成竞争优势的基础。分析战略性新兴产业发明专利授权趋势和发明专利拥有量情况,是将区域高端产业发展定位和实际专利产出结果相结合相关联，可以全面反映C省的产业导向与实际专利活动的匹配程度。

1）C省战略性新兴产业发明专利授权量增速高于全国平均水平，且优于全部发明专利授权量增长。

2020年C省战略性新兴产业发明专利授权量为2068件，在31省（区、市）中排名第15位。2020年C省战略性新兴产业发明专利授权量占C省当年发明专利授权量（7637件）的27.1%，该占比较2019年增长1.8%。C省2020年战略性新兴产业发明专利授权量同比增速为17.3%，在31省（区、市）中排名第14位，高于全国平均水平（12.9%）。就相对增速而言，C省战略性新兴产业发明专利授权量增速高于C省整体发明专利授权量增速8.0个百分点。

2020年C省战略性新兴产业发明专利授权量在知识产权同类型六省中排名末位，但同比增速在知识产权同类型六省中排名第3位，仅低于O省和P省。

2）C省战略性新兴产业发明专利拥有量增速低于全国平均水平，相较于全国暂不具有比较优势。

截至2020年底，C省共拥有战略性新兴产业发明专利9360件，在31省（区、市）中排名第16位，排名与上年持平。从战略性新兴产业有效发明专利量占地区有效发明专利量的比重来看，C省2020年占比为26.5%，该占比低于全国平均水平（31.2%），但较C省2019年增长1.5个百分点。从战略性新兴产业有效发明专利量同比增速来看，C省2020年同比增速为15.4%，低于全国战略性新兴产业有效发明专利量增速（18.7%），在31省（区、市）中排名第21位。C省战略性新兴产业发明专利拥有量相对专业化指数为0.8，暂不具有比较优势。

截至2020年底，C省战略性新兴产业有效发明专利量和同比增速在知识产权同类型六省中均排名末位。

3）C省企业专利权人中专利为战略性新兴产业的企业占比超三成，但略有下降。

截至2020年底，C省拥有发明专利的企业专利权人数量为4658人，其中1493人为战略性新兴产业专利的企业专利权人，战略性新兴产业企业专利权人数量占比为32.05%，低于全国平均水平（37.48%），在31省（区、市）中排名第29位，仅高于Z省和ZX省。2020年C省战略性新兴产业企业专利权人数量占比较上年下降0.63%，下降幅度高于全国平均水平（下降0.16%）。

2020年C省战略性新兴产业企业专利权人数量占比在知识产权同类型六

省中排名末位,下降幅度在知识产权同类型六省中排名第 1 位。

(2) 支柱产业

C 省"十四五"规划指出,深入实施智能制造和绿色制造,加快发展服务型制造,推动电子、汽车摩托车、装备制造、消费品、新材料等产业高端化、智能化、绿色化转型。

1) C 省电子产业、新材料产业发明专利授权量年均增速高于全国平均水平。

2020 年 C 省电子产业发明专利授权量为 882 件,较上年同比增长 14.7%,增速高于 C 省全部发明专利授权量增速(9.3%),但低于全国电子产业发明专利授权量增速(21.3%)。2016 年至 2020 年五年期间,C 省电子产业发明专利授权量整体呈增长趋势,五年年均增速为 10.4%,高于该产业全国年均增速(8.7%)。2020 年 C 省电子产业发明专利授权量较 2016 年发明专利授权量(594 件)增长 288 件。截至 2020 年底,C 省共拥有电子产业发明专利有效量 4092 件,占 C 省发明专利有效量的 11.6%。与全国电子产业相比,C 省电子产业发明专利有效量相对专业化指数为 0.7,处于比较劣势状态。

2020 年 C 省新材料产业发明专利授权量为 778 件,较上年同比增长 12.3%,增速高于 C 省全部发明专利授权量增速(9.3%),但低于全国新材料产业发明专利授权量增速(21.4%)。2016 年至 2020 年五年期间,C 省新材料产业发明专利授权量整体呈增长趋势,五年年均增速为 8.9%,高于该产业全国平均水平(3.5%)。2020 年 C 省新材料产业发明专利授权量较 2016 年发明专利授权量(553 件)增长 225 件。

2) C 省汽车摩托车产业发明专利有效量具有比较优势,装备制造产业处于均势状态,消费品产业处于比较劣势状态。

2020 年 C 省汽车摩托车产业发明专利授权量为 352 件,较上年同比增长 0.9%,增速低于 C 省全部发明专利授权量增速(9.3%)和全国汽车摩托车产业发明专利授权量增速(25.5%)。截至 2020 年底,C 省共拥有汽车摩托车产业发明专利有效量 2587 件,占 C 省发明专利有效量的 7.3%。与全国汽车摩托车产业相比,C 省汽车摩托车产业发明专利有效量相对专业化指数为 2.9,具有比较优势。

2020 年 C 省装备制造产业发明专利授权量为 5951 件,2016 年至 2020 年,该产业发明专利授权量整体呈增长趋势,年均增速为 12.8%,与该产业全国年均增速(12.8%)基本持平。截至 2020 年底,C 省共拥有装备制造产业发明专利有效量 26600 件,占 C 省发明专利有效量的 75.2%。与全国装备制造产业相比,C 省装备制造产业发明专利有效量相对专业化指数为 1.0,处于均势状态。

2020 年 C 省消费品产业发明专利授权量为 501 件，较上年同比增长 31.5%，增速高于 C 省全部发明专利授权量增速（9.3%）和全国消费品产业发明专利授权量增速（27.9%）。2016 年至 2020 年五年期间，C 省消费品产业发明专利授权量整体呈增长趋势，五年年均增速为 13.7%，高于该产业全国年均增速（2.1%）。截至 2020 年底，C 省共拥有消费品产业发明专利有效量 2388 件，占 C 省发明专利有效量的 6.8%。与全国消费品产业相比，C 省消费品产业发明专利有效量相对专业化指数为 0.9，不具有比较优势。

3) C 省支柱产业中，装备制造产业、消费品产业与专利活动匹配，其他产业专利活动与产业发展定位存在偏离。

对于 C 省支柱产业，按照产业"专利 – 相对速度/优势"（Patent – Relative Velocity/Advantage，P – RV/A）模型，分析结果如表 2 – 8 所示，C 省支柱产业体系中，装备制造产业、消费品产业处于绿色运行区，专利增长趋势与 C 省产业发展定位较为匹配，总体发展态势较为良好。电子产业和材料产业发明专利授权量增速低于 C 省全部发明专利授权量增速，处于橙色区域。汽车摩托车产业近年来发明专利授权量增速放缓，均低于 C 省和全国该产业平均水平，专利活动与产业发展定位存在较大偏离，处于红色预警状态。

表 2 – 8　2020 年 C 省支柱产业定位与专利趋势匹配度[1]

类别	产业	发明专利授权量相对增速 P – RV1（产业 VS 区域）	发明专利授权量相对增速 P – RV2（产业 VS 全国产业）	状态	发明专利拥有量相对专业化指数	是否具有比较优势	产业定位与专利趋势匹配度
支柱产业	电子产业	<1	>1	●（橙色）	0.7	否	偏离
	汽车摩托车产业	<1	<1	●（红色）	2.9	是	严重偏离
	装备制造产业	>1	>1	●（绿色）	1.0	是	较为匹配
	消费品产业	>1	>1	●（绿色）	0.9	否	匹配
	材料产业	<1	>1	●（橙色）	0.9	否	偏离

(3) 工业产业活动与专利活动匹配状态

---

[1] 发明专利授权量相对增速 P – RV1 = 区域某产业发明专利授权量增速/C 省发明专利授权量增速。

发明专利授权量相对增速 P – RV2 = 区域某产业发明专利授权量增速/全国某产业发明专利授权量增速。

1）C 省产业产值与专利匹配的主导产业不足五成。

2020 年 C 省具有产值贡献的 39 个工业大类中，产值贡献具有相对专业优势的产业共有 13 个（产业区位熵≥1），如表 2-9 所示，其中产值区位熵和专利区位熵处于匹配状态的产业有 6 个，分别是：非金属矿物制品业，通用设备制造业，汽车制造业，铁路、船舶、航空航天和其他运输设备制造业，其他制造业，燃气生产和供应业。

表 2-9 C 省工业产业产值与专利规模的匹配情况

序号	产值区位熵	专利区位熵	产业地位	匹配状态	产业数量/个
1	≥1	≥1	相对优势产业	匹配	6
2	<1	<1	一般产业	匹配	16
3	≥1	<1	相对优势产业	不匹配	7
4	<1	≥1	一般产业	不匹配	10

2）C 省有 34 个产业处于产值和专利不饱和状态。

专利饱和产业占比是指区域产业门类中进入专利饱和状态的产业数量占区域产业数量的比重。专利饱和产业越多，意味着需要针对性调整专利政策或审视技术创新现状的产业越多。专利饱和产业占比为逆向指标。根据国民经济行业分类，以各区域具有发明专利的产业大类为基数，统计各大类产业的有效发明专利权人密度和有效发明专利份额，以各产业大类国外来华有效发明专利作为判断是否处于专利饱和的基准值，C 省 2020 年 41 个国民经济大类行业均拥有发明专利，其中涉及有产值的工业产业共 39 个大类，其中 34 个产业处于专利不饱和状态，5 个产业处于专利饱和状态，分别为化学原料和化学制品制造业、非金属矿物制品业、金属制品业、专用设备制造业、电气机械和器材制造业。相比 2019 年，C 省处于专利饱和状态的产业减少了仪器仪表制造业。

3）C 省工业产业活动与专利活动总体匹配度为 51.3%。

根据产业"专利-匹配饱和/密度"（Patent-Matching-Saturation/Density, P-MS/D）模型，产业活动与专利活动的匹配是综合性概念，包括产业活动与专利数量规模的匹配，也包括产业活动与专利权人分布结构的匹配。产业专利规模匹配度反映了产业产值规模与专利存量规模之间的匹配程度，产业专利饱和度反映了产业专利权人分布的集中和分散程度。将两者结合形成"专利-匹配-饱和"二元矩阵，所有产业均可落入矩阵的四个象限中，同时按照匹配到偏离的严重程度，可以给出产业活动与专利活动匹配监测的预警等级：

绿色运行区：指第一象限（A 区），表示产业活动与专利活动匹配，即产业产值规模与专利规模相对匹配，专利活动未饱和，无须调整专利政策，只需加强监测即可。

橙色预警区：包括第二象限（B区）和第四象限（D区），表示产业活动与专利活动有一定的偏离。具体包括：B区产业产值规模与专利规模匹配，但进入专利饱和状态，专利权人分布分散，需要调整专利分布结构。D区产业专利权人分布程度合适，但产业产值规模与专利规模不匹配，需要调整专利规模。

红色预警区：指第三象限（C区），表示产业活动与专利活动严重偏离，产业产值规模与专利规模不匹配，同时产业专利权人分布较为分散，需要同时调整专利规模和专利分布结构。

根据"专利-匹配-饱和"（P-MS）模型，得到C省分析结果如表2-10所示。其中有产值和专利贡献的39个工业门类中，工业产业与专利活动匹配程度监测状态为绿色的产业数量为20个，占比为51.3%。其中主导产业共有5个：通用设备制造业，汽车制造业，铁路、船舶、航空航天和其他运输设备制造业，其他制造业，燃气生产和供应业。一般产业共有15个：黑色金属矿采选业，有色金属矿采选业，农副食品加工业，食品制造业，酒、饮料和精制茶制造业，烟草制品业，纺织业，纺织服装、服饰业，皮革、毛皮、羽毛及其制品和制鞋业，木材加工和木、竹、藤、棕、草制品业，家具制造业，文教、工美、体育和娱乐用品制造业，石油加工、炼焦和核燃料加工业，化学纤维制造业，橡胶和塑料制品业。

表2-10 C省"专利-匹配-饱和"模型分析结果

象限	预警级别	工业产业名称	专利策略
A1（匹配、不饱和主导产业）	●●（绿色）	通用设备制造业	持续监测
		汽车制造业	
		铁路、船舶、航空航天和其他运输设备制造业	
		其他制造业	
		燃气生产和供应业	
A2（匹配、不饱和一般产业）	●（绿色）	黑色金属矿采选业	持续监测
		有色金属矿采选业	
		农副食品加工业	
		食品制造业	

续表

象限	预警级别	工业产业名称	专利策略
A2（匹配、不饱和一般产业）	●（绿色）	酒、饮料和精制茶制造业	持续监测
		烟草制品业	
		纺织业	
		纺织服装、服饰业	
		皮革、毛皮、羽毛及其制品和制鞋业	
		木材加工和木、竹、藤、棕、草制品业	
		家具制造业	
		文教、工美、体育和娱乐用品制造业	
		石油加工、炼焦和核燃料加工业	
		化学纤维制造业	
		橡胶和塑料制品业	
B1（匹配、饱和主导产业）	●●（橙色）	非金属矿物制品业	持续监测，调整专利结构
B2（匹配、饱和一般产业）	●（橙色）	电气机械和器材制造业	持续监测，调整专利结构
C2（不匹配、饱和一般产业）	●（绿色）	化学原料和化学制品制造业	调整专利结构，控制专利规模
		金属制品业	
		专用设备制造业	
D1（不匹配、不饱和主导产业）	●●（橙色）	非金属矿采选业	持续监测，增加专利规模
		造纸和纸制品业	
		印刷和记录媒介复制业	
		医药制造业	
		计算机、通信和其他电子设备制造业	
		仪器仪表制造业	
		水的生产和供应业	

续表

象限	预警级别	工业产业名称	专利策略
D2（不匹配、不饱和一般产业）	●（橙色）	煤炭开采和洗选业	持续监测，控制专利规模
		石油和天然气开采业	
		黑色金属冶炼和压延加工业	
		有色金属冶炼和压延加工业	
		废弃资源综合利用业	
		金属制品、机械和设备修理业	
		电力、热力生产和供应业	

上述产业产值与专利规模较为匹配，产业专利权人分布结构尚未饱和，主要专利策略为加强产业专利活动的数据监测。

根据"专利-匹配-饱和"（P-MS）模型，C省有产值和专利贡献的39个工业门类中，工业产业与专利活动匹配程度监测状态为橙色的产业数量为16个，占比为41.0%。其中产值与专利匹配的主导产业共有1个：非金属矿物制品业；产值与专利匹配的一般产业共有1个：电气机械和器材制造业；产值与专利不匹配的主导产业共有7个：非金属矿采选业，造纸和纸制品业，印刷和记录媒介复制业，医药制造业，计算机、通信和其他电子设备制造业，仪器仪表制造业，水的生产和供应业；产值与专利不匹配的一般产业共有7个：煤炭开采和洗选业，石油和天然气开采业，黑色金属冶炼和压延加工业，有色金属冶炼和压延加工业，废弃资源综合利用业，金属制品、机械和设备修理业，电力、热力生产和供应业。

上述产业中产业产值规模与专利规模匹配，但进入专利饱和状态，专利权人分布分散，需要调整专利分布结构；产业产值规模与专利规模不匹配，但产业专利权人分布程度合适，需要调整专利规模。

根据"专利-匹配-饱和"（P-MS）模型，C省有产值和专利贡献的39个工业门类中，工业产业与专利活动匹配程度监测状态为红色的产业数量为3个，为化学原料和化学制品制造业、金属制品业、专用设备制造业，产业产值规模与专利规模不匹配，同时产业专利权人分布较为分散，产业活动与专利活动严重偏离，需要同时调整专利规模和专利分布结构。

2.2.2.4　专利导航城市创新发展建议

知识产权是省市迈向未来发展的原动力和新引擎。C省作为我国知识产权强省，正奋力建设具有全国影响力的科技创新中心，力求基本建成区域协同创新体系、基本形成科技创新中心核心功能、基本显现区域科学影响力。专利导航创新高质量发展指数是以专利导航的视角综合评价省市创新质量，根据指数测算结果，在全国31省（区、市）中，C省2020年专利导航区域创新高质量发展指数排名第14位，处于中游水平。面对C省提出的高水平科技创新基地等发展目标，C省继续发挥高质量创新的支撑作用，全面推动全省经济高质量发展。

1. C省创新发展主要特点

（1）C省专利密集型产业产值占工业总产值比重较高

2019年C省专利密集型相关工业行业产值为13613.8亿元，占C省工业总产值的比重为63.9%，远高于全国平均水平（45.0%），在31省（区、市）中排名第3位，仅次于B省、Y省。

（2）C省集成电路布图设计认知度不断提升

2020年C省公布的集成电路布图设计数量为146件，在31省（区、市）中排名第14位，较上年上升1位。2018—2020年C省集成电路布图设计数量年均增速为170.2%，高于全国平均水平（76.7%），在31省（区、市）中排名第4位。2020年C省参与集成电路布图设计的企业数量为66个，创作人数量为124个，在31省（区、市）中均排名第11位，较上年上升3位。从增速和排名上涨可以看出，作为一个新兴知识产权客体，集成电路布图设计在C省体量较小的情况下，认知度正在不断提升。

（3）战略性新兴产业中新一代信息技术产业具有创新优势

C省新一代信息技术产业创新优势显著，从发明人分布来看，九大产业中新一代信息技术产业专利发明人数量最多，申请专利和授权专利该产业发明人数量分别达23917人、1003人；从合作申请来看，九大产业中涉及合作申请最多的产业是新一代信息技术产业（1214件），专利量是排第2位的新材料产业（595件）的两倍有余；从重点创新主体专利分布来看，九大产业有效发明专利主要分布在新一代信息技术产业，所占比重达48.1%，其余产业占比均不足两成；从高被引专利分布来看，C省高被引专利中有81件属于战略性新兴产业，其中27件均属于新一代信息技术产业。

（4）高校发明专利创新能力和发明家水平具有优势

一是高校发明专利覆盖率高于全国平均水平。截至2020年底，C省高校有效发明专利覆盖率为77.3%，高于全国平均水平（76.0%），较2019年增长4.0%，增幅高于全国平均水平（1.29%），在知识产权同类型六省中排名第2位，仅低于P省。二是高校发明家占比排名靠前。截至2020年底，C省高校发明家占比为0.94%，高于全国平均水平（0.82%），在31省（区、市）中排名第5位，在知识产权同类型六省中排名第1位。

（5）企业整体知识产权活动表现活跃

一是企业连续获得发明专利授权的能力持续增强。2018—2020年，C省获得发明专利授权的企业中持续获得发明专利授权的企业占比为10.7%，高于全国平均水平（10.2%），是知识产权同类型六省中唯一呈增长的省份。二是多种类型企业发明专利覆盖率均超三成。截至2020年底，科技型中小企业、高新技术企业、专精特新企业、A股上市公司等企业有效发明专利覆盖率均超30%。三是多种类型企业平均每家企业发明专利拥有量均超3件。截至2020年底，C省高新技术企业、科技型中小企业、专精特新企业等平均每家企业发明专利拥有量均在3件以上，A股上市公司平均拥有量高达42.1件。

2. C省创新发展主要问题

（1）C省核心技术专利授权和维持有待提升

截至2020年底，C省发明专利申请量占三种专利类型申请量的比重为33.6%，高于全国平均水平（30.6%），而发明专利授权量占比和发明专利有效量占比均低于全国平均水平。C省发明专利虽然在申请上占据优势，但专利授权和有效专利维持与全国平均水平存在差距。

（2）C省知识产权运营活跃度有待提高

2020年，C省包括专利转让、许可、质押等在内的专利运营次数达到10215次，在31省（区、市）中排名第13位，较上年上升1位；其中C省专利转让次数达9536次，在31省（区、市）中排名第12位，较上年上升2位；专利许可次数为69次，在31省（区、市）中排名第19位，较上年下降2位；专利质押次数为610次，在31省（区、市）中排名第22位，较上年下降8位。

（3）C省品牌创造能力和运用活力有待增强

一是商标申请水平低于全国平均水平。C省2020年申请商标16.1万件，占全国商标申请量的1.8%，2020年较2019年同比增速为11.7%，远低于全国平均水平（20.2%），同时C省2020年商标申请量和同比增速在知识产权同类型六省中均排名末位。二是商标注册水平低于全国平均水平。C省2020年注册商标10.5万件，占全国商标注册量的1.9%，2020年较2019年同比下降11.0%，下降速度高于全国平均水平（同比下降9.7%），同时C省2020年商标注册量在知识产权同类型六省中排名第5位，仅高于H省，但下降速度在知识产权同类型六省中居首位。

一是地理标志产品数量较少。截至2021年7月，C省累计获保护地理标志产品仅有14个，占全国获保护产品数量的0.6%，在31省（区、市）中排名第26位。从C省地理标志产品发展趋势来看，2012年C2豆腐乳获保护之后再无新增地理标志保护产品。二是C省用标企业数量较少。截至2021年7月，C省累计获准使用地理标志专用标志的企业共有19家，仅占全国用标企业的0.2%，远低于全国平均水平（292家）。三是C省地理标志产品利用率较低。C省14个地理标志产品中仅有3个产品有用标企业，其余11个产品自保护以来始终处于闲置状态，产品利用率为21.4%，位列全国第29位。

（4）研发投入产出效率水平有待提高

一是每亿元研发投入专利授权量和增幅均低于全国平均水平。C省2020年每亿元研发投入专利授权量为37.0件，低于全国平均水平，在知识产权同类型六省中排名第4位，仅高于H省和O省。2020年每亿元研发投入专利授权量较2019年增长3.0件，增幅远低于全国平均水平，且增幅在31省（区、市）中排名第30位，在知识产权同类型六省中排名末位。二是每万人年研发人员专利授权量和增幅低于全国平均水平。2020年C省每万人年研发人员专利授权量为1779.5件，低于全国平均水平，在31省（区、市）中排名第28位，在知识产权同类型六省中排名第4位，仅高于H省和O省。2020年每万人年研发人员专利授权量较2019年增长264.5件，增幅低于全国平均水平，在31省（区、市）中排名第27位，在知识产权同类型六省中排名第5位。

（5）科研机构发明创造能力和发明家创新活力不高

一是科研机构发明专利覆盖率低于全国平均水平。截至2020年底，C省科研机构有效发明专利覆盖率为23.7%，低于全国平均水平。2020年全国科研机构有效发明专利覆盖率出现下降，C省下降幅度为3.1%，远高于全国平均水平。二是科研机构发明家占比低于全国平均水平。截至2020年底，C省科研机构发明家共有93人，占科研机构发明人总数的0.71%，低于全国平均水平。

（6）战略性新兴产业发明专利授权和维持均不具有优势

一是战略性新兴产业发明专利授权量占比低于全国平均水平。2020年C省战略性新兴产业发明专利授权量为2068件，占C省当年全部发明专利授权量的27.1%，低于全国平均水平，且授权量在知识产权同类型六省中排名末位。二是战略性新兴产业发明专利拥有量占比和增速均低于全国平均水平。截至2020年底，C省共拥有战略性新兴产业发明专利9360件，占全部发明专利拥有量的26.5%，低于全国平均水平，2020年战略性新兴产业发明专利拥有量较上年同比增长15.4%，低于全国平均水平，而在知识产权同类型六省中，C省战略性新兴产业发明专利拥有量和同比增速均处于末位。三是企业战略性新兴产业创新能力未完全激发。截至 2020 年底，C 省战略性新兴产业发明专利创新主体中仅有 32.05% 为企业，低于全国平均水平，在 31 省（区、市）中排名第 29 位，且该占比较 2019 年下降 0.63%，下降幅度高于全国平均水平。在知识产权同类型六省中，C 省战略性新兴产业发明专利企业创新主体占比居末位，但下降速度最快。四是四个分支产业专利活动与产业发展定位均存在偏离。近五年，C 省重点发展的六大战略性新兴产业中，新一代信息技术产业、新能源及智能网联汽车产业和高端装备产业发明专利授权量年均增速均低于全国平均水平。截至 2020 年底，高端装备产业、新材料产业、生物技术产业和节能环保产业发明专利拥有量相对于全国水平均处于劣势状态，专利活动与产业发展定位存在一定程度的偏离。

(7) 支柱产业技术创新引领作用不强

近五年，汽车摩托车产业和装备制造产业发明专利授权量均出现下降，电子产业、消费品产业和新材料产业发明专利有效量相较于全国均处于劣势状态，总体而言，电子产业和材料产业发明专利授权量增速低于 C 省整体，处于橙色区域。汽车摩托车产业近年来发明专利授权增速放缓，均低于 C 省和全国产业平均水平，专利活动与产业发展定位存在较大偏离，处于红色预警状态。

3. 相关建议

针对 C 省创新发展不平衡等问题，对 C 省知识产权强省建设路径的建议为：以推动高质量发展为主题，以深化供给侧结构性改革为主线，以改革创新为根本动力，深化新一轮全面创新改革试验，健全创新激励政策体系，营造鼓励创新创业创造的政策环境，完善知识产权创造、运用、交易、保护制度规则，争创国家级知识产权保护试点示范区，提升产业链供应链现代化水平，加快构建现代产业体系，奋力谱写 C 省高质量发展新篇章。

1) 加强知识产权创造，激发科研人员创新活力。

C 省在申请、授权和有效三种法律状态的数量上，仅在申请量上发明专利占三种专利类型的比重高于全国平均水平，授权和有效均低于全国平均水平。而研发人员参与发明创造活跃度以及科研机构发明专利创新能力均不具有优势。因此，激发科研人员创新活力，增强专利创新能力势在必行。

从技术上，围绕 C 省重点产业挖掘专利技术，加强专利布局。针对 C 省六大战略性新兴产业和支柱产业与专利活动存在严重偏离等关键问题，围绕 C 省相关产业开展产业规划类专利导航，制定专利导航产业创新发展政策文件，加强产业发展专项资金项目扶持对象的动态评估，在评估体系中增加专利产出数量、质量、结构和效益等指标比重，提高产业专利分析针对性，提出支撑 C 省新兴产业发展的政策举措。

从创新人才上，利用高校和科研机构引领创新，激发创新活力，扶持创新人才。一是针对高校，以激发创新活力为主，利用高校发明家优势，采用连带策略，托举高校发明家为创新核心，激发高校整体创新活力。二是针对科研机构，以扶持创新人才为主，科研机构发明专利覆盖率和发明家数量均不具有优势，因此与高校合作，以高校发明家和科研机构发明家为核心，形成一对多定点扶持、精确扶持、分领域扶持，激励科研人员尤其是科研机构中已有发明专利的创新人才向发明家发展。

2）推动地理标志保护地区特色产品，提高品牌效应。

地理标志是地区承载巨大经济价值的无形资产，也是大幅提高农产品、其他初级产品及加工食品品牌效应的最佳方法。《C省国民经济和社会发展第十四个五年规划和2035年远景目标纲要》"构建生态产业体系"中提到要大力发展区域特色高效农业，联合制定区域系列农产品标准，新增30个国家地理标志农产品。协助推动城镇群生态优先绿色发展。在"大力发展现代山地特色高效农业"中提到要实施农业品牌提升工程、地理标志农产品保护工程，开展有机农产品认证，推广区域公用品牌，提高农业质量效益和竞争力。

但C省自2012年C2豆腐乳获保护之后再无新增地理标志保护产品，而已有的14个地理标志产品中仅有3个产品有用标企业，其余11个产品自保护以来始终处于闲置状态，而超八成的用标企业均集中在C5桃片，因此对新的地理标志产品申请保护的同时，也要唤醒已有的沉睡地理标志产品，更要发展已经形成产业体系的地理标志产品。

3）提高文化产业创新动力，推动文化与科技深度融合。

C省省会作为我国重要的国际化大都市，文化产业占据重要地位。"十三五"以来，C省深入实施"互联网+""文化+"战略，在加快推进新闻出版等传统行业转型升级的同时，促进数字出版等数字文化产业类新兴业态的发展。《C省国民经济和社会发展第十四个五年规划和2035年远景目标纲要》明确提出推动文化产业创新发展战略，大力培育数字阅读、数字影音、VR/AR游戏、全息展览、绿色印刷、文化智能装备等新业态。

目前C省文化产业专利创新不足，个别产业专利活动与产业发展定位存在偏离，因此激活文化产业整体创新活力的同时，调整文化产业发展方向，将数字产业实际创新应用到文化产业技术升级中，通过数字产业技术和人才力量协助文化产业创新发展。

4）重点提高部分产业专利质量，提升高价值专利占比。

战略性新兴产业和支柱产业中，部分产业专利授权量增速高于国内该产业平均水平，但其发明专利拥有量与该产业全国发明专利拥有量相比，处于比较劣势状态，而发明专利维持年限不高是主要原因。有效发明专利的维持年限是评价专利维持制度优劣和反映专利制度运行绩效的关键指标之一，能够反映创新主体的专利运用、管理能力和地区的技术创新能力，《中华人民共和国国民经济和社会发展第十四个五年规划和2035年远景目标纲要》首次设定"每万人口高价值发明专利拥有量"指标，而有效发明专利是其中重要一环。

重点提高汽车摩托车产业、新一代信息技术产业等的专利质量，从而提升该产业有效发明专利的维持年限，培育高价值专利，依据包括知识产权管理制度建设、专利导航及信息利用、专利布局策略制定以及信息化平台建设在内的高价值专利培育体系，完成特定技术和产品构建的高价值专利组合。

5）建立常态化的专利导航城市创新发展决策机制。

提升知识产权治理能力、提高精细化管理水平，需要建立"用数据说话、用数据决策、用数据管理、用数据创新"的知识产权宏观管理机制。建议运用专利导航理念持续开展创新发展质量评价工作，从增量和存量角度全面摸清城市知识产权底数和基本面，厘清知识产权资源与创新资源、产业资源的匹配关系，掌握城市创新发展质量在共同坐标系下的现实位置和变化趋势，促进专利导航城市创新发展决策机制的常态化运行，提高城市创新宏观管理能力和资源配置效率。

2.3 案例解析

本案例遵循《专利导航指南 第2部分：区域规划》（GB/T 39551.2—2020）的基本要求，以专利数据为基础，综合运用了多种数据资源，构建了区域创新质量评价模型，基于专利导航的视角，一是从专利导航视角完成对C省创新发展质量的综合评价，从创新发展竞争力以及创新发展匹配度双维坐标，定位C省创新发展质量现状，针对性描绘C省创新质量画像；二是基于创新质量画像提出知识产权强省建设路径建议，基于C省"十四五"等政策文件的产业发展目标，从创新发展竞争力以及专利与科技、产业和企业创新发展的匹配度等方面，分析C省当前创新及专利活动的现状、优势和不足，为C省知识产权强省建设路径提出相关建议。

以下根据标准条文，对本案例项目实施的基础条件、项目启动、项目实施、质量控制、成果产出、成果运用及绩效评价等几个方面进行简要解析。

2.3.1 基础条件解析

专利导航项目实施的基础条件包括数据资源及人力资源。根据标准要求，实施区域规划类专利导航应当具备的数据资源首先包括《专利导航指南 第1部分：总则》（GB/T 39551.1—2020）中对信息资源的基本要求：世界知识产权组织规定的专利合作条约（PCT）最低文献量专利数据资源及相应的检索工具，与专利导航需求密切相关的产业、科技、教育、经济、法律、政策、标准等信息资源，与专利导航需求密切相关的企业、高等学校和科研组织等信息资源。此外，根据标准要求，实施以区域创新质量评价为目标的区域规划类专利导航，应当具备的数据资源包括区域环境相关信息，可包括国内外不同层面区域规划、产业规划、产业政策及产业平台等信息；区域相关统计数据；区域相关主要法人及自然人创新活动及市场活动信息以及专利引文数据库。

本案例实施中，对上述信息均进行了采集，主要采集的内容有：

①专利相关的数据。区域内专利授权数量和有效发明专利数量；PCT国际专利申请受理量；专利转让次数、许可次数和质押次数；发明专利、实用新型、外观设计的发明人次或设计人次等；每万人口发明专利拥有量；高被引发明人数量、高被引发明专利数量。此部分的数据运用贯穿整个案例。

②专利与经济相关的数据。专利质押融资笔数、专利质押融资金额；专利许可备案合同数量、专利许可备案金额。

③经济相关的数据。R&D人员数量；专利密集型工业产值；工业总产值；出口总值；R&D经费内部支出；R&D人员全时当量；上市公司营业收入；全国工业销售产值；分行业工业总产值；分行业就业人员数。

④国内外产业政策及产业规划等数据。案例中关于C省的描述，覆盖了C省近年来的知识产权相关政策、产业发展政策等。

⑤除专利以外的其他知识产权数据。本案例中包含了商标数据、集成电路布图设计数据，还包含了地理标志数据。

在对人力资源的要求中，《专利导航指南 第1部分：总则》（GB/T 39551.1—2020）提出组织开展和具体实施专利导航工作宜由专业人员负责项目管理、信息采集、数据处理、导航分析和质量控制等工作。实施以区域创新质量评价为目标的区域规划类专利导航的人力资源条件除满足总则的规定外，人力资源还宜具有经济地理、产业经济等教育背景或从业经历，熟悉国家区域发展政策、产业政策、知识产权政策，以及具备相关产业领域情报搜集和研究分析能力。

本案例中的项目经理具有十年以上的专利导航项目管理及实施工作经验，具有良好的分析理解能力，熟悉国家区域发展政策、产业政策和知识产权政策，能准确判断导航目的、把握项目需求，具有较强的资源调配能力，具有良好的团队组织协调能力，能很好地统筹规划项目的推进，对项目节点、项目成本和质量都能很好地把控，项目成员中安排 2～3 人负责信息采集，负责信息采集的人员具有经济数据、产业数据和知识产权数据采集的能力，可以快速地采集年鉴、专利等数据，安排 2 人负责数据处理，能熟练使用数据处理工具，熟悉数据清洗、标引方法，具备中文及外文文献的阅读理解能力，最重要的是能给采集的数据增加关于国民经济行业和战略性新兴产业的数据标识，会对数据进行无量纲处理。安排 5 人作为专利导航分析人员开展导航分析工作，区域规划类专利导航的分析人员具备挖掘数据关联性、建立专利导航分析模型、发现高价值信息的能力，具备通过文字、图表等形式表达专利导航分析成果的能力，项目组中部分项目人员拥有基金从业资格，部分项目人员具有产业经济的学科背景，部分项目人员具有区域统计分析研究的经验，项目组还安排 1 人进行质量控制，此外，项目组还聘请了当地熟悉区域政策和产业实际发展状况的专家作为咨询专家。

2.3.2 项目启动解析

专利导航项目的启动一般包括确定项目负责人、需求分析、组建项目团队和制定实施方案几个步骤，如图 2-5 所示。由于区域规划类专利导航共有两类，因此，在项目启动时首先要明确项目的需求是以区域布局为目标还是以区域创新质量评价为目标，然后根据项目的目标选择相应类型的专利导航，并根据两种类型专利导航项目的特点，制定不同的实施方案。

本案例中首先确定了由正高级知识产权师担任项目负责人，负责整体统筹协调和区域专利导航项目的质量监督，确定高级知识产权师为项目经理，项目经理在区域专利导航方面具有非常丰富的项目经验。

项目经理明确了本项目是以区域创新质量评价为目标之后，进而对项目需求进行分析。经过多次沟通，C 省区域规划类专利导航分析是以服务 C 省创新发展为基本导向，基于 C 省"十四五"规划、产业发展规划等政策文件和重点产业链发展目标，一是从 C 省发展现状分析入手，梳理区域创新发展面临的问题，计算区域创新发展质量指数，并通过具体分析区域创新竞争力和匹配度，对区域的创新投入产出绩效和创新投入产出转化过程进行评价，真实反映区域创新质量。二是在前述分析的基础上，根据区域发展目标和区域资源禀

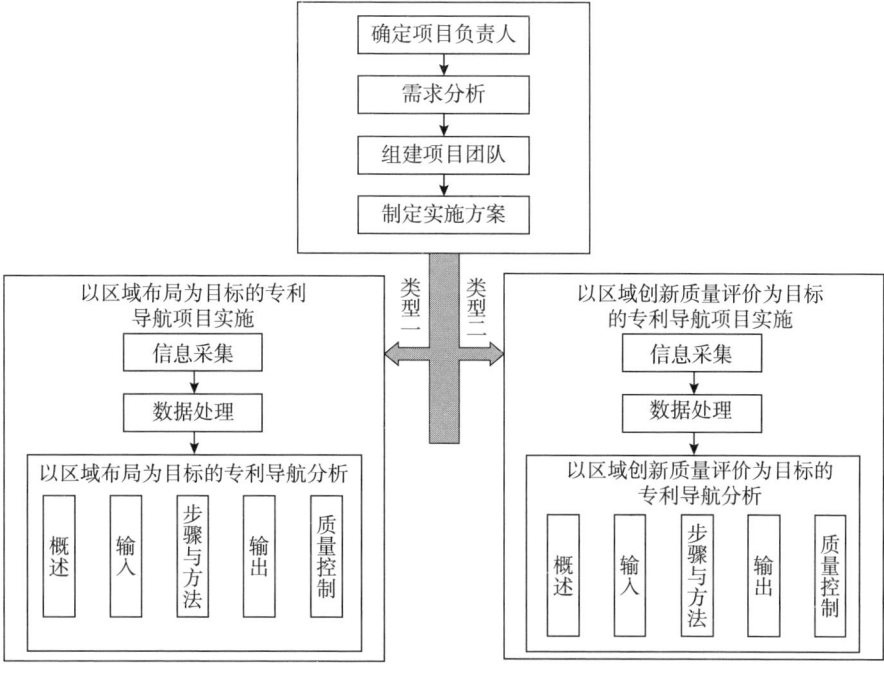

图 2-5 区域规划类专利导航项目启动框图

赋、区位优势等要素属性,抽取区域创新发展典型特征,绘制 C 省创新发展质量的全景"肖像",并基于区域创新发展质量评价和重点产业链创新分析,提炼 C 省创新发展过程中存在的优势和不足,为 C 省创新高质量发展建设路径提出相关建议。

明晰项目需求之后,项目经理负责组建项目实施团队,明确任务分工,把控项目节点和质量。在项目团队组建上,要做到知识结构、人员结构的合理安排,以确保成果呈现要符合本地实际,有针对性和可操作性。本次项目确定 3 名专利咨询师作为信息采集人员,负责区域专利信息、经济信息等数据采集工作;3 名专利咨询师作为数据处理人员,负责数据清洗和标引;3 名高级专利咨询师作为专利导航分析人员,负责指标体系的构建,4 名高级专利咨询师负责区域创新质量评价分析;1 名高级专利咨询师作为质量控制人员,负责评价检测专利导航分析成果。

团队组建完毕后,项目经理制定具体的实施方案。根据团队人力资源状况和项目需求需要投入的时间成本,确定项目实施进度计划,示例如表 2-11 所示。

表2-11　C省区域规划类专利导航项目进度计划表

序号	项目内容			实施时间
1	区域发展现状调研			1周
2	数据采集阶段			2周
3	专利导航分析	区域发展现状分析		1周
		创新发展质量评价分析		
		创新竞争力分析	创新产出分析	1周
			创新要素分析	
			创新效益分析	
		创新匹配度分析	科技匹配度分析	1周
			企业匹配度分析	
			产业匹配度分析	
		创新质量画像和路径分析		1周
4	成果验收与推广			/

实施进度计划制定完毕之后，项目即可进入实施阶段。

2.3.3　项目实施解析

区域创新质量评价工作以区域创新发展质量为监测对象，以专利数据为信息主体，设置一系列量化指标，形成专利导航区域创新高质量发展指数（PNID指数）体系。指数以专利导航视角，将创新活动满足城市发展要求的程度分解为创新发展竞争力与创新发展匹配度，涉及创新要素集聚、创新产出、创新效益、科技匹配度、企业匹配度、产业匹配度6个方面共20多个基础指标，用经过匹配度折合后的竞争力作为城市创新质量的综合评价结果。项目实施过程中一般包括以下几个阶段：

第一阶段，区域调研阶段。开展经济、科技、产业、政策现状调研，明确C省区域、产业发展实际，进一步明确C省区域规划类专利导航分析的着力点。

调研分为书面调研和实地调研，其中，书面调研是必需的，实地调研则根据项目实际情况，由各方商定。

第二阶段，指标构建阶段。围绕创新发展质量评价和产业创新发展构建创新指标体系，其中创新发展质量评价形成符合C省区域创新发展实际的PNID指标，产业创新发展形成技术发展热点、产业发展方向等创新指标，并验证指标的合理性。

第三阶段，数据采集和处理阶段。采集区域规划类专利导航需要的C省及对标区域在专利、经济、产业等方面的相关数据。围绕C省重点产业检索专利，采集产业专利数据。

第四阶段，专利导航分析阶段。开展创新发展现状模块、创新发展质量评价分析模块、创新发展竞争力分析模块、创新发展匹配度分析模块、创新质量画像和路径分析模块，完成专利导航报告，并提炼完成精要版专利导航报告。

第五阶段，专利导航成果落地推广阶段。开展专利导航成果发布会等项目推广工作，开展知识产权人才培养和培训。

以下针对区域规划类专利导航中比较特殊的一些过程进行进一步解析。

2.3.3.1　信息采集解析

目前《专利导航指南　第1部分：总则》（GB/T 39551.1—2020）中提到的3大类信息资源较为宽泛：世界知识产权组织规定的专利合作协定（PCT）最低文献量专利数据资源及相应的检索工具；与专利导航需求密切相关的产业、科技、教育、经济、法律、政策、标准等信息资源；与专利导航需求密切相关的企业、高等学校和科研组织等信息资源。因此，具体到以区域创新质量评价为目标的专利导航中，有必要进一步获取以下几类与区域相关的信息资源。

第一，专利导航在分析建模过程中要充分考虑区域所处发展环境。区域环境在专利导航中更多的是指政策环境，可包括国内外不同层面区域规划、产业规划、产业政策及产业平台等信息。通过阅读相关的区域规划，可以了解到目前区域重点发展的战略性新兴产业，为后续的数据采集和分析奠定良好的基础。例如，本项目采集到了《C省人民政府关于印发C省国民经济和社会发展第十四个五年规划和2035年远景目标纲要的通知》《关于强化知识产权保护的具体措施》等政策文件。

第二，需要采集区域相关统计数据，充分反映出该区域的经济发展状况，如R&D人员数量；专利密集型工业产值；工业总产值；出口总值；R&D经费内部支出；R&D人员全时当量；上市公司营业收入；全国工业销售产值；分行业工业总产值；分行业就业人员数等都是与该区域密切相关的数据。该部分采集的数据会运用到指标体系中，例如：专利与科技匹配度的"每万人年研发人员专利授权量"中，就需要用到R&D人员全时当量，C省2019年R&D人员全时当量为9.8万人年，对应的2020年每万人年研发人员专利授权量为1779.5件，低于全国平均水平（2222.8件），C省2020年每万人年研发人员专利授权量较上年增长 264.5 件。此外，区域相关主要法人及自然人创新活动及市场活动信息的获取有助于从创新活动的主体出发展开研究。

第三，需要采集专利与经济相关的数据。专利质押融资笔数、专利质押融资金额；专利许可备案合同数量、专利许可备案金额等。例如：专利引文数据库则可从创新的质量高低等角度来反映区域的创新专利质量。

总之，从区域不同层面获取的信息维度越多，越有助于客观分析区域及产业的创新现状，为科学开展区域规划提供有力支撑。

第四，根据区域创新质量评价类专利导航分析的需要将采集到的专利信息和非专利信息按照特定的格式进行数据整理，生成内容完整、形式规范的数据信息。

从时间维度来看，本案例采集的主要是 2018—2020 年三年的数据，如 C 省或其对标区域涉及的年鉴数据难获取时，会采用最接近的年份进行替代。

2.3.3.2 数据处理解析

区域创新质量评价类的专利导航数据处理的目的在于生成最终的评价指数。

根据标准《专利导航指南 第 1 部分：总则》（GB/T 39551.1—2020）和《专利导航指南 第 2 部分：区域规划》（GB/T 39551.2—2020）规定，以区域创新质量评价为目标的专利导航还宜对第 7.1 节所采集的数据增加关于行业及产业的标识。

本案例中主要采用的是国家专利导航数据库中标引的战略性新兴产业和国民经济行业数据开展的相关分析。国家专利导航数据库是由国家专利导航（企业）项目研究和推广中心建设的权威数据库。

2.3.3.3 专利导航分析解析

根据标准《专利导航指南 第 1 部分：总则》（GB/T 39551.1—2020）和《专利导航指南 第 2 部分：区域规划》（GB/T 39551.2—2020）规定，以区域创新质量评价为目标的专利导航分析以专利数据为基础，通过专利活动所表现的创新要素集聚、创新产出、创新效益等情况，以及专利活动与科技、企业、产业之间的匹配程度，综合评价区域创新质量，输入处理后的采集数据，经过一系列的标准化处理、赋权求和等计算，得到区域创新质量评价指数，输出以区域创新质量评价为目标的专利导航分析报告，包括但不限于区域创新竞争力分析、区域创新匹配度分析、区域创新质量评价分析、区域创新发展政策建议等。

本案例中不仅包括了上述区域创新发展竞争力分析和创新发展匹配度分析，创新发展质量评价分析，区域创新发展政策建议等，还包括了区域创新发展现状分析、创新质量画像及路径分析。

1. 区域创新发展现状

以专利发展现状为基础，辅以商标、地理标志、集成电路布图设计等其他知识产权数据，全面梳理C省的知识产权发展现状。同时结合C省科技、产业、企业等发展情况，全面掌握C省创新发展现状。

2. 创新发展质量评价分析模块

以待分析年份相关数据信息为基础，依据结合C省创新实际的区域创新高质量发展指标体系，计算C省创新发展质量指数，并研究其变化趋势，同时与同级别区域进行创新发展质量指数对标分析，明确C省创新发展的定位。其中相关数据信息包括专利、商标、集成电路布图设计、地理标志等知识产权数据，还包括C省产业、经济、科教等多维度数据。

3. 区域创新发展竞争力分析模块

以专利数据信息为基础，重点分析C省在创新产出、创新要素和创新效益方面的竞争力。其中创新要素反映了专利活动主体的集聚情况，创新产出反映了创新投入产出的数量和质量，创新效益从微观、中观和宏观角度反映创新产出效益，体现了专利、产品和产业层面专利活动的市场价值。

4. 创新发展匹配度分析模块

匹配度分析模块全面分析C省专利资源与区域创新资源、产业资源、经济资源的匹配程度。该模块立足产业发展现状，以专利数据信息为基础，分析专利资源与区域创新资源、产业资源、经济资源的匹配关系。其中，科技匹配度主要反映专利产出结果与产业发展导向、产业产值份额的吻合度；企业匹配度主要反映专利活动与企业创新主体地位以及地区企业创新发展要求的匹配度；产业匹配度主要反映专利产出结果与产业发展导向、产业产值份额的吻合度。

5. 创新质量画像及路径分析

城市画像是现实城市的虚拟代表，是建立在一系列真实数据基础上的目标模型。在专利导航城市创新发展质量评价指标体系框架下，根据知识产权强市发展目标以及城市资源禀赋、区位优势等要素属性，抽取城市创新发展质量的典型特征，采集、加工、整理相关数据资源，开展创新质量画像组成要素的大数据统计，描述城市创新发展质量的典型特征，利用信息图展示知识产权强市创新发展质量的全景"肖像"，尤其重点展示城市科技、企业、产业发展与专利活动的匹配度。

依据 C 省区域创新发展质量评价中的竞争力分析和匹配度分析，结合 C 省重点产业链创新发展分析，提取 C 省区域创新特点和产业创新特点，提出 C 省知识产权强市建设路径和创新高质量发展建议，推进知识产权在城市经济发展、产业规划、综合治理、公共服务等领域的全面运用和聚合发展。

2.3.4　质量控制解析

根据标准《专利导航指南　第 1 部分：总则》（GB/T 39551.1—2020）和《专利导航指南　第 2 部分：区域规划》（GB/T 39551.2—2020）规定，以区域创新质量评价为目标的专利导航在质量控制方面主要参照《专利导航指南　第 1 部分：总则》第 6.4.5 节关于质量控制的要求，即确保专利导航分析模型的有效性及分析方法的恰当性；确保分析结论的可靠性，可通过自我评价、需求方评价、第三方评价等方式进行检验。

本案例中对标区域选取了全国 31 省（区、市）作为 C 省 PNID 指数测算的对标对象，给出 2019 年、2020 年度 PNID 指数数据，对标区域均属于同一层级，对标区域的选择是合理的；本案例中采集的数据均来自国家知识产权局、国家统计局等官方数据，是权威可靠的；并且每项指标的排名也是客观可信的。

2.3.5　成果产出解析

根据标准《专利导航指南　第 1 部分：总则》（GB/T 39551.1—2020）和《专利导航指南　第 2 部分：区域规划》（GB/T 39551.2—2020）规定，以区域创新质量评价为目标的专利导航可根据需要制作专利导航图谱，以可视化形式展现分析成果及其关联信息。

本案例中共产出了四项成果：一是报告和简要报告，二是专利导航图谱，三是区域专利导航专题网站，四是区域专利导航可视化大屏。相比常规的主报告产出，产出形式新增了专题网站和可视化大屏，成果展示更加丰富立体。

图 2-6 为专利导航图谱之一，在设计时充分考虑了 C 省的人文地理与城市建筑，并在图谱上直接显示了 PNID 指数排名和 GDP 排名的比对在 31 省（区、市）和知识产权同类型六省中的排名。

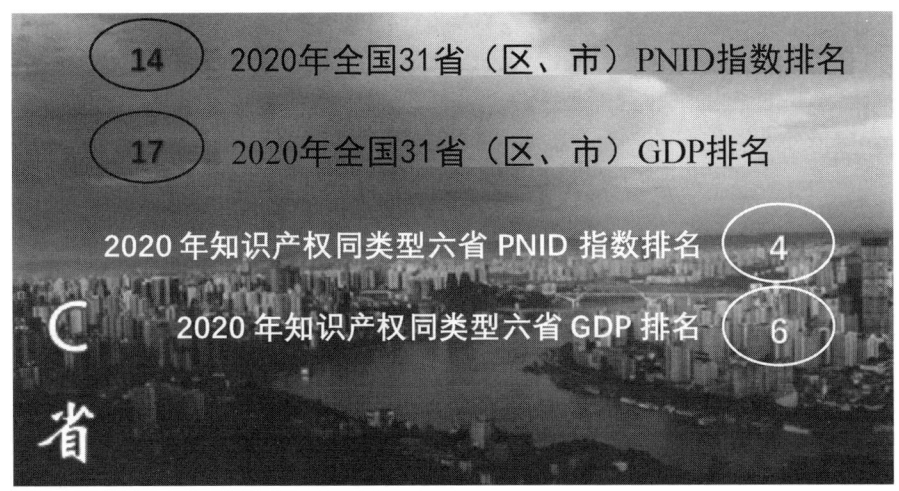

图 2-6　专利导航 C 省创新高质量发展图谱示例

2.3.6　成果运用及绩效评价解析

以区域创新质量评价为目标的专利导航的成果运用标准与《专利导航指南　第 1 部分：总则》（GB/T 39551.1—2020）成果运用内容相一致，应建立专利导航成果运用工作机制并采用多种途径应用专利导航的决策建议。专利导航成果运用工作机制宜包括以下内容：建立成果运用的相关规定和工作流程，确定责任部门、参与单位；制定成果运用的组织实施方案；对成果运用的实际效果进行评价和跟踪。采用多种途径应用专利导航的决策建议则包括指导制定区域规划在内的各类政策文件、专利导航全部或部分研究成果在一定范围内公开等运用方式。对于绩效评价部分的标准要求也与《专利导航指南　第 1 部分：总则》（GB/T 39551.1—2020）绩效评价内容相一致，由专利导航成果需求方或者经济、产业或科技主管部门作为评价的主体，采取以关键绩效指标为核心的目标管理评价方法，对项目成果的采用程度、经济效益和社会效益进行评价。

在本案例的成果运用阶段，专利导航成果使得 C 省人民政府对全国知识产权同类型六省的创新质量状况有了全面了解，完成对 C 省创新发展质量的综合评价，精准描绘 C 省创新质量画像。专利导航报告还作为国家知识产权局和 C 省人民政府举行省部会商的重要讨论资料，其中针对创新质量画像提出的知识产权强省建设路径建议获得 C 省人民政府的批示，为 C 省知识产权局指导制定区域规划或产业规划在内的各类政策文件作参考使用。

在本案例的绩效评价阶段，C省政府部门对专利导航成果给予高度肯定，采纳了关于C省知识产权强省建设路径和创新高质量发展建议，并推进知识产权在城市经济发展、产业规划、综合治理、公共服务等领域的全面运用和聚合发展。C省政府主管部门从区域创新发展政策建议等关键成果中明确关键绩效指标，将对区域创新发展政策建议的落实情况定为绩效首要指标，划定评价细则对专利导航成果运用进行目标管理评价，评价内容涉及产业、企业和人才等多维度信息。由于经济数据的特殊性，C省政府部门成立专门的工作小组根据专利数据的动态变化而进行实时监测。进一步地，C省还从区域创新质量评价类专利导航的分析中得到了能开展产业规划类专利导航的产业和开展企业经营类专利导航的企业，并陆续组织专利导航项目推动省内企业创新发展。

第3章 产业规划类专利导航应用案例

3.1 概 述

产业创新发展是实现产业转型升级的必然要求。我国产业在经历长期高速增长之后,从速度到质量的转变已经成为产业持续健康发展的必然要求。在产业转型升级的过程中,传统的各类要素资源已经不可能无限制地消耗或者投入,以技术创新为代表的要素资源越来越成为产业创新发展的重要驱动力,而专利制度作为与技术创新关联最密切的制度设计之一,应当在产业创新发展中发挥出对于创新资源优化配置的重要制度供给作用。作为国家专利导航试点工程中最早探索的专利导航类型,产业规划类专利导航正是通过专利大数据分析运用为产业高质量发展提供创新资源优化配置的决策信息支撑的方式,为产业高质量创新发展提供专利版的解决方案,从而助力实现产业自主可控发展这一基本目标而提出并实践的。

根据《专利导航指南 第1部分:总则》(GB/T 39551.1—2020)的定义,产业规划类专利导航是指支撑产业创新发展规划决策的专利导航。产业规划类专利导航以服务特定区域的特定产业创新发展为基本导向,以专利数据为基础,通过建立包括专利数据、产业数据、创新主体数据、政策环境数据等多维度数据的关联分析模型,深入解构专利链与技术链、产品链、价值链等产业子链的互动关系,以及产业发展中的专利控制力等关键问题,针对特定产业的发展方向、特定区域特定产业的当前定位,以及产业未来发展路径等产业规划的基本问题提供决策信息支撑。

《专利导航指南 第3部分:产业规划》(GB/T 39551.3—2020)是系列指南标准中用于组织开展和具体实施产业层面专利导航类项目的标准。图3-1展示了产业规划类专利导航指南整体框图。

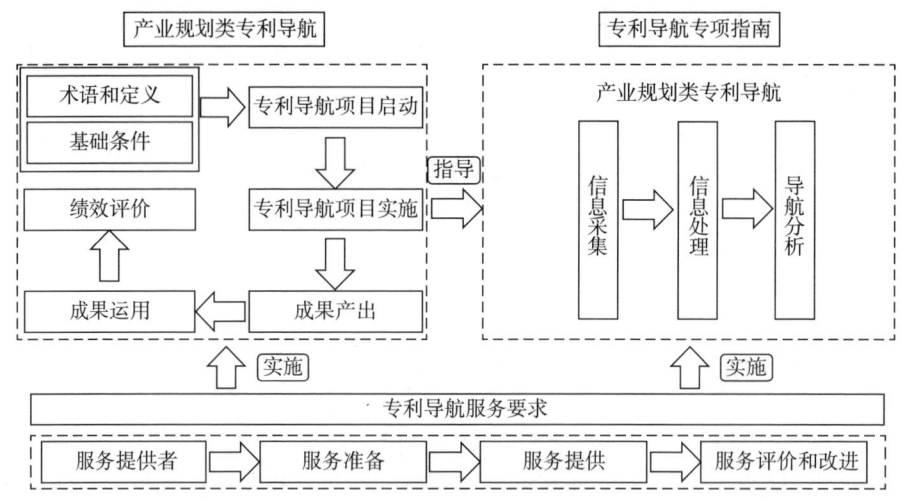

图 3-1 产业规划类专利导航指南整体框图

产业规划类专利导航的探索研究以郑州超硬材料产业专利导航❶为起点，是专利导航所有类型中探索最早、方法最成熟、当前应用最为广泛的一类专利导航。产业规划类专利导航以全面支撑区域特定产业创新发展规划作为研究探索起点，目前已经在招商引资、园区发展、知识产权转移转化等多角度的专项应用、精准解决问题方面取得研究新突破。考虑到案例的全面性，本章选编的应用案例是实现了较为全面功能的产业规划类专利导航案例。

3.2 应用案例

3.2.1 案例简介

为了方便介绍并突出研究基本思路线索，避免涉及太具体的区域及技术信息，案例涉及的区域名称被命名为 S 省，并对原始案例研究报告的内容进行了大幅度简化和必要的信息加工。以服务 S 省 5G 产业创新发展为基本导向，以专利数据为基础，通过建立包括专利数据、产业数据、创新主体数据、政策环境数据等多维度数据的关联分析模型，深入解构专利链和产业链的互动关系以

---

❶ 国家专利导航试点工程研究组. 专利导航典型案例汇编 [M]. 北京：知识产权出版社，2020.

及产业发展中的专利控制力等关键问题,并将 S 省 5G 产业与国内外主要产业区域进行对标分析,找准 S 省产业发展水平、定位,并提出产业结构升级、企业培育引进、技术创新提升、人才培养引进、专利布局以及运营等方面的决策建议,为全省加快打造 5G 产业链及产业集群切实发挥专利导航的决策支撑作用。

本研究案例按照"方向—定位—路径"的导航思路,在产业发展方向导航模块,以全景模式揭示 5G 产业发展的整体趋势与基本方向,从市场、产品、技术、行业格局等角度出发,通过对产业的一系列梳理和研究,明晰 5G 产业的产业环境和发展动向;在区域产业发展定位模块,以近景模式聚焦 S 省 5G 产业在全球及国内产业链的基本位置,将 S 省 5G 产业的技术、人才、企业等要素资源在产业链中定位,揭示 S 省 5G 产业发展在结构布局、企业培育、技术发展、人才储备等方面存在的优势和风险;在区域产业发展路径导航模块,以远景模式绘制产业集聚区当前定位与产业发展规划目标之间未来实施的具体路径,从产业布局结构优化、优势技术水平提升、本地创新主体培育、外部创新资源对接等方面提出发展路径建议,从而为 S 省 5G 产业提供合适的目标选择和针对性的路径向导。

需要特别说明的是,本案例仅为专利导航案例探索研究所用,各种数据及其排名不代表本书编写组立场。

3.2.2 案例成果

3.2.2.1 产业发展现状

通信基础设施是信息互联网时代的"高速公路",为数字经济提供基础设施底层支撑,是世界各国发展高科技和保障战略安全的必争之地。中国移动通信行业经历了 1G 空白、2G 落后、3G 追随、4G 同步的发展历程,今天终于在 5G 时代走在了前沿,在标准制定、产业链配套等方面拥有了话语权。未来 5G 将以万亿级美元的投资拉动十万亿级的下游经济价值,成为大国竞争的关键,中美将在此决战新一代信息技术之巅。

2020 年 2 月 21 日,中央政治局会议强调推动 5G 网络、工业互联网等加快发展,将"强调推动 5G 网络加快发展"上升到中共中央政治局会议这一层级是史无前例的,将 5G、工业互联网两个领域专门提出来,与生物医药、医疗设备并列,在很大程度上凸显了中央对 5G 和工业互联网的高度重视,以及 5G、工业互联网对国民经济的重要性。2020 年新冠疫情暴发后,数字技术运用普及，人们愈发感受到托举产业数字化、发展数字产业化的新型基础设施的重要性，国家多次表态要求加快5G等新型网络基础设施建设进度。同时，5G标准的确立、技术的突破与进步、三大运营商的积极表态，以及频谱的颁发，都昭示着5G景气度的不断上行。

1. 产业链全景

图3-2所示为5G产业链的示意图，5G产业链的最上游为各种零部件，零部件构成基站中的各个模块和单元，各单元构成无线接入网的主要载体——基站，基站经过光收发模块和光纤光缆（即承载网），与各个CU、核心网相连，形成信息接收处理反馈的通道。

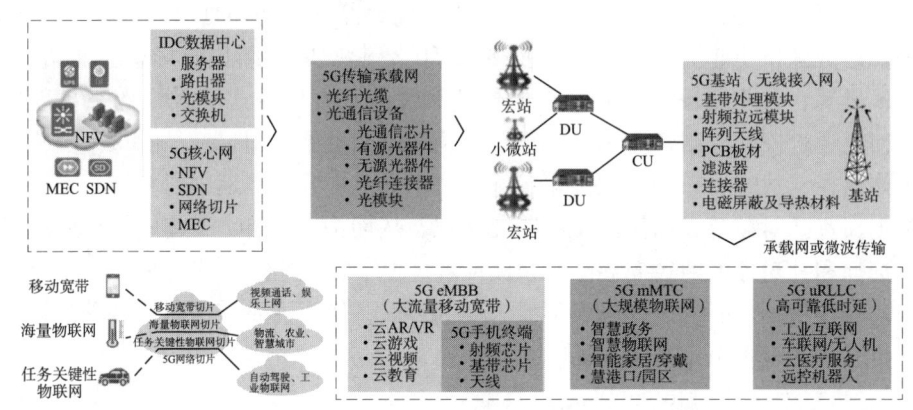

图3-2 5G产业链示意图

无线接入网是整个5G通信网络构建中产值最大、分布最广的构成部分，在提升通信效率和性能方面也具有举足轻重的作用，无线接入网技术的重构和性能的需求，带来了基站内部各模块构成的改动，也进一步影响了上游零部件产业链的变化；承载网硬件上主要由接入传输设备和光纤光缆两部分组成，在核心网成熟的条件下，整个承载网都面临着巨大的升级需求；核心网是移动通信网的控制中枢，在技术上具有极大的重要性，由于5G无线网络采用多种制式并存的异构网络，并朝着越来越密集的方向发展，因此，5G核心网需要一种全新的架构，来适应这种更加灵活、开放的无线接入网络，并满足多种新场景的应用功能。

2. 产业市场分析

5G基建先行，产业爆发沿着基础设施关键设备到终端应用设备再到应用服务的链条传导。基站方面：预计全球5G基站的需求将会达到1200万~2000万座，仅基站侧的投资额每年就将达到4000亿~6000亿元。预计到2025年，我国将实现成功建设816万个5G基站的壮举。传输网方面：2019年第四季度开始，中国电信、中国移动相继开展了STN/SPN设备招标，表明运营商已开始在传输侧准备5G独立组网的基础设施建设。

5G应用终端加速推出，互联网巨头大力布局应用生态。据GSMA预测，到2025年，全球5G手机市场占有率达15%，其中各主要国家占比分别为：韩国59%、美国50%、日本48%、欧洲29%、中国28%。到2025年，中国5G手机用户数将超过北美和欧洲的总和，达到4.6亿人，成为5G智能手机最大市场。国外的谷歌、Facebook，国内的华为、腾讯、阿里、百度，这些IDC龙头企业利用自身具备的算法、数据和流量等优势，纷纷入局，并加强与运营商、半导体供应商等的合作，意图打造5G应用生态。

R16标准冻结，促使5G 2B端商业应用加速。R16在标准中主要对制造业和车联网的标准做了具体的规划，将会极大地促进这些应用在技术端的成熟和成本端的降低。

3. 产业链中主要企业

（1）无线接入网

目前，全球具备大规模基站建设能力的主设备商主要有华为、中兴、爱立信、诺基亚、三星等，主要分布在中日韩欧等国家和地区。2022年全球前7大供应商约占据整个市场份额的80%。但在无线接入网的关键零部件环节，高端射频前端模块（包括手机射频模块）一直是国内企业的短板，主要市场份额被国外占据。同时，5G技术变革带来产业链的重构，如基站天线从无源变为有源，对集成度的要求也大大提高，4G时期市场份额较高的天线供应商面临技术上的更迭，市场占有率有下滑风险。

（2）承载网

5G时代承载方案和高速率需求的变化，使得承载网面临整体重置或升级的局面，光收发一体模块作为承载网通信网络的基本构成单元，面临较高的技术壁垒。目前国内外生产厂商主要包括Finisar、Avago、Source Photonics、中际旭创、光迅科技等，国内的中高端光模块产品需求仍然依赖于进口市场，市场份额主要由大型跨国公司占据。同时，受制于我国半导体制造等方面的短板，我国在高速率光通信芯片领域仍依赖进口。

（3）核心网

核心网是数据处理的核心中枢，在整个5G无线通信网络中发挥至关重要的作用。当前，研发核心网的厂商主要以通信设备与方案一体化供应商为主，如华为、中兴、爱立信、诺基亚、烽火通信等。基于核心网在整个5G网络构建中的技术重要性，龙头生产商基本都以自家研发的核心网为主。

4. 产业技术发展趋势

5G愿景和能力主要是由移动互联网+物联网激发的。满足这些关键能力通常有3条途径：提升系统的频谱效率、提高系统的带宽和增加站址密度。

（1）提升系统的频谱效率

提升频谱效率可以从物理层手段、MIMO技术、干扰控制技术3个方面入手。目前，学术界从物理层手段取得的技术突破包括非正交传输、Filtered OFDM、Polar Codes、全双工等，但这些技术的复杂度和功耗较大，增益却并不乐观；MIMO技术将传统的时/频/码三维扩展为时/频/码/空四维，新增的维度为频谱效率的提升带来了广大的可能，未来MIMO技术的演进方向是向着更多的层数、更多的用户数发展，最终形成网状的MIMO，但是MIMO技术受限于天线能力和芯片处理能力，成本太高，同时，随着天线数的增加，空间相关性提高，性能也会随之下降；干扰控制的原理是通过信息交互，多基站协同工作，降低干扰。但是随着干扰控制要求的增加，需要交换的信息增多，开销会增大。同时，干扰控制的性能还受限于交互时延，这也是目前比较难解决的一个问题。

（2）提高系统的带宽

提高系统带宽有两种思路：提高现有频谱的使用效率和使用更高的频谱。目前，已经授权的频谱所占用的频谱资源多为低频段，有非常好的传播特性，产业成熟度高，充分使用此类频谱会带来可观的经济效益。由此，频谱重耕和智能频谱利用两大技术成为研究热点；此外，移动通信频段目前主要集中在3GHz以下，想要获取更多更大带宽的频谱资源，需要开发更高的频谱，如6～15GHz、60GHz等。

（3）增加站址密度

使用小站可以有效提高系统的传输速率，进而提高系统容量。此外，未来容量需求更多发生在室内场景，因此密集部署的立体分层网络和各种灵活的组网形式将成为未来的趋势。这里的主要技术包括异构网和D2D通信。目前，异构网络已经具备一定的产业基础。在现网中，也已经出现了一些简单的异构网络部署，与同构网络相比，实测效果有显著的改善。D2D通信距离短、信道条件较好、速率快、时延短、功耗低。D2D通信的中继设备非常丰富，分布均匀，覆盖好，通信可选路径多，网络连接更灵活，网络可靠性强。

3.2.2.2 数据检索

针对产业技术发展趋势，结合企业调研和专家访谈搜集的信息，本案例将5G产业的关键技术分为无线接入网和核心网两大二级技术分支，并在各自技术领域确定了共 15 个三级技术分支，确定的技术分解表如表 3-1 所示。

表 3-1　5G 产业技术分解表

一级分支	二级分支	三级分支
5G	1 无线接入网	1-1 新型多址接入
		1-2 大规模 MIMO
		1-3 信道编码
		1-4 初始接入与移动性管理
		1-5 控制信道设计与资源调度
		1-6 双工技术
		1-7 双连接（DC）
		1-8 D2D 通信
		1-9 自组织网络（SON）
		1-10 认知无线电（CR）
		1-11 超密集组网
	2 核心网	2-1 网络功能虚拟化（NFV）
		2-2 软件定义网络（SDN）
		2-3 网络切片（Network Slicing）
		2-4 移动边缘计算（MEC）

然后，经过制定检索策略、确定检索范围，并根据检索结果的查全和查准评估结果调整检索策略，最后确定检索式。再选择合适的专利数据库进行数据检索，并导出相关数据及其著录项目内容，在本案例中结合了自有数据库和商用数据库来获取原始数据，标准必要声明专利文献主要来自 ETSI 网站[1]。检索截止日期为 2022 年 3 月 6 日，按简单同族取一后，共检索到 10 万余项专利代表。

3.2.2.3　全球产业发展方向分析

1. 产业专利分析

本节从整体申请趋势、主要布局国家、主要创新主体、标准必要专利等方面开展分析，旨在全面获取 5G 产业技术发展情况。

---

[1] ETSI（European Telecommunications Standards Institute，欧洲电信标准化协会），是由欧共体委员会 1988 年批准建立的一个非营利性的电信标准化组织，也是 3GPP 会议中 7 大成员组织之一。各个国家关于 5G 的标准必要声明专利全部集中在该网站进行披露。

(1) 整体申请趋势

从图 3-3 中可以看出，全球范围内相关专利申请在 20 世纪初就已经出现，但直至 20 世纪 90 年代相关技术发展趋势都较为缓慢。进入 21 世纪以后，2012—2019 年随着 R14、R15、R16 和 R17 标准制定的开展，相关技术有了一定突破，厂商对于市场价值有了认知，竞相投入发展，专利申请数量呈现快速上升的特征，在 8 年间激增超万余项。2020 年，受疫情及贸易摩擦影响，5G 网络建设、用户发展短期产生一定程度延缓，相关专利申请量出现小幅度下降，当年申请量为 14000 余项。2021 年以来，5G 网络建设进一步完善，5G 赋能经济社会数字化转型的潜能也在不断释放，可以预期 5G 产业规模和技术突破将延续高速增长态势。

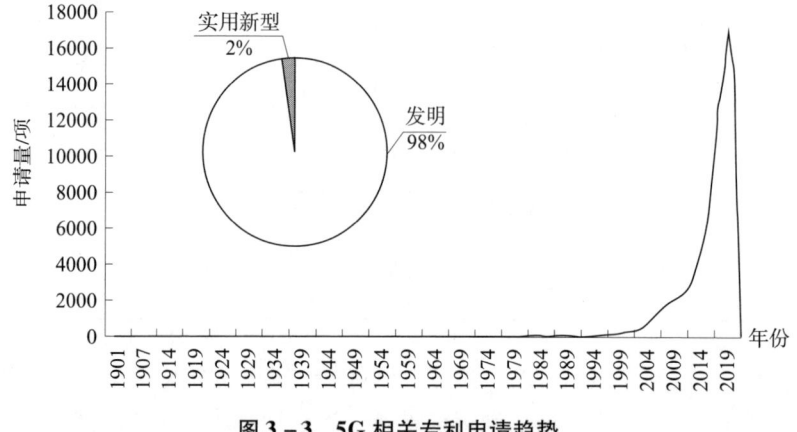

图 3-3 5G 相关专利申请趋势

(2) 主要布局国家

技术研究实力和专利掌控程度对一国移动通信的话语权至关重要，全球各国都着眼于 5G 产业的发展，在相关技术领域竞相研究并完成相应的专利申请。如图 3-4 所示，从全球范围内的 5G 相关专利申请量排名来看，中国❶、美国、韩国、日本和欧盟是主要申请国家/地区❷，专利申请量均在 5000 项以上，五国/地区合计占全球申请量的 86%；其次是印度、英国和德国，专利申请量均在 1000 项以上，属于申请量的第二梯队。

---

❶ 含港澳台地区，下同。
❷ 世界知识产权组织不列入正文所述国家和地区的排名，下同。

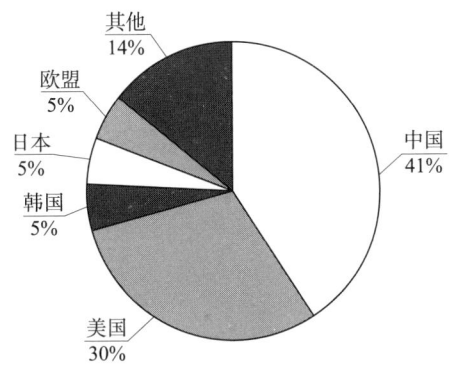

图 3-4 5G 相关专利技术来源国分布

就专利布局形式而言，5G 时代竞争全球化，专利布局也呈现出明显的全球化特征，如图 3-5 所示，申请人除在本国布局外，在全球主要发达国家均进行了大量的专利布局，积极抢占海外市场。数据显示，美国是海外专利布局最多的国家，意图继续称霸全球 5G 市场；中国冲刺 5G 时代，在全球 5G 话语权竞争中扮演了重要角色。

图 3-5 全球 5G 领域专利布局流向图

(3) 主要创新主体

专利一头连接着创新，另一头连接着市场竞争，分析专利申请量排名可以了解全球范围内具备较强专利控制力的创新主体。从图 3-6 中可以看到，排名前十的申请人均为企业，分布在中国（3 家）、美国（2 家）、欧盟（2 家）、韩国（2 家）、日本（1 家）等主要国家和地区，科技巨头充分利用专利布局抢占技术制高点，控制核心技术和产品市场，专利实力与企业的市场竞争地位相一致。

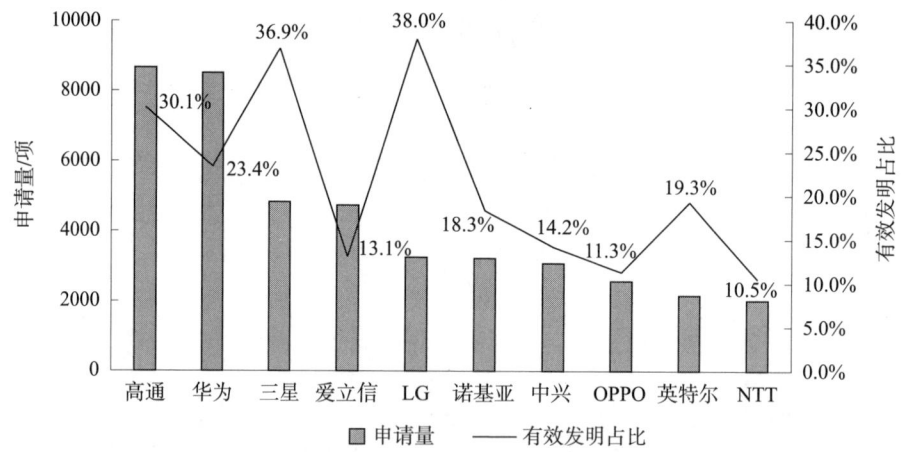

图3-6 5G领域全球申请人申请专利数量TOP10及其有效发明占比

下面选取其中三个企业展开具体分析。

1）高通。

高通在1989年推出了用于无线和数据产品的码分多址（CDMA）技术，该技术把移动通信设备连接到互联网，开启了移动互联时代，成为此后3G、4G和5G技术研发的先行者。2016年，高通宣布制造出第一个5G调制解调器Snapdragon X50，可以支持高达5Gbps的下载速度。2017年，高通开发出一款5G调制解调器芯片，并在移动设备的5G调制解调器连接上实现了5G连接。2020年初，5G商用一年后，高通的终端产业报告显示，在过去的几个月，高通与中国合作伙伴已经推出了十几款基于高通骁龙865移动平台的5G智能手机。2020年12月1日，在美国圣迭戈举办的高通骁龙技术峰会上，高通高级副总裁阿力克斯·卡图赞（Alex Katouzian）宣布推出最新一代旗舰级平台——高通骁888 5G移动平台。

从5G相关专利申请分布来看，高通在各个技术领域几乎都有专利分布。在无线接入网领域的专利申请中，占比最大的是初始接入与移动性管理，其次是大规模双连接DC；在核心网领域的专利申请中，占比最大的是网络功能虚拟化。需要注意的是，高通在核心网领域的软件定义网络技术尚无专利布局。高通热门技术专利申请分布具体如图3-7所示。

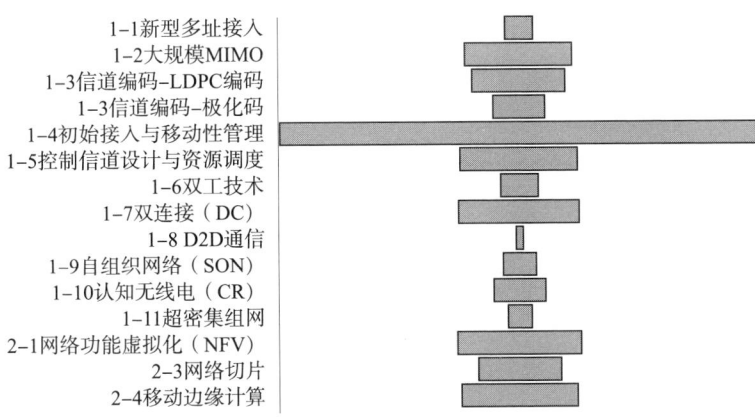

图 3-7　高通热门技术专利申请分布

2）爱立信。

爱立信占有全球 30% 的移动系统市场份额和 40% 的 GSM 市场份额，全球 40% 移动呼叫是通过爱立信的系统进行的，爱立信也是全球唯一一家支持所有第二代和第三代移动通信标准的供应商。在 2012 年，欧盟成立了由爱立信领衔的 5G 研发机构 METIS，制定了 2020 年实现 5G 商用的计划。2018 年，爱立信与奥迪宣布计划率先将 5G 技术用于汽车生产。目前，爱立信已成为全球最大的 5G 基站主设备供应商之一，与华为、诺基亚一起占据了全球近 80% 的市场份额。

自从跨入 5G 时代，爱立信的相关技术专利申请量稳定上升。其中，在无线接入网领域的专利申请中，占比最大的是初始接入与移动性管理，其次是双连接 DC；在核心网领域的专利申请中，占比最大的是网络切片，其次是网络功能虚拟化。爱立信热门技术专利申请分布具体如图 3-8 所示。

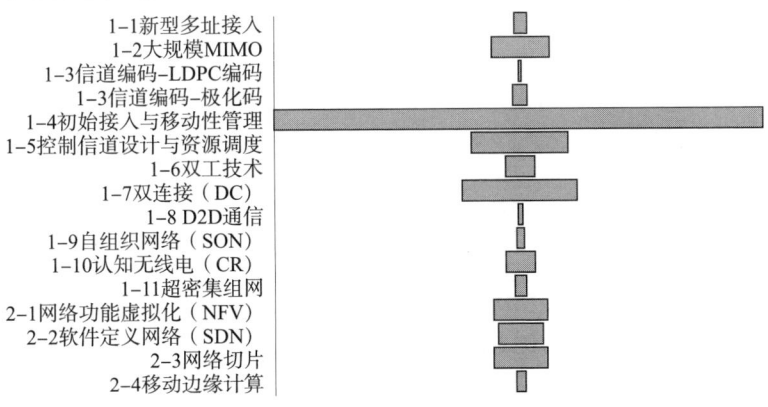

图 3-8　爱立信热门技术专利申请分布

2018年11月,爱立信提交一项5G专利申请,这项专利被称为"端到端",即爱立信将其众多的5G和相关发明融合到完整的5G网络标准架构中。这份专利几乎包含了构建完整5G网络所需的一切。这些发明为物联网等新型应用提供低延迟和高性能。因此,很明显的是,爱立信专利布局的着眼点除了5G手机,还有万亿级规模的物联网市场。

3)诺基亚。

近几年,诺基亚的研发工作在逐步向5G技术研发与5G网络架构的方向偏移,2015年11月18日,诺基亚正式启动166亿美元收购阿尔卡特朗讯计划。2018年8月,诺基亚概述了其对5G手机的许可率预期。2018年10月25日,诺基亚在印度南部钦奈的最先进制造部门开始生产基于3GPP 5G新无线电版本15标准的5G新无线电设备。

在5G相关专利的布局方面,诺基亚在无线接入网领域的专利申请中,占比最大的同样是初始接入与移动性管理,其次是双连接DC;在核心网领域的专利申请中,占比最大的是网络切片。诺基亚热门技术专利申请分布具体如图3-9所示。

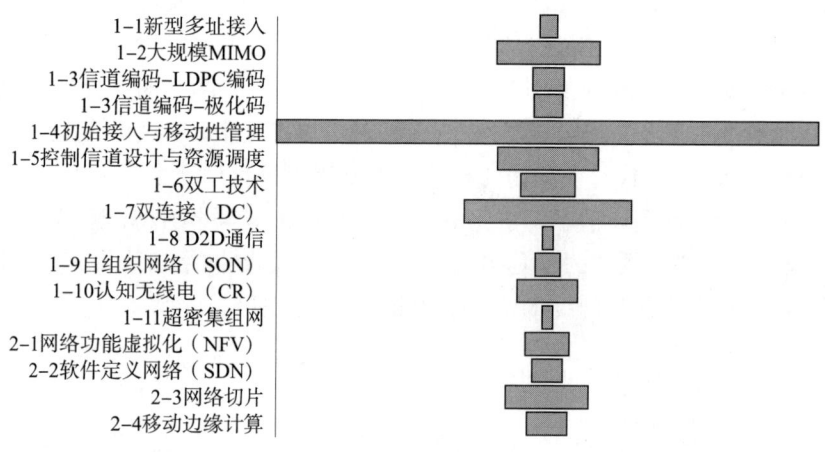

图3-9 诺基亚热门技术专利申请分布

在2019年的移动通信世界大会上,诺基亚推出了一款新的FastMile 5G网关,允许运营商升级其LTE网络以获取新的固定无线接入(FWA)收入并加速5G部署。诺基亚的FastMile 5G网关使用与运营商用于升级LTE网格相同的6GHz以下5G,提供更广泛的FWA覆盖范围和增强型移动宽带(eMBB)服务。

(4) 标准必要声明专利

5G 技术全力支撑着我国经济社会向数字化、网络化、智能化转型发展，但与此同时，5G 产业中的标准必要专利问题逐渐凸显。

1) 申请趋势。

截至检索日，全球 5G 标准必要声明专利达到了 10000 余项。如图 3-10 所示，2013 年之前，5G 标准必要声明专利的申请处于相对平缓的发展期，从 2014 年开始，伴随着 5G 标准前期研究需求的提高，申请量开始大幅度提升，标准的研究制定成为 5G 产业和标准必要专利发展的关键推动力，5G 受关注程度开始日益火热，特别是 2016—2019 年 R15 和 R16 标准制定期间，申请量达到了以往申请量的一倍。我国 5G 技术研发试验阶段集中在 2016—2018 年间，2019 年开始进入商用，其间华为等全球领先的电信设备商纷纷加入对 5G 技术的研发和创新，5G 技术正式进入高速发展阶段。

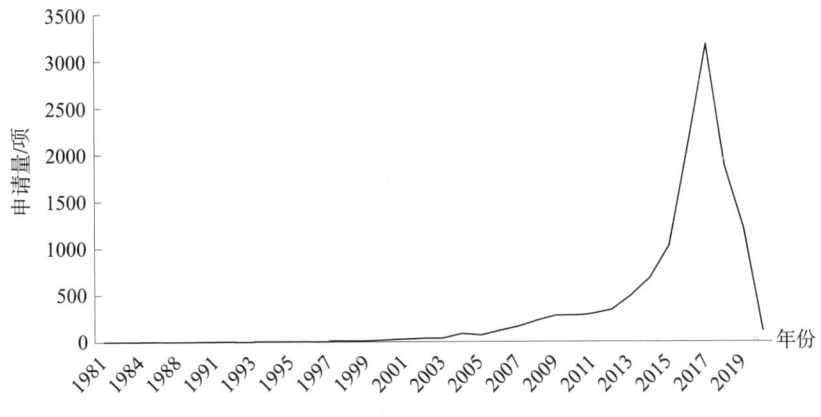

图 3-10　全球 5G 标准必要声明专利申请趋势

2) 布局国家。

如图 3-11 所示，从技术来源地占比来看，全球 5G 标准必要声明专利技术主要来源于美国和中国，美国是最大的技术来源国，专利申请量占比达到 38%；其次为中国，占比也达到了 29%，专利技术申请量远超其他国家/地区；排名第三位的是韩国，申请量占比达到 9%。排在其后的还包括日本、欧盟，申请量占比分别仅有 5%、3%，与美中相比竞争优势较差。欧盟地区的主要来源国以德国、芬兰、瑞典为主。

在目标市场国/地区分布上，中美依旧是最大的两个市场，中国依靠优势原创技术和大潜力的市场，已经成为 5G 标准必要声明专利优先布局的国家，累计公开 12000 余项标准必要专利，领先于美国，占据首位。其次是欧盟地区,对比欧盟3%左右的技术来源占比,更进一步地显示出5G标准必要声明专利在主要市场布局的完善性。

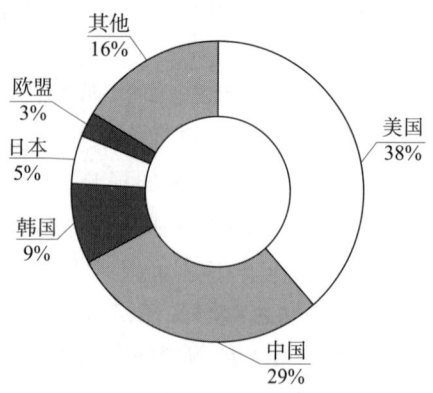

图3-11 全球5G标准必要声明专利技术来源(优先权国家/地区)分布

3)标准协议。

5G标准必要声明专利中,大部分专利分布在38系列协议中,特别是关于5G NR空口的规范描述,如图3-12所示。其中,描述5G NR协议的物理层和其他高层(如MAC、RLC、PDCP层等)系列规范的TS 38.2和TS 38.3是分布最多的两个协议类别,分属于RAN1和RAN2两个工作小组,其次是TS 23.5系列[5G系统架构(5GS)]、TS 38.1系列(5G NR射频系列规范),分属于SA和RAN技术规范组。更具体一些,TS 38.331、TS 38.214、TS 38.213是标准必要专利最多的三个协议。TS 38.331协议主要描述新空口的无线资源控制协议,也是5G关键技术环节,主要包括无线资源控制层的框架、对上下层提供的服务、无线资源控制的过程、系统消息定义、连接控制等;TS 38.213协议主要描述用于数据的物理层过程的特性,主要包括物理下行共享信道相关过程和物理上行共享信道相关过程等内容;TS 38.213协议是新空口控制的物理层过程协议,主要是描述用于控制的物理层过程的特性,主要包括同步过程、无线链路监测、链路回复、功率控制等过程。

可见,5G产业发展过程中,各个厂商竞争的焦点依然集中在物理层和数据链路层,这两层涉及的相关专利也是4G标准必要专利布局的重点方向,未来也仍将会是5G标准必要专利许可组合涉及的主要技术方向。

4)专利运营。

标准必要声明专利的运营活动尚未大规模开展。在转让方面,华为、高通、爱立信和中兴几乎没有从外部公司受让专利,也几乎没有向外转让过标准

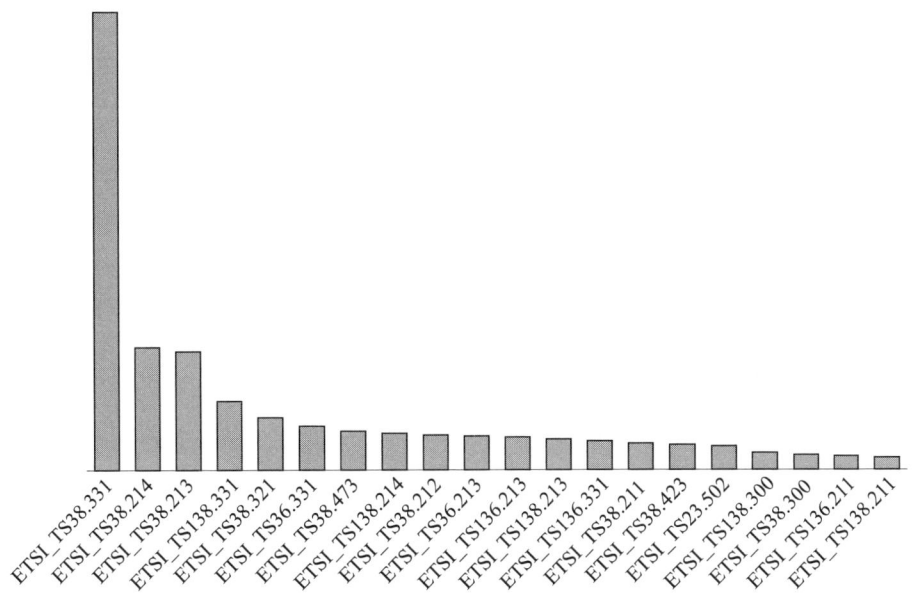

图 3-12　全球 5G 标准必要声明专利协议分布

必要声明专利。相比之下，诺基亚的专利转让活动相对活跃，先后从三星、华为、美国阿尔卡特朗讯受让了若干专利。在许可方面，随着 3G、4G 标准必要专利许可协议陆续到期，5G 商用进入规模化发展的新阶段，相关标准必要专利许可谈判和诉讼已经开始，如 2021 年 10 月 4 日，因未与苹果就 5G 标准必要专利谈判达成合意，爱立信在美国得克萨斯州联邦法院对苹果提起诉讼，要求法院裁定爱立信在与苹果进行的 5G 专利许可谈判中遵循了 FRAND 原则。数据显示，目前共有 15 项专利发生许可且以普通许可为主，另有 11 项专利发生诉讼。其中，华为的许可活动最为活跃，先后将 4 项专利许可给了苹果使用，如表 3-2 所示，涉及 D2D 通信、自组织网络（SON）、网络切片、移动边缘计算等方面。在质押方面，标准必要声明专利的质押活动相对频繁，有 25 项专利发生过质押，质权人主要为金融机构，如瑞士信贷、富国银行、花旗银行、摩根士丹利、硅谷银行、美国银行等。

表 3-2　华为向苹果许可标准必要专利列表

许可人	被许可人	许可类型	年份	技术主题
华为	苹果	普通许可	2012	建立通信连接的方法、网元和系统
华为	苹果	普通许可	2013	自动邻接关系测量方法、终端设备和基站设备

续表

许可人	被许可人	许可类型	年份	技术主题
华为	苹果	普通许可	2013	承载控制及数据分发的方法、系统及网络节点
华为	苹果	普通许可	2013	一种路测测量的方法、用户设备及基站

2. 产业技术研判

综合考虑市场和技术对5G产业的影响,本节从产业结构、技术发展和市场配置三个方面出发,研判专利视角下5G各产业环节的发展变化和研发热点。

（1）产业结构调整方向

1）从全球申请来看。

截至检索日,全球5G产业无线接入网和核心网相关专利申请量分别为80000余项、20000余项。具体到三级分支来看,无线接入网技术领域的初始接入与移动性管理、信道编码、双连接（DC）、控制信道设计与资源调度和核心网技术领域的网络功能虚拟化（NFV）、移动边缘计算等技术分支的专利申请量最多。以三年为统计周期,表3-3示出了全球5G领域专利产业环节布局变化趋势,在2012年以前,信道编码、大规模MIMO、初始接入与移动性管理、认知无线电、双工技术等专利申请占比较高,多数为无线接入网物理层协议相关技术。无线接入网物理层的设计是整个5G系统设计中最核心的部分,其在5G阶段的技术创新点主要包括上下行OFDMA（正交频分多址接入）波形、灵活帧结构、灵活双工设计、大规模MIMO技术、新型信道编码等新技术,是决定5G峰值速率、频谱效率、用户体验速率、时延等关键性能指标实现的决定性因素。

表3-3 全球5G领域专利产业环节布局变化趋势

技术分支	2001—2003年	2004—2006年	2007—2009年	2010—2012年	2013—2015年	2016—2018年	2019—2021年
1-1 新型多址接入	6.1%	5.4%	3.0%	1.6%	2.0%	1.8%	0.9%
1-2 大规模MIMO	9.4%	17.2%	18.8%	14.7%	10.4%	6.0%	3.2%
1-3 信道编码	27.7%	27.3%	23.1%	17.5%	12.0%	6.4%	3.7%
1-4 初始接入与移动性管理	21.9%	13.8%	13.8%	11.6%	15.0%	36.6%	36.3%
1-5 控制信道设计与资源调度	3.7%	3.0%	3.8%	2.9%	3.4%	9.6%	9.9%

续表

技术分支	2001—2003年	2004—2006年	2007—2009年	2010—2012年	2013—2015年	2016—2018年	2019—2021年
1-6 双工技术	1.2%	1.2%	3.8%	8.5%	6.6%	1.7%	0.6%
1-7 双连接（DC）	0.2%	0.1%	0.1%	0.2%	3.6%	7.5%	13.7%
1-8 D2D 通信	2.1%	2.1%	1.7%	2.0%	1.1%	0.3%	0.2%
1-9 自组织网络（SON）	5.5%	6.0%	5.7%	6.5%	3.4%	1.4%	1.0%
1-10 认知无线电（CR）	2.7%	4.1%	7.7%	9.8%	6.5%	2.6%	1.3%
1-11 超密集组网	0.1%	0.1%	0.8%	1.5%	2.5%	2.2%	1.4%
2-1 网络功能虚拟化（NFV）	5.6%	4.7%	3.8%	7.5%	12.2%	8.0%	7.6%
2-2 软件定义网络（SDN）	0.9%	0.4%	0.3%	2.8%	12.9%	5.4%	3.1%
2-3 网络切片	5.4%	6.8%	6.5%	5.1%	3.1%	5.6%	6.0%
2-4 移动边缘计算	7.4%	7.7%	7.3%	7.8%	5.2%	4.7%	11.0%

自 2013 年以来，申请重心逐渐从信道编码、大规模 MIMO、认知无线电等转移到初始接入与移动性管理、双连接（DC）和核心网领域。信道编码虽然也属于 5G 无线接入网底层关键技术，但由于其已在 R15 中完成了标准化工作，因此近年来专利增长放缓；而双连接 DC 技术虽然早在 R12 阶段便被标准化，但由于当时在成本和发射功率方面受到限制，直到 5G 阶段才被重视，用作从 NSA 到 SA 的过渡。值得注意的是，核心网关键技术增长势头强劲，特别是自 2016 年 5G 商用起步、Release 15 技术规范启动制定以来，随着 5G 商用的开展和 SA 组网的建设铺开，移动边缘计算、网络切片技术在应用中得到进一步提升，相关专利申请占比也出现明显增长。

2）从 SEP 格局来看。

截至检索日，全球 5G 产业无线接入网和核心网相关标准必要专利申请量分别为 10000 余项、700 余项。具体到三级分支来看，无线接入网技术领域的初始接入与移动性管理、控制信道设计与资源调度、双连接 DC、大规模 MIMO 和核心网技术领域的网络切片、网络功能虚拟化（NFV）等技术分支的标准必要专利数量最多。以三年为统计周期，分析全球 5G 领域标准必要专利产业环节布局变化趋势，如表 3-4 所示，可以发现当前 5G 产业的标准必要专利主要集中在无线接入网领域，核心网领域相比之下较少。由于 5G 仍处于商用部署阶段，各企业为了推广 5G 产品，最重要的就是研发基站主设备，承包建设 5G 基站，而无线接入网涉及基站与终端之间的信息传输，技术的主体构成就是基站，因此先行在无线接入网领域进行专利布局，进而提前占领基站建设的市场份额，就是把握住了 5G 时代的话语权。在此背景下，3GPP 首先围绕 5G 新空口技术和网络架构技术发布了正式的 Release 15 技术规范，为 5G 演进铺平道路，如新型多址接入、大规模 MIMO、信道编码、初始接入与移动性管理、控制信道设计与资源调度以及双工技术等与物理层、数据链路层相关的底层技术标准化布局也较早。其中，新型多址接入技术相关的标准必要专利在 2004—2006 年期间占比最高，大规模 MIMO 技术相关的标准必要专利在 2001—2009 年期间占比均不低于 20%，初始接入与移动性管理技术相关的标准必要专利自 2001 年以来占比均不低于 20%。

表 3-4 全球 5G 领域标准必要专利产业环节布局变化趋势

技术分支	2001—2003 年	2004—2006 年	2007—2009 年	2010—2012 年	2013—2015 年	2016—2018 年	2019—2021 年
1-1 新型多址接入	8.9%	12.2%	3.0%	0.7%	2.5%	1.2%	0.1%
1-2 大规模 MIMO	28.5%	29.7%	24.4%	17.9%	11.9%	3.8%	2.2%
1-3 信道编码	8.1%	7.3%	8.2%	2.6%	2.6%	4.0%	0.5%
1-4 初始接入与移动性管理	24.4%	23.1%	22.8%	21.2%	27.6%	49.3%	42.3%
1-5 控制信道设计与资源调度	14.6%	10.1%	8.6%	8.7%	8.7%	14.8%	21.7%
1-6 双工技术	2.4%	2.4%	12.9%	30.5%	15.8%	1.7%	0.4%
1-7 双连接（DC）	0.8%	0.7%	0.3%	0.6%	11.2%	10.8%	24.6%
1-8 D2D 通信	0.8%	1.0%	1.1%	0.5%	0.1%	0.0%	0.0%
1-9 自组织网络（SON）	0.8%	2.1%	2.0%	1.3%	0.3%	0.0%	0.0%
1-10 认知无线电（CR）	6.5%	7.0%	11.3%	10.1%	7.5%	1.9%	1.5%
1-11 超密集组网	0.0%	0.0%	2.2%	3.4%	7.2%	6.1%	3.3%
2-1 网络功能虚拟化（NFV）	1.6%	1.4%	0.6%	0.3%	2.2%	1.3%	0.4%
2-2 软件定义网络（SDN）	0.0%	0.3%	0.0%	0.0%	0.7%	0.1%	0.0%
2-3 网络切片	1.6%	0.3%	0.9%	0.2%	0.9%	4.6%	2.6%
2-4 移动边缘计算	0.8%	2.1%	1.7%	2.0%	0.7%	0.4%	0.3%

与此同时，从标准制定进程来看，于 2020 年 7 月冻结的 R16 标准探讨的主要内容一方面包括继续增强 eMBB 移动宽带能力和基础网络架构能力，另一方面强化了对 uRLLC 高可靠低时延通信的支持，而于 2020 年第二季度开始制定的 R17 标准，则进一步聚焦于提升室内定位、边缘计算、近距离通信增强、

面向网络智能运维的数据采集及应用增强、面向赋能垂直行业的无线切片增强、海量物联网、MIMO 增强等功能。可见，在标准进一步向三大场景演进的过程中，核心网作为 5G 时代独特的创新技术将进一步强化和改进。以网络功能虚拟化（NFV）为例，目前标准必要专利占比不足 2%，而 NFV 技术是实现网络切片的先决条件，运用 NFV 发展模式可以有效降低网络资源硬件配置的依赖，从根本上解决目前网络资源架构迟滞化的现状，可以预见相关标准化研究将加快推进。

（2）技术发展热点方向

1）从技术生命周期来看。

根据各三级技术分支在 5G 技术链中的作用，本节将 5G 关键技术分为三个部分进行分析，分别是无线接入网物理层/数据链路层底层技术、无线接入网支撑技术、核心网技术。其中，无线接入网底层技术包括新型多址接入、大规模 MIMO、信道编码、初始接入与移动性管理、控制信道设计与资源调度、双工技术共 6 个技术分支；无线接入网支撑技术包括双连接（DC）、D2D 通信、自组织网络（SON）、认知无线电（CR）、超密集组网共 5 个技术分支。

① 无线接入网底层技术整体将进入成熟期。无线接入网底层技术中，根据图 3-13 分析，初始接入与移动性管理、控制信道设计与资源调度、信道编码的年申请人数量在不断增加，但年申请量多处于缓慢下滑阶段，相关标准和核心专利基本确定，外围专利增长变缓，技术相对成熟。其余重要底层技术中，新型多址接入、大规模 MIMO、双工技术的申请人和申请量则均处于下降趋势，创新呈现向龙头企业集聚的趋势。

② 无线接入网支撑技术整体处于成熟期。无线接入网支撑技术中，根据图 3-14 分析，双连接（DC）技术仍处于快速发展阶段，而双连接技术是基站间非理想传输条件下的性能解决方案，在 5G 非独立组网和独立组网条件下促成异构网络融合不可或缺。此外，从 5G 部署场景来看，采用双连接有助于提高系统性能，对于低时延高可靠场景来说，采用多个链路进行数据和控制消息的传送，可以提高数据或信令的传输速度和可靠性。除了该技术外，其余三级分支的专利快速增长区间基本集中在 2010 年前后，最初在 LTE 通信中加以研究应用，5G 阶段得到延续和改进，2012 年左右达到申请顶峰，此后技术趋于成熟，标准得以确定，专利申请变少。

③ 核心网技术整体处于成长期。核心网关键技术中，根据图 3-15 分析，基于虚拟化技术 NFV/SDN 实现的 5G 网络切片方案是 5G 核心网的主流方案，NFV 利用虚拟化技术，通过 NFVO 为网络应用分配所需的虚拟资源，并将应用自动部署到虚拟机上；SDN 利用控制和转发理念，将网络控制能力集中到 SDN

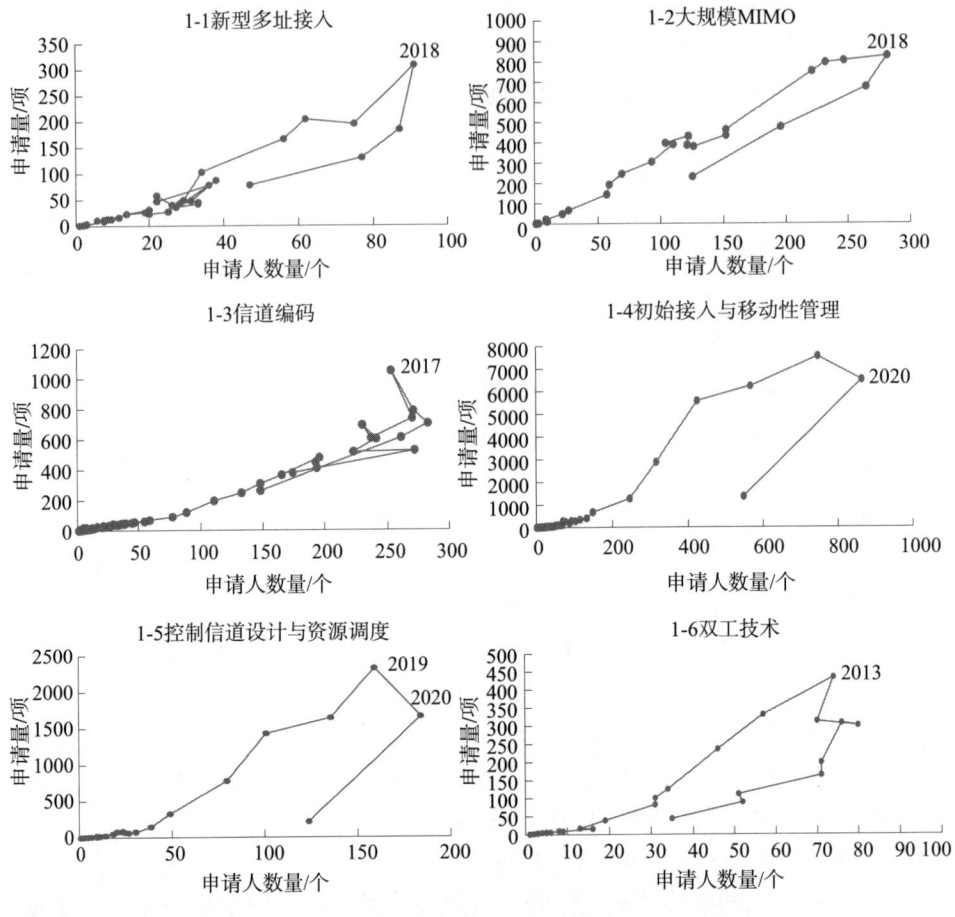

图 3-13　无线接入网底层技术各分支技术生命周期图

控制器上，由控制器来统一控制每种业务的转发路径，保证每种业务都能得到相应的 QoS 保障。这种方案既可以实现差异化的场景用户体验，又可以降低网络部署的复杂度，受到通信方案供应商和电信运营商的高度重视。经过近几年的发展，除软件定义网络（SDN）技术外，网络功能虚拟化（NFV）和网络切片技术一直处于申请人和申请量快速上升的趋势，研发热情高涨。与此同时，移动边缘计算技术也处于迅速发展阶段，其以本地化、近距离、低时延等特点迅速普及成为 5G 网络基础架构的核心特征之一，其可将无线网络和互联网技术有效融合，为移动用户提供 IT 和云计算能力。边缘计算的本地化部署可以有效提升网络响应速度，缩短网络时延，在虚拟现实、超高清视频、物联网、自动化、工业控制等应用场景下不可或缺。

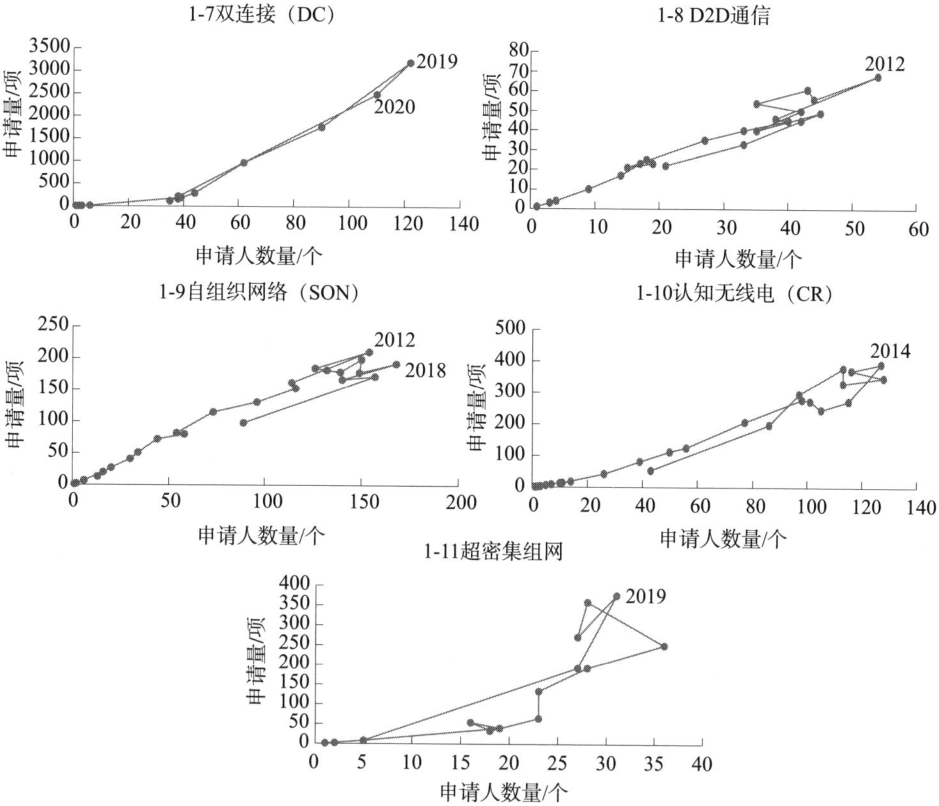

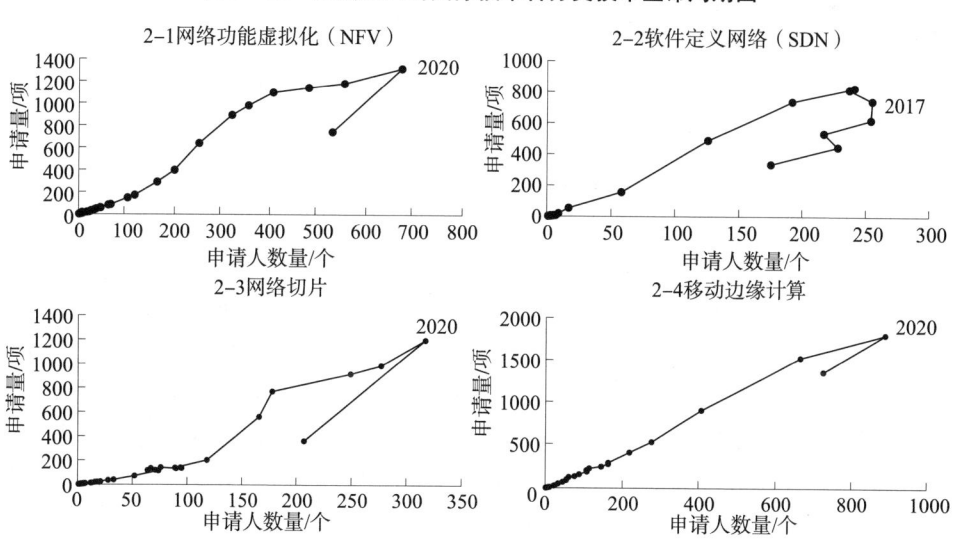

图 3-14 无线接入网支撑技术各分支技术生命周期图

图 3-15 核心网关键技术各分支技术生命周期图

2）从申请热度来看。

如图 3-16 所示，目前共有 7 个技术分支的近五年❶申请占比大于 50.0%。其中，无线接入网技术领域双连接（DC）技术分支的近五年申请占比高达 90.5%，以及控制信道设计与资源调度和初始接入与移动性管理技术分支的近五年申请占比分别为 78.5% 和 73.9%，可以推测这些技术是近年来的研发热点。同时，核心网技术领域的专利申请量虽然整体与无线接入网相比较少，但其具体技术分支的近五年申请占比基本大于 50.0%，反映出核心网作为 5G 实现多功能场景应用的技术核心，随着 5G 商用部署的持续推进，已逐渐成为关注的焦点。

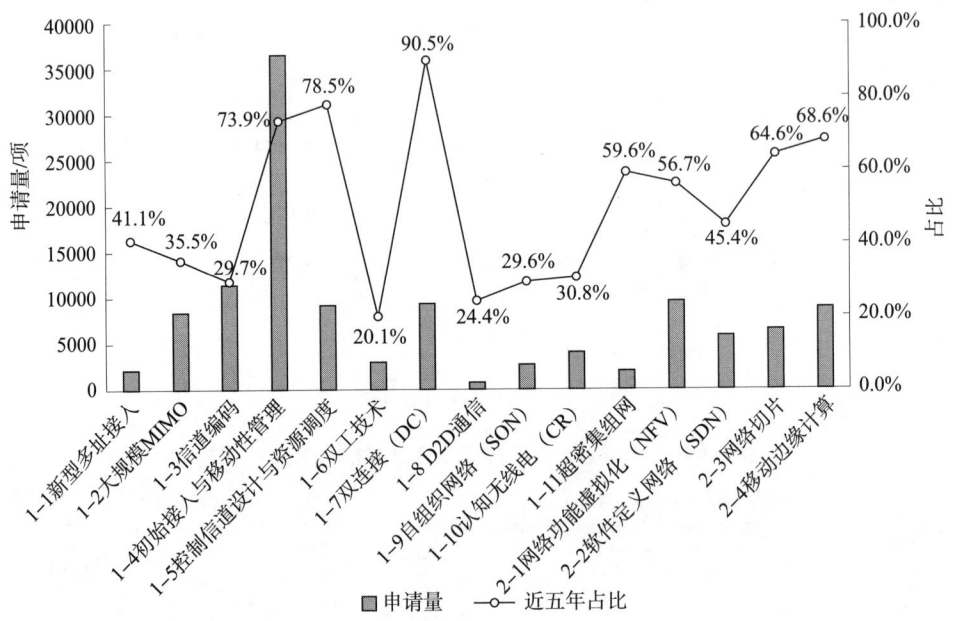

图 3-16　各三级分支申请量分布及其近五年专利申请占比情况

3）从新进入者集聚来看。

产业发展全过程都伴随着创新主体的不断加入和退出，尤其是在产业发展的成长期，不断有新企业加入到竞争中来，因此从产业新进入者的数量分布中，可以看出产业竞争的重点和热点方向。如图 3-17 所示，从各三级分支近五年新进入者占比来看，无线接入网领域，双连接（DC）、控制信道设计与资源调度、初始接入与移动性管理三个技术分支的新进入者占比均高于 50%，分

---

❶ 近五年的统计区间为 2017—2021 年，下同。

别为 68.2%、64.8% 和 52.1%，细分领域市场竞争更加激烈，而信道编码、认知无线电（CR）等技术由于发展较早，随着其细分市场回归理性发展以及行业内部洗牌，新进入者占比较低；核心网领域，移动边缘计算和网络功能虚拟化（NFV）两个技术分支的新进入者占比高于 50%，同时软件定义网络（SDN）和网络切片两个技术分支的新进入者占比不低于 45%，体现出核心网作为 5G 实现多功能场景应用的技术核心，在多元化的网络需求下逐渐成为关注的焦点。

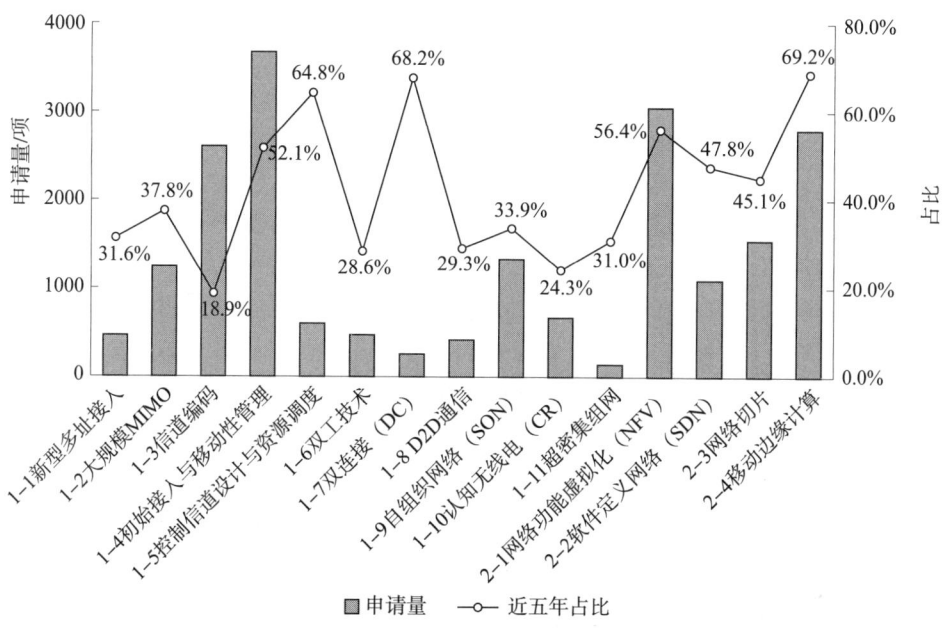

图 3-17　各三级分支申请人数量分布及其近五年占比情况

（3）市场配置重点方向。

1）从 PCT 专利国内外流向来看。

近年来全球 5G 领域的 PCT 申请量快速增长，目前已达 50000 余项。同样按照无线接入网底层技术、无线接入网支撑技术、核心网技术三个类别进行整体分析，在国内国际双循环的新发展格局下，通过将国外在华布局 PCT 专利量与国内 PCT 申请量各分支占比进行对比可以发现，如图 3-18 所示，国外"走进来"的开端是无线接入网底层技术，包括新型多址接入、大规模 MIMO、信道编码、初始接入与移动性管理、控制信道设计与资源调度以及双工技术等物理层、数据链路层技术，且占比始终不低于 50%，是国外重要参与者在华布局的重点领域；无线接入网支撑技术在华布局起步较晚，但占比逐年升高，这些技术虽然不是最基础核心的底层技术，但对无线接入网频段效率与容量的提升至关重要。相比之下，国内"走出去"进程起步晚于国外，大约在2000年后开始形成较为稳定的对外专利布局，在关注无线接入网底层技术海外布局的同时，核心网技术是国内"走出去"相对成功的技术分支，一方面得力于我国主设备商和通信运营商在5G核心网领域的提前布局，另一方面面临的技术壁垒相对较少，国内专利储备更多。

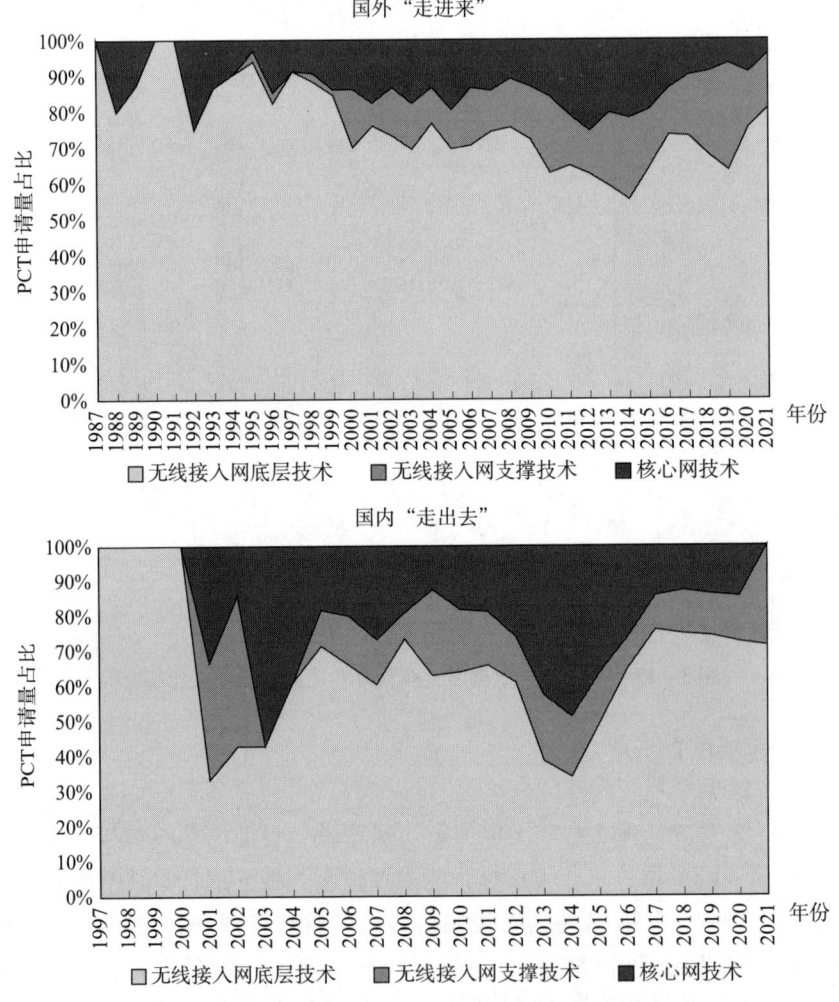

图3-18　国外在华与国内PCT专利申请量整体占比

2）从专利运营来看。

专利运营是指专利权人对专利权的资本管理与运作，主要包括转让、许可、质押等方式。专利运营的活跃程度从一个侧面反映了创新主体或技术方向的创新生命力,还能体现该创新主体的综合技术实力。如表3-5所示,从各三级分支的专利运营占比来看,信道编码领域发生专利运用事件的频率较高,其在转让、质押方面的占比均为最高,占比分别为11.1%、5.3%。同时,从表中数据来看,D2D通信、网络切片等在三种专利运营方式中的表现均较为活跃,通过多种形式对专利进行运营并完成专利成果的转移转化。相较之下,初始接入与移动性管理、控制信道设计与资源调度、双连接(DC)等的不同专利运营方式的占比均较低,专利权人更加注重自主实施。

表3-5 各三级分支专利运营热点方向

三级分支	转让	许可	质押
1-1 新型多址接入	10.3%	0.4%	2.1%
1-2 大规模 MIMO	10.6%	0.4%	2.6%
1-3 信道编码	11.1%	0.5%	5.3%
1-4 初始接入与移动性管理	3.7%	0.1%	0.8%
1-5 控制信道设计与资源调度	3.2%	0.2%	0.2%
1-6 双工技术	8.1%	0.2%	1.3%
1-7 双连接(DC)	2.1%	0.0%	1.1%
1-8 D2D 通信	11.1%	1.7%	2.6%
1-9 自组织网络(SON)	10.1%	1.7%	2.1%
1-10 认知无线电(CR)	10.1%	1.0%	2.1%
1-11 超密集组网	4.3%	0.0%	1.4%
2-1 网络功能虚拟化(NFV)	6.0%	0.3%	1.7%
2-2 软件定义网络(SDN)	6.7%	0.3%	2.2%
2-3 网络切片	8.1%	0.2%	3.6%
2-4 移动边缘计算	6.0%	0.3%	0.3%

3)从应用主题来看。

5G场景应用的多元化,催生了边缘计算、人工智能、工业互联网等多个行业的共振发展,R16在标准中就主要对制造业和车联网的标准做了具体的规划。为此,选取靠近移动用户的移动边缘计算技术,通过创新词云图❶直观地展示当前专利申请的热门应用场景。如图3-19所示,"区块链""人工智能"

---

❶ 创新词云图通过提取某一技术领域的专利中最常见的词语进行文本聚类并生成各聚类簇,然后对每个聚类簇进行打分,取 TOP 300~500 作为关键词进行显示,从而了解该技术领域内最热门的技术主题词,帮助分析该技术领域内最新重点研发的主题。

"车联网""无人机""电力物联网""工业互联网""大数据"等关键词在专利申请文本中频繁出现,是创新较为活跃的应用主题。当前,5G加速千行百业数字化转型,已经成为产业界的广泛共识。作为一项新兴信息技术,从应用来看无论是To C还是To B市场,5G已经提供了一个最基础的连接,扮演着数字化转型的坚实底座,因此,5G唯有不断充实网络能力满足行业需求,顺应趋势,深化5G与行业融合,才能推动消费互联网到产业互联网的升级。

图3-19 移动边缘计算领域2001年以来专利创新词云图

3.2.2.4 S省产业发展定位分析

S省近年来大力发展5G产业,《S省5G网络建设和创新发展三年规划》《关于加快通信基础设施建设及5G创新发展实施方案》等政策相继印发,2022年,S省政府工作报告中提出"加大对5G网络、新一代互联网、物联网等重点领域的投资力度"。《加快S省通信基础设施建设及5G创新发展2020年行动计划》提到S省主攻五大类5G应用,分别是5G+智能制造、5G+智慧医疗、5G+智慧教育、5G+融媒体、5G+文化旅游。

省级层面,在S省2021年重点建设项目计划中,多个项目与5G产业相关,包括×××5G通讯产业园、Y市5G基础设施建设、A市5G网络基础设施、L示范区5G+网络设施、H市5G通信网络基础设施建设、X市5G网络建设、X区5G+网络基础设施、W市5G+物联网基础设施建设、B市5G基站及铁塔建设、Y市柔性显示及5G单体材料生产线等。

省内市区层面,据2022年2月S省省会城市发展和改革委员会发布的重点建设项目清单显示,其中包含众多科技园区和总部建设项目,如华×5G集成电路封装产业化项目、大×网络5G创新中心、新×和防务二期—5G通讯产业园项目等项目均着力于推动省会城市乃至S省的5G产业发展。目前,5G产业链从上游的网络规划、无线主设备、传输设备等,到下游的终端设备和运营商,省会城市的产业布局齐全,发展基础良好,产业链上、中、下游拥有一批企业,包括智能终端领域的中×、比×迪等龙头企业;集成电路领域的三×、紫××芯等龙头企业;太阳能光伏领域的隆×股份、××电子信息集团等龙头企业。聚集了多家世界500强企业研发机构;多家中国软件百强企业以及营收超亿元的软件企业,该省会城市已经成为众多国际知名公司高端研发承载地,而其富集的科教资源,也为产业发展提供了智力支持和人才保障。

1. S省产业专利态势

目前,我国共有33个省级行政区(包括港澳台地区)拥有5G产业相关专利申请。如表3-6所示,专利申请量排名靠前的省(区、市)主要集中在以江苏、浙江、安徽等为代表的长三角地区,以北京、上海、山东等为主的环渤海地区,以及以广东为主的珠三角地区。广东居于首位,北京次之,这两个省市组成第一梯队,专利量遥遥领先。江苏、上海、浙江、四川、S省和山东位列第二梯队,专利量保持在1000项以上。近年来,全国各地争相加入5G发展快车道,S省紧跟发展步伐大力推进5G发展。

表3-6 我国TOP10省市5G产业相关专利申请量统计

序号	省市	专利量/项	序号	省市	专利量/项
1	广东	14018	6	四川	1293
2	北京	9483	7	S省	1220
3	江苏	3676	8	山东	1212
4	上海	3034	9	重庆	972
5	浙江	2254	10	湖北	849

(1) 总体情况

截至检索日,S省5G产业专利布局量共1200余项,含有效专利500余项、审中专利300余项,合计占比约为80%;发明专利1000余项,其中有效发明率为46%。从S省5G产业专利2000年后的申请趋势来看,如图3-20所示,S省的5G相关专利申请总体保持增长趋势,并于近5年开始步入快速成长期,专利申请量保持在100项以上,2018年达到专利申请峰值,接近200项。同时,无线接入网和核心网的专利布局发展趋势与专利总量申请趋势基本保持一致,2018年达到第一次小高峰,之后呈现出稳中有升的变化趋势。大约在2010年后,高校院所等科研主体开始逐步加大5G产业的研发,这极大地带动了S省5G产业的技术研发进程,本地5G产业相关专利申请的增长速度随之取得进一步提升。

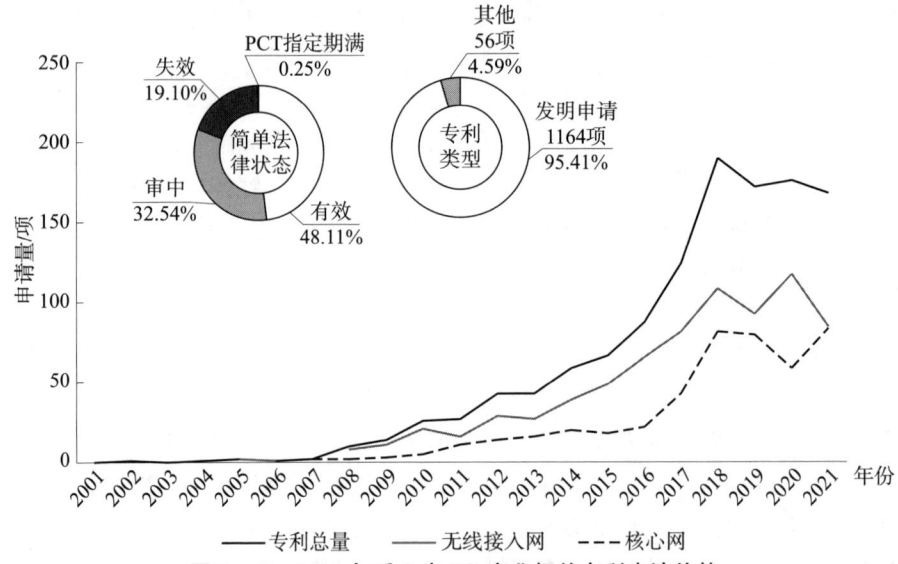

图 3-20　2000 年后 S 省 5G 产业相关专利申请趋势

进一步地，以三年为一个统计周期对 S 省 2000 年后各三级分支专利申请占比情况进行统计，如表 3-7 所示，在 21 世纪初期，S 省 5G 产业主要集中在信道编码和移动边缘计算两个方向，随后向其他技术分支逐步拓展，新型多址接入和软件定义网络（SDN）在 2010 年之后逐步得到一定发展，控制信道设计与资源调度和超密集组网起步略晚，双连接（DC）技术方面的专利布局较少，基本处于空白状态。整体来看，通过 S 省创新主体多年来在 5G 领域的持续深耕，不断拓展技术领域，目前 S 省在 5G 关键技术上已经具备了较为完整的专利布局。其中，信道编码和移动边缘计算始终是 S 省各申请人积极研发的技术方向，研究热度持续不下；近 6 年来，创新主体开始侧重攻克大规模 MIMO、初始接入与移动性管理和网络功能虚拟化（NFV）技术，这三个分支与信道编码、移动边缘计算成为 S 省 5G 产业技术的重点发展方向。

表 3-7　2000 年后 S 省 5G 产业技术热点变化趋势

三级分支	年份区间					
	2001—2003	2004—2006	2007—2009	2010—2012	2013—2015	2016—2018	2019—2021
新型多址接入	0.0%	0.0%	0.0%	0.9%	2.3%	4.9%	5.4%
大规模 MIMO	0.0%	25.0%	0.0%	8.3%	11.9%	13.1%	11.9%
信道编码	50.0%	0.0%	35.5%	25.0%	23.7%	13.7%	13.2%
初始接入与移动性管理	0.0%	0.0%	3.2%	3.7%	8.5%	11.0%	18.8%

续表

三级分支	年份区间						
	2001—2003	2004—2006	2007—2009	2010—2012	2013—2015	2016—2018	2019—2021
控制信道设计与资源调度	0.0%	0.0%	3.2%	0.0%	0.0%	2.2%	2.4%
双工技术	0.0%	25.0%	3.2%	0.0%	2.8%	3.3%	1.7%
双连接（DC）	0.0%	0.0%	0.0%	0.0%	0.0%	0.0%	0.6%
D2D 通信	0.0%	0.0%	9.7%	2.8%	1.7%	1.6%	0.4%
自组织网络（SON）	0.0%	0.0%	12.9%	11.1%	6.8%	4.3%	2.2%
认知无线电（CR）	0.0%	25.0%	3.2%	12.0%	11.3%	3.5%	2.6%
超密集组网	0.0%	0.0%	0.0%	0.0%	0.0%	0.6%	0.2%
网络功能虚拟化（NFV）	0.0%	0.0%	9.7%	3.7%	9.0%	13.7%	12.8%
软件定义网络（SDN）	0.0%	0.0%	0.0%	0.0%	4.0%	7.8%	7.2%
网络切片	0.0%	0.0%	0.0%	4.6%	2.8%	4.5%	4.5%
移动边缘计算	50.0%	25.0%	19.4%	27.8%	15.3%	15.7%	16.2%

在专利创新保护的同时，S 省创新主体也逐步重视海外市场开拓。截至检索日，S 省通过 PCT 途径累计申请专利 20 余项，占比不足 2%，尚未进行大规模的海外布局，存在一定劣势。从 PCT 申请时间来看，直至 2010 年 S 省才有了第一项 PCT 海外布局，侧面反映出 S 省 5G 产业技术相对较弱，海外拓展意识也相对落后。另外，标准必要专利作为包含在国际标准、国家标准和行业标准中，且在实施标准时必须使用的专利，充分反映了技术的必要专利效力和价值，可以聚拢行业市场主动权，从专利数据来看，S 省某公司于 2016 年提交了两件专利申请，此后该公司和另一家公司又分别提交了两件专利申请，并且上述四件均已声明为 SEP 专利，反映出 S 省创新主体抢占市场核心技术的意识正逐步加强。

（2）区域布局

从专利数据来看，S 省的省会城市拥有的 5G 产业专利申请数量占 S 省专利申请总量的 97.9%，其余各市申请量均不足 10 项。这主要得益于省会城市科教资源优越，聚集了一大批知名科研机构，同时还拥有一批高新技术企业，这些创新主体极大程度上拉动了省会城市 5G 产业的发展，使其在 5G 关键技术上的专利申请量远超其他市区。

表 3-8 示出了 S 省 5G 产业各市区各三级技术分支申请情况，从三级技术方向来看，S 省省会城市在各技术分支中均稳居 S 省省内首位，在 5G 产业各细分技术领域内领先优势突出。省会城市始终高度重视 5G 产业发展，不仅大

力促进5G产业园区建设，并且不断完善5G基础设施建设。例如，2019年S省促成了西部首个5G跨境电商产业园落户。2020年，省会城市新建5G基站9000个；2021年，新建5G基站7000个，全市完成5G规模组网，主要城区实现5G网络连续覆盖；2022年，新建5G基站5000余个，实现涉农区县重点区域5G信号覆盖。上述举措为省会城市在5G产业的快速发展提供了强有力的基础保障。

表3-8 S省5G产业各市区各三级技术分支专利申请量统计

三级分支	S省各市								
	省会城市	X市	B市	Y市	A市	S市	YA市	T市	W市	H市
新型多址接入	58									
大规模MIMO	155			4						
信道编码	215	1	4							
初始接入与移动性管理	175									
控制信道设计与资源调度	25									
双工技术	31		1							
双连接（DC）	3									
D2D通信	18	1								
自组织网络（SON）	58	2			1					
认知无线电（CR）	66									
超密集组网	4									
网络功能虚拟化（NFV）	154	1	2			2				
软件定义网络（SDN）	84									
网络切片	55			1						
移动边缘计算	222	5	1		1					

（3）创新主体

S省5G产业专利申请主体呈现以科研院校为主的特点，从S省5G产业专利申请量TOP15申请人统计（见表3-9）来看，共有11所科研院校，且主要集中在前10名，专利成果产出能力有待提升。

表3-9 S省5G产业专利申请量TOP15申请人统计

申请人	专利量/项	发明占比	有效占比	近三年申请量占比
某电子科技大学	514	100.0%	57.6%	34.8%
某交通大学	158	100.0%	63.3%	41.1%

续表

申请人	专利量/项	发明占比	有效占比	近三年申请量占比
某工业大学	62	100.0%	35.5%	58.1%
某邮电大学	37	100.0%	29.7%	59.5%
某无线电技术研究所	35	100.0%	51.4%	40.0%
某科技大学	21	85.7%	38.1%	42.9%
某北大学	21	100.0%	33.3%	61.9%
某安大学	19	100.0%	52.6%	57.9%
某工程大学	17	100.0%	11.8%	88.2%
某理工大学	16	93.8%	37.5%	62.5%
某科技发展有限责任公司	13	7.7%	92.3%	7.7%
某新软件有限责任公司	12	100.0%	16.7%	8.3%
某通信技术股份有限公司	12	75.0%	100.0%	8.3%
某电子科技有限责任公司	11	100.0%	54.5%	27.3%
某集团公司第二十研究所	10	100.0%	40.0%	40.0%

从科研要素来看，某电子科技大学抢抓 5G 时代创新机遇，凭借 500 余项的专利申请量位列 S 省 5G 创新主体首位。该大学积极投入 5G 技术研究中来，已经取得了诸多成果。例如，2021 世界 5G 大会上，提出的"××方案"荣获一等奖；2022 年 3 月，工业和信息化部、教育部联合发布了 2021 年"5G＋智慧教育"应用试点项目名单，该大学"5G＋智慧教育"探索实践项目成功入选融合类应用试点项目。作为 S 省 5G 产业主要专利申请主体，该大学发明专利占比达到 100%，有效发明占比超过 1/2，且有 1/3 是近三年的成果产出。其次是某交通大学，在其提交的 150 余项发明专利申请中，授权率已高达 63.3%，近三年专利产出活跃，专利占比约为 41.1%。此外，其他科研主体的专利量相对较少，截至检索日均不足百项。

企业要素方面，以某科技发展有限责任公司为例，其在 5G 产业的专利申请量共 10 余项，位列 S 省企业专利申请量首位，作为 5G 产业新晋创新主体，该公司从 2018 年开始积极在 5G 产业布局专利，专利有效占比达到 92.3%，但发明占比不高，尚不足 10%，2019 年之后的发力有所不足，只申请了一件 5G 相关专利。某新软件有限责任公司作为中×通讯股份的全资子公司，于 2015 年开始在 S 省进行 5G 产业专利布局，发明专利占比 100%，但大部分专利都处于审中状态，有效占比 16.7%，近三年专利占比 8.3%。同时，某通信技术股份有限公司和某电子科技有限责任公司等企业也在不断地加大对 5G 产业的研究投入,已经积累了一定的 5G 相关技术成果,均具备较大的发展潜力。

2. S 省产业发展定位

本节基于 5G 产业发展方向,立足 S 省 5G 产业发展现状和态势,将从产业结构、创新主体、技术供应三方面对 S 省 5G 产业发展情况进行定位分析,了解 S 省 5G 产业在全球/全国中所处地位及水平,明晰 S 省产业发展中存在的优势及差距。

(1)产业结构定位

1)专利申请量。

5G 是各国发展高科技和保障战略安全的必争之地,结合产业发展方向可见中、美为目前第一梯队,日、韩、欧紧随其后。图 3 - 21 展示了 S 省与上述国家/地区在具体产业环节上的专利申请量配置情况。国内 5G 创新主体在核心网领域持续布局专利,相关申请量占比高达 40% 以上,远高于全球总体水平。S 省积极融入国内 5G 发展浪潮,在各二级技术分支的申请量占比与国内接近,S 省在核心网领域的申请量占比约为 39.3%,略低于国内平均水平 40.2%。从全球范围来看,美、韩、日等主要发达国家/地区均在无线接入网领域占据相对优势,占比均超过 80%,在核心网技术领域的申请占比仅为 15% ~ 20%。

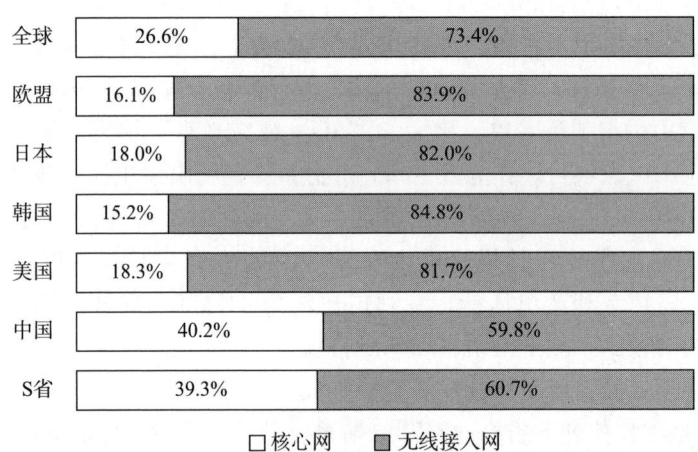

图 3 - 21 与主要国家/地区相比 S 省二级分支申请量定位

进一步从三级技术分支来看,如表 3 - 10 所示,国内保持了在核心网领域的专利布局优势,相关技术分支的申请量占比均高于美、日、韩等国。聚焦 S 省 5G 专利来看,与国内相比,S 省在无线接入网领域的新型多址接入、大规模 MIMO、信道编码、双工技术等分支以及核心网领域的移动边缘计算方面的申请量占比上均高于国内总体水平,具备一定优势,同时在初始接入与移动性管理、控制信道设计与资源调度、双连接(DC)等分支上低于美、日等国,且低于国内总体水平。

表 3-10　与主要国家/地区相比 S 省三级分支申请量定位

三级分支	S 省	中国	美国	韩国	日本	欧盟	全球
1-1 新型多址接入	4.3%	1.7%	1.9%	2.0%	1.7%	2.2%	1.8%
1-2 大规模 MIMO	11.8%	5.4%	7.5%	12.1%	18.1%	5.1%	7.0%
1-3 信道编码	15.9%	7.7%	10.0%	13.8%	16.7%	18.8%	9.4%
1-4 初始接入与移动性管理	13.0%	25.2%	32.5%	22.9%	25.8%	46.1%	30.4%
1-5 控制信道设计与资源调度	1.9%	6.9%	8.1%	6.1%	4.3%	3.1%	7.6%
1-6 双工技术	2.4%	2.1%	2.9%	2.3%	2.8%	0.6%	2.5%
1-7 双连接(DC)	0.2%	3.3%	11.6%	9.8%	7.2%	4.4%	7.8%
1-8 D2D 通信	1.4%	0.8%	0.6%	0.2%	0.6%	0.5%	0.6%
1-9 自组织网络(SON)	4.5%	3.3%	1.7%	2.3%	1.9%	2.2%	2.2%
1-10 认知无线电(CR)	4.9%	3.1%	4.4%	2.3%	2.9%	1.7%	3.4%
1-11 超密集组网	0.3%	0.7%	1.7%	12.0%	0.3%	0.3%	1.7%
2-1 网络功能虚拟化(NFV)	11.8%	12.5%	5.7%	3.2%	5.4%	4.8%	8.0%
2-2 软件定义网络(SDN)	6.3%	7.3%	3.1%	5.0%	3.3%	3.5%	4.9%
2-3 网络切片	4.2%	5.6%	5.4%	3.3%	5.1%	4.2%	5.4%
2-4 移动边缘计算	17.1%	14.1%	3.1%	2.7%	3.9%	3.2%	7.4%

2)申请人数量。

图 3-22 展示了 S 省与全球主要国家/地区在具体产业环节上的专利申请人数量配置情况。从图 3-22 中可以发现,S 省在 5G 产业领域内的申请人数量分布较为均衡,在无线接入网、核心网两个二级分支的申请人数量占比分别为 53.4%、46.6%。与国内平均水平相比,S 省在核心网领域的申请人数量稍显不足;与全球主要国家/地区相比,S 省在核心网领域的申请人数量占据明显优势。

具体地,将 S 省三级分支申请人数量与主要国家/地区相比较,如表 3-11 所示,可以看到 S 省在新型多址接入、大规模 MIMO、认知无线电(CR)、移动边缘计算等细分技术领域的申请人数量占比处于靠前水平;与国内相比,S 省在初始接入与移动性管理、控制信道设计与资源调度、双连接(DC)、网络切片等细分技术领域占比低于国内平均水平,相关创新主体聚集程度仍有上升空间。

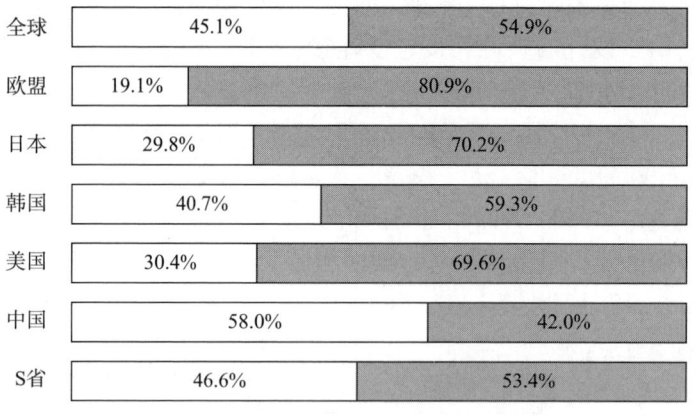

图 3-22　与主要国家/地区相比 S 省二级分支申请人数量定位

表 3-11　与主要国家/地区相比 S 省三级分支申请人数量定位

三级分支	S省	中国	美国	韩国	日本	欧盟	全球
1-1 新型多址接入	4.3%	1.7%	3.3%	3.5%	2.9%	2.4%	2.3%
1-2 大规模 MIMO	11.8%	4.6%	8.6%	14.7%	11.3%	4.7%	6.1%
1-3 信道编码	16.3%	6.7%	20.1%	15.3%	18.7%	21.6%	12.8%
1-4 初始接入与移动性管理	13.0%	14.4%	19.3%	7.9%	20.8%	42.1%	18.1%
1-5 控制信道设计与资源调度	1.9%	3.4%	2.9%	2.3%	2.2%	1.6%	2.9%
1-6 双工技术	2.4%	1.9%	3.3%	4.4%	4.7%	1.1%	2.3%
1-7 双连接（DC）	0.2%	0.8%	2.4%	2.1%	2.4%	0.7%	1.3%
1-8 D2D 通信	1.4%	2.3%	2.1%	1.0%	1.3%	0.9%	2.0%
1-9 自组织网络（SON）	4.5%	7.5%	5.0%	9.9%	5.0%	2.5%	6.5%
1-10 认知无线电（CR）	4.9%	2.6%	4.8%	3.3%	3.6%	2.3%	3.3%
1-11 超密集组网	0.3%	0.5%	1.2%	1.3%	1.1%	0.4%	0.7%
2-1 网络功能虚拟化（NFV）	11.8%	20.2%	8.4%	8.1%	7.7%	7.0%	15.0%
2-2 软件定义网络（SDN）	6.2%	5.9%	4.4%	8.6%	5.0%	3.1%	5.4%
2-3 网络切片	4.1%	7.3%	8.9%	9.9%	6.9%	4.9%	7.6%
2-4 移动边缘计算	17.0%	20.1%	5.3%	7.7%	6.3%	4.6%	13.7%

总体来看，我国进入现代移动通信领域的时间相比美、韩、日、欧等国家/

地区较晚,所以在较为成熟的无线接入网领域专利布局比例略低,而在新兴的核心网领域则进行了大量领先布局。经上述分析可见,S 省的 5G 产业结构配置与国内相似度较高。进一步地,S 省在新型多址接入、大规模 MIMO、信道编码、移动边缘计算等细分技术领域的申请量及申请人数量占比上具有一定优势,同时,在初始接入与移动性管理、控制信道设计与资源调度、双连接 DC 等细分技术领域的相关占比较低,区域 5G 产业结构仍存在一些亟待完善之处。

(2)创新主体定位

在当前国内大循环的背景下,选取国内申请量 TOP10 的省份作为对标省份,本节将通过对比分析对标省份及 S 省的创新主体,从企业、人才两个角度进一步了解 S 省 5G 产业发展情况,旨在掌握 S 省创新主体发展已有优势及差距所在。

1)企业实力。

根据图 3-23 国内各主要省市企业数量与占比分布可知,广东、北京、江苏等省市 5G 相关专利申请量国内领先,且聚集的 5G 企业数量较多,企业数量占比均在 80% 以上,企业主体体量较大。经统计,S 省约有 115 家企业申请 5G 相关专利,占比 65.7%,在对标省份中处于靠后水平。相比较于专利申请量相对靠后的山东、重庆、湖北而言,S 省虽然在 5G 专利申请总量上处于领先地位,但企业数量仅高于重庆,且企业数量占比略低于上述省份。由上述分

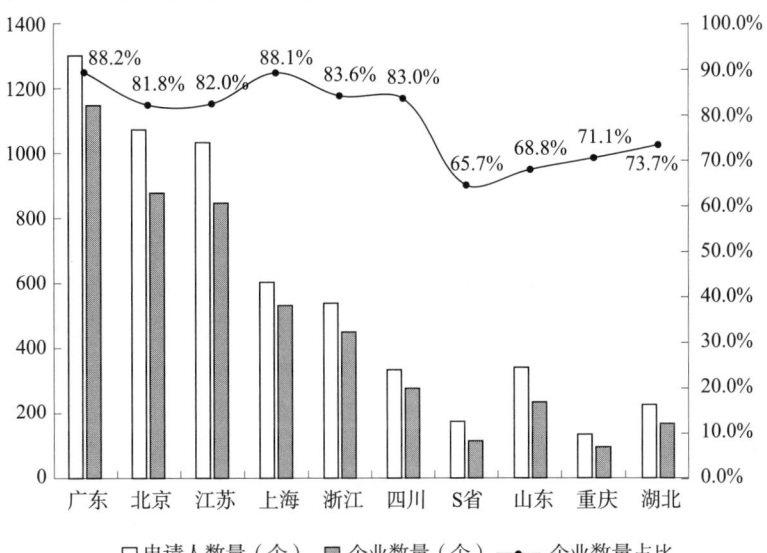

图 3-23 国内各主要省市企业数量与占比分布

析可见，在 S 省已有专利申请的 5G 创新主体中，高校、科研院所等发明人及自然人申请占据了较高比重，另外，这也反映了 S 省 5G 产业化程度尚不完全成熟，企业聚集力有待加强。

据统计，在 S 省的 1220 项 5G 产业专利申请中，约有 234 项来自企业申请人，企业申请量占比仅为 19.2%。从国内 TOP10 省市企业申请量及占比分布来看，如图 3 - 24 所示，除广东以 92.7% 占据绝对优势以外，我国的上海、山东、北京及浙江等省市企业申请量占比均在 60% 以上，上述省市的企业主体表现出了较强的技术创新支撑能力。相比而言，S 省 5G 企业申请量占比明显偏低，未来仍需促进相关企业的专利成果产出，进一步激活企业创新活力。

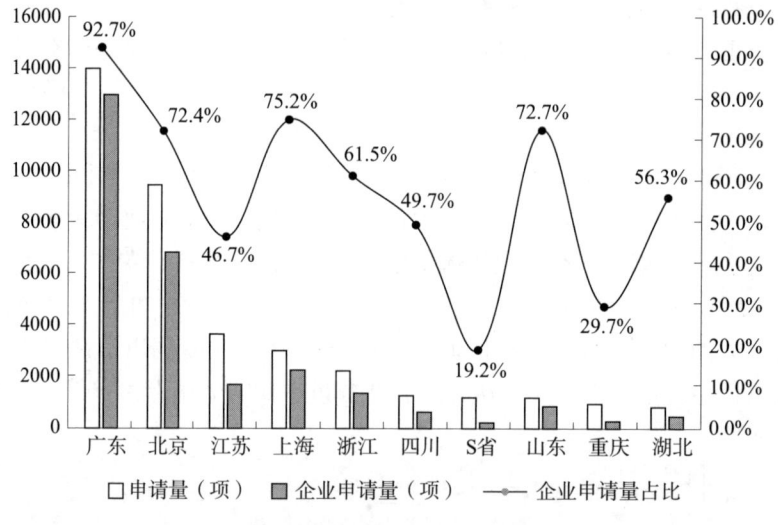

图 3 - 24　国内各主要省份企业申请量及占比分布

从国内各主要省市近 5 年新进企业数量及占比来看，如表 3 - 12 所示，S 省近 5 年新进 5G 企业申请量约占企业 5G 相关专利申请总量的 52.1%，占比处于领先水平，可以看出 S 省近年来企业培育工作有效推进，新进企业为 S 省企业的 5G 技术研发增添了较强创新活力。同时，S 省近 5 年新进 5G 企业约有 76 家，占本地企业总量的 66.1%，广东、湖北等省份近 5 年来新进企业数量占比较高，分别占 74.0%、78.6%，均高于 S 省的 66.1%。以湖北为例，湖北近年来非常重视 5G 产业上下游企业的引进及培育工作，据了解，湖北省于 2021 年 7 月已促成了中国信科集团在武汉建设东湖高新区移动通信产业园，将中科 5G 产业落户光谷，结合 5G 产业近 5 年新进企业现状来看，湖北省企业引进培育工作已取得较好成效，在新进企业数量及申请量占比方面均处于国内领先水平。

表3-12　国内各主要省份近5年新进企业数量及占比

省份	新进企业数量	新进企业申请量/项	新进企业数量占比	新进企业申请量占比
广东	855	1537	74.0%	11.8%
北京	557	940	63.0%	13.7%
江苏	559	836	65.5%	48.7%
上海	354	610	66.2%	26.7%
浙江	332	502	73.3%	36.2%
四川	179	280	64.2%	43.6%
S省	76	122	66.1%	52.1%
山东	148	305	62.7%	34.6%
重庆	69	148	71.9%	51.2%
湖北	132	243	78.6%	50.8%

将国内各主要省市5G企业数量按不同申请量区间进行统计，如表3-13所示，在S省已有专利申请的企业中，申请量处于10~19项区间的5家，17家企业申请量在3~9项区间，另外90余家企业仅有1项或两项专利成果产出。通过与表中其他省市进行比较，可以发现S省5G企业以中小企业居多，截至检索日尚未有企业5G相关专利申请量达到20项以上，缺乏5G相关专利成果产出丰富的行业内龙头企业。

表3-13　国内各主要省市各申请量区间企业数量分布

省市	1~2项	3~9项	10~19项	20~49项	≥50项	合计/项
广东	959	150	25	12	10	1156
北京	707	134	20	11	12	884
江苏	742	92	10	8	1	853
上海	438	73	13	4	7	535
浙江	386	55	8	2	2	453
四川	238	31	5	5	0	279
S省	93	17	5	0	0	115
山东	187	36	3	7	3	236
重庆	81	10	1	4	0	96
湖北	144	17	2	4	1	168

具体到各主要省市5G企业三级分支占比分布情况来看，如图3-25所示，

S省在大规模MIMO、自组织网络（SON）、网络功能虚拟化（NFV）、移动边缘计算等细分技术领域内处于靠前位置，技术创新实力较强，但是在初始接入与移动性管理、控制信道设计与资源调度、软件定义网络（SDN）等分支上占比偏低，且在双连接（DC）、超密集组网方面专利布局基本空白，企业在相关技术领域投入的研发力量较少，创新实力尚处于相对弱势。

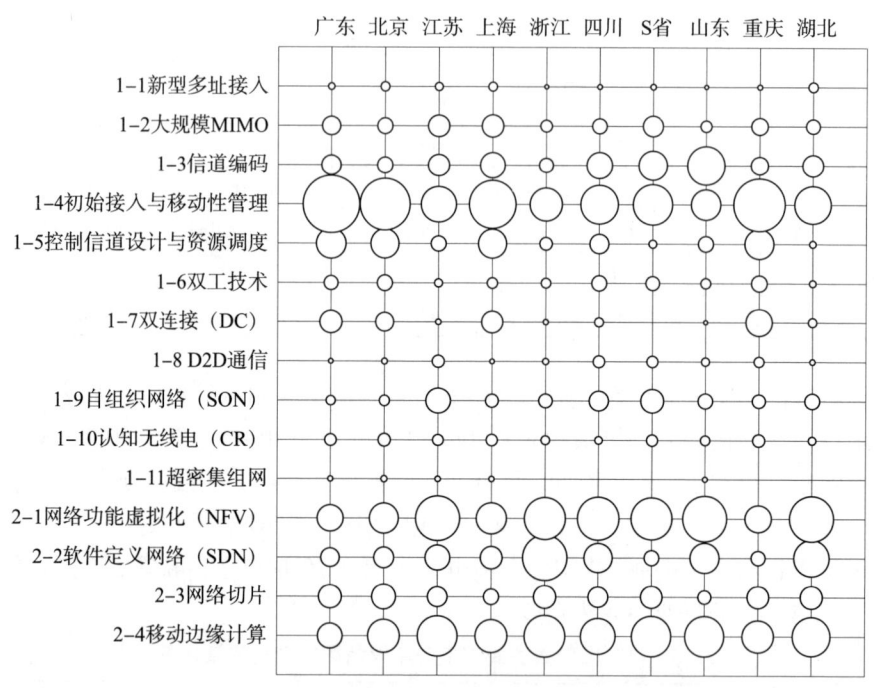

图3-25　国内各主要省市5G企业三级分支占比分布

2）人才实力。

本节将由人才实力出发，从产业人才和科研骨干两方面进行创新实力定位，进而为后文人才培养及引进建议提供参考。

①产业人才。产业人才是指行业内来自产业的发明人，如图3-26所示，截至检索日，S省5G产业已有产业发明人❶约197个，产业发明人数量与重庆相近，与国内其他主要省市相比处于靠后水平；产业发明人人均专利申请量为1.2项，相对落后于其他省市。

---

❶　将专利第一发明人列入统计，下同。

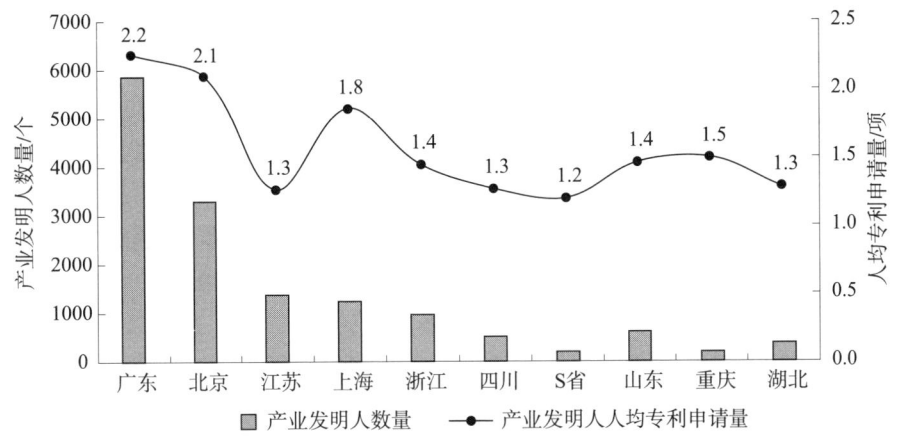

图3-26 国内各主要省市产业发明人数量及人均专利申请量分布

具体到三级技术分支来看,如图3-27所示,聚焦S省5G产业发明人而言,初始接入与移动性管理、网络功能虚拟化(NFV)、移动边缘计算等是聚集产业发明人较多的细分技术领域,然而在新型多址接入、控制信道设计与资源调度、D2D通信、双连接(DC)等细分技术领域内产业发明人相对缺乏,由此可见S省对于上述关键技术领域的人才引进及培育力度亟待加强。

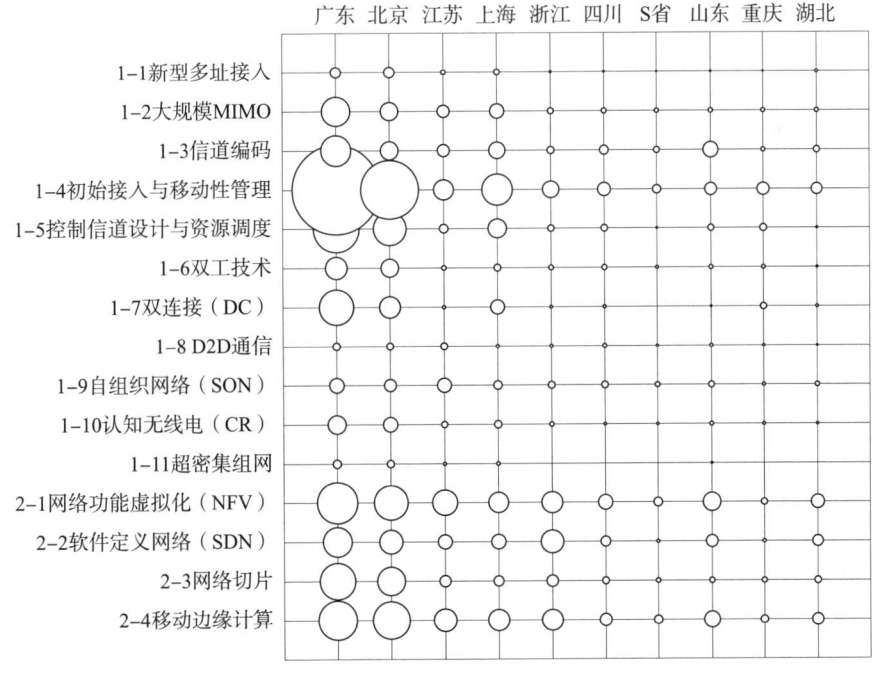

图3-27 国内各主要省市产业发明人数量分布

②科研骨干。科研骨干是指高校、科研院所等科研组织内部负责科研活动的核心力量，拥有领先创新成果且创新活动活跃的人才。截至检索日，S省约有477位高校、科研院所发明人进行5G相关专利申请，如图3-28所示，科研人才数量居10个省份中的第5位，与北京、江苏等科研资源雄厚的省市相比仍有一定差距，但是值得注意的是，S省科研人才数量明显高于上海、浙江、四川等申请总量高于S省的省市，且科研人才人均专利申请量高达2项，处于对标省市前列，可见S省5G产业科研人才数量可观，科研人才储备较为充足。

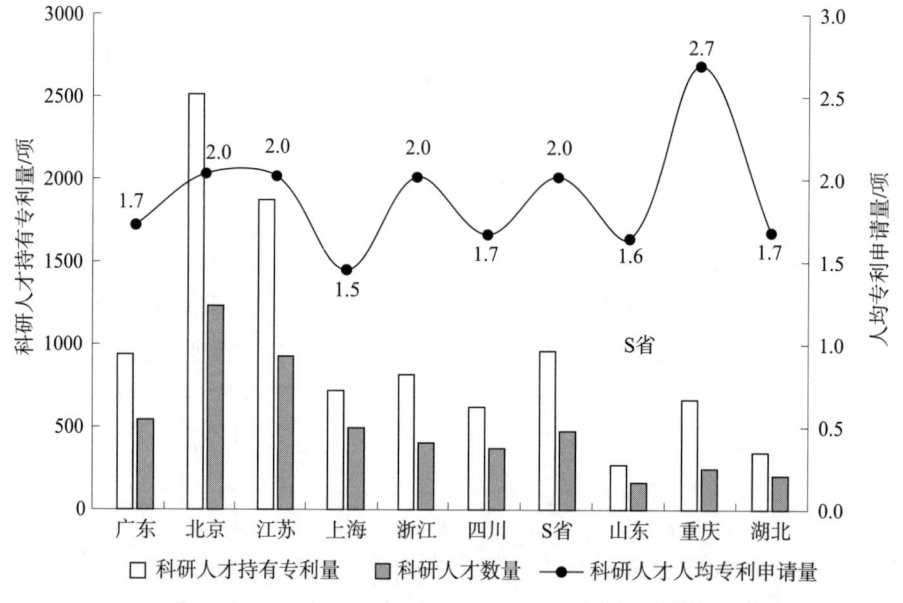

图3-28 国内各主要省市科研人才数量、专利量及人均专利申请量

具体到科研人才各专利申请量区间分布来看，如表3-14所示，在对标省市中，北京、江苏等省市不乏科研带头人，在20项及以上申请量区间内各有7位发明人，且在10~19项申请量区间内均聚集了10余位发明人，此外，上述省市均有较大数量的发明人产出1~9项5G相关专利，科研力量储备丰富。对比来看，截至检索日，S省在20项及以上申请量区间已拥有2位发明人，另有10位发明人申请量处于10~19项区间，可见高校及科研院所发明人创新实力较强，具备较为深厚的5G研发基础，但与北京、江苏等科研实力强劲的省市相比仍存在一定差距。

表3-14 国内各主要省市科研人才数量各申请量区间分布

省市	1~2项	3~9项	10~19项	≥20项	合计/项
广东	483	53	7	2	545
北京	1010	200	19	7	1236
江苏	771	136	14	7	928
上海	447	49	0	0	496
浙江	355	42	7	2	406
四川	315	56	2	0	373
S省	394	71	10	2	477
山东	150	11	4	0	165
重庆	189	49	6	4	248
湖北	177	27	2	0	206

图3-29展示了国内各主要省市5G科研人才数量分布情况，S省在5G无线接入网技术领域内拥有数量可观的产业人才，尤其是在新型多址接入、大规

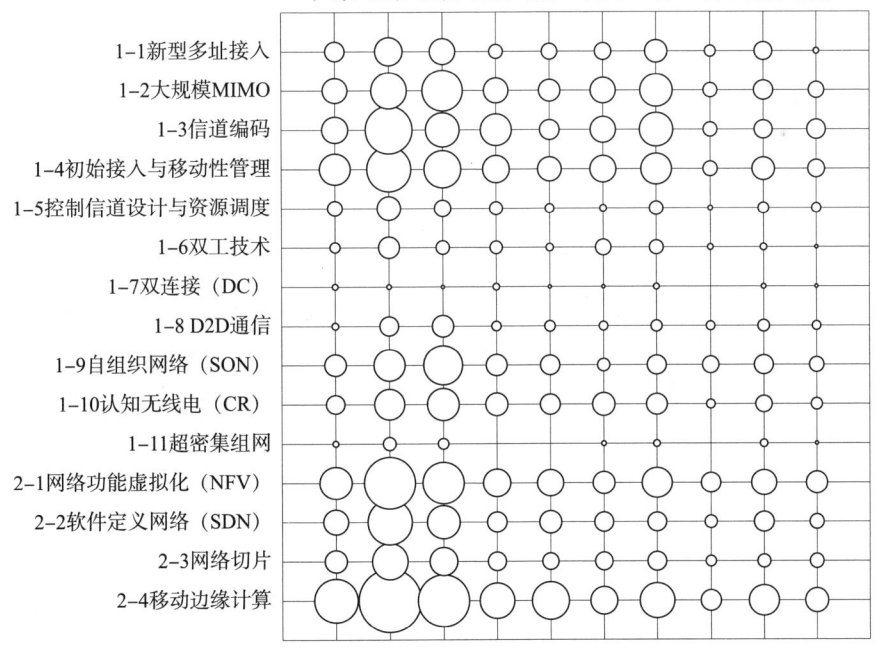

图3-29 国内各主要省市科研人才数量分布

模 MIMO、信道编码等细分技术领域的科研人才数量均高于排名对标省市的前 3 位,可见 S 省在上述分支的科研力量较强。在 5G 核心网领域,S 省在软件定义网络 SDN 等细分技术领域的科研人才数量略低于浙江、四川等地,处于对标省市的第 7 位,科研人才数量相对不足。

(3) 技术供应定位

1) 协同创新。

专利的协同创新是指两个或两个以上申请人共同合作,完成一项专利技术的研发创新并申请专利。通过与全球及全国平均水平对比,如图 3-30 所示,S 省协同创新专利量占比约为 7.0%,低于全国的 9.7% 及全球的 11.7%。整体来看,S 省 5G 产业协同创新活跃度偏低,仍具有一定的提升空间。

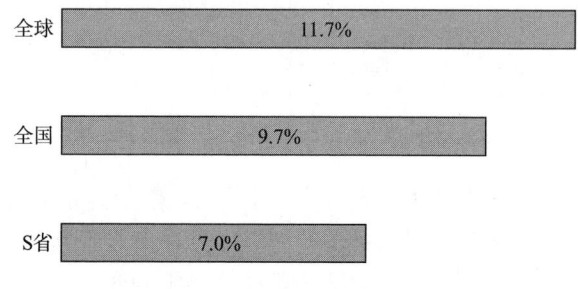

图 3-30 S 省协同创新专利量占比

从本地专利数据来看,S 省 5G 产业发生联合申请❶的专利共计 85 项,剔除自然人联合申请的情况,S 省 5G 产业的联合申请专利共有 79 项,协同创新类型包括企业与科研组织之间、科研组织之间或不同企业之间三种。

由图 3-31 可见,S 省 5G 产业科研组织与企业之间约有 48 项为联合申请专利,约占联合申请专利总量的 61%,在三种协同创新类型中占比最大;其次为不同科研组织之间的协同创新,占比 20%;企业与企业之间的协同创新占比最小,仅为 19%。然而在 S 省的企企协同中,大多数发生在公司与其子/母公司之间,仅有 3 项专利为不同企业之间的协同创新。这在很大程度上反映出 S 省科研要素在 5G 技术合作研发中发挥着重要作用,企业更多选择与高校进行联合研发,不同企业间技术协同活跃度偏低。

具体而言,在 S 省的校企协同创新中,涉及专利数量排名靠前的为某电子科技大学,其与某科技集团第五十四研究所联合申请专利高达 19 项。另外,某电子科技大学还与某科技有限公司等企业频有联合研发成果;在不同科研组

---

❶ 将第一申请人所在地为 S 省的专利列入统计。

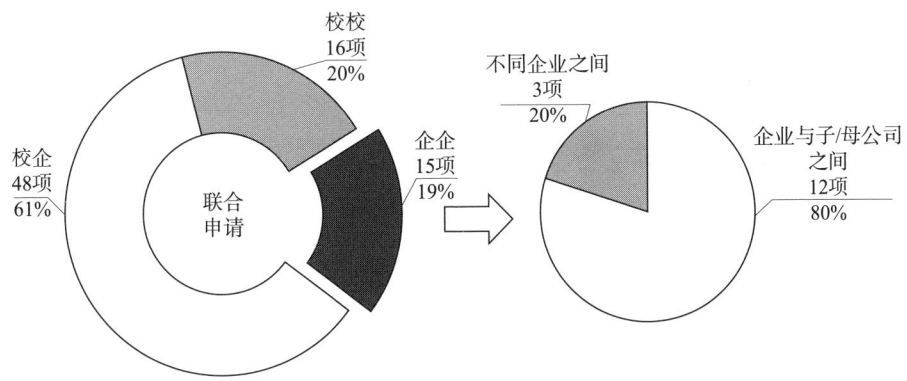

图 3-31　S 省 5G 产业专利协同创新类型分布

织间的协同创新中，某电子科技大学、某理工大学、某技术研究所等之间发生过较多次联合申请；S 省企企协同创新普遍产出专利量较低。

综上而言，S 省 5G 产业相关专利的联合申请主体主要以高校为主，校企之间联系相对紧密，企业与企业之间的联系较少，产业发展存在创新资源整合度偏低的问题。当前，企业创新活动需要多学科、多组织、多领域的深度融合，对于单个企业来说，仅仅依靠自身资源去独立完成创新活动无疑会增加较多成本，因此需要企业与外部主体进行协同创新，充分利用社会资源，以提高创新效率和增强企业竞争力。

2）专利运营。

根据图 3-32 可知，相对比于全国及全球的专利运营数量占比情况，S 省的 5G 产业专利运营活跃度尚显不足，相关占比不及全球占比的半数，且低于国内平均水平。

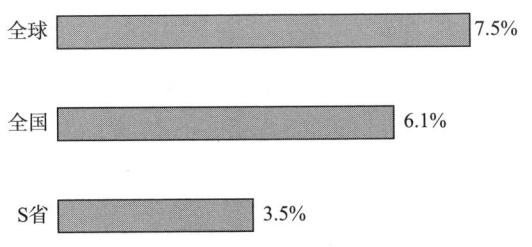

图 3-32　S 省 5G 产业专利运营专利量占比

从图 3-33 中 S 省 5G 产业专利运营形式分布情况可以看出，S 省 5G 产业目前主要存在转让以及许可两种专利运营形式。其中，在转让方面表现最为活跃，约有 39 项专利涉及权利转移，占全部运营专利数量的 83%；其次是许可，占比 17%。

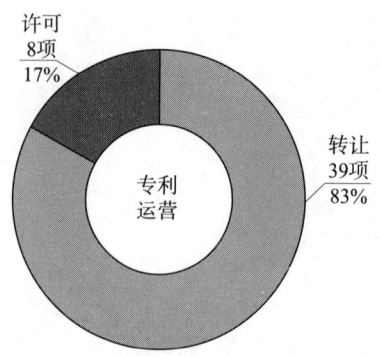

图 3-33　S 省 5G 产业专利运营形式分布

将上述两种运营形式涉及专利进一步与全球及全国水平进行比较，由图 3-34 可见，S 省 5G 产业涉及许可的专利量占比约为 0.7%，略高于国内平均水平；涉及转让的专利量仅占 S 省申请总量的 3.2%，低于全国的 5.6% 及全球的 6.4%，S 省在转让方面比例尚有待提升。

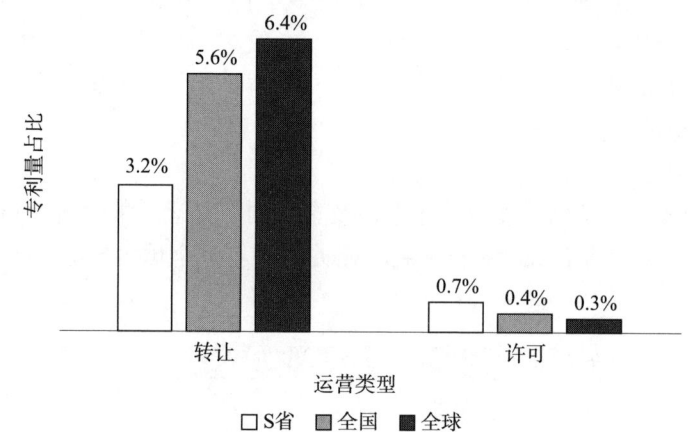

图 3-34　S 省 5G 产业主要运营类型专利量占比

表 3-15 列出了专利运营数量不少于 4 项的创新主体，目前 S 省的专利运营主体以企业为主，以某电子科技大学为代表的科研主体也进行了相对较多的专利运营。同时还应注意到，S 省专利运营活跃的创新主体较少，在专利运营需求挖掘、专利价值评估等方面有所欠缺，一定程度上限制了企业的进一步发展和区域创新能力及创新收益的快速增长。

表 3-15 S 省 5G 产业专利运营量 TOP6

申请人	运营专利量/项	转让量/项	许可量/项
某通信技术股份有限公司	9	9	4
某电子科技大学	6	4	2
某新软件有限责任公司	4	4	0
某信息技术有限公司	2	2	0
某电子技术有限公司	2	2	0
某信息科技有限公司	2	2	0

在新商业环境中，基于专利的竞争逐渐从幕后走向台前，成为企业间相互角力的重要竞争形式。良好的专利运营不仅可以保持企业资产的良性发展，同时还可以在今后的商业竞争中为企业提供有力的武器和坚实的后盾。未来应积极挖掘区域内研发主体的专利运营需求，进一步畅通技术要素流转渠道，推动专利技术转化实施，更加有效地激发区域创新活力。

3.2.2.5 S 省产业发展路径导航分析

1. 优化产业结构

如表 3-16 所示，从 S 省与国内其他主要省市各技术环节比例分布中可以发现，S 省在新型多址接入、大规模 MIMO、信道编码、移动边缘计算等领域内占据明显优势；在初始接入与移动性管理、控制信道设计与资源调度、双连接（DC）、网络功能虚拟化（NFV）、软件定义网络（SDN）等细分技术领域的占比稍显落后。

表 3-16 国内主要省市各三级分支申请量占比比较

三级分支	广东	北京	江苏	上海	浙江	四川	S 省	山东	重庆	湖北
1-1 新型多址接入	0.8%	1.9%	2.5%	1.3%	1.9%	2.9%	4.3%	1.2%	4.0%	1.3%
1-2 大规模 MIMO	4.4%	3.8%	9.9%	6.8%	3.6%	7.5%	11.8%	3.0%	6.5%	5.0%
1-3 信道编码	5.3%	6.6%	9.5%	10.2%	8.0%	10.2%	15.9%	18.2%	9.0%	11.2%
1-4 初始接入与移动性管理	38.3%	26.8%	12.6%	24.1%	11.0%	16.7%	13.0%	10.9%	18.1%	13.0%
1-5 控制信道设计与资源调度	10.5%	8.8%	2.1%	8.4%	1.7%	2.6%	1.9%	2.4%	4.1%	1.5%
1-6 双工技术	2.4%	2.8%	0.9%	1.6%	1.0%	4.7%	2.4%	1.5%	1.5%	0.4%
1-7 双连接（DC）	5.7%	3.2%	0.2%	4.5%	0.3%	0.6%	0.2%	0.2%	2.7%	0.7%

续表

三级分支	广东	北京	江苏	上海	浙江	四川	S省	山东	重庆	湖北
1-8 D2D 通信	0.3%	0.7%	2.1%	0.5%	0.7%	1.6%	1.4%	1.3%	1.6%	1.1%
1-9 自组织网络（SON）	1.4%	2.2%	8.4%	3.1%	3.6%	3.9%	4.5%	4.6%	4.5%	4.6%
1-10 认知无线电（CR）	1.9%	2.8%	4.7%	3.2%	4.4%	5.0%	4.9%	1.5%	4.8%	2.1%
1-11 超密集组网	0.3%	0.5%	0.5%	0.3%	0.0%	0.1%	0.3%	0.2%	0.6%	0.1%
2-1 网络功能虚拟化（NFV）	8.7%	11.2%	16.5%	12.2%	17.5%	16.5%	11.8%	22.4%	12.5%	21.4%
2-2 软件定义网络（SDN）	4.8%	6.8%	7.6%	6.4%	19.7%	8.5%	6.3%	9.7%	8.4%	12.8%
2-3 网络切片	6.5%	7.0%	4.4%	3.3%	5.3%	4.9%	4.2%	2.6%	5.2%	6.0%
2-4 移动边缘计算	8.6%	15.0%	18.0%	14.2%	21.1%	14.4%	17.1%	20.2%	16.4%	18.7%

另外，从表 3-17 中各技术环节申请人数量分布来看，新型多址接入、大规模 MIMO、信道编码等领域内申请人数量占比在国内主要省市中属于相对领先水平，这些技术分支同时也是申请量的优势领域；初始接入与移动性管理、控制信道设计与资源调度、双连接（DC）、网络功能虚拟化（NFV）等领域的申请人数量占比略低于其他优势省份，在这些细分技术领域 S 省申请量及申请人数量均不占优势，说明 S 省在上述分支创新实力较弱且存在创新主体缺失现象。

表 3-17　国内主要省市各三级分支申请人数量占比比较

三级分支	广东	北京	江苏	上海	浙江	四川	S省	山东	重庆	湖北
1-1 新型多址接入	1.2%	1.8%	1.7%	1.9%	1.5%	1.2%	1.8%	1.7%	1.3%	1.9%
1-2 大规模 MIMO	5.3%	3.4%	5.1%	4.3%	4.6%	4.5%	6.4%	4.2%	6.6%	5.3%
1-3 信道编码	5.8%	6.6%	7.1%	6.5%	4.1%	8.0%	9.4%	6.8%	6.6%	7.0%
1-4 初始接入与移动性管理	19.7%	13.0%	12.0%	16.8%	15.1%	14.1%	14.3%	12.0%	15.9%	12.8%
1-5 控制信道设计与资源调度	4.0%	4.2%	2.8%	3.9%	3.7%	4.1%	2.9%	2.1%	6.2%	1.9%
1-6 双工技术	1.9%	2.2%	1.6%	1.4%	2.0%	3.1%	3.8%	2.1%	2.6%	0.8%
1-7 双连接（DC）	1.1%	1.2%	0.3%	1.7%	0.7%	1.0%	0.9%	0.6%	2.2%	1.3%
1-8 D2D 通信	1.4%	1.9%	3.5%	1.0%	1.5%	2.9%	4.1%	2.8%	4.0%	2.1%
1-9 自组织网络（SON）	5.7%	5.5%	11.3%	6.0%	5.8%	7.2%	10.5%	7.6%	6.6%	6.1%

续表

三级分支	广东	北京	江苏	上海	浙江	四川	S省	山东	重庆	湖北
1-10 认知无线电（CR）	2.1%	2.4%	3.0%	3.5%	1.9%	2.0%	3.8%	1.7%	4.8%	2.7%
1-11 超密集组网	0.4%	1.1%	0.6%	0.2%	0.0%	0.2%	1.2%	0.6%	0.4%	0.3%
2-1 网络功能虚拟化（NFV）	19.1%	20.0%	20.0%	21.0%	20.4%	21.9%	14.9%	23.9%	16.3%	19.0%
2-2 软件定义网络（SDN）	4.7%	7.1%	6.3%	6.1%	5.9%	5.9%	4.1%	6.3%	4.4%	6.4%
2-3 网络切片	7.4%	9.1%	6.5%	6.3%	8.0%	5.7%	7.0%	5.3%	7.9%	7.8%
2-4 移动边缘计算	20.0%	20.5%	18.2%	19.5%	24.8%	18.2%	14.9%	22.4%	14.1%	24.6%

综合分析可见，S省5G产业优势技术环节主要集中在新型多址接入、大规模MIMO、信道编码、移动边缘计算，在初始接入与移动性管理、控制信道设计与资源调度、双连接（DC）、网络功能虚拟化（NFV）细分领域内尚属劣势。基于此，我们认为应多措并举优化S省5G产业创新布局结构，持续以铸链、强链、固链、补链、融链、延链推动产业高质量发展，具体路径主要包括以下五个方面。

第一，以提升优势技术水平强链。对于S省5G产业优势领域（如大规模MIMO、移动边缘计算等领域），主要通过研发攻坚、专利布局、对外合作等手段推动产业向上发展，增强核心竞争力。

第二，以培育本地创新主体固链。建议S省充分发挥本地资源优势，对本地优质企业和人才加大培养力度，大力推动企业创新、人才创业、政府创优，健全本地企业、人才培养机制，持续强化巩固本地创新链条。

第三，以对接外部创新资源补链。建议S省瞄准5G产业链上中下游，围绕重点薄弱技术环节开展精准招商，加快招才引智，努力招引优质企业、引进创新人才并加强科研机构对接，进一步优化产业结构，强化集聚效应，补齐产业短板，进一步增强产业链韵性和竞争力。

第四，以畅通技术供应通道融链。建议S省不断强化产学研对接、推动多方协作运用，进而促进S省5G产业融通发展。

第五，以拓展5G应用场景延链。S省在5G应用领域已经具备一定的发展基础，下一步应当持续构建5G产业生态，依托现有基础不断延伸应用领域，为S省5G发展持续注入新动能。

2. 提升技术创新

以移动边缘计算（MEC）技术为例，图3-35示出了MEC技术专利来源国/地区分布情况,目前,MEC 的技术来源国主要包括中国、美国、日本、韩国等国家,其专利申请量分别占全球的 79%、13%、3% 和 2%,合计占全球专利的 97%。对比 2015 年之前,上述国家 58%、23%、6% 和 3% 的申请量占比而言,中国在 2015 年之后已成为全球 MEC 技术专利增长的主要力量。

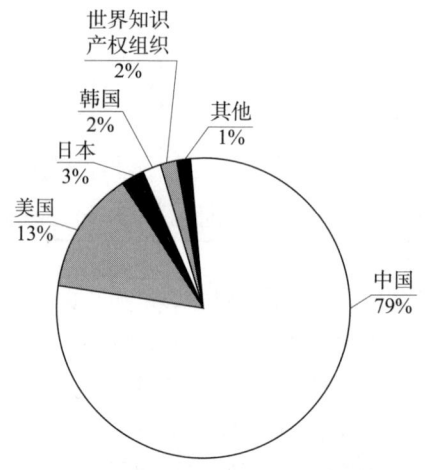

图 3-35　MEC 技术专利来源国/地区分布

按照全部专利申请量进行排名,全球 TOP10 申请人如图 3-36 所示,主要包括华为、中兴、高通、诺基亚、英特尔等跨国龙头通信企业,合计申请量占全球的 21%,且多以美国和中国企业为主。中国在 MEC 领域虽然发力较晚,但从专利申请量来看研发投入热情高涨,华为、中兴等头部厂商已然走在前列。

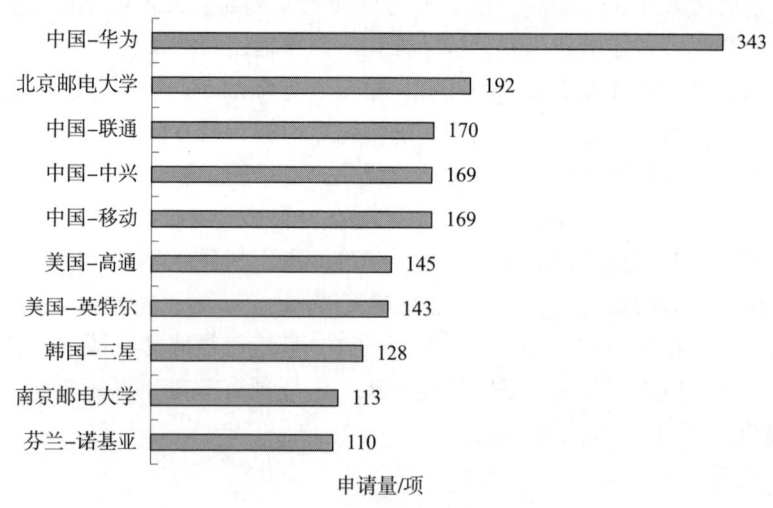

图 3-36　MEC 技术主要持有人

基于以上 MEC 专利申请态势，通过对 MEC 技术相关重点专利和近年来新申请专利的内涵、价值进行研究，可以看出，目前 MEC 技术的三个优势创新剖面分别为：网络部署中 MEC 的重要支撑技术、5G 标准规定下的 MEC 功能架构、MEC 技术面对市场进行的定制化应用培育三个主题。

（1）面对高带宽低时延的需求与 MEC 融合的重要支撑技术

对 MEC 相关专利进行统计分析，可以发现 MEC 技术与网络功能虚拟化技术以及初始接入与移动性管理技术有较大的创新重合点。其中，MEC 技术与网络功能虚拟化技术的交叉融合是近几年的技术创新热点，如图 3-37 所示，以此热点为基础的专利申请数量较多，且申请年份较新；而 MEC 技术与移动性管理技术的交叉融合创新开始时间较早，如图 3-38 所示，配合了 MEC 技术的低时延高时效的发展需求。

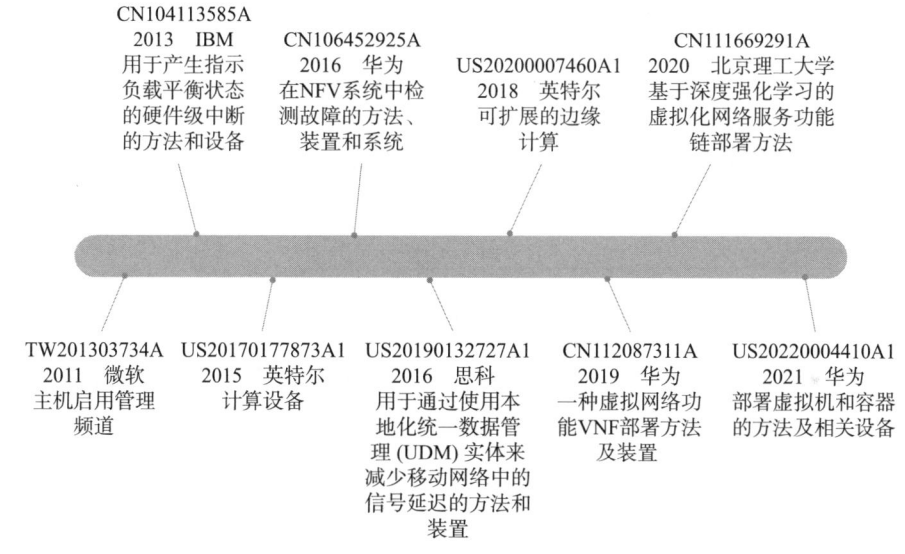

图 3-37　以网络功能虚拟化为支撑技术的 MEC 专利示例

（2）面对 5G 标准规定的 MEC 功能架构

移动边缘计算作为将云计算能力下沉到边缘节点的面向 5G 的新技术，在为终端提供低时延分布式的计算能力、智能节能的运行模式的同时，由于其靠近终端设备、运行资源有限、接入终端设备数据、支持设备移动性等特征，使得边缘计算除面临云计算系统普遍存在的安全问题之外，还在基础设施、虚拟化特征、数据资源、设备间交互和终端设备移动性等方面具有架构要解决的问题。网络运营商需要进行本地流量分析，采用网络切片以缓解网络拥塞带来的影响。企业希望能够通过更高效、安全和低延迟的连接方式来支持并与客户接触。面对各方对移动边缘计算提出的要求,移动边缘计算平台可实现的基本功能包括路由模块、网络能力开放模块和平台管理模块,相关专利示例如图 3-39 所示。

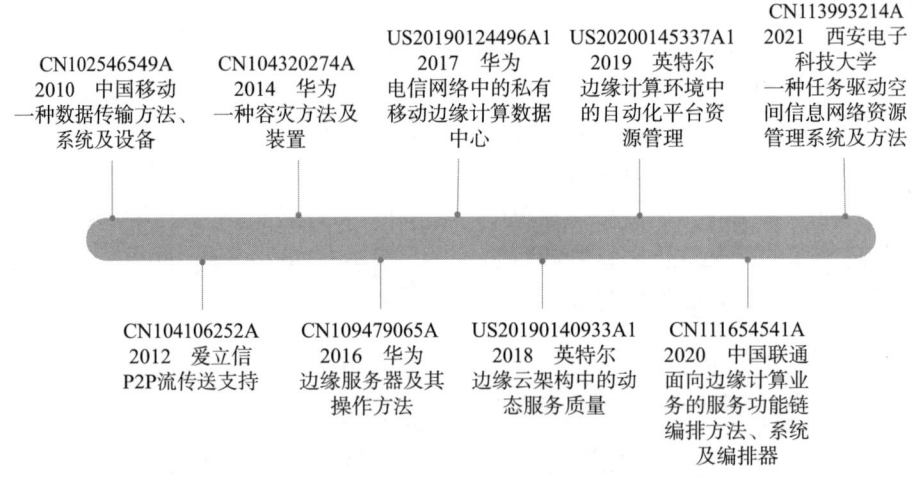

图 3-38 以移动性管理为支撑技术的 MEC 专利示例

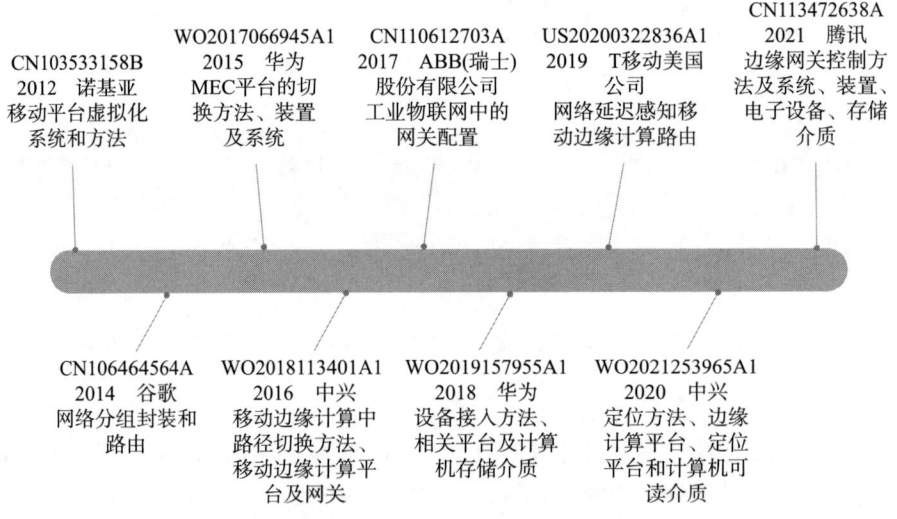

图 3-39 MEC 架构相关专利示例

路由模块负责在移动边缘计算平台内部虚拟机之间进行流量转发,支持网络虚拟化以促进灵活的分组转发背板,在背板中根据需要分配网络和安全服务给可进行编程管理的虚拟机。

第 3 章　产业规划类专利导航应用案例

通过路由控制模块，用户平面流量（上行链路或下行链路）被传递到一个应用程序，该应用程序可对流量进行监控、修改或控制，然后将其发送回原始连接。边缘环境下的终端设备具有很强的移动性，因此路由模块应该实现业务连续性。解决方案主要采用在进行流量转发时建议划分流量类型，并在中心和分支之间设置防火墙，相关专利示例如图 3-40 所示。

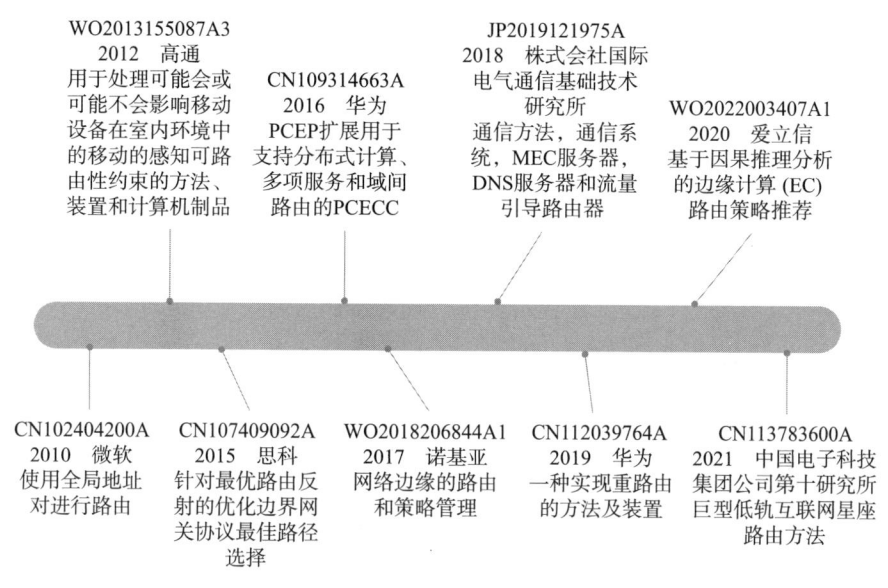

图 3-40　MEC 路由模块基本功能相关专利示例

无线网络开放模块负责在对外提供服务接口的基础上对数据面网关进行安全加固，保障接口安全、保护敏感数据以及防护物理接触攻击，实现用户数据按照分流策略进行正确的转发。内容具体包括数据面与移动边缘计算之间、数据面与交互的核心网网元之间应进行相互认证；对数据面与移动边缘计算之间的接口、数据面与交互的核心网网元之间的接口上的通信内容进行机密性、完整性和防重放的保护；对数据面上的敏感信息（如分流策略）进行安全保护，相关专利示例如图 3-41 所示。

平台管理模块对其他模块和本地 IT 基础设施进行管理，支持对网络能力开放模块和分配给第三方应用程序的本地 IT 基础设施资源进行认证、授权和计费操作。由于边缘计算是将计算能力下沉到了边缘，一些操作与计算过程不经过核心网，是在小范围进行计算和数据传输，缺少了对这些操作的监管。当边缘计算拥有做出关键决策的权限时，需要额外关注它接收到的数据或命令，包括检查传统的网络安全威胁以及对有效数据的完整性检查。我国在该领域处

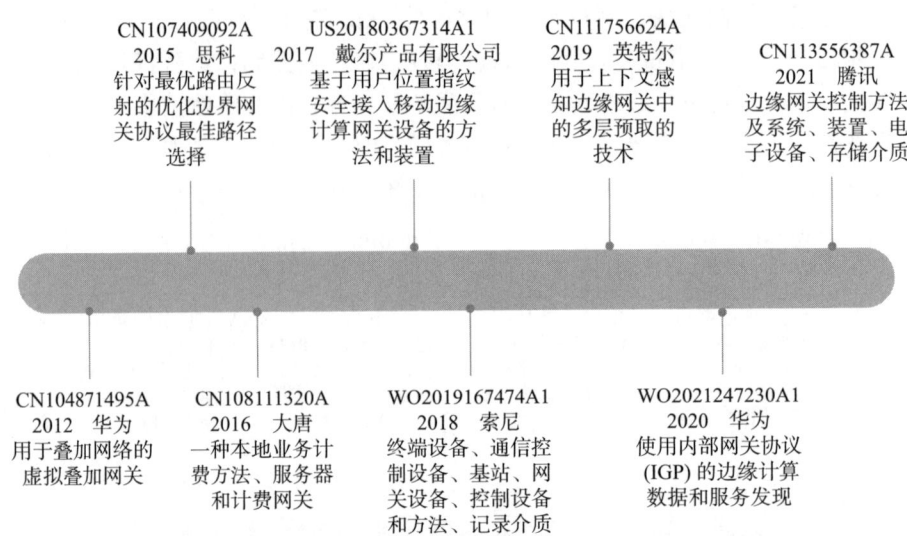

图 3-41　MEC 无线网络开放模块基本功能相关专利示例

于领先地位。例如，华为面向确定性网络的 5G MEC 解决方案基于动态智能连接、超性能异构计算和开放开源平台，满足各行业应用的差异化和确定性需求，成为运营商使能丰富的边缘新商业、实现数字化转型的关键利器，相关专利示例如图 3-42 所示。

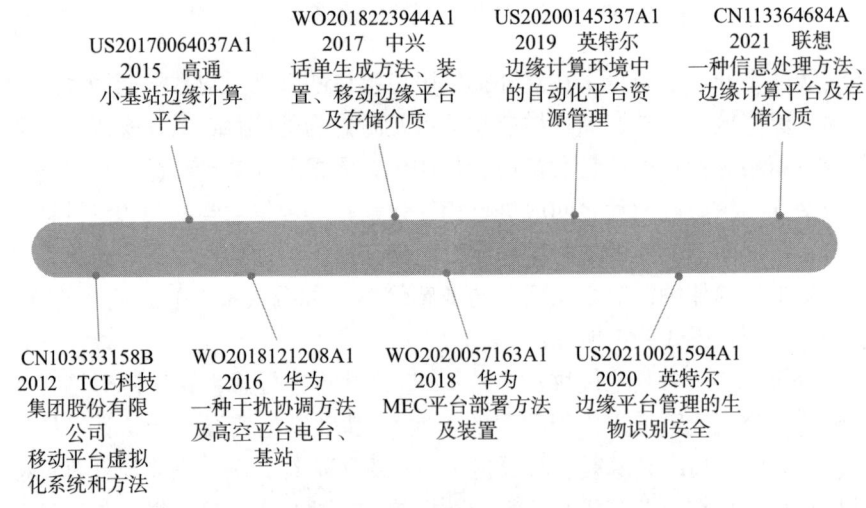

图 3-42　MEC 平台管理模块基本功能相关专利示例

（3）面对市场进行的定制化应用培育

MEC 具备丰富的应用场景，随着更多层次 MEC 建设的推进，边缘计算解决方案寻求利用远离集中网络或公共云的大量具有价值的数据，通过与行业使用场景和相关应用相结合，依据不同行业的特点和需求，可以完成从水平解决的方案平台到垂直行业的落地，构建众多创新的垂直行业解决方案。这类方案推动了物联网、车联网以及运营商个性化业务等领域的发展，发展前景广阔。因此，面向行业的应用专利申请主体不仅限于大通信公司，其他领域的公司也进入赛道。图 3-43 中列举了对 MEC 技术依赖较强的几类典型行业目前的 MEC 技术创新现状。

图 3-43 MEC 行业应用典型专利举例

3. 培育创新主体

（1）本地企业的培育

综合考虑 S 省企业的实际情况，结合各企业的申请量、涉及的业务领域以及进入时间等，筛选出 S 省本地 5G 产业重点培育企业名单，见表 3-18。

表 3-18 S 省本地 5G 产业重点培育企业名单（部分）

类别	企业名称	申请量/项	重点技术领域
实力突出型	某通信技术股份有限公司	15	边缘计算
	某电子科技有限责任公司	13	信道编码
	某新软件有限责任公司	12	初始接入与移动性管理

续表

类别	企业名称	申请量/项	重点技术领域
新进入型	某科技发展有限责任公司	13	网络功能虚拟化（NFV）
	某通信科技有限公司	6	移动边缘计算
	某信息科技有限公司	6	网络功能虚拟化（NFV）
待发掘型	西某某通公司	—	网络安全基础协议
	某技术股份有限公司	—	5G射频

结合产业方向、结构与企业定位分析，建议 S 省从以下两方面加强本地企业培育。

1）积极对接省内科研资源，引导企业和高校院所建立产学研合作机制。

S 省约有 115 家企业申请 5G 相关专利，申请总量为 200 余项，占 S 省申请量的 19.2%，各企业 5G 相关专利申请量均未超过 20 项，可见与广东、北京、江苏等省市相比，S 省在企业数量和企业总体创新活力等方面均有所不足，且缺乏行业内龙头企业。

反观 S 省的高校和科研院所，仅某电子科技大学的申请量就达到了 575 项，超过了 S 省企业申请量之和，可见 S 省科研实力十分雄厚。然而从 S 省的协同创新水平看，如某电子科技大学、某交通大学的主要合作对象是省外企业，表明 S 省高校研究机构与本地企业的合作较少。进一步畅通本地创新主体间合作通道，促进高校科研机构与企业间的合作，是促进本地企业进一步做大做优的重要手段。

因此，一方面，建议以解决需求侧企业技术创新难题为导向，在专利技术对接上下功夫，引导企业和高校院所建立产学研合作机制，进行联合技术攻关突破技术难点，组织开展多层面的专利技术对接活动，支持服务机构帮助中小企业获取目标专利实现合作共赢；另一方面，以解决供给侧信息不畅问题为导向，在专利技术供给上下功夫，推动高校院所建立职务科技成果披露制度，加强知识产权运营机构建设。

2）发挥政策支撑作用，鼓励企业紧跟技术发展趋势。

5G 产业的高速增长，给 S 省 5G 企业的发展带来了契机。因此，建议 S 省充分发挥政府政策引导作用，通过设立 5G 产业投资基金、专项项目等，支持 5G 企业做大做强；通过规划 5G 产业发展方向等，促进企业紧跟 5G 技术发展趋势，加强企业多元产品的技术支持和产品开发。

（2）本地人才的培养

基于人才实力定位部分筛选所得人才名单，以专利数据为依据，通过重点关注各细分技术领域的本地发明人专利产出实力、技术研发经验、近年活跃程度，进一步剔除上述指标均表现较差的发明人，最终梳理出 S 省 5G 产业推荐优先重点培育人才名单，见表 3-19，进而为 S 省本地人才培养提供指引及参考。

表 3-19 S 省 5G 产业推荐优先重点培育人才名单（部分）

技术领域	所属科研组织/企业	发明人	产出实力/项	研发经验/年	近三年申请量/项	活跃程度
1-1 新型多址接入	某工业大学	翟×森	4	3	3	75.0%
1-1 新型多址接入	某交通大学	张×	3	6	1	33.3%
1-1 新型多址接入	某邮电大学	杜×波	3	2	3	100.0%
1-1 新型多址接入	某科技大学	盛×	3	2	0	0.0%
1-2 大规模 MIMO	某科技大学	庞×华	4	2	4	100.0%
1-2 大规模 MIMO	某交通大学	范×存	6	3	4	66.7%
1-2 大规模 MIMO	某科技大学	胡×	3	2	3	100.0%
1-3 信道编码	某科技大学	白×明	13	11	2	15.4%
1-3 信道编码	某科技大学	李×	9	11	0	0.0%
1-3 信道编码	某科技大学	李×	7	4	0	0.0%
1-4 初始接入与移动性管理	某科技大学	曹×	8	5	6	75.0%
1-4 初始接入与移动性管理	某科技大学	李×辉	7	5	6	85.7%
1-4 初始接入与移动性管理	某科技大学	赵×强	6	7	1	16.7%
1-5 控制信道设计与资源调度	某化学研究所	牟×	2	2	1	50.0%
1-5 控制信道设计与资源调度	某工业大学	梁×	2	1	2	100.0%
1-5 控制信道设计与资源调度	某科技大学	沈×龙	2	1	2	100.0%
1-6 双工技术	某科技大学	刘×	7	5	2	28.6%
1-6 双工技术	某科技大学	刘×伟	2	1	0	0.0%
1-6 双工技术	某科技大学	程×驰	2	1	0	0.0%
1-6 双工技术	某科技大学	史×	2	3	0	0.0%
1-7 双连接（DC）	某交通大学	任×毅	1	1	1	100.0%

续表

技术领域	所属科研组织/企业	发明人	产出实力/项	研发经验/年	近三年申请量/项	活跃程度
1-7 双连接（DC）	某安大学	徐×峰	1	1	1	100.0%
1-7 双连接（DC）	某工业大学	王×	1	1	1	100.0%
1-8 D2D 通信	某科技大学	盛×	2	4	0	0.0%
1-8 D2D 通信	某邮电大学	黄×东	2	1	0	0.0%
1-8 D2D 通信	某通信设备有限公司	李×宏	1	1	1	100.0%
1-9 自组织网络（SON）	某科技大学	盛×	4	6	0	0.0%
1-9 自组织网络（SON）	某邮电大学	黄×东	3	5	0	0.0%
1-9 自组织网络（SON）	某通电气化有限公司	余×	2	1	2	100.0%
1-9 自组织网络（SON）	某建筑科技大学	于×琪	2	10	0	0.0%
1-10 认知无线电（CR）	某交通大学	任×毅	5	5	0	0.0%
1-10 认知无线电（CR）	某科技大学	裴×祺	4	6	0	0.0%
1-10 认知无线电（CR）	某科技大学	王×	4	6	0	0.0%
1-10 认知无线电（CR）	某科技大学	刘×骞	3	2	3	100.0%
1-11 超密集组网	某工业大学	李×欣	1	1	0	0.0%
1-11 超密集组网	某邮电大学	陈×晨	1	1	1	100.0%
1-11 超密集组网	某科技大学	杨×刚	1	1	0	0.0%
1-11 超密集组网	某交通大学	王×	1	1	0	0.0%
2-1 网络功能虚拟化（NFV）	某科技发展有限责任公司	霍×	10	2	1	10.0%
2-1 网络功能虚拟化（NFV）	某交通大学	曲×	4	6	2	50.0%
2-1 网络功能虚拟化（NFV）	某科技大学	赵×强	4	3	1	25.0%
2-2 软件定义网络（SDN）	某交通大学	曲×	27	7	9	33.3%
2-2 软件定义网络（SDN）	某科技大学	顾×玺	8	6	5	62.5%
2-2 软件定义网络（SDN）	某科技大学	赵×强	4	5	1	25.0%
2-2 软件定义网络（SDN）	某科技大学	张×山	4	4	3	75.0%
2-3 网络切片	某科技大学	赵×强	9	4	3	33.3%
2-3 网络切片	某科技股份有限公司	周×晶	4	2	0	0.0%
2-3 网络切片	某科技大学	裴×祺	3	7	1	33.3%
2-4 移动边缘计算	某科技大学	赵×强	9	6	2	22.2%

续表

技术领域	所属科研组织/企业	发明人	产出实力/项	研发经验/年	近三年申请量/项	活跃程度
2-4 移动边缘计算	某邮电大学	杜×波	6	2	6	100.0%
2-4 移动边缘计算	某科技大学	沈×龙	6	12	1	16.7%

以曲×为例，其在软件定义网络（SDN）领域已申请专利27项，专利产出实力突出；由专利数据来看，曲×于2014年申请了其在该细分技术领域的第一件专利申请，该发明公开了一种基于SDN空天地控制器部署架构及控制方法，在2014年至2020年期间曲×共提交了27件专利申请，其在该领域深耕技术研发约在7年以上，积累了丰富的研发经验；结合近三年专利申请占比来看，曲×2019年至今申请软件定义网络（SDN）相关专利约有9件，占其在该领域申请总量的33.3%，在表3-19所述发明人中其活跃程度处于中等水平。综合来看，在软件定义网络（SDN）领域内的发明人曲×，具备较强的专利产出实力，拥有相对丰富的技术研发经验且近年来专利产出较为活跃，因此我们认为其可作为S省5G产业优先重点培育对象。

4. 引入外部资源

（1）招引优质企业

结合产业结构来看，S省5G产业目前在初始接入与移动性管理、控制信道设计与资源调度、双连接（DC）、网络功能虚拟化（NFV）领域仍有亟待完善之处。因此，建议S省立足补链、强链，通过招商引资促进企业集聚，科学、系统地布局5G全产业链。进一步地，从技术实力、跨国影响力、核心技术以及合作意愿四个方面，筛选出初始接入与移动性管理、控制信道设计与资源调度、双连接（DC）、网络功能虚拟化（NFV）领域可考虑依据实际需求引进/合作/关注的企业推荐名单，见表3-20。

表3-20 国内企业信息展示示例

序号	企业名称	所属省市	推荐分支				技术实力	跨国影响力	核心技术	推荐级别
			初始接入与移动性管理	控制信道设计与资源调度	双连接（DC）	网络功能虚拟化（NFV）				
1	华为	广东	√	√	√	√	5	5	5	重点推荐
2	OPPO	广东		√	√		3	5	4	重点推荐
3	中兴	广东	√	√	√	√	3	4	4	重点推荐

续表

序号	企业名称	所属省市	初始接入与移动性管理	控制信道设计与资源调度	双连接(DC)	网络功能虚拟化(NFV)	技术实力	跨国影响力	核心技术	推荐级别
4	vivo	广东	√	√	√		3	4	2	重点推荐
5	小米	北京	√	√			2	4	1	推荐
6	大唐	北京	√	√	√		2	2	1	推荐
7	中国移动	北京	√	√		√	2	2	1	推荐
8	联想	北京	√	√	√		2	2	1	推荐
9	联发科技	台湾	√	√	√		2	4	1	推荐
10	展讯通信	上海	√	√			2	2	1	推荐

(2) 引进优质人才

聚焦初始接入与移动性管理、控制信道设计与资源调度、双连接（DC）和网络功能虚拟化（NFV）领域，综合考虑人才技术创新实力、核心技术产出能力、创新支撑能力以及技术续航能力等因素，以第一发明人的专利申请量、高频被引、专利申请生命周期等作为评估指标，对第一发明人进行分析筛选，划定重点推荐、推荐、关注三个推荐级别，见表3-21。S省可依据本次筛选出的各类型人才优先考虑引进相应技术人才，开展技术攻关。对于存在一定引进难度的情况可考虑通过合作交流的方式进行技术研发活动，或保持积极关注状态。

表3-21 控制信道设计与资源调度领域推荐引进/合作/关注人才名单（部分）

人才类型	发明人	所属单位	技术研发生命周期	核心产出/项	技术实力	推荐级别
领军人才	TAKEDA，×	NTT	7	291	9.3	重点推荐
	张×博	朗帛通信	7	155	7.4	重点推荐
	蒋×	朗帛通信	5	55	6.8	推荐
	赵×	小米	5	259	5.2	推荐
	苟×	中兴	5	99	5	关注
	BALDEMAIR，×	爱立信	5	68	4.8	关注
	XU，×	高通	5	80	4.6	关注
	江×威	小米	5	51	4	关注

续表

人才类型	发明人	所属单位	技术研发生命周期	核心产出/项	技术实力	推荐级别
创新人才	GANESAN，×	联想	3	8	4	重点推荐
	ZHOU，×	高通	1	1	10	重点推荐
	曾×君	vivo	2	2	6	重点推荐
	WU，×	高通	2	4	5.5	推荐
	刘×	展讯通信	2	12	3	推荐
	刘×枭	vivo	2	2	4	关注
	吴×	三星	2	4	3	关注
	余×	华为	2	1	3	关注
	柴×	中国移动	2	3	2.5	关注
	NAKASHIMA ×	夏普	2	1	2.5	关注
	王×	华为	2	4	2.5	关注
科研骨干	李×	北京邮电大学	5	8	1.4	重点推荐
	何×治	上海交通大学	3	1	1.3	重点推荐
	施×	暨南大学	2	5	1.5	推荐
	张×	东南大学	1	0	3	推荐
	费×松	北京理工大学	2	5	1.5	关注
	张×干	天津理工大学	7	20	0.3	关注
	姚×松	上海微波技术研究所	1	1	2	关注

以控制信道设计与资源调度技术为例，蒋×作为控制信道设计与资源调度方向的领军人才，是朗帛通信的技术骨干。其专利申请主要涉及无线通信的用户设备、基站中的方法和装置以及无线通信的节点中的方法和装置等技术研究。5年间在该技术领域共有34项专利申请，其中有效专利10项，PCT申请占比62%左右，还有一项专利发生过权利转移。在全部专利中，有22项专利是其作为第一发明人与其他发明人联合研发产出，并有多项专利被其他申请人多次引用。根据S省高层人才引进政策，推荐蒋×作为高层技术人才与S省本地企业进行无线通信方向的联合研发。或者作为特聘专家指导S省技术骨干进行技术研究，也可开展5G技术讨论会，邀请蒋×作为客座专家进行现场演讲。

（3）对接科研机构

建议S省5G企业根据发展需要，积极与国内外实力较强的科研机构进行技术合作,搭建产学研合作交流平台,积极建立长期稳定的合作关系,组织开展联合技术攻关,进一步提升 S 省 5G 产业技术创新活力,增强企业技术核心竞争力。经过对国内外 5G 领域专利申请量排名靠前的科研机构进行技术优势领域分析,并结合省内相关科研机构已产生的联合申请占比对其协作研发意愿进行评估,见表 3-22。

表 3-22 国内外科研组织专利申请量 TOP20 信息展示示例

科研机构	专利总量/项	联合申请占比	推荐领域
北京邮电大学	884	8.9%	新型多址接入、初始接入与移动性管理、认知无线电(CR)、超密集组网、网络功能虚拟化(NFV)、软件定义网络(SDN)、移动边缘计算
韩国电子通信研究院	719	10.8%	大规模 MIMO、信道编码、初始接入与移动性管理、控制信道设计与资源调度、双连接(DC)
重庆邮电大学	608	1.3%	新型多址接入、D2D 通信、自组织网络(SON)、超密集组网、网络功能虚拟化(NFV)
西安电子科技大学	575	9.7%	新型多址接入、信道编码、网络功能虚拟化(NFV)
东南大学	518	7.1%	大规模 MIMO、信道编码
电子科技大学	517	5.6%	双工技术、认知无线电(CR)
南京邮电大学	475	4.6%	D2D 通信、自组织网络(SON)、认知无线电(CR)、移动边缘计算
弗朗霍夫应用研究促进学会	387	2.8%	初始接入与移动性管理、控制信道设计与资源调度、双连接(DC)、网络切片
清华大学	362	14.4%	新型多址接入、信道编码
上海交通大学	258	10.5%	信道编码、网络功能虚拟化(NFV)
哈尔滨工业大学	191	11.0%	新型多址接入、认知无线电(CR)
华中科技大学	180	3.3%	信道编码、网络功能虚拟化(NFV)
浙江大学	178	7.3%	自组织网络(SON)
西安交通大学	176	3.4%	大规模 MIMO、软件定义网络(SDN)
北京航空航天大学	170	2.9%	信道编码、D2D 通信、移动边缘计算
财团法人工业技术研究院	164	1.2%	初始接入与移动性管理、双工技术、双连接(DC)、超密集组网
宁波大学	160	0.6%	信道编码、认知无线电(CR)
中山大学	152	6.6%	信道编码
华南理工大学	152	7.2%	自组织网络(SON)
南京航空航天大学	133	5.3%	自组织网络(SON)

S省可以依据技术开发需要，结合以上科研主体在5G产业中的技术优势及合作研发可能性，通过和以上科研主体进行合作，同时对多个方面的技术实力进行提升。此外，S省企业也可结合自身发展策略，针对细分技术领域选择相应科研主体进行，实现联强补弱。

5. 畅通技术通道

（1）推动协同创新

1）积极构建企企联动。

S省已集聚了一批实力较强的企业，但企业在5G领域的研究成果不多，创新活力有待提高。未来，建议S省本地企业积极对接国内外头部企业，学习其先进技术，壮大本地企业技术力量。经统计，国内外企业专利申请量TOP20各三级分支申请分布及联合申请占比如表3-23所示。

表3-23 国内外企业专利申请量TOP20各三级分支申请分布及联合申请占比

（单位：项）

企业	新型多址接入	大规模MIMO	信道编码	初始接入与移动性管理	控制信道设计与资源调度	双工技术	双连接（DC）	D2D通信	自组织网络（SON）	认知无线电（CR）	超密集组网	网络功能虚拟化（NFV）	软件定义网络（SDN）	网络切片	移动边缘计算	联合申请占比
高通	158	632	329	4378	1160	268	2212	26	67	469	133	555		94	145	14.5%
华为	159	427	607	3772	1106	283	511	17	39	197	50	595	459	769	343	5.4%
三星	118	485	532	1650	397	184	328	9	55	146	1333	90	26	131	128	8.8%
爱立信	73	303	104	2528	502	153	602	16	42	150	66	279	229	286	60	11.1%
LG	78	348	225	1251	448	301	719	13	25	124	34	6	1	64	24	4.8%
诺基亚	52	271	163	1422	272	146	440	32	66	162	33	121	81	221	110	24.0%
中兴	42	162	170	1231	388	177	181	6	24	90	24	284	238	201	169	2.7%
OPPO	17	78	25	1652	533	11	362			55				103	48	1.0%
英特尔	35	208	150	967	227	56	287	6	26	92	9	224	21	87	143	6.6%
NTT	31	271	15	748	246	59	765	4	6	48	10	19	10	65	9	3.7%
苹果	25	94	45	695	185	24	498	4	7	81	9	18	1	47	37	10.9%
vivo	1	39	4	1039	377	1	193	1	2	24	1	2	15	3	42	0.0%
中国移动	11	42	3	480	126	46	68	4	7	24	11	160	76	149	169	76.3%
索尼	41	162	230	499	90	28	63	11	18	81	5	12	9	36	57	33.2%
大唐	26	58	23	567	185	69	94	3	8	43	4	20	3	57	70	0.7%

续表

企业	新型多址接入	大规模MIMO	信道编码	初始接入与移动性管理	控制信道设计与资源调度	双工技术	双连接(DC)	D2D通信	自组织网络(SON)	认知无线电(CR)	超密集组网	网络功能虚拟化(NFV)	软件定义网络(SDN)	网络切片	移动边缘计算	联合申请占比
日本电气株式会社	6	101	94	305	51	24	94	15	24	35	6	107	103	80	43	18.5%
夏普	16	111	14	319	180	62	177			49	3	5		64	14	30.0%
小米	1	13	4	619	202	10	52	1	2	31	1	6		31	14	1.3%
联想	6	26	9	334	180	13	100		2	10	16	7	3	46	13	4.8%
松下	22	149	134	208	102	19	57	5	11	20		9	2	5	10	14.9%

表3-24展示了专利第一申请人为S省企业的企企联合的举例，这些企业的合作意向更明显，因此，S省可以重点推荐这些企业联动国内外高新创新实体协作，共同拉动S省5G产业建设。

表3-24 S省企企联合举例

第一申请人	第二申请人	第三申请人	第四申请人	专利量/项
中国移动通信集团S省有限公司	中国移动通信集团有限公司			6
某通信科技有限公司	某科技发展股份有限公司			4
某高压开关有限责任公司	某电气股份有限公司			1
某科技有限公司	某防务科技有限公司			1
某半导体有限公司	三星电子株式会社			1
某电力公司电力科学研究院	国网S省电力公司营销服务中心	国家电网公司	北京某电子有限公司	1
某钛业股份有限公司	某钛集团有限公司			1

2）推广5G产业联盟。

2020年，中国电信东莞分公司、中国科学院云计算产业技术创新与育成中心、广东远峰汽车电子有限公司、广东瑞恩科技有限公司等13家单位聚集在一起，共同发起成立东莞市5G产业联盟。同年，华为联合一汽集团、长安汽车、东风汽车等首批 18 家车企，正式发布成立"5G 汽车生态圈"，加速 5G 技术在汽车产业的商用进程，共同打造消费者感知的 5G 汽车。2021 年，中国通信企业协会、中国信息通信研究院、中国电信集团、中国移动通信集团、中国联合网络通信集团、中兴通讯、华为等 7 家单位成立 5G 消息联合实验室，开展 5G 消息相关技术验证工作。

建议 S 省依托本地产业基础，集聚产业集成创新及融合应用，共同应对 5G 时代的变革浪潮。可以借鉴现有的产业联盟模式，深耕互建共享，助力 S 省 5G 产业迅速加入快车道。

（2）促进专利运营

图 3-44 统计了全球 5G 产业专利运营情况，多集中在美国、日本等发达国家或地区，企业综合竞争实力较强，对专利运营活动的重视程度较高。企业是专利运营的主体，S 省应促进企业间的专利许可与转让等，鼓励科研机构通过与企业联合实现科研成果产业化，挖掘专利价值。

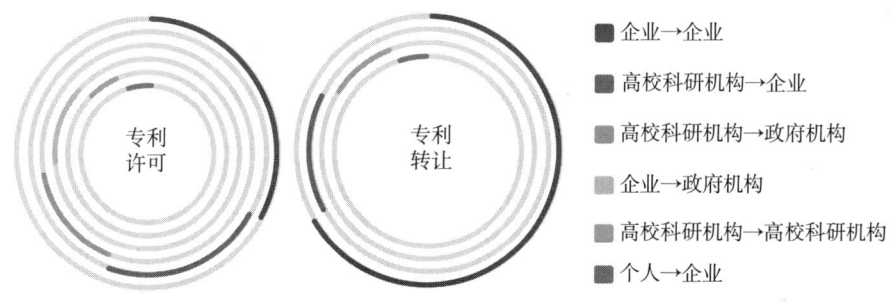

图 3-44　全球 5G 产业专利运营情况

加大力度开展专利运用，实现专利价值，可通过专利引证关系，找到潜在的技术合作开发对象和诉讼对象，图 3-45 所示为某科技大学在 5G 产业领域的部分专利引证情况，可以发现，某科技大学的科研实力在行业接受度高，专利整体引用和被引用频次高，涉及多家国内外头部企业和科研院所，需要引起行业足够重视。

通过将自身具有优势的专利向外转让或许可他人使用，同样是盘活专利资源的有效手段。表 3-25 为 S 省 5G 产业部分可许可、转让专利列表，列出了 S 省在 5G 产业领域可以考虑转让和许可的专利。

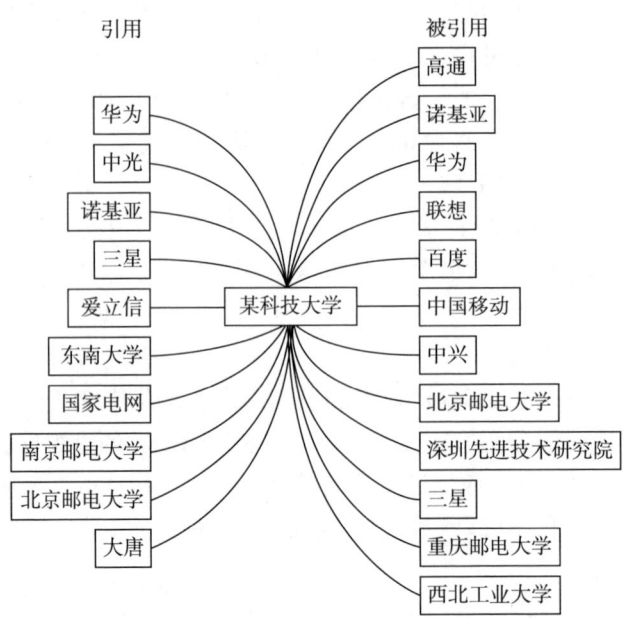

图 3-45　某科技大学专利引证关联主要创新实体

表 3-25　S 省 5G 产业可许可、转让专利列表（部分）

技术领域	公开号	专利名称	专利权人
移动边缘计算	CN10×××××××A	物联网……方法	某电子科技大学
网络功能虚拟化（NFV）	CN10×××××××A	一种云平台……架构	某邮电大学
信道编码-极化码	CN10×××××××A	极化码……校验方法	某电子科技大学
大规模 MIMO	CN10×××××××A	一种垂直极化……	中兴
信道编码-极化码	CN10×××××××A	一种 MAPSK……系统	某无线电技术研究所
信道编码-LDPC 编码	CN10×××××××A	一种低复杂度的列分层 LDPC……方法	某无线电技术研究所
软件定义网络（SDN）	CN20×××××××U	一种基于边缘计算……架构	某通信技术股份有限公司
初始接入与移动性管理	CN10×××××××A	一种 3D-MIMO 系统的……方法	某电子科技大学
网络切片	CN10×××××××A	协调运行风险与风能消纳的……方法	某交通大学
信道编码-极化码	CN10×××××××A	适用于任意……方法	某电子科技大学
……			

表 3-26 给出了国内外部分 5G 产业方向可供运营的核心专利，这些专利可适用于购买或寻求许可。

表 3-26　S 省 5G 产业可寻求许可、转让专利列表（部分）

公开（公告）号	专利名称	申请年份	专利权人	同族被引用专利总数/次
US20040082356A1	MIMO WLAN 系统	2002	高通	2090
US20060223518A1	使用移动电话或其他无线设备进行位置共享和跟踪	2005	X ONE	1757
WO2002078211A2	在无线通信系统中利用信道状态信息的方法和装置	2001	高通	1372
WO2008033514A2	计量 RF LAN 协议和小区/节点利用率和管理	2006	伊特伦公司	915
US20090042596A1	基于信道质量调整发射功率	2007	高通	824
US20160359705A1	应用程序依赖映射的优化	2015	思科	757
US20160359881A1	通过头域熵进行异常检测	2015	思科	757
WO2017196249A1	用于无线通信网络的网络架构、方法和设备	2017	爱立信	620
US9071343B2	避免干扰的方法和装置	2013	伊利诺伊超导股份有限公司	561
US20100173633A1	切换失败消息传递方案	2009	高通	479
……				

6. 拓展"5G+"应用场景

（1）构筑产业生态

要发挥 5G 在城市建设中的更大价值，就一定要与能充分发挥 5G 优势的应用相结合。探索与 5G 技术相匹配的与新技术相结合的应用场景，让新的智能终端和场景应用形态更好地融入城市建设、社会生活的方方面面。

2018 年以来，深圳在"5G+AR/VR""5G+智慧医疗""5G+智慧港口""5G+智慧酒店"等 20 多个 5G 重点行业应用成果涌现。深圳市委、市政府高度重视 5G 发展工作，并形成了"1+N"政策体系。"1"是指《关于率先实现 5G 基础设施全覆盖及促进 5G 产业高质量发展的若干措施》。N 是指一系列配套政策，包括《2020 深圳市 5G 基站和站点多功能智能杆建设计划》《深圳市工业互联网发展行动计划》《2021 年新一代信息技术产业扶持计划申请指南》等。同时，深圳市政务应用创新不断，行业示范精彩纷呈。开展 5G 应用示范工程，认定双十应用示范项目，总投资超过16亿元。政务应用方面，选取了医疗、教育、警务等十个领域，应用示范效果显著。疫情期间，深圳市龙头企业助力武汉雷神山医院建设，形成"5G＋红外测温"远程办公等新模式新业态。

自2020年起，S省陆续推出了包括"5G＋数字政府""5G＋智慧全运"等超过20个解决方案及平台，并取得了积极成效。同时，积极联合各行业头部企业，打造行业应用示范。如，长庆石化"5G＋MEC"借助工业互联网标识解析平台实现资产管理及服务，神东煤矿建设5G井上井下一张网的智慧煤矿示范应用项目，高校建设5G产学研实验室，打造"5G＋无人驾驶""5G＋AR/VR"。

相比于广东等省市，目前S省"5G＋"应用仍存在发挥空间，如部分行业"5G＋"应用呈现"碎片化"特征，可复制性弱以及建网运营成本高，盈利方式尚不清晰，5G建设将无法形成商业闭环等。针对"5G＋"应用发展面临的挑战，建议S省加强政府推动支持，加大财政、金融政策支持力度，拓宽投融资渠道；围绕应用模式清晰的5G先锋应用领域，打造示范标杆项目，发挥基础电信企业和行业龙头企业引领带动作用；鼓励合作共赢，构建开放协同的产业生态。

(2) 延伸应用领域

通过对S省5G企业相关经营范围进行聚焦分析，可以发现S省目前已有数十家企业涉足"5G＋"相关应用领域，如图3－46所示，在企业经营涉及的应用领域中，物联网领域约占66%，是S省5G企业最为关注且应用范围最广的领域，另外在智能制造、无人机领域占比分别为21%、13%。

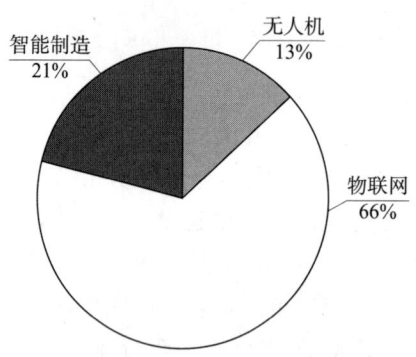

图3－46　S省5G企业主要应用领域分布

表3－27中列出了在物联网、智能制造、无人机等应用领域的部分S省企业情况。

表 3-27 S 省 5G 企业应用领域（部分）

领域	企业名称	专利量/项	经营范围
物联网	某通信技术股份有限公司	12	5G 通信技术；物联网技术；人工智能应用软件；智能控制系统集成
智能制造	某电子科技有限责任公司	11	通信设备制造；网络设备制造；可穿戴智能设备制造；卫星移动通信终端制造；导航终端制造
物联网	某物联科技有限公司	3	智能设备、物联网终端
物联网	某信息科技有限公司	3	人工智能行业应用系统集成；物联网
物联网	某信息技术有限公司	3	区块链技术相关软件和服务；物联网技术服务；物联网应用服务
物联网	某智能科技有限公司	2	智能控制系统集成；物联网技术服务
物联网	某网络科技有限公司	2	人工智能通用应用系统；远程健康管理；数据处理和存储支持；物联网应用
无人机	某计算科技有限公司	1	通讯设备（不含地面卫星接收设备）、物联网设备软硬件、无人机、人工智能设备

华为在《5G 时代十大应用场景白皮书》❶ 中，按照 5G 技术相关度和市场潜力大小将相关应用分为 9 个象限，右上方象限——技术相关度高且市场潜力大的主要有 10 个应用场景。结合市场信息来看，5G 与物联网、车联网等行业的深度融合，将创造数字经济的新价值体系，满足更多产业需求，催生更多新业务，孕育出更多新服务，创造产业新业态和新模式。综上而言，S 省在"5G+"方面已经具备一定发展基础，已经聚集了较多在物联网、智能制造等应用领域的创新主体，但仍有较大的发展提升空间，例如在云 VR/AR 领域、车联网等领域涉及企业较少等。S 省应积极关注"5G+"，致力打造行业应用示范，继续坚持稳中求进，推动 S 省"5G+"应用逐步形成成熟完备的行业模式，促进产业高质量发展。

3.3 案例解析

本案例遵循《专利导航指南 第 3 部分：产业规划》（GB/T 39551.3—

---

❶ 华为.5G 时代十大应用场景白皮书［EB/OL］.（2019-6-27）［2024-4-3］. https://www.sohu.com/a/323318971_100004439.

2020）的基本要求，以专利数据为基础，综合运用了多种数据资源，以"方向—定位—路径"三个核心逻辑模块为基本思路，将全景模式分析产业发展方向、近景模式分析区域产业发展定位、远近结合分析区域产业创新资源优化路径等模块化信息整合，通过将专利数据与产业、经济、市场等多个维度信息互动关联，把专利链与产业链、创新链紧密结合，有效对接区域产业发展的具体要求，为产业发展提供合适的目标选择和针对性的路径向导。

以下根据标准条文，对本案例项目实施的基础条件、项目启动、项目实施、质量控制、成果产出、成果运用及绩效评价等几个方面进行简要解析。

3.3.1　基础条件解析

专利导航项目实施的基础条件包括信息资源及人力资源。根据标准要求，实施产业规划类专利导航应当具备的数据资源首先包括《专利导航指南　第1部分：总则》（GB/T 39551.1—2020）中对信息资源的基本要求：世界知识产权组织规定的专利合作条约（PCT）最低文献量专利数据资源及相应的检索工具；与专利导航需求密切相关的产业、科技、教育、经济、法律、政策、标准等信息资源；与专利导航需求密切相关的企业、高等学校和科研组织等信息资源。除此之外，根据《专利导航指南　第3部分：产业规划》（GB/T 39551.3—2020）对信息资源的基本要求，信息资源还宜包括：产业环境相关信息，可包括国内外不同层面区域规划、产业规划、产业政策及产业平台等信息；产业相关统计数据；产业相关主要法人及自然人创新活动及市场活动信息。在对人力资源的要求中，《专利导航指南　第1部分：总则》（GB/T 39551.1—2020）提出组织开展和具体实施专利导航工作宜由专业人员负责项目管理、信息采集、数据处理、导航分析和质量控制等工作。除满足 GB/T 39551.1—2020 中关于人力资源的规定外，人力资源还宜包括产业分析人员，产业分析人员宜具备下列条件：近三年连续在相关产业领域或经济管理领域从业；具备相关产业领域情报搜集和研究分析能力；掌握产业分析研究方法。

在本案例实施的基础条件准备阶段，为确保研究结论的全面性和准确性，各分支专利文献检索主要采用的数据库为 CNABS、CNTXT 和 DWPI，标准必要声明专利文献检索主要采用的数据来自 ETSI 网站。采集的专利信息包括：公开（公告）号、标题、受理局、申请日、IPC 分类号、简单同族、法律状态/事件、当前申请（专利权）人州/省、专利类型、法律状态/事件、第一发明人等，并对数据整体进行关联分析、相互引证。此外，还搜集了包括产业链结构、产业链中主要企业及市场竞争、产业技术发展趋势、产业市场现状、国内外产业政策等产业环境相关信息。

本案例实施中的研究组人员包括：具有5G相关领域研究背景且具备5年以上专利导航研究管理经验的项目负责人，具有4年以上专利检索实务经验的项目成员，近三年内连续在5G相关领域从业且掌握产业分析研究方法的项目成员，除此以外项目团队的人员还覆盖了经济、技术相关领域，以保证结论的准确性和有效性。

3.3.2 项目启动解析

根据《专利导航指南 第1部分：总则》（GB/T 39551.1—2020）要求，专利导航项目的启动一般包括：确定项目负责人、需求分析、组建项目团队和制定实施方案4个步骤。除此之外，针对产业规划类专利导航，根据标准《专利导航指南 第3部分：产业规划》（GB/T 39551.3—2020）要求，还宜明确该区域的产业发展决策支撑所需信息的维度及其颗粒度。

根据本实施案例的项目目标、复杂程度、实施特点等因素，首先确定了具有5G相关领域专业背景且具备5年以上专利导航研究管理经验的人员为项目负责人。之后，通过资料检索和实地调研，确定本实施方案的需求为：在全面把握5G相关专利和技术发展态势的基础上，基于S省目前在5G产业中的发展定位，精准选取有待突破和关乎商业落地的关键技术分支，针对S省如何突破这些关键技术的瓶颈、促进产业发展提出切实可行的具体方案，形成专利导航分析报告。明确项目需求之后，项目负责人根据需求确定项目人员，组建项目实施团队，明确任务分工，把控项目节点和质量。

在项目团队组建过程中，要做到知识结构、人员结构的合理安排，以确保成果呈现符合本地实际，有针对性和可操作性。本案例中确定4名具有专利检索实务经验和5G相关领域从业经验的人员为信息采集人员，负责专利信息、产业信息、经济信息等数据的采集工作；3名专利咨询师为数据处理人员，负责数据筛选、加工和标引；5名专利咨询师为专利导航分析人员，负责构建专利导航模型，对产业进行梳理和研究，明晰5G产业的产业环境和发展动向、明确S省5G产业在产业价值链中的分工和定位、为S省5G产业提供合适的目标选择和针对性的路径向导；1名高级专利咨询师作为质量控制人员，负责评价检测专利导航分析成果，确保项目开展的可行性。

通过对5G产业链和技术链的整体分析，了解了5G产业链条上、中、下游的组成，明晰了整个5G网络最上游的各种零部件，零部件构成基站中的各个模块和单元，各单元构成无线接入网的主要载体——基站，基站经过光收发模块和光纤光缆（即承载网），与各个 CU、核心网相连，形成信息接收处理反馈的通道。因此，本案例将 5G 产业链分为无线接入网、承载网、核心网三部分，明确了信息的颗粒度，这样的信息分解可有效支撑后续的专利导航分析。

团队组建完毕后，项目经理制定具体的实施方案。根据团队人力资源状况和项目需求需要投入的时间成本，确定项目实施进度计划，示例如表 3-28 所示。

表 3-28　S 省 5G 产业规划类导航项目进度计划表

阶段	项目内容	实施时间
信息采集	完成 5G 产业调研、确定技术分解表	3 周
数据处理	完成 5G 专利数据检索、数据清洗和标引	4 周
专利导航分析	完成方向及定位模块分析	4 周
	完成路径模块分析，汇总项目成果	4 周
	完成项目报告	
成果验收	成果验收与推广	—

项目实施进度计划制定完毕之后，项目即可进入实施阶段。

3.3.3　项目实施解析

专利导航项目的实施包括信息采集、数据处理和专利导航分析三个部分。

3.3.3.1　信息采集

根据标准《专利导航指南　第 1 部分：总则》（GB/T 39551.1—2020）和《专利导航指南　第 3 部分：产业规划》（GB/T 39551.3—2020）规定，信息采集的步骤和方法一般包括："a）对专利信息进行采集：1）根据需求特点，选择专利数据库；2）商定技术分解表；3）制定检索策略，选取检索要素，构建检索式，根据检索初步结果适时调整检索策略；4）对检索结果进行检索质量评估，达到预期查全率和查准率时，可以终止检索。b）对非专利信息进行采集：1）选择信息来源；2）采集与专制导航项目目标相关联的信息；3）对采集结果的完整性和准确性进行评估，达到预期时，可以终止检索。"最终输出：检索的数据库类别及范围；检索策略及检索式；检索获得的原始数据；产业整体态势（可包括产业发展历程、产业规模、产业结构、产业环境、产业相关主要法人及自然人等内容）以及产业规划类专利导航所面向区域的产业发展现状、面临问题的初步判断。

本案例实施中：

1）全球范围内的相关文献的检索以 DWPI 数据库为主要检索数据库，中文文献的检索以 CNABS 数据库为主要检索数据库，CNTXT 数据库作为补充数据库，标准必要声明专利全部来自 ETSI 网站。

2）在专利数据检索之前，项目团队对产业相关信息进行了充分的搜集和调研，汇总了 5G 产业的发展历史、现状、政策和前景等信息，在了解 5G 产业的产业链、企业链及技术链的基础上，基于 5G 技术在网络架构、数据传输等方面的特点，将 5G 产业的关键技术分为无线接入网和核心网两大二级技术分支。进一步地，通过产业和技术的深入调研，确定各三级分支的技术分解，得到技术分解表。

3）在进行专利信息检索时，根据技术分解表选取检索关键词、分类号等不同表达方式，并拓宽相关检索要素，包括从技术问题和技术效果的角度进行拓展，初步构建检索式，并根据检索结果对检索式进行调整和优化，不断提高数据的精准性，得到最终检索式，用于支撑多维度的专利信息分析。

4）由质量控制人员对检索结果进行检索质量评估，确定达到预期查全率和查准率后，可以终止检索，得到检索式以及原始数据，并输出产业发展现状。由此实现对专利数据全面且准确的提取。

3.3.3.2 数据处理

根据标准《专利导航指南 第 1 部分：总则》（GB/T 39551.1—2020）和《专利导航指南 第 3 部分：产业规划》（GB/T 39551.3—2020）规定，数据处理的步骤和方法一般包括："a）数据去重去噪。去除原始数据中的噪声数据和重复数据。b）数据项规范化。对数据项的格式和/或内容进行规范化加工处理，使处理后的数据符合后续分析需求。c）数据标引。根据不同的专利导航分析目标，增加新的标识，以满足深度分析的目的。"数据处理的输出一般包括：数据处理的方法和过程信息、规范的数据信息。数据处理质量控制宜确保数据去重去噪的准确率、数据格式规范、数据标引与项目需求有效关联。

在本案例实施中，首先将检索结果按照技术分解表中的各个分支进行标识，然后去除各分支内部的重复数据，分别得到总数据和二级分支、三级分支数据表，对各个数据表中的专利数据进行项目规范化处理，将申请人归一化，将优先权国家、优先权年份、PCT 申请、申请人类型、申请人所在省、S 省申请人所在区域、专利权运营类型等字段进行标准化处理，同时还对部分重点专利涉及的技术问题、采用的技术手段进行标识，最终得到规范且充分的数据信息，便于后续的处理和运用。

3.3.3.3 专利导航分析

根据标准《专利导航指南 第1部分：总则》（GB/T 39551.1—2020）和《专利导航指南 第3部分：产业规划》（GB/T 39551.3—2020）规定，专利导航分析包括：

（1）产业发展方向分析

产业发展方向分析用于判断全球产业发展态势和方向，方法与步骤一般包括：a）分析全球产业发展与专利布局的互动关系，可包括产业技术发展历程、全球产业转移趋势、产业链结构、产业链中主要企业、产品市场竞争等与专利布局的互动关系。b）寻找全球产业链中具有较强专利控制力的各类主体，可对专利数据与各类主体市场活动数据进行关联分析。c）通过分析全球范围内具有较强专利控制力主体的相关活动，判断产业发展方向，所述相关活动可包括协同创新、专利布局、专利运用和保护等情况。输出产业发展方向分析报告，包括但不限于产业结构调整、产品开发、技术研发等最新发展方向。

本实施案例中，首先宏观介绍了产业发展现状，包括全球5G产业链、企业链、技术链、市场分析和产业政策。其次分析了全球产业发展与专利布局的互动关系，从错综复杂的专利布局形势中寻找具有较强专利控制力的国家、地区和企业。再通过具有较强专利控制力的国家、地区和企业的相关活动分析研判产业技术发展的最新趋势，进而确定技术发展的热点方向，得出"双连接（DC）、控制信道设计与资源调度等无线接入网底层技术是关键，赋能5G应用规模化的核心网技术迎来新风口"的结论。

（2）区域的产业发展定位分析

区域的产业发展定位分析用于判断该区域的产业在全球和我国产业链中的定位，方法与步骤一般包括：a）分析该区域的产业发展历史和现状。b）通过将该区域的产业情况与全球及我国的产业发展总体情况进行对比，判断该区域产业的定位。上述历史情况、当前现状及对比分析均可包括产业结构、产业集群、市场竞争、龙头或骨干企业、主要产品、关键技术研发、人才储备等分析角度。输出的产业发展定位分析报告可包括但不限于该区域的产业发展在产业结构、产业分工，以及企业、技术、人才、专利等方面的优势和风险。

本案例实施中，从S省产业发展概况入手，结合专利数据，聚焦S省5G产业在全球和我国产业链中的基本定位，包括：产业结构定位、创新主体定位、技术供应定位。结合运用纵向对比和横向对比，从全国视角来评估S省5G产业的发展水平，加之与其他省份对比，判断S省5G产业所处位置。分析发现，S省5G产业已有一定的发展基础，但其优势技术研发能力尚不突出，且存在一定的技术短板，专利布局需进一步均衡。

（3）区域的产业发展路径导航分析

区域的产业发展路径导航分析用于为该区域的产业发展提供具体的路径指引，步骤与方法一般包括：a）基于产业发展方向和该区域的产业发展定位，提出该区域产业结构优化的目标。b）围绕产业结构优化的目标，发现、发掘该区域内具有较强实力或较大发展潜力的企业或其他创新主体，作为支持和培育对象；发现、发掘其他区域具有带动性或填补性的企业或其他创新主体，作为引进和合作对象。c）围绕产业结构优化的目标，发现、发掘该区域内具有较强实力或较大发展潜力的创新人才或人才团队，作为支撑和培育的对象；发现、发掘其他区域具有引领性或填补性的创新人才或人才团队，作为引进或合作对象。d）围绕产业结构优化的目标，从强化优势、跟踪赶超、填补空白、规避风险等角度分析技术发展的突破口和路径；发现、发掘其他区域对该区域的产业发展必不可少的技术及其所有者，作为技术引进、获得许可或未来协同创新的合作对象。e）围绕产业结构优化的目标，结合该区域的产业专利布局结构，提出专利布局及专利运营的主要目标及路径。输出区域的产业发展路径建议，包括但不限于：该区域的产业结构优化目标、企业（高等学校、科研组织）培育及引进路径、人才培养及引进路径、技术创新及引进路径、专利布局及专利运营路径。

本案例实施中，在对产业发展方向和产业发展定位信息高度集成的基础上，结合S省实际情况，从产业布局结构优化、优势技术水平提升、本地创新主体培育、外部创新资源对接等多方面提出发展路径建议，从而为S省5G产业提供合适的目标选择和针对性的路径向导。

3.3.4　质量控制解析

产业规划类专利导航输出成果的质量控制，要求满足《专利导航指南 第1部分：总则》（GB/T 39551.1—2020）中关于质量控制的规定：①在信息采集阶段，要确保数据来源的可靠性、时效性、全面性和准确性；②在数据处理阶段，要确保数据去重去噪的准确率、格式的规范性、数据标引与项目需求有效关联；③在专利导航分析阶段，要确保分析模型的有效性、分析方法的恰当性以及分析结论的可靠性。

本案例实施中，项目组充分考虑5G产业市场以及技术特点，制定评价指标并及时审视操作过程和实际结论是否满足对S省5G产业导航规划的实际要求、是否具有可操作性，并在发现偏差时及时提出修改建议进行纠正。

1）产业发展方向分析宜确保分析过程逻辑严谨、维度多样，判断合理。本案例实施中每一项指标均综合考虑产业背景和专利数据，客观可信，合理运用各项分析指标，做到资料可靠、数字准确、内容真实严谨。以本案例中的研判技术发展热点方向为例，通过技术生命周期、申请热度、新进入者集聚三个维度来评估技术发展热点，过程严谨，维度多样，具有较强的说服力和准确性。

2）产业发展定位分析宜确保分析过程多维度，分析结论得到该区域的产业主管部门或产业专家的原则认可。以本案例中的S省产业发展态势为例，从产业分布、申请趋势、区域分布、创新主体四个方面进行分析，得出省会城市"强赋能"，科研要素"强支撑"，产业发展前景可观的结论。

3）产业发展路径导航分析宜确保为该区域的产业发展提出合适的目标选择及针对性的路径建议，路径建议基于该区域的资源禀赋及产业发展实际，能够被落地实施。本案例中对路径建议的提出都是基于已有的分析结论，既保证了目标合理，又保证了任务可分解落实，可见该案例对S省5G产业发展路径导航分析的质量控制较好。

3.3.5 成果产出解析

根据《专利导航指南 第1部分：总则》（GB/T 39551.1—2020）规定，产业规划类专利导航的成果产出包括专利导航分析报告和数据集。根据标准要求，分析报告的内容包括项目需求分析、信息采集范围及策略、数据处理过程与方法、专利导航分析模型和分析过程、结论和建议；数据集包括规范的数据信息、专利导航分析中形成的其他相关数据信息。除此之外，根据《专利导航指南 第3部分：产业规划》（GB/T 39551.3—2020）规定，产业规划类的专利导航成果产出还可以根据需要制定专利导航图谱，如图3-47所示，以可视化的形式呈现分析成果及关联信息。

本案例的成果产出阶段中，针对项目成果制定了成果产出清单来一一进行梳理检查，专利导航报告严格包含标准要求的内容，并在报告完成后确认内容及建议可以满足产业规划需求，同时给出了专利导航实施过程中的检索式、分析图表、原始数据、专家意见征求等中间成果。进一步地，根据S省政府部门和创新主体实际需求，还设计了专利导航图谱并开发了可视化展示系统，如图3-48所示，化繁为简，以高效展示专利导航研究内容。由此，保证了该专利导航分析报告成果的研究目标明确、项目需求得以满足、决策建议具有可操作性；分析方法科学、工具方法合理、分析论证的过程可靠、逻辑严谨；成果呈现规范、形式丰富、内容完整、重点突出，成果交付及时有效。

第 3 章 产业规划类专利导航应用案例

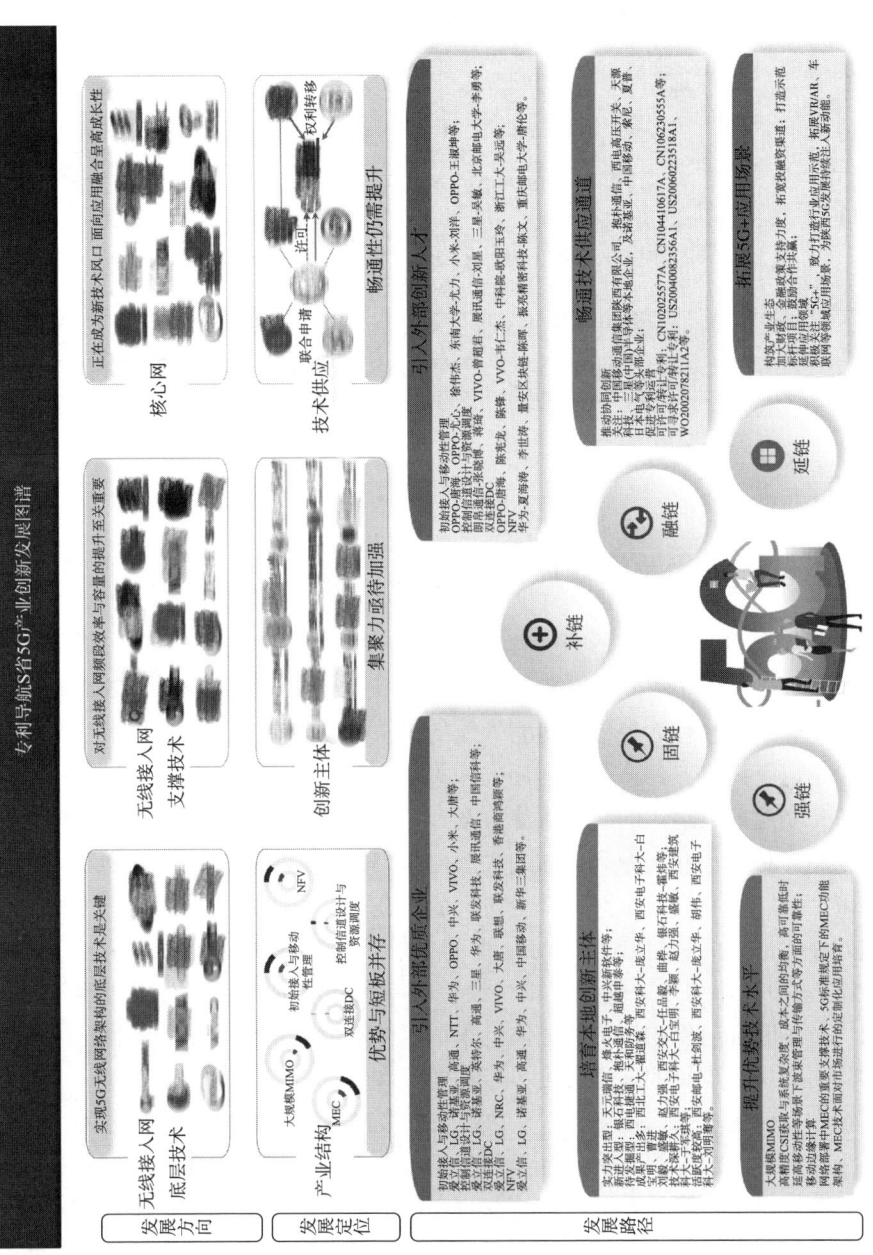

图 3-47 专利导航 S 省 5G 产业创新发展图谱

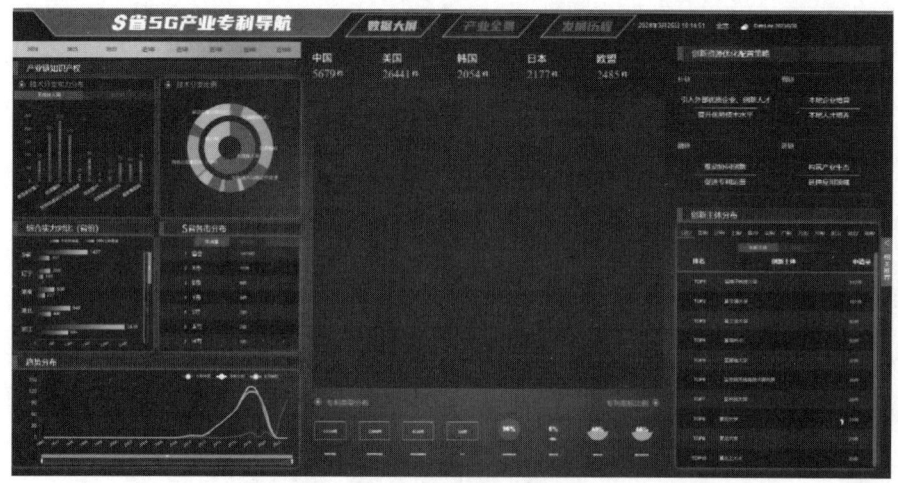

图 3-48　S 省 5G 产业专利导航可视化大屏

3.3.6　成果运用及绩效评价解析

　　产业规划类专利导航的成果运用标准与《专利导航指南　第 1 部分：总则》（GB/T 39551.1—2020）成果运用内容相一致，应建立专利导航成果运用工作机制并采用多种途径应用专利导航的决策建议。专利导航成果运用工作机制宜包括以下内容：建立成果运用的相关规定和工作流程，确定责任部门、参与单位；制定成果运用的组织实施方案；对成果运用的实际效果进行评价和跟踪。采用多种途径应用专利导航的决策建议则包括指导制定产业规划在内的各类政策文件、专利导航全部或部分研究成果在一定范围内公开等运用方式。对于绩效评价部分的标准要求也与《专利导航指南　第 1 部分：总则》（GB/T 39551.1—2020）绩效评价内容相一致，由专利导航成果需求方或者经济、产业或科技主管部门作为评价的主体，采取以关键绩效指标为核心的目标管理评价方法，对项目成果的采用程度、经济效益和社会效益进行评价。

　　在本案例的成果运用阶段，S 省首先积极建立了专利导航成果运用工作机制，为专利导航成果得到价值最大化提供重要保障。出台完善了基于专利导航成果的政策措施，推动产业布局更加科学、产业结构更加合理，完善创新路径和专利布局。同时将专利导航关于招商引资、招才引智、技术引进与合作等建议作为招商部门、人事部门或科技部门相关政策制定部门的制定依据之一。S 省政府部门组织省内重点企业进行专利导航成果交流会，引导企业依托产业专利导航成果积极寻求技术合作对象、精准开展人才招引，并结合企业自身研发阶段，进一步地开展细分领域的微导航，切实推动专利融入企业创新发展。此外，S 省将专利导航部分研究成果以发布会的形式面向社会公开，同时开放专利导航数据库，积极开展知识产权人才培训，向公众提供关于区域产业的专利导航情报信息。

在本案例的绩效评价阶段，S 省政府部门对专利导航成果给予高度肯定，将产业发展导航路径建议和方案纳入最新出台的 5G 产业发展规划中。以 S 省政府主管部门为主导，联合园区和产业协会，从产业发展路径等关键成果中明确关键绩效指标，划定评价细则对专利导航成果运用中的企业、人才、技术等多方面进行目标管理评价。由于 S 省对 5G 产业的招商引资工作重视程度较高，因此特别将基于专利导航成果的招商策划方案采用率作为关键绩效指标。该绩效评价周期定为 3 年，其间设立专门的工作小组负责日常数据采集、整理、监测工作，并有计划在评价周期结束前后开展第二次专利导航，评估在前一执行周期中的工作成效并校正产业发展方向和定位，更新发展路径。

第 4 章　企业经营类专利导航应用案例

4.1　概　述

企业是创新驱动发展的市场主体，是专利导航在微观层面的主要服务对象。面向企业的专利导航是解决企业具体生产经营问题的专利导航，也是向创新主体"最后一公里"的专利导航。在 2013 年开始的国家专利导航试点工程中，试点企业专利导航的主要目标在于通过对企业技术研发路线的指引，帮助企业提升技术水平，提高专利布局能力，形成高价值专利组合，最终达到增强企业市场竞争力的目的，这种专利导航最初目标在于提升企业专利运营能力，因此曾被称为企业运营类专利导航。但随着企业层面专利导航实践的不断拓展，专利导航服务企业创新发展已经不限于专利运营这一具体目标，而是根据其不同发展阶段，在涉及投资并购、上市准备、技术合作、产品开发等多样化市场经营活动领域都可能通过专利导航实现决策支撑，基于上述发展实践，在专利导航指南的相关国家标准中，面向企业的专利导航被重新命名为企业经营类专利导航。

根据《专利导航指南　第 1 部分：总则》（GB/T 39551.1—2020）的定义，企业经营类专利导航是指支撑企业投资并购、上市、技术创新、产品开发等经营活动决策的专利导航。企业经营类专利导航以服务企业经营发展的各类活动为基本导向，聚焦市场环境下企业经营管理的科学决策机制和资源配置方式，以专利数据为基础，通过建立包括专利数据、技术数据、产品数据、市场数据等多维数据的关联分析模型，解构企业发展所处的竞争环境、竞争风险、竞争机遇等关键问题，针对企业战略制定、投融资活动、研发创新、产品保护等多样化具体经营活动提供相应决策支撑。

《专利导航指南　第 4 部分：企业经营》（GB/T 39551.4—2020）是系列指南标准中用于组织开展和具体实施企业层面专利导航项目的标准。标准中定义的企业经营类专利导航包括六个子类型，具体的应用场景主要包括：一是以投资并购对象遴选为目标的专利导航，面向企业投资并购中对象遴选环节，通过关联具有较高技术水平的专利申请人和对应企业信息两方面数据，挖掘出符合企业实际需求的投资并购对象；二是以投资并购对象评估为目标的专利导航，与上述应用场景类似，同样适用在投资并购领域，不同之处在于本场景主要面向对象评估，通过全面核实拟投资并购对象的背景信息及其拥有专利相关的技术、法律和市场情况，明确不同对象存在的优势和风险，指导投资并购方全面把控风险，改进投资并购效率；三是以企业上市准备为目标的专利导航，该场景聚焦企业上市准备实际需求，结合证监会对企业上市知识产权相关规定，从专利角度核实企业在权属和稳定性等方面是否存在法律风险，结合企业背景信息，对其创新实力进行初判，并通过制定风险应对策略来加快企业上市步伐；四是以技术合作开发为目标的专利导航，面向企业技术合作开发中的具体需求，依据技术发展重点、热点主题分析等角度筛选出具有较高技术水平的专利申请人，并对上述申请人开展背景调查，通过一系列关联分析，引导企业合理选择技术合作主题或技术合作对象；五是以技术引进为目标的专利导航，面向企业研发过程中的技术引进环节，从企业所属技术领域出发寻找可以引进的技术主题，并依据该技术主题下多维度的关联筛选分析，提出待引进技术持有人、可引进具体技术、引进策略等具体实施建议；六是以企业产品开发为目标的专利导航，面向企业产品开发实际需求，聚焦本企业和主要竞争对手发展实际，总结归纳出可重点开发的产品，并基于不同产品特点制定不同支撑技术获取方式以及风险规避建议等，引导企业制定产品合理开发建议，提升新产品市场影响力。图4-1展示了企业经营类专利导航指南结构框图。

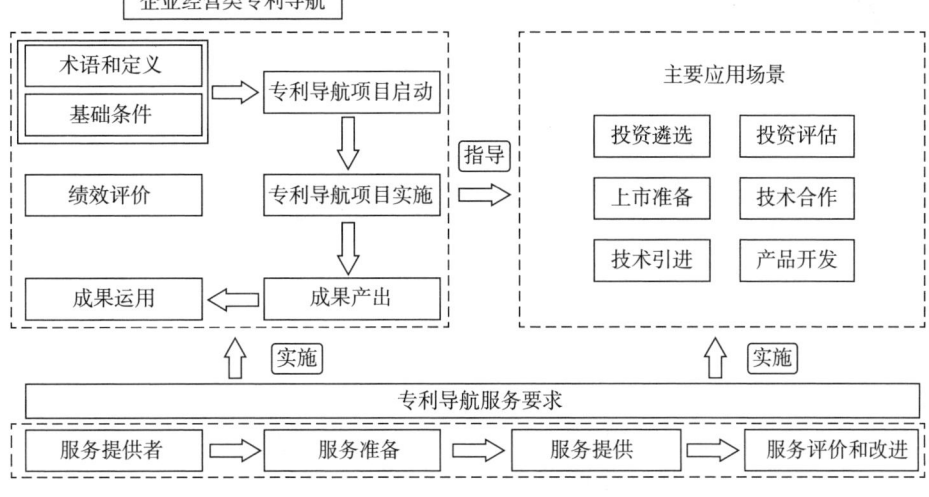

图4-1 企业经营类专利导航指南结构框图

企业经营类专利导航应用场景十分丰富，可以预见，随着企业专利导航需求的不断挖掘，未来仍可能有新的应用场景出现并成熟。限于篇幅，本书无法对所有场景案例进行一一列举，仅选择了以投资评估为目标和以产品开发为目标的企业经营类专利导航作为应用案例。

4.2 应用案例1——以投资并购对象评估为目标的专利导航

4.2.1 案例简介

为了方便介绍并突出研究基本思路线索，避免涉及太具体的企业技术或专利信息，案例涉及的企业名称被命名为Z公司，并对原始案例研究报告的内容进行了大幅度简化和必要的信息加工。为了协助投资者在作出投资并购决定前，进一步聚焦关键专利技术，对投资并购对象有技术创新实力和专利侵权风险的全面评估，以对Z公司投资并购评估为目标开展了专利导航项目。对于科技型企业而言，其披露的专利数量、质量和未来前景，与其企业未来经营水平有着密切联系。因此，有重点、有层次、有深度地在投资并购前披露Z公司所处的专利环境、客观评价Z公司创新能力和竞争力、揭示Z公司可能存在的专利风险，对投资者在资金、战略等方面的决策具有重要意义，从源头上防止投资并购过程中的技术风险和侵权风险，提高投资者科学决策水平和资金使用效益。

本研究案例的整体思路按照从宏观到微观的顺序，以问题为导向，对投资并购对象的行业、产品和技术三个模块进行评估，层层递进，逐步深入。从被投资并购对象所处行业入手，在行业竞争层面判断投资并购对象所处环境，回答"市场怎么样？竞争是否激烈？门槛高不高？"等问题。聚焦投资并购对象的主营产品，对产品模块进行拆解并与其他同类产品进行比对，分析产品的竞争地位、性能优势以及是否存在侵权风险，综合判断产品的竞争力，回答"产品是否符合潮流？性能是否优越？产品是否侵权？"等问题。对于投资并购对象的专利布局情况，考察其专利的技术水平、核心研发团队的实力，以及对核心专利的授权前景进行预判，判断支撑主营产品的技术是否具有先进性，回答"布局怎么样？核心团队如何？技术是否可靠？"等问题。综合上述从宏观到微观的全方位评估过程，最终得到立体、客观的投资并购建议信息。

需要特别说明的是，本案例仅为专利导航探索研究所用，各种数据及其排名不代表本书研究组立场。

4.2.2 案例成果

4.2.2.1 Z公司背景调查

1. Z公司基本情况

Z公司成立于2017年初,是由航空工业某单位、某机器人科技公司等4家单位合资成立的。其中,航空工业某单位现有职工2900余人,包括工程技术人员1500余人,集产品设计、开发、生产、服务于一体,是我国航空工业导航、制导与控制(GNC)技术研发中心;某机器人科技公司是一家专门进行医疗机器人、服务机器人研发、制造和销售的科技型公司,目前在人机工程、生物电子、机器人控制、机械结构设计、工业设计等13个领域都拥有技术储备和相当数量的专利布局。

Z公司专注于人工智能和服务机器人领域,整合集团产业链资源优势,致力于打造自主知识产权的智能机器人领军品牌。Z公司现设有一个智能机器人研发中心(位于X市)和一个智能机器人产业中心(位于D市)。Z公司70%以上员工为研发人员,拥有完善的自主研发体系,以航空自动控制系统集成研发技术为基础,以智能外骨骼机器人的自主研发制造为核心,完成管理团队与研发团队建设、生产基础设施建设,积淀经验及品牌美誉度,并不断丰富和完善产品线,完成医疗、助残、助老、军用等市场的产品布局,以期获得市场认可,成为国内智能机器人的领军品牌。

2. Z公司主营产品

Z公司主营产品为下肢康复外骨骼机器人,2017年10月,Z公司完成首研产品下肢康复医疗机器人的设计定型。2018年2月,Z公司首研产品下肢康复机器人实现产品样机定型。2018年6月,首研产品下肢康复机器人实现整机送检。2018年7月,Z公司人工智能机器人高新技术生产基地投入建设,机器人项目产业化取得阶段性进展。

Z公司下肢康复外骨骼机器人系统受启动开关统一供电/下电控制,机器人系统采用全电控的实现形式,对所有部件实现数字化智能控制。根据治疗师在人机交互界面触发的操作指令,接收下肢和其他设备上配置的传感器信息,实现对下肢四关节、悬吊电机、旋转电机和配重电机的控制;同时与运动传速装置进行交联,控制运动带实时匹配人体关节的运动速度。研发方案如图4-2所示。

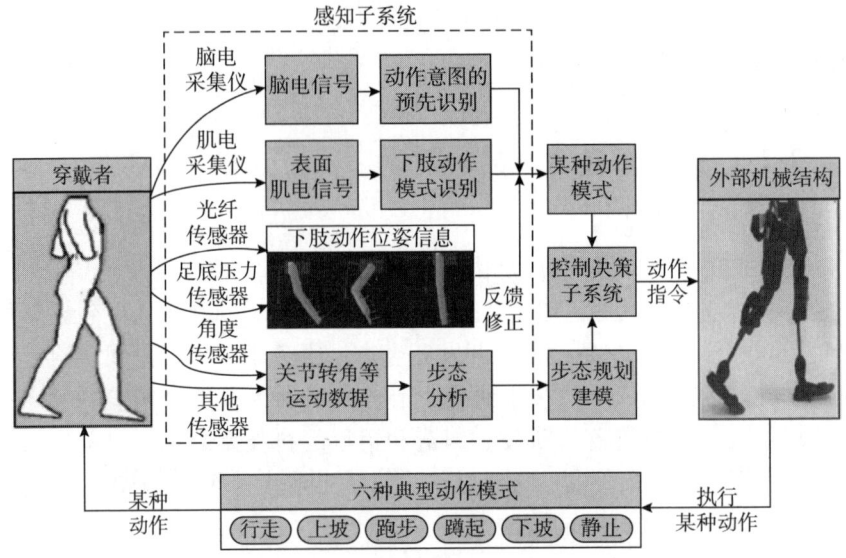

图 4-2　Z 公司外骨骼机器人方案简图

通过研发中外骨骼机器人结构和控制的设计，对比国外产品，主要实现的功能如表 4-1 所示。

表 4-1　下肢康复外骨骼机器人的主要功能对比

序号	功能	Hocoma	Z 公司	对比
1	悬吊功能	高度可调 速度可调 0~10cm/s 负重可调 0~100kg 电机驱动 ……	高度可调 速度可调 0~10cm/s 负重可调 0~100kg 电机驱动 ……	相同
2	地面传动功能	速度可控 0~5km/h 速度回传至上位机 ……	速度可控 0~5km/h 速度回传至上位机 ……	相同
3		触控调节训练模式 触控调节训练步态参数 ……	触控调节训练模式 触控调节训练步态参数 ……	相同
4	人机交互功能	康复训练基本参数统计 人体参数保存 ……	康复训练效果评估 人体参数云平台高性存 云平台大数据机器学习 运动步态学习与拟合规 ……	更优
5		人机协同游戏交互 UI 设计	待开发 UI 设计	外包

续表

序号	功能	Hocoma	Z公司	对比
6	旋转支架控制功能	手动	一键旋转控制 定速旋转控制 到位自动停止 碰撞紧急制动	更优
7	红外遥控功能	定时提醒 远程开关	定时提醒 远程开关	相同
8	手机监控功能	无	基于云平台的参数回传 基于云平台的远程控制 基于云平台的设备信息	更优
9	下肢外骨骼康复训练功能	被动模式位置控制 助力模式力控制 主动模式控制 ……	被动模式位置控制 助力模式力控制 主动模式控制 ……	相同
10		阻抗模式控制 无	基于机电的主动控制	更优
11	附属功能	靠背调节 扶手调节 ……	靠背调节 扶手调节 ……	整体穿戴感更优
…	…	…	…	…

3. Z公司所在行业环境及市场情况

近年来，随着传统机械学、传感技术、生物医学、智能控制技术、计算机技术及其他新兴技术的迅速发展，给生物医学工程领域的医用机器人技术带来了高速发展的契机，促进了医用领域的设备自动化和机器人化。医用机器人结合了多个学科最新研究和发展的成果，应用于医学诊疗、康复等相关的医学领域。其中，康复机器人占据相当大的比例，它是将先进的机器人技术和临床康复医学相结合的一种自动化康复训练设备，能够发挥机器人擅长执行重复性繁重劳动的优势，并可实现精确化、自动化、智能化的康复训练，进一步提升康复医学水平。因此，服务于四肢的康复设备的研究和应用有着广阔的发展前景。

医疗机器人蓬勃发展，成长空间巨大。英国市场研究公司Technavio在2016年3月发布报告称2015年全球康复机器人销售额（行业规模）为5.77

亿美元，预计到 2020 年，市场规模将达到 17.3 亿美元，复合年均增长率达 24.51%。图 4-3 和图 4-4 为报告中 Technavio 公司对全球康复机器人市场规模五年预测以及分地区康复机器人市场规模预测。

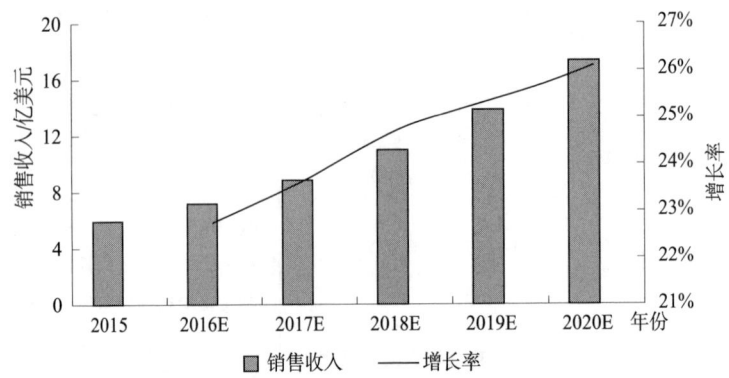

图 4-3 全球康复机器人市场规模五年预测

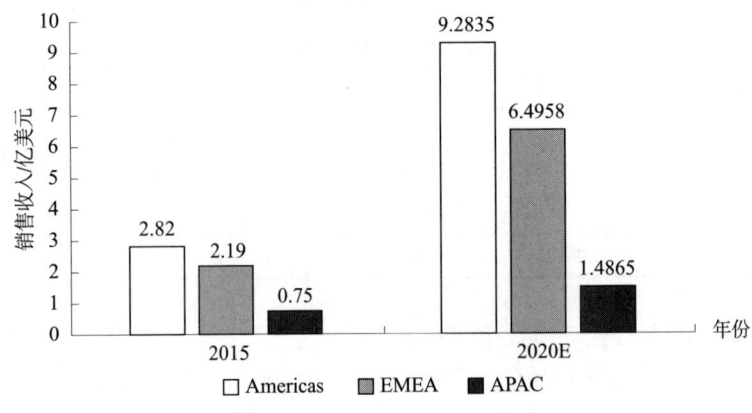

图 4-4 分地区康复机器人市场规模预测

广阔的市场前景催生了众多康复机器人厂商，如图 4-5 所示，它们投入了巨额的研发及推广资金，进一步促进了康复机器人的普及。

中国康复机器人行业发展迅速，目前中国康复市场（含民政系统、残联系统、康复产品专卖店）市场总容量为 4000 亿元。医用康复机器人成交价在 100 万元～500 万元/套，预计中国医用康复机器人的市场容量在 100 亿元左右。然而，国内康复机器人存在巨大供需缺口：

1) 老龄化进程加重。随着银发潮的来临以及独生子女一代的父母逐渐步入老龄化，老年人护理问题将变得越来越严重。伴随科技的迅猛发展，帮助老

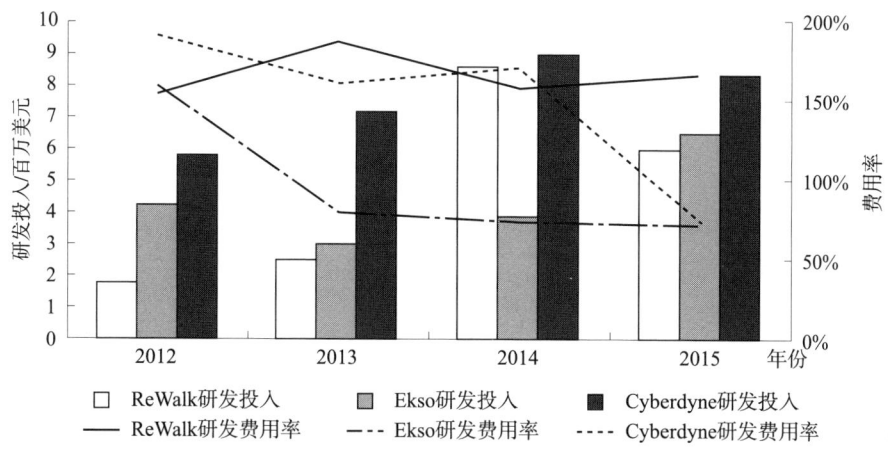

图4-5 康复机器人厂商保持巨额的研发投入

年人重新获得自理能力的外骨骼机器人将逐渐成为时代趋势。

2）残疾人数量增加。中风和脊髓损伤是导致下肢运动功能障碍的两大主要原因。卫生部统计数据显示，由脑卒中、脊髓损伤、脑外伤等原因造成的残障人口迅速增长，我国每年新增约200万脑卒中患者，至2030年，我国将有超过3000万脑卒中患者，各类残疾人总数超过8000万人。

旺盛的市场需求决定了国产康复机器人将大有可为，而且国内相关市场政策也非常利好，图4-6展示了国内相关政策演进情况。

2012	2014	2015.6	2015.11
科技部出台《智能制造科技发展"十二五"专项规划》和《服务机器人科技发展"十二五"专项规划》，重点发展安全机器人、医疗康复机器人等。	深圳市政府出台《深证市机器人、可穿戴设备和智能装备产业发展规划(2014—2020年)》，大力支持手术机器人、护理机器人和下肢外骨骼机器人发展。	北京市政府出台《北京市科学技术委员会关于促进北京市智能机器人科技创新与成果转化工作的意见》要求突破服务机器人尤其是医疗健康服务机器人的技术瓶颈。	机器人产业"十三五"规划草案初稿完成，规划要求实现在助老助残领域、消费服务领域、医疗领域等重点领域的机器人示范应用，并开展核心零部件攻关、前沿共性技术研发、医疗康复机器人应用等重点工作。

图4-6 国内多种政策频出

3）残疾人医疗纳入医保。国务院法制办于2015年7月20日发布《残疾预防和残疾人康复条例（草案）（征求意见稿）》，意见稿包含残疾预防、残疾人康复和保障措施三个方面。意见稿明确规定，各级政府应将残疾人纳入基本医疗保险的保障范围支付医疗费用,不能通过基本医疗保险支付费用的残疾人需按照规定给予医疗救助。0岁至6岁视力、听力残疾儿童等特殊残疾群体将获得免费手术、辅助器具配置和康复训练等服务;国家将多渠道筹集残疾人康复资金,鼓励、引导社会力量通过慈善捐赠等方式帮助残疾人接受康复服务。

综上所述,从市场容量、市场需求、政策支持等多个方面都可以看出中国的下肢康复机器人市场存在巨大的成长空间。目前,行业正处于导入期,行业内各企业纷纷"跑马圈地",产业格局尚未形成。在此机遇下,具备技术和制造先发优势、同时积极搭建民营销售渠道、合作模式灵活的公司将率先受益,成为国产化进程中的领军品牌。

4. Z公司技术领域竞争主体

以色列外骨骼系统提供商ReWalk(ReWalk Robotics,Ltd.)是全球领先的下肢康复机器人医疗设备制造商,于2014年9月12日在纳斯达克上市。作为全球知名的外骨骼先行者,公司旗下两大产品系列分别是ReWalk Personal和ReWalk Rehabilitation。前者是硬外骨骼机器人为截瘫患者设计,帮助用户重获站立、行走和上下楼梯的能力;后者用于下肢康复训练,是一种电动、轻便、可穿戴的软性外骨骼。ReWalk个人版2012年底获得欧洲CE认证,并在2014年6月获得美国FDA批准上市。如图4-7所示,ReWalk系列机器人主要由三个部分组成:软件控制系统;机械支撑和动力系统;传感器系统。ReWalk系列机器人采用了体感芯片,捕捉患者的肢体动作,帮助行走。

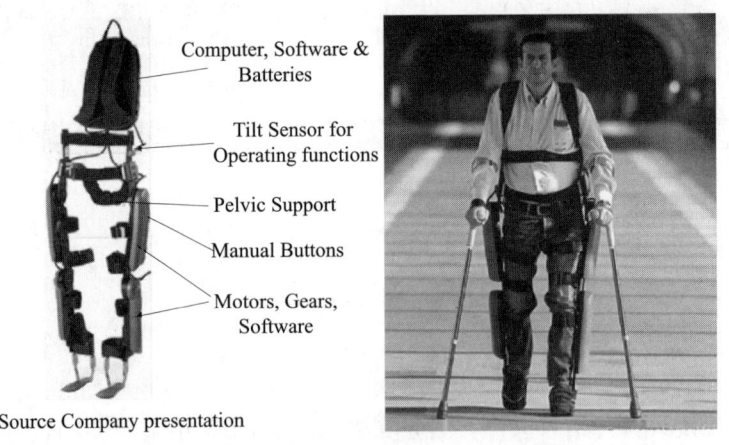

图4-7 ReWalk机器人产品示例图

美国企业 Ekso Bionics，创立于 2005 年，2012 年拿到 FDA 医院使用许可。Ekso 因具有美国国防部背景，所以在军事、民用、救援、医疗等方面进行了多领域的探索。在医疗方面，Ekso 已有两款医疗外骨骼机器人于 2012 年上市，使用铝合金、钛合金、碳纤维等金属和复合材料，创建了高精度的感应器、微型驱动马达、拟人关节等，并配备了速度极快的中央处理器和强大的软件系统。用户可根据自身的情况和康复进度选择三种不同的康复模式，即 First Step（康复治疗师辅助进行）、Active Step（用户自主控制模式）和 Pro Step（自动感应用户身体动作触发每一步）。图 4-8 为 Ekso 机器人产品示例图。

国际上最大的专业康复外骨骼机器人公司为日本的 Cyberdyne 公司，提供设备和系统用于康复支持、老年人和残疾人的身体功能支持、灾难现场的救援支持、娱乐活动以及工厂的繁重劳动支持。旗舰产品 HAL 于 2008 年正式发布，如图 4-9 所示，于 2013 年成为全球首个获得安全认证的外骨骼机器人产品（ISO/DIS 13482）。HAL 作为助力外骨骼机器人最大的优势是"实现意念控制"，即大脑向筋骨系统发出运动指令而动作，身体在做动作时会有微弱的生物电位信号溢出到皮肤表面，采集皮肤上的生物电驱动外骨骼系统做出相应动作，外骨骼可以通过这套系统探测人体肌肉的发力点从而介入工作。

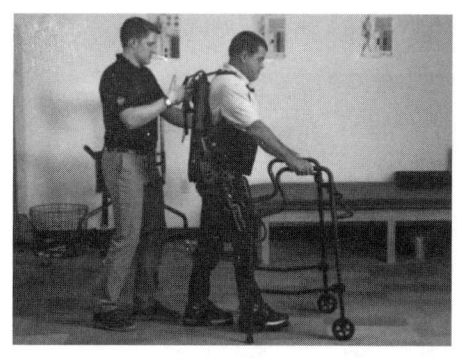

图 4-8　Ekso 机器人产品示例图　　**图 4-9　Cyberdyne 机器人产品（HAL）示例图**

瑞士的 Hocoma AG 公司成立于 1996 年，作为国际知名的医疗康复机器人公司，拥有多款核心康复机器人产品。如图 4-10 所示，Lokomat 是一款能够提供即时反馈与评估的步态训练机器人，对脊髓损伤、多发性脑损伤、中风以及多发性硬化症等神经系统疾病患者有良好的康复效果，目前，Lokomat 在中国高端外骨骼康复机器人市场的占有率领先。其产品 Armeo 是一款能够提供即时反馈与评估的上肢康复机器人，支持从肩膀到手指的完整的运动链治疗，能够根据患者的情况自动提供协助，即使是症状严重的患者，也能用此款设备进行高强度的早期康复治疗。

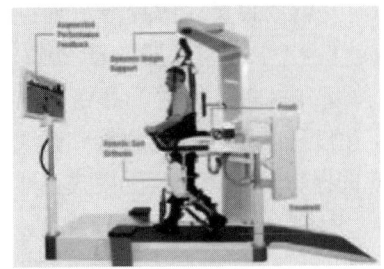
Lokomat功能性机器人步态疗法
数据来源：Hocoma

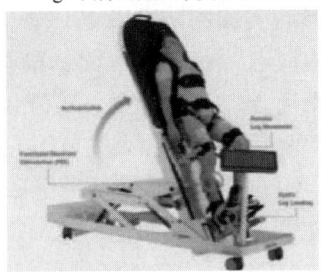
Erigo早期机器人康复和功能性电刺激
数据来源：Hocoma

图4-10　Hocoma 机器人产品示例图

以色列公司 Motorika 成立于 2004 年，是一家集设计、生产和营销于一体的世界顶级的创新、高端、机械型的康复设备公司。Motorika 的产品 ReoGo 和 ReoAmbulator 能为病人提供融入高端机器人技术以及虚拟现实环境的康复疗法。拥有集传感技术、生物反馈技术和人机交互技术于一体的 ReoGo 上肢康复机器人不仅提供上肢运动障碍的早期功能性的被动－助动－主动模式的康复训练，同时，其独有的 5 级运动模式和感统训练方法对患者的脑中枢神经系统的重塑有着革命性的影响。图 4-11 为 Motorika 机器人产品示例图。

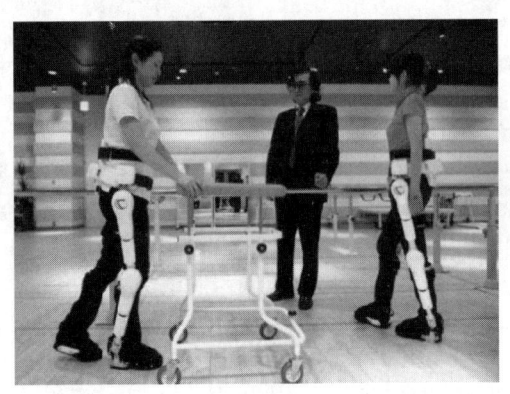

图4-11　Motorika 机器人产品示例图

5. Z 公司核心研发人员

Z 公司总经理 H 博士，高级工程师，本科就读于某高校航空宇航推进理论与工程专业，本科毕业后直接攻读该校自动化专业博士学位，并获得国家留学基金委全额奖学金资助。作为联合培养的博士生，他还远赴英国某大学进行先进故障诊断技术合作研究，并与故障诊断界著名专家和容错控制理论相关创始人联合发表过多篇论文。2014年毕业后，H博士进入航空工业某单位工作，在此期间一直参加创新创业大赛，其对外骨骼机器人的研究获得广泛关注。H博士曾带领团队发明人机协同外骨骼机器人系统，获得首届某系统联赛第一名。表4-2整理了部分论文列表。

表4-2 Z公司核心研发人员非专利文献列表

主要技术带头人	研究领域	题目	作者单位	出版时间
H博士	传感器系统	基于×××的航空发动机压气机传感器故障诊断	×××大学	2014年
	外骨骼机器人控制	上肢外骨骼机器人×××设计	×××大学	2009年
	控制系统建模	基于×××的航空发动机×××建模研究	×××大学	2014年
	控制算法	面向战术飞行管理的××× 评估方法研究	×××单位	2016年

4.2.2.2 Z公司技术领域专利信息检索

1. Z公司专利申请情况

截至检索日，Z公司共申请专利30件，表4-3列出了Z公司专利的基本信息。

表4-3 Z公司专利申请情况

序号	申请号/专利号	专利名称	专利类型
1	2017×××××77.2	一种用于下肢康复治疗的××医疗机器人	发明
2	2017×××××68.1	一种康复机器人××××的双弹簧减重机构	实用新型
3	2017×××××25.4	一种下肢康复治疗智能医疗机器人的××系统	实用新型
4	2017×××××09.2	一种下肢康复治疗智能医疗机器人的×××系统	实用新型
5	2017×××××23.5	一种高可靠性下肢康复治疗机器人×××系统	实用新型
…	…	…	…

Z公司对其核心产品通过申请发明、实用新型、外观设计，从核心构思、控制方法、机械结构、产品外观等方面进行了全面保护。图4-12展示了Z公

司专利申请类型分布，发明专利和实用新型占比83%，外观设计专利占比17%。可以看出，Z公司的多数专利为技术含量较高的发明和实用新型，体现出Z公司较强的研发实力。另外，实用新型的专利占比较高，可以看出公司的科研成果转换率和产业化率较高，公司积极致力于产品的研发生产。

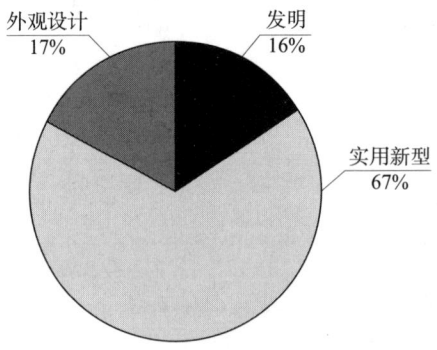

图4-12　Z公司专利申请类型

图4-13为Z公司核心研发团队专利发明情况，H博士的专利申请量最高，作为第一发明人申请专利10件，占比33%；其次是技术专家Y，作为第一发明人申请专利7件，占比23%；紧随其后的是技术专家Z，作为第一发明人申请专利6件，占比20%；技术专家D和技术专家M作为第一发明人申请专利均为3件，各占10%。

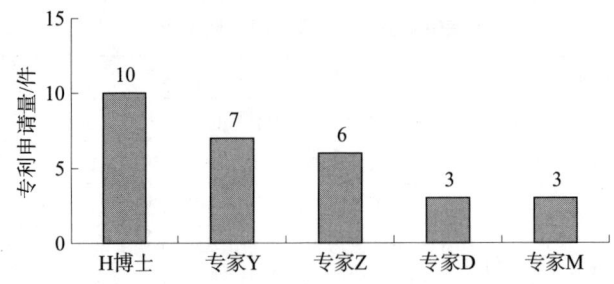

图4-13　Z公司核心研发团队专利发明情况

从图4-14中Z公司核心研发团队专利技术领域分布可以看出，H博士研究涉及全部技术领域，且在悬吊装置、跑道传动装置、悬浮装置三个领域为主要发明人；专家Y研究涉及结构技术分支的除跑道传动装置以外的四个领域，专家Z研究涉及结构技术分支的悬吊装置和悬浮装置领域，以及控制技术分支的全部领域；专家D研究涉及结构技术分支的悬吊装置和悬浮装置领域，以及控制技术分支的人机交互控制领域；专家 M 研究涉及结构技术分支的悬吊装置和其他装置领域，以及控制技术分支的全部领域。总体来看，Z 公司创新人才分布均匀、覆盖全部技术领域，其中结构以 H 博士、专家 Y、专家 D 为核心发明人，控制以 H 博士、专家 Z、专家 M 为核心发明人。

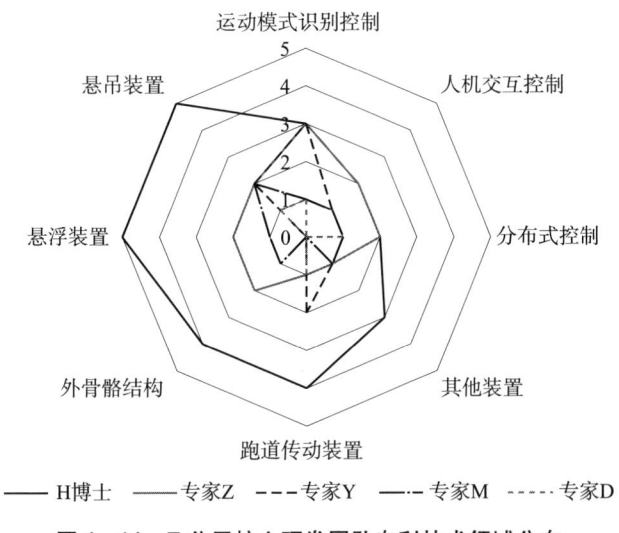

图 4-14　Z 公司核心研发团队专利技术领域分布

2. Z 公司技术领域专利申请情况

由图 4-15 可知，全球下肢康复机器人领域最早的专利申请可追溯至 1978 年，此后很长一段时间仅有零星申请，直至 2000 年以后开始连续申请，且申请量随时间发展呈阶段性增长趋势。

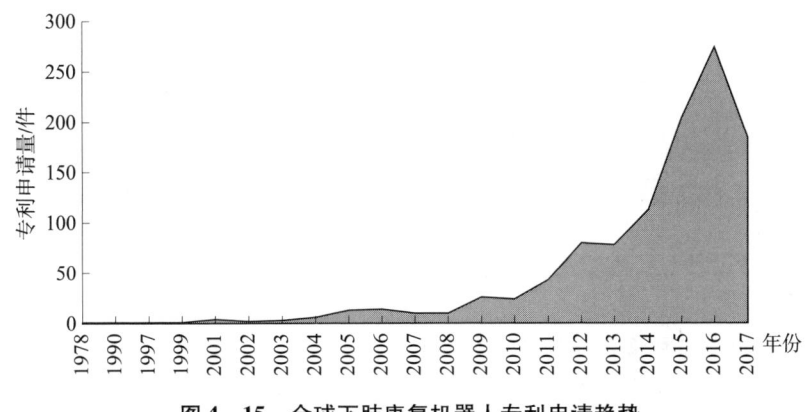

图 4-15　全球下肢康复机器人专利申请趋势

将国内外下肢康复机器人专利申请趋势进行对比,如图4-16所示,我国下肢康复机器人领域起步晚、发展迅速,最早的专利申请发生在1990年,在此后仅在2002年有个位数专利申请,直至2004年开始保持连续申请,且申请量整体呈上升态势。尽管中国的专利持续申请年份比国外晚7年,但申请量增长迅速,目前已经是全球主要的专利申请国家之一。

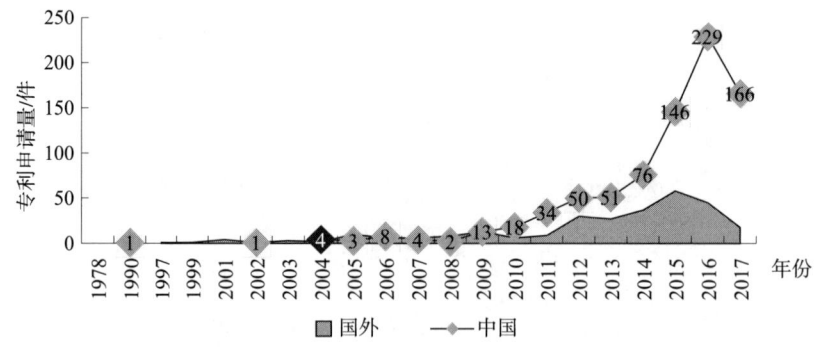

图4-16 国内外下肢康复机器人专利申请趋势对比

图4-17显示了全球下肢康复机器人主要技术产出国/地区分布,专利申请总量排名前五的国家和地区分别是中国、美国、日本、欧洲和韩国,这里的欧洲指的是欧洲专利公约成员,主要包括欧洲专利局、英国、德国、意大利、瑞士等。其中,中国专利申请量远远领先于美国、日本、欧洲和韩国。

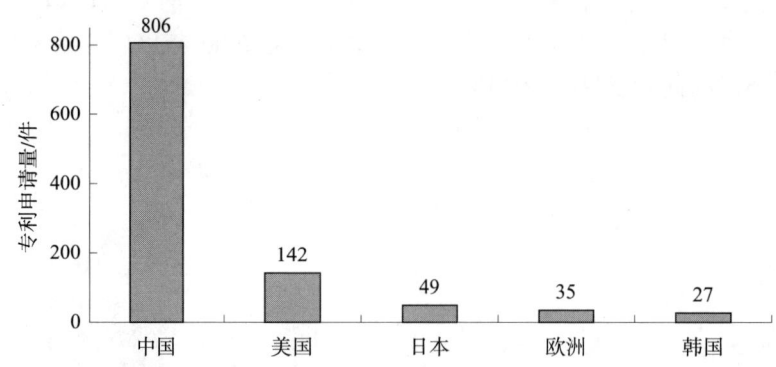

图4-17 全球下肢康复机器人主要技术产出国/地区

技术的产出和输入对应了研发和销售两端,共同构成了产业链、价值链的首尾。因此,研究专利技术输入的地域分布,从其专利布局规模的变化情况,也能看出国家通过专利对产业格局、市场格局的有效控制。从图4-18中可以看出,各国申请人在中国、美国、欧洲、日本的专利布局量十分可观,远远超越排在其后的加拿大、韩国、澳大利亚等国家。由此可以看出，中国、美国、欧洲和日本是下肢康复机器人领域主要的技术产出和输入国家/地区。

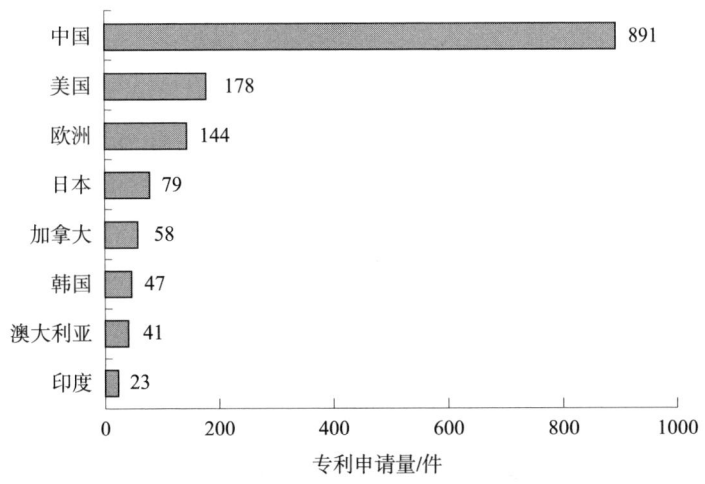

图 4-18　全球下肢康复机器人主要目标市场国/地区

除来源于中国自身的专利申请以外，全球各国申请人在中国也多有布局，图 4-19 示出了公开量排名前四的国家和地区分布。从公开量来看，美国在华公开专利量排名第一，远高于其他国家；其次是欧洲和日本。从 2011—2015 年公开量占全部公开量的比例来看，美国始终保持对于中国市场的专利布局，近五年占比超过一半，为 71.4%；欧洲布局紧随其后，近五年占比 69.2%，也表现出对于中国市场的持续投入；相比之下，日本近五年占比仅为 45.5%，

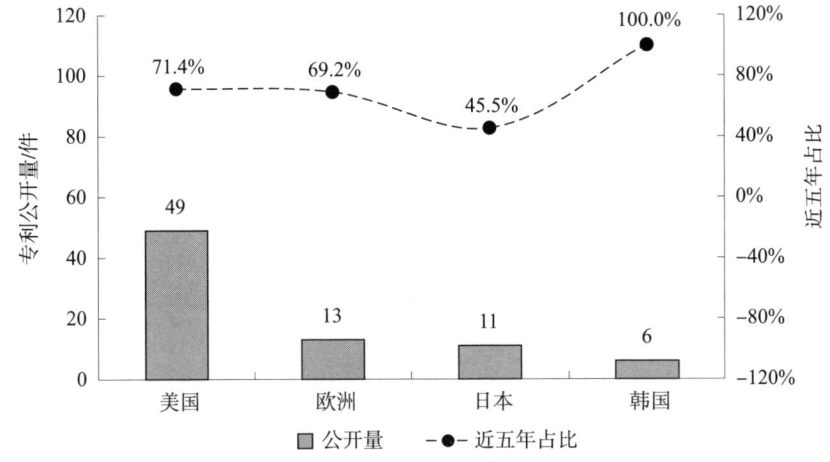

图 4-19　全球主要国家地区在华专利布局

对于中国市场布局的热度有所下降；值得注意的是，韩国的近五年公开量占比达到100.0%，这表明韩国是近年来才逐渐进入中国市场。由此可以看出，美国、日本、欧洲作为全球主要的技术产出和输入国家/地区，也是主要的在华布局国家/地区。

3. 竞争主体专利申请情况

基于对全球市场环境的了解，分别检索并分析美国、日本、欧洲地区以及中国的重点竞争主体。

图4-20所示为下肢康复机器人领域优先权在美国的TOP6专利申请主体情况。可以看出，前五名中仅有一家高校，其余均为企业，体现出美国的产业化程度较高。排名第一的是Ekso Bionics，该公司与加利福尼亚大学伯克利分校保持长期合作关系，他们的研究与产品开发获得美国国防部许可；排在第四位的是ReWalk Robotics，目前公司设计用于截瘫、脊髓损伤导致的腿完全或不完全瘫痪但是可以使用上半身和手臂的患者的产品；排名第五的是Cyberkinetics公司，2005年公司成功利用脑机接口完成病人对机械臂的控制，成为全球首个用侵入式脑机接口来恢复部分运动功能的案例；排在第六位的是派克汉尼汾公司，是全球一流的运动控制制造公司，元件和系统超过1400余条生产线。

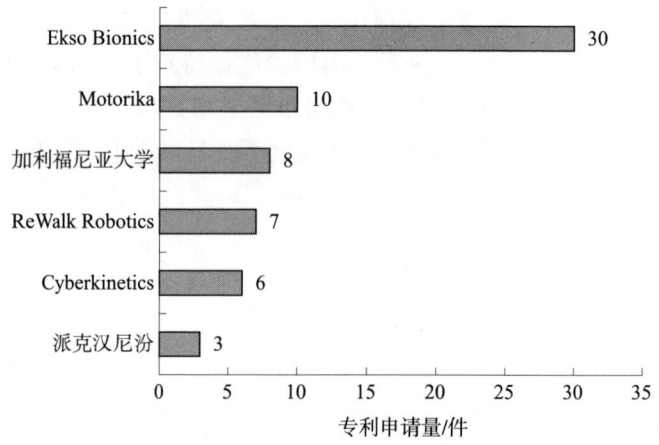

图4-20 下肢康复机器人领域美国TOP6专利申请主体

图4-21为下肢康复机器人领域优先权在日本的TOP5专利申请主体情况，前五名中有一家高校和一家研究所，其余为企业。排名第一的是Cyberdyne公司，在2008年正式发布HAL，2013年成为全球首个获得安全认证的机器人外骨骼产品（ISO/DIS 13482）。

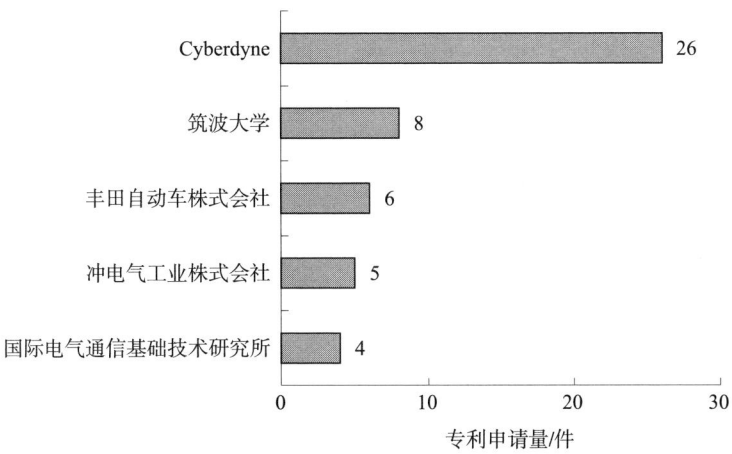

图 4-21　下肢康复机器人领域日本 TOP5 专利申请主体

图 4-22 为下肢康复机器人领域欧洲 TOP3 专利申请主体情况,有一所高校、两家企业。排名第一的是 Hocoma,该公司专注于医疗康复器械的研发,截至 2016 年,公司共获得了 24 项奖项,成立了 4 所分公司、拥有 49 个全球范围内的合作伙伴。

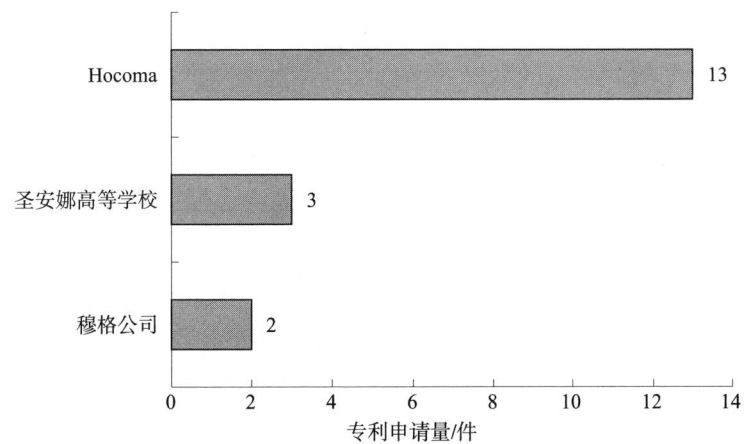

图 4-22　下肢康复机器人领域欧洲 TOP3 专利申请主体

图 4-23 为国外申请量 TOP10 的专利申请主体情况,整体来看,国外排名 TOP10 的竞争主体为企业,前十名中有七家企业、两所高校和一家研究所,表现出国外较高的产业化程度。在下肢康复机器人领域已经形成较为成熟的产业格局和产业规模。

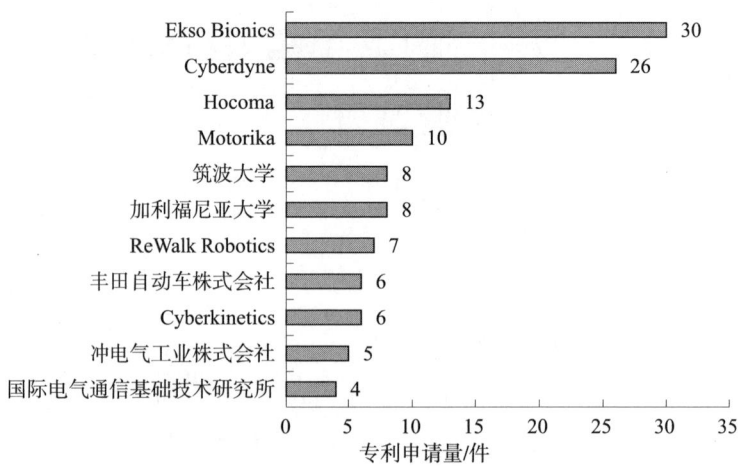

图 4-23　国外申请量 TOP10 的专利申请主体

回到国内，从图 4-24 反映出的下肢康复机器人领域优先权在中国的 TOP10 专利申请主体中发现，仅有一家企业，其余均为科研院所，体现出我国的产业化程度较低，科研成果更多停留在实验室阶段而未投入生产制造。

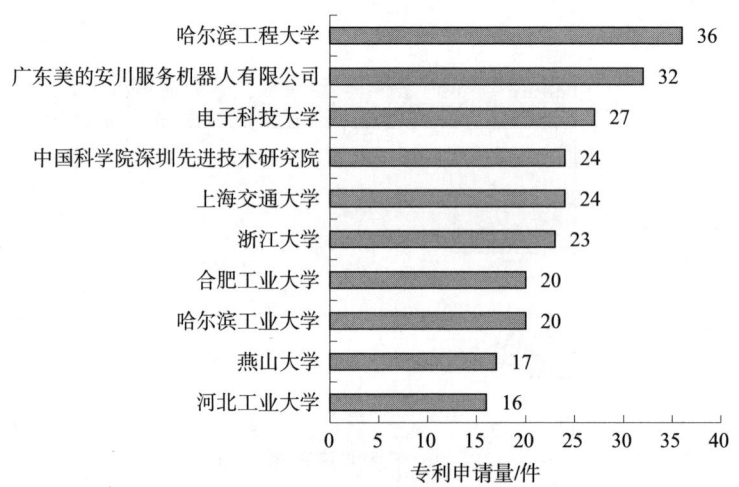

图 4-24　中国申请量 TOP10 的专利申请主体

进一步观察 TOP10 专利申请主体的有效专利占比情况（见表 4-4）可以发现，有六名申请人的有效专利占比不足 50%，反映了中国在下肢康复机器人领域的产业化需求还较低，多数科研成果仍掌握在科研院所手中，而这些科研单位往往更多关注研发而较少关注成果是否产业化；另外，也反映了我国在下肢康复机器人领域的技术研发整体水平较为落后，科研成果缺乏市场适用性。其中，申请量最多的是哈尔滨工程大学，有效专利占比66.67%，也为前十名中申请量最高，但未发现其与企业的相关合作申请，再次反映出国内在下肢康复机器人领域的产业化水平较低，科研院所与企业并没有真正并轨运行以形成产业规模。

表4-4 中国TOP10专利申请主体有效专利占比情况

申请人	申请量/件	有效专利占比/%
哈尔滨工程大学	36	66.67
广东美的安川服务机器人有限公司	32	62.50
电子科技大学	27	55.56
中国科学院深圳先进技术研究院	24	54.17
上海交通大学	24	41.67
浙江大学	23	31.58
合肥工业大学	20	43.75
哈尔滨工业大学	20	40.00
燕山大学	17	46.67
河北工业大学	16	37.50

再从图4-25所示的中国在技术难度较高的控制领域的申请情况来看，申请主体也主要为科研院所，即控制技术多掌握在科研院所手中，因此，与科研院所联系紧密的国内企业，将具备较高的技术起点和雄厚的技术支撑。

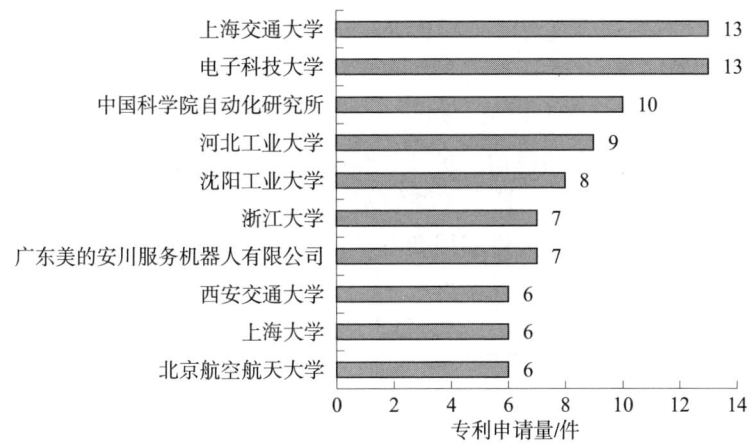

图4-25 中国控制领域申请量TOP10专利申请主体

4.2.2.3 核查 Z 公司所持专利情况

图 4-26 和图 4-27 为 Z 公司所持专利核查结果示例。经检索，Z 公司专利权属清晰，申请（专利权）人均为 Z 公司自身，无转让、许可、质押行为。

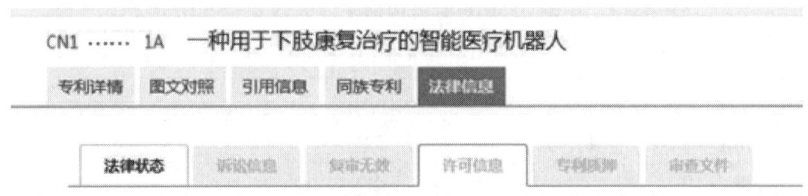

图 4-26　Z 公司专利权属检索结果示例

此外，Z 公司也无专利诉讼情况。

图 4-27　Z 公司专利诉讼检索结果示例

4.2.2.4 评价 Z 公司专利授权前景

专利申请授权前景分析是通过将专利申请请求保护的权利要求的技术特征与对比文件公开的内容进行一一对比，来确定专利申请请求保护的权利要求的技术方案相对于对比文件是否具有新颖性和创造性。

Z 公司共有 30 件专利申请，包括 5 件发明专利申请、20 件实用新型专利申请和 5 件外观设计专利申请，全部专利申请均处于审查过程中。在 30 件专利申请中，涉及下肢康复机器人关键结构布局的有 5 件，如表 4-5 所示，分别为 4 件发明专利申请和 1 件实用新型专利申请。本案例选取其中 2 件专利申请作为专利申请授权前景分析示例。

表 4-5　Z 公司 5 件核心专利申请

序号	专利名称	专利类型	申请号
1	一种用于下肢康复治疗的××医疗机器人	发明	2017×××××77.2
2	一种康复机器人悬吊系统×××机构	实用新型	2017×××××21.5
3	一种康复机器人××悬吊系统系统	发明	2018×××××30.4

续表

序号	专利名称	专利类型	申请号
4	一种康复机器人×××动态悬浮系统	发明	2018×××××41.5
5	一种面向下肢康复机器人的×××匹配装置	发明	2018×××××00.0

相关文件的类型说明：

X：单独影响权利要求的新颖性或创造性的文件；

Y：与本报告中的另外的Y类文件组合而影响权利要求创造性的文件；

A：背景技术文件；

R：任何单位或个人在申请日向专利局提交的、属于同样的发明创造的专利或专利申请文件。

P：中间文件，其公开日在申请的申请日与所要求的优先权日之间的文件，或者会导致需要核实优先权的文件；

E：抵触申请文件。

1. 发明申请1

（1）技术方案

本专利包括9项权利要求，专利附图如图4-28所示，其中包括1项独立权利要求1，8项从属权利要求2-9，其中，权利要求1如下：

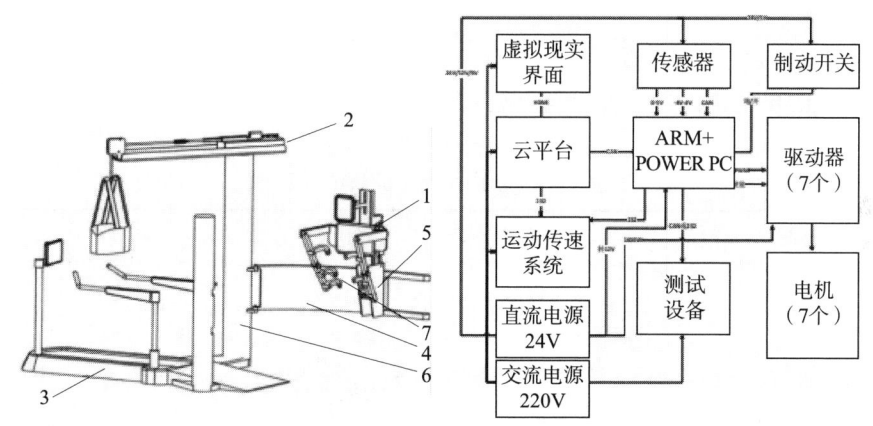

图4-28 发明申请1专利附图

1. 一种用于下肢康复治疗的智能医疗机器人，包括下肢外骨骼机器人系统、悬吊系统……和传感器系统，其特征在于：

所述的运动悬吊系统通过立柱安装于运动传速系统上方，进行下肢康复治疗的患者通过悬吊系统进行减重和位置保持，在运动传速系统上直立行走；

……

所述的传感器系统采集下肢外骨骼机器人系统、运动传速机构的运行参数

及患者的人体参数,传输至嵌入式控制系统,并通过所述的云平台显示系统显示;

所述的嵌入式控制系统实现下肢外骨骼机器人系统、悬吊系统……及传感器系统的自适应控制、模态切换和智能高精度作动,并通过云平台对外进行信息交互。

(2) 对比文件

经检索,检索到与发明申请1的技术方案高度相关的1篇对比文件,见表4-6。

表4-6 与发明申请1相关的对比文件

序号	类型	公开号	公开/公告日	申请/专利权人	相关部分	涉及权利要求
1	A	CN10×××××1A	20160309	浩康股份公司	说明书第[0006]—[0065]段、图1-12	1—9

(3) 授权前景分析

发明申请1的权利要求与上述对比文件的特征对比分析过程与分析结论见表4-7。

表4-7 发明申请1的特征分析表

权利要求	序号	待比对01	对比文件CN10×××××1A	结果
权利要求1	1	一种用于下肢康复治疗的智能医疗机器人	一种用于使用者的自动行走和/或跑步机训练的设备	√
	2	包括下肢外骨骼机器人系统	骨盆附接件50以及矫正装置30	√
	3	悬吊系统	悬吊装置40	√
	4	运动传速系统	跑步机10	√
	5	旋转系统	支承臂23	×
	6	重心自平衡系统	两个平行四边形臂22,实现重心自平衡作用	√
	7	云平台显示系统		×

续表

权利要求	序号	待比对 01	对比文件 CN10××××× 1A	结果
权利要求 1	8	嵌入式控制系统	控制单元 70	×
	9	传感器系统	包括力传感器和/或位置传感器	√
	10	所述的运动悬吊系统通过立柱安装于运动传速系统上方……	悬吊装置 40，悬吊装置 40 通过支撑柱 41 安装于跑步机 10 上方	√
	11	所述运动传速系统的上表面按照设定的速度平移	在跑步机框架 11 内设置有被驱动的跑步机带 12……	√
	12	所述的下肢外骨骼机器人系统通过旋转系统安装在立柱上，能够绕立柱旋转	该骨盆附接件 50 通过两个平行四边形管 22 安装至后立柱 21……	×
	13	当下肢外骨骼机器人系统旋转至运动传速系统上方……	骨盆附接件 50 以及矫正装置 30……	√
	14	所述的下肢外骨骼机器人系统和旋转系统之间通过重心自平衡系统连接……	该骨盆附接件 50 通过两个平行四边形管 22 安装至后立柱 21，平行四边形臂 22 调节高度	×
	15	所述的传感器系统采集下肢外骨骼机器人系统、运动传速机构的运行参数及患者的人体参数	存在位置和力传感器：传感器可以提供背板 51 的位置……	×
	16	传输至嵌入式控制系统，并通过所述的云平台显示系统显示	传感器信号传输到控制单元 70	×
	17	所述的嵌入式控制系统实现下肢外骨骼机器人系统……模态切换和智能高精度作动，并通过云平台对外进行信息交互	控制单元 70，驱动器的总体控制可以通过控制单元 70 来执行……	×
权利要求 2	18	所述的下肢外骨骼机器人系统包括髋关节水平悬臂梁……膝关节盘式电机和小腿结构	骨盆附接件 50 以及矫正装置 30……	√
	19	所述的髋关节水平悬臂梁两端分别通过髋关节轴承连接大腿结构一端……	骨盆附接件 50 以及矫正装置 30 的连接关系如附图所示	√

续表

权利要求	序号	待比对01	对比文件CN10××××ial×1A	结果
权利要求3	20	所述的悬吊系统包括减重电机、减重弹簧、动滑轮机构和悬吊电机……	在支承柱41上安装有悬臂42……	√
权利要求4	21	所述的运动传速系统包括步进电机和履带机构……	该跑步机带12适于通过驱动器的作用以各种速度运动	×
权利要求5	22	所述的旋转系统采用电机驱动的形式实现下肢外骨骼机构的旋入和旋出……		×
权利要求6	23	所述的重心自平衡系统包括上悬臂梁、下悬臂梁和弹簧	该骨盆附接件通过两个平行四边形管安装至后立柱……	√
权利要求7	24	所述的嵌入式控制系统包括控制器和云平台……	控制单元70可以是个人计算机……	×
权利要求8	25	所述的传感器系统包括绝对式旋转编码器、电流传感器、压力传感器……	存在位置和力传感器……	×
权利要求9	26	还包括扶手系统，固定于运动传速系统两侧	在跑步机带12的两侧上、在跑步机框架11的侧边缘的上方设置两个扶手13，以便于受训人400抓握是有利的	√

注：特征对比表中各个符号的含义如下：

√表示对比文件公开的内容与权利要求的该技术特征相同或是其下位概念；

×表示对比文件未公开权利要求记载的该技术。

初步结论：由上述特征分析表可知，对比文件1未公开发明申请1的权利要求1—9的全部技术特征，因此初步判断权利要求1—9相对于对比文件1具备《专利法》第22条第2款规定的新颖性。

权利要求1—9与对比文件1相比，其区别技术特征既没有被其他对比文件所公开，也不属于本领域公知常识，因此，权利要求1—9相对于对比文件1具备《专利法》第22条第3款规定的创造性。

2. 实用新型申请1

（1）技术方案

本专利包括3项权利要求，专利附图如图4-29所示，其中包括1项独立权利要求1，2项从属权利要求2—3，其中，权利要求1如下：

1. 一种康复机器人悬吊系统卷扬机手动离合机构，……其特征在于：所述的主轴与电机的输出轴同轴固连，大牙盘同轴固连在卷筒一侧，主轴穿过卷筒轴心且卷筒能够绕主轴自由旋转……，手轮转动时推动小牙盘在主轴上沿轴向平移，从而与大牙盘分离或结合的目的。

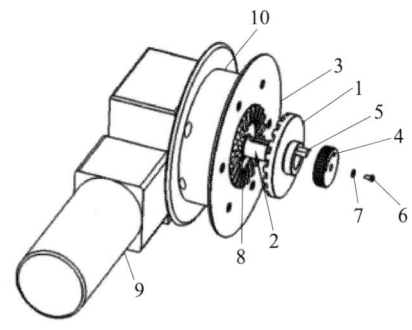

图4-29 实用新型1专利附图

（2）对比文件

经检索，检索到与实用新型申请1的技术方案高度相关的1篇对比文件，见表4-8。

表4-8 与实用新型申请1相关的对比文件

序号	类型	公开号	公开/公告日	申请/专利权人	相关部分	涉及权利要求
1	A	CN20×××××5U	20160113	何某	说明书第[0015]—[0017]段、图1	1—3

（3）授权前景分析

实用新型申请1的权利要求与上述对比文件的特征对比分析过程与分析结论见表4-9。

表 4-9 实用新型申请 1 的特征分析表

权利要求	序号	待比对 02	对比文件 CN20××××5U	结果
权利要求 1	1	一种康复机器人悬吊系统卷扬机手动离合机构	阀门执行器上所用离合机构	×
	2	包括小牙盘、主轴、大牙盘、手轮和卷筒	包括花键孔 52、外花键 61、手动转轴 6、手轮 13、套管 5	√
	3	键、电机		×
	4	所述的主轴与电机的输出轴同轴固连		×
	5	大牙盘同轴固连在卷筒一侧,主轴穿过卷筒轴心且卷筒能够绕主轴自由旋转	在花键孔 52 内互配连接着可沿轴向滑动并可带动套管 5 转动的手动转轴 6	√
	6	所述的小牙盘内壁开有键槽……	与花键孔 52 对应的手动转轴 6 端部带有外花键 61……	√
	7	所述的手轮同轴安装在主轴上……	向右移动手动转轴 6,使外花键 61 互配插接在花键孔 52 内……	×
权利要求 2	8	所述的卷筒及大牙盘在主轴上被弹性挡圈轴向限位	开口挡圈 12	×
权利要求 3	9	所述的手轮通过螺丝及挡圈安装在主轴的轴肩上……		×

注:特征对比表中各个符号的含义如下:
√表示对比文件公开的内容与权利要求的该技术特征相同或是其下位概念;
×表示对比文件未公开权利要求记载的该技术特征。

初步结论:由上述特征分析表可知,对比文件 1 未公开实用新型申请 1 的权利要求 1—3 的全部技术特征,因此初步判断权利要求 1—3 相对于对比文件 1 具备《专利法》第 22 条第 2 款规定的新颖性。

权利要求 1—3 与对比文件 1 相比,其区别技术特征既没有被其他对比文件所公开,也不属于本领域公知常识,因此,权利要求 1—3 相对于对比文件 1 具备《专利法》第 22 条第 3 款规定的创造性。

3. Z 公司专利授权前景评价结果

Z 公司目前拥有的 30 件专利申请均处于审查过程中,涉及下肢康复机器人关键结构布局的有 5 件,本案例选取其中 2 件专利申请展示针对 Z 公司的专利申请授权前景分析。经过检索分析,基于目前的检索分析结果,认为这 2 件发明申请和实用新型均具备《专利法》第 22 条第 2 款规定的新颖性和《专利法》第 22 条第 3 款规定的创造性，因此对于 Z 公司专利申请初步判断授权前景明朗。

4.2.2.5　评价 Z 公司所持技术先进性

本节技术先进性分析的基本方法是将 Z 公司的下肢康复机器人产品进行分解，通过选取对标企业并与对标企业专利中所公开的技术进行比对，进而得出产品及技术是否具有先进性的结论。

该分析方法运用专利披露信息作为依据，基于以下两点考虑：

1）下肢康复机器人价格高昂，无法实现产品的现实拆解。

2）企业的核心技术通常会使用专利进行保护，这一点在国外企业表现尤为突出。

因此，认为采用专利信息进行产品及技术先进性分析是一种从经济和技术两个角度结合来看可行的方法。

1. Z 公司产品分解

Z 公司的下肢康复机器人，是根据治疗师在人机交互界面触发的操作指令，接收下肢和其他设备上配置的传感器信息，实现对下肢四关节、悬吊电机、旋转电机和配重电机的控制；同时与运动传速装置进行交联，控制运动带实时匹配人体关节的运动速度。其关键技术主要包括：人体运动意图精确捕捉、外骨骼关节的结构设计和动力学分析技术以及嵌入式智能机器人控制系统开发技术等。

（1）人体运动意图精确捕捉技术

基于脑电（EEG）、肌电（EMG）和光纤传感器的人体运动意图识别，以拾取人体运动行为信息，通过微处理器中的特征提取和模式识别分析来正确捕捉穿戴者运动意图。

随着传感技术的不断发展，可用于感知人体上肢和下肢动作模式的方法很多，且各有利弊。而多信息融合的感知系统与传统的基于人体步态数据的感知系统相比，充分地结合了各种感知方法的优点，将只能完成单一、确定动作的被动式控制转变为可实现多动作间随意切换的主动式控制，不仅能够避免由于人机动作的不协调而可能造成的对人体的伤害，而且能够极大地拓宽其应用范围。为此，项目的关键技术包括一种多信息感知融合的上、下肢外骨骼机器人感知系统。该系统主要由肌电感知、脑电感知和光纤感知子系统组成。

（2）外骨骼关节的结构设计和动力学分析技术

基于人体运动学和动力学分析，设计出外骨骼机器人的外骨骼结构，并对肢架结构进行运动学和动力学分析，以完成装置运动结构设计及力矩计算，使之实现结构简洁、轻便灵巧、便于穿戴的设计要求。并可偏重应用分析所得的旋转式电静液作动器（REHA）作为驱动装置，其主要优点在于高能效和简化的结构。

（3）嵌入式智能机器人控制技术

研究开发连接上述两个子系统，即人体运动意图准确捕捉识别系统和外骨骼机器人系统之间的控制器及其相应的测控系统，实现整个新型助力助行外骨骼机器人的协调控制。本部分拟采用模型预测控制的方法实现人体多动作、多变量的精确实时控制。另外，该嵌入式控制系统将具有无线网络交联功能，实现软件版本的实时更新、人体和外骨骼状态的实时监控，并具有GPS定位功能等，最终将真正意义上实现人－机－网络的互联。

嵌入式智能机器人控制系统实际上是研究开发连接上述两个子系统，即人体运动意图准确捕捉识别系统和外骨骼机器人系统之间的控制器及其相应的测控系统，实现整个新型助力助行外骨骼机器人的协同控制。控制系统不但要满足人体运动意图识别的快速计算，还应满足人机协同控制的精度和速度要求，另外还应具有小型化、便携化特点。

图4-30为Z公司控制器的整体结构。控制器在功能上分为上、下位机，上位机是以ARM为核心的嵌入式控制系统，其主要实现人机交互和后期处理；而下位机则是以DSP为处理核心，实现感知层的数据采集、滤波与前期处理，以及外骨骼机械关节执行机构的驱动控制。

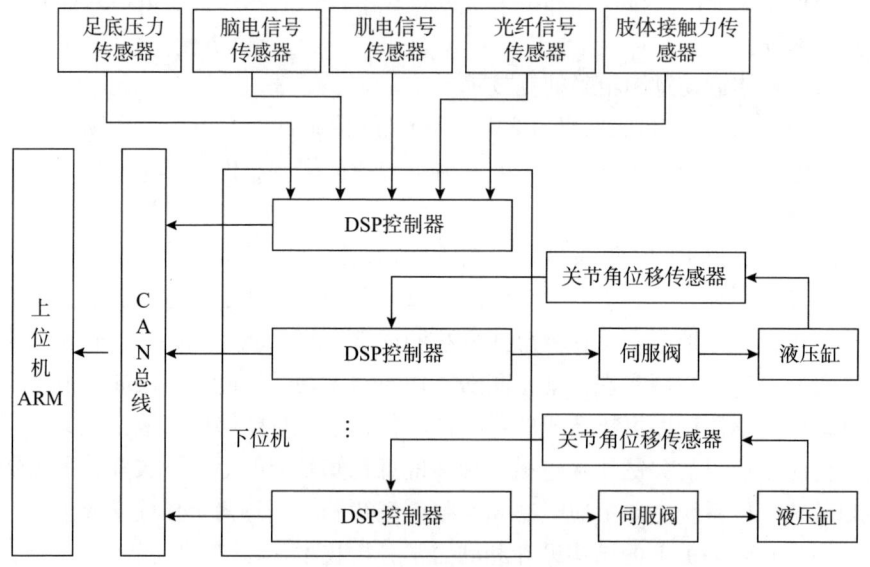

图4-30　Z公司控制器的整体结构

通过对 Z 公司的下肢康复机器人的功能实现和关键技术进行研究，结合 Z 公司产品的外观设计所展示的产品外观，可以获得 Z 公司下肢康复机器人的产品初步形态。进一步地，将该下肢康复机器人拆解为 8 个模块，包括结构部分 5 个模块和控制部分 3 个模块。其中，结构部分的 5 个模块为：悬吊装置、悬浮装置、外骨骼结构、跑道传动装置以及其他装置；控制部分的 3 个模块为：分布式控制、人机交互控制和运动模式识别控制。该 8 个模块可以覆盖 Z 公司下肢康复机器人的几乎全部功能和关键技术。例如，关键技术"人体运动意图精确捕捉技术"位于运动模式识别模块中。由此，即可以对 Z 公司的下肢康复机器人产品进行定位，而产品定位是实现产品先进性比对的基础。

2. 对标企业选取

为实现 Z 公司产品的准确定位，需要选取对标企业，通过将 Z 公司的下肢康复机器人产品与对标企业的相似产品进行比较，从而得到产品的先进性分析结论。本案例选取了国外的行业领先企业和中国的技术相关并且已产业化的企业进行对标。

（1）国外对标企业的选取

结合各技术来源国的申请数量以及行业现状，首先选取各技术来源国申请数量排名靠前的 5 家企业进行分析。针对这 5 家企业进行专利检索，并进一步筛选下肢悬吊式外骨骼机器人相关专利，经统计得到表 4 - 10。

表 4 - 10　国外 5 家主要竞争对手申请数量对比表

专利情况	ReWalk	Ekso	Cyberdyne	Hocoma	Motorika
全球公开数量/件	20	67	51	16	16
中国公开数量/件	6	29	5	7	2
全球下肢悬吊式康复机器人公开数量/件	0	0	8	11	6
中国下肢悬吊式康复机器人公开数量/件	0	0	0	4	1

由表 4 - 10 可知，ReWalk 和 Ekso 两家公司，在下肢康复领域基本致力于可穿戴式外骨骼机器人，尚未布局悬吊减重式康复机器人。Cyberdyne 公司虽在全球有多件专利涉及悬吊式康复机器人，但尚未在中国进行布局。由于 Z 公司的下肢康复机器人仅在中国研发、生产和销售，因此，对标企业最终选取在中国有专利布局的 Hocoma 和 Motorika 两家公司。

（2）中国对标企业的选取

目前，中国申请数量位于前列的申请人基本为大学和研究机构，因此，无法直接通过申请数量的多少决定中国对标企业的选取。进一步地,经过检索,确定选取沈阳 A 机器人公司进行对标,因其专利申请所公开的下肢康复训练机器人的结构和控制两部分与 Z 公司的下肢康复机器人最为接近。

沈阳 A 机器人公司是一家专注于机器人研发的科技创新公司,由东北大学某机器人团队衍生,十多年来致力于让机器人"走"明白,从控制程序到硬件电路,再到机械结构,均为独立设计研发,经过多年的摸索与实践,逐渐形成了以定位系统、驱动器、伺服轮、激光雷达、数字电机等与机器人走行相关的产品链。在此基础上,通过持续的创新,成功研发了下肢康复机器人、家庭服务机器人、巡检机器人等整机产品。图 4-31 为沈阳 A 机器人公司产品示例。

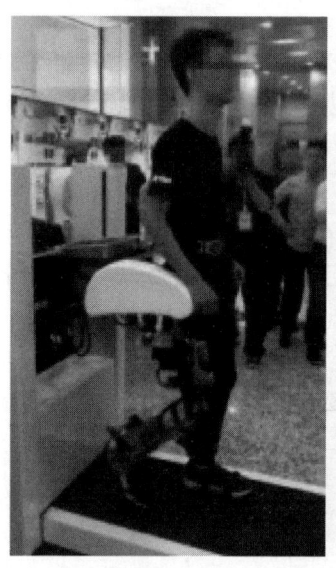

图 4-31　沈阳 A 机器人公司产品示例

3. Z 公司技术先进性分析

针对选取的 3 家对标企业,逐一将 Z 公司的下肢康复机器人所分解的 8 个模块,与对标企业专利中所公开的技术进行比对,从而评价 Z 公司的产品及技术是否具有先进性。本案例以 Z 公司与 Hocoma 的专利比对为例简单展示。

Hocoma 公司在全球就下肢悬吊式康复机器人领域共公开 11 件专利。其中有 5 件是与 Z 公司的产品极为接近的跑步机式直立式康复机器人,属于自动行走训练的装置,列为重点文献进行进一步的分析。具体文献见表 4-11。

表 4-11 Hocoma 的核心专利

序号	公开（公告）号	同族国家	是否有中国同族	标题	最早申请日
1	AT247936T CA2351083A1 CA2351083C DE59906800D1 EP1137378A1 EP1137378B1 US6821233B1 WO0028927A1	[奥地利，加拿大，德国，欧洲专利局，美国，世界知识产权组织]	否	用于自动化的跑步机装置和方法治疗	1999/11/11
2	AT391482T DE602004012959D1 DE602004012959T2 EP1586291A1 EP1586291B1 US20050239613A1	[奥地利，德国，欧洲专利局，美国]	否	装置和方法用于调节所述的高度和所述悬吊力作用在一重量	2004/4/16
3	AT459326T CN101528177A CN101528177B DE602007005157D1 EP1908442A1 EP2076229A1 EP2076229B1 RU2009115705A RU2447875C2 US20100006737A1 US8192331B2 WO2008040554A1	[奥地利，中国，德国，欧洲专利局，俄罗斯，美国，世界知识产权组织]	是	调节弹性装置的预应力至预定的张力或位置左右的装置	2006/10/5
4	EP2036486A1 EP2036486B1 US20090076351A1 US8905926B2	[欧洲专利局，美国]	否	用于神经疾病的康复系统	2007/9/13
5	CN105392461A EP2815734A1 EP3010470A1 US20160136477A1 US9808668B2 WO2014202767A1	[中国，欧洲专利局，美国，世界知识产权组织]	是	用于自动行走训练的设备	2013/6/21

重点文献 1：用于自动化的跑步机装置和方法治疗（专利附图见图 4-32）

该发明涉及一种自动化的跑步机装置，其是跑步机中使用的治疗下肢康复患者的装置。该装置自动引导患者的腿在跑步机上进行康复训练。该机器包括一个驱动和控制的矫形装置，它引导腿部处于运动的生理模式，还包括跑步机和悬吊减重机构。矫形装置的膝关节和髋关节均包括驱动器。矫形装置以稳定的方式稳定在跑步机上，使得患者不必保持其平衡。该矫治装置的高度可调节，可适应不同的患者。

该重点文献 1 是 Hocoma 公司的核心专利，其公开了悬吊减重式下肢康复机器人的基本结构，包括：悬吊装置、悬浮装置、外骨骼结构、跑步机装置以及扶手和简单的尺寸调节装置。同时，还公开了控制系统：由输入装置、控制单元、跑步机和矫正设备组成。通过角度传感器的测量值反馈给控制单元，进而控制跑步机速度和矫正设备。

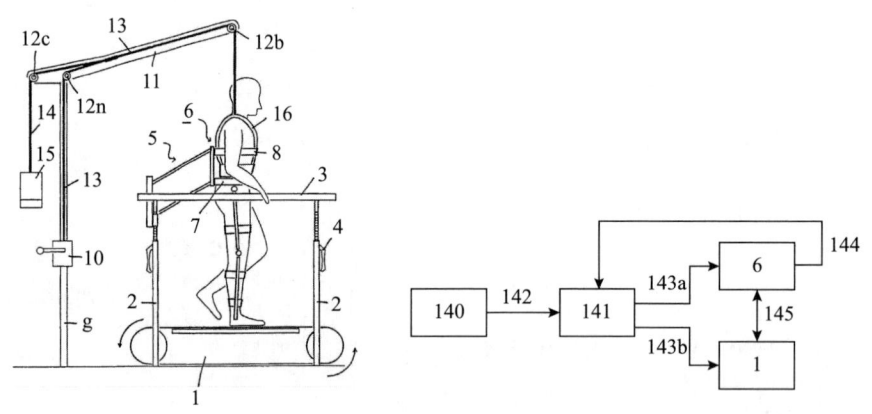

图 4-32 重点文献 1 专利附图

重点文献 2：装置和方法用于调节所述的高度和所述悬吊力作用在一重量（专利附图见图 4-33）

该发明提供了一种用于调节作用在患者身上的高度和悬吊力的装置，用于运动训练装置中的下肢瘫或偏瘫患者的步行治疗。患者的重量由电缆支撑。第一电缆长度调节装置提供电缆长度的调整，以确定所述悬挂重量的高度。第二电缆长度调节装置提供电缆长度的调整，以定义作用于悬吊重量的悬吊力。该发明可以快速和可靠地确定和调整不同患者的高度和每个患者的训练计划中的悬吊力。

该重点文献 2 是 Hocoma 公司专门针对悬吊装置结构进行的公开，同时，还公开了悬吊装置的控制方法,利用力传感器作为输入信号从而对悬吊装置进行控制。

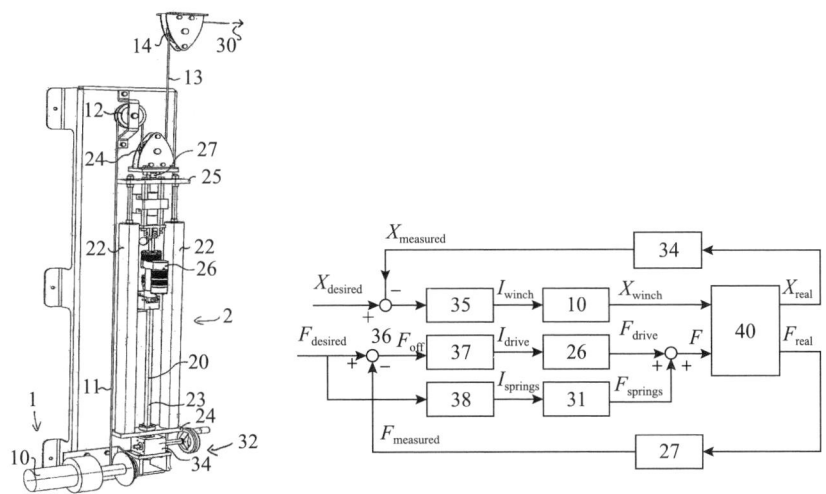

图4-33 重点文献2专利附图

重点文献3:调节弹性装置的预应力至预定的张力或位置左右的装置(专利附图见图4-34)

该专利涉及一种用于调节弹性装置(22)的预应力至预定张力或位置(9)附近的装置,尤其可用于调节重物(30)的高度和调节作用于该重物上的减载力。机械调节装置(40)平行连到所述弹性装置(22)上,用于预调节预定张力的值,所述机械调节装置(40)包括一个与弹性装置(22)和调节装置(40)之间的连接部分(25)接合的活动部分(41;142)以及一个连接在所述活动部分(41;142)上的施力构件(50)。所述机械调节装置(40)在所述预定的张力或位置(9)中处于不稳定的平衡位置,而所述活动部分(41;142)的运动使得所述施力构件(50)在所述弹性装置(22)偏离预定的张力或位置(9)时增加一个调节力或补偿力。

重点文献3的具体应用领域为悬吊式康复机器人的减载系统,具体公开了悬吊减重装置的多种实施方式,具体为增加调节力或补偿力用于调节悬吊减重系统。并且该技术存在中国授权文本。

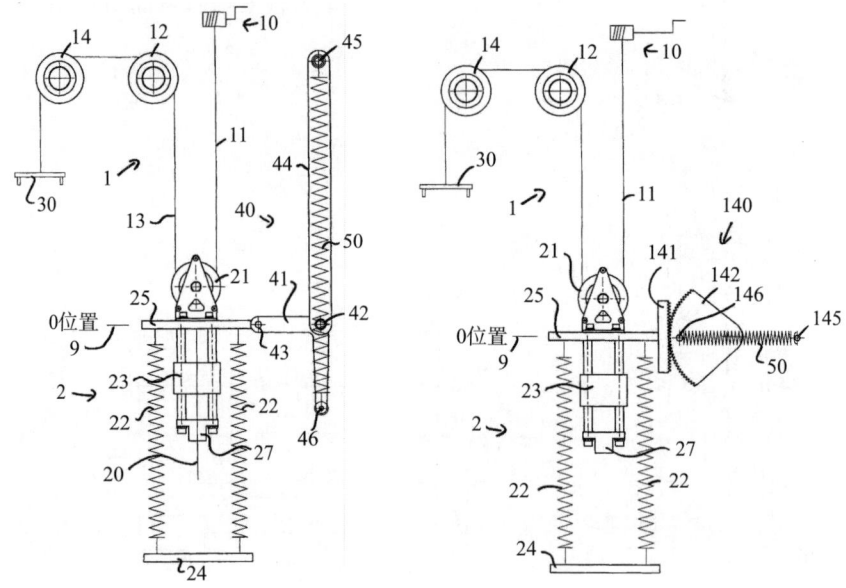

图 4-34 重点文献 3 专利附图

重点文献 4：用于神经疾病的康复系统（专利附图见图 4-35）

该专利涉及神经系统疾病的康复系统，特别是用于处于植物人状态或最小意识状态的患者的康复，包括至少两个适于测量患者的两个不同生理值的传感器和刺激发生器。最初确定的预定义的目标信号和基于与损伤相关的参数被产生，并且在康复训练期间，与测量信号相比较，以驱动刺激发生器将感觉刺激传递给患者作为反馈。控制处理器适于基于不同生理值的测量信号的发展或变化来在康复训练期间改变预定义的目标信号，从而能够更快更好地提高患者的适应性。

重点文献 4 公开了用于康复训练装置的控制系统，其获取患者两个不同的生理参数，借助刺激发生器实现对患者的康复训练。

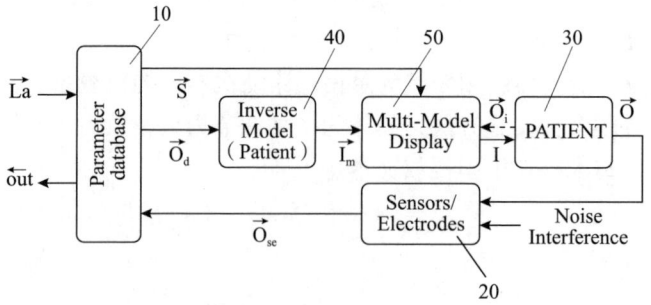

图 4-35 重点文献 4 专利附图

重点文献 5：用于自动行走训练的设备（专利附图见图 4-36）

该专利涉及一种用于使用者的自动行走和/或跑步机训练的设备（1），包括具有被驱动的跑步机带（12）的框架或跑步机（10）以及支承使用者的位置和/或重物并且具有适于连接至使用者的附接元件（52）的骨盆附接件（50）。骨盆附接件（50）包括移位单元，移位单元用于允许由附接元件（52）保持的使用者的骨盆的横向于垂直于由跑步机（10）提供的行走方向（500）的轴线的运动和/或绕垂直于所述行走方向（500）的轴线旋转的运动，以在训练期间提供更自然以及生理的步态。具有引导穿过定位在骨盆附接件（50）上与跑步机（10）相对的引导滚轮（45）的线缆（43）的重物悬吊单元（40）可以包括重物悬吊移位单元（48），重物悬吊移位单元（48）适于使导向滚轮基本垂直于线缆（43）的转向部段的方向而移动，以影响受训人的上体的横向位置并且防止使用者的躯干的振摆效应。

重点文献 5 是基于重点文献 1 的进一步改进，其加入了骨盆附接件用于在训练期间提供更自然以及生理的步态，还公开了悬吊系统、下肢外骨骼结构以及跑步机等基本结构。同时，还公开了控制单元 70，控制单元 70 可以是个人计算机，其产生控制信号并将所有控制信号传输至设备 1 的不同的驱动器，以及从驱动器和附加的传感器接收必要的控制信息以控制不同的驱动器，从而允许使用者 400 主动执行行走或跑步运动或者以通过致动不同的驱动器的这种动作来支承使用者。

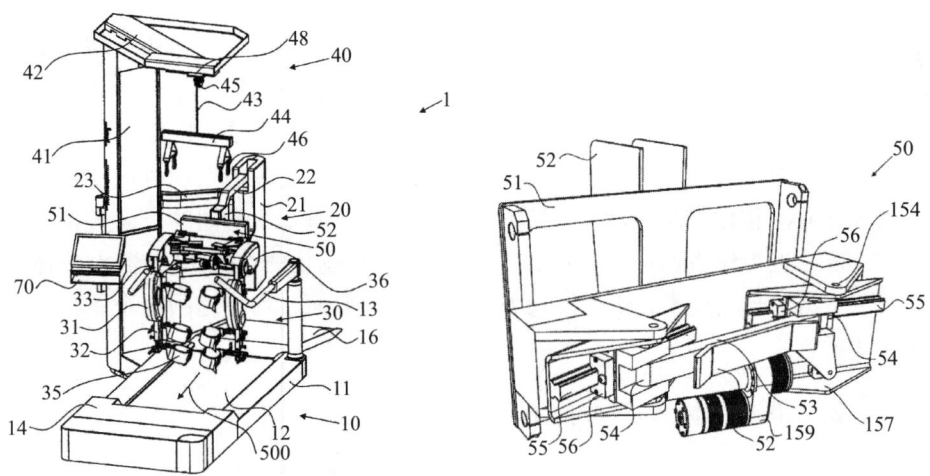

图 4-36　重点文献 5 专利附图

将 Z 公司产品模块与 Hocoma 重点文献技术方案进行对比，如表 4-12

所示。

表4-12 Z公司与Hocoma的产品对比

Z公司产品模块	悬吊装置	悬浮装置	外骨骼结构	跑道传动装置	其他装置	传感系统（运行参数+生理参数）	分布式控制	云平台信息交互
EP1×××××A1	√	√	√	√	√	运行参数	计算机控制	
EP1×××××A1	更优					运行参数	计算机控制	
CN1×××××77B	更优							
EP2×××××B1						√	计算机控制	
CN10×××××1A	√	√	更优	√	√	√	计算机控制	

通过对比可知，Hocoma的全部专利文献所反映的Hocoma的下肢悬吊式康复机器人，覆盖了Z公司产品的前六个模块，即结构部分全部5个模块以及控制部分的综合使用运行参数和生理参数进行运动模式识别。但是，在悬吊结构和外骨骼结构这两个模块，Hocoma产品优于Z公司的产品。

采用同样方法将Z公司产品模块与Motorika和沈阳A机器人公司重点文献技术方案进行对比后发现，Motorika的产品在控制应用方面较之Z公司的产品更为先进，但是，两者在患者的步态训练方面的关键跑步机式结构存在较大差异；沈阳A机器人公司的产品无论在结构方面还是控制方面，均不如Z公司的产品先进。

综上所述，通过对Z公司产品进行分解，并将分解后的基本模块与三家对标企业的全部相关专利文献进行比对，实现了Z公司产品及技术先进性的分析。其中，与国外企业Hocoma相比，Z公司的产品技术在结构方面还存在一定差距，但是Z公司的产品技术较之Hocoma运用了更多的控制改进；与国外企业Motorika相比，Z公司的产品技术与其相关，但属于不同的产品类型，同时Motorika在控制方面比较突出；与国内已经产业化的沈阳A机器人公司相比，Z公司的产品技术无论在结构方面还是控制方面，均较之国内企业具有突出的先进性。

4.2.2.6 评价Z公司技术侵权风险

在产品侵权分析环节，针对Z公司下肢康复机器人产品的研发、销售以及未来预期市场均在国内的情况，选定国内市场进行侵权风险分析。

侵权风险分析的对象分为两部分，即产品技术侵权风险分析和外观设计侵权风险分析。对产品技术来讲，针对Z公司的产品所应用的技术，设定了应用于该产品的技术方案,针对该技术方案进行侵权风险分析以及侵权潜在风险分析。对产品的外观设计来讲,设定了应用于该产品的外观设计,针对该外观设计进行侵权风险分析。

注:侵权风险分析通过将高相关专利权利要求的技术特征与标准相关技术特征进行一一对比,来确定标准相关技术是否落入对应权利要求的保护范围之内,对比过程中主要遵循通用的全面覆盖原则和等同原则,初步结论也是基于上述两个原则得出,而实践中的侵权判定还需要根据不同国家或地区的具体法规和司法解释,进一步综合考虑后确定。

特征对比表中各个符号的含义如下:

√表示相关技术的技术特征与权利要求技术特征实质上相同或是其下位概念;

○表示相关技术的技术特征与权利要求技术特征等同,即采用了基本上相同的方式,实现基本相同的功能,产生基本相同的效果,并且本领域技术人员无需创造性劳动就能联想到;

×表示相关技术不包括权利要求的技术特征,或者虽然包含对应的技术特征,但与权利要求的技术特征相比,不相同也不等同。

1. 产品技术侵权风险分析

(1) Z公司产品技术方案

经与投资人沟通,结合Z公司下肢康复机器人产品的主要性能,设定Z公司应用于产品的技术方案如下。

一种用于下肢康复治疗的智能医疗机器人,产品结构如图4-37所示,包括下肢外骨骼机器人系统、悬吊系统、运动传速系统、旋转系统、重心自平衡系统、云平台显示系统、嵌入式控制系统和传感器系统。

运动悬吊系统通过立柱安于运动传速系统上方,进行下肢康复治疗的患者通过悬吊系统进行减重和位置保持,在运动传速系统上直立行走。

运动传速系统的上表面按照设定的速度平移。

下肢外骨骼机器人系统通过旋转系统安装在立柱上,能够绕立柱旋转,当下肢外骨骼机器人系统旋转至运动传速系统上方时,将患者下肢与下肢外骨骼机器人系统进行连接固定,由下肢外骨骼机器人系统带动患者下肢进行训练。

下肢外骨骼机器人系统和旋转系统之间通过重心自平衡系统连接,跟随患者行走时的重心变化调节下肢外骨骼机器人系统的高度。

传感器系统采集下肢外骨骼机器人系统、运动传速机构的运行参数及患者的人体参数,传输至嵌入式控制系统,并通过云平台显示系统显示。

嵌入式控制系统实现下肢外骨骼机器人系统、悬吊系统、运动传速系统、旋转系统、重心自平衡系统、云平台显示系统及传感器系统的自适应控制、模态切换和智能高精度作动，并通过云平台对外进行信息交互。

下肢外骨骼机器人系统包括髋关节水平悬臂梁、髋关节轴承、髋关节盘式电机、大腿结构、膝关节轴承、膝关节盘式电机和小腿结构；髋关节水平悬臂梁两端分别通过髋关节轴承连接大腿结构一端，并通过髋关节盘式电机驱动大腿结构绕髋关节轴承转动；大腿结构的另一端通过膝关节轴承连接小腿结构，并通过膝关节盘式电机驱动小腿结构绕膝关节轴承转动。

悬吊系统包括减重电机、减重弹簧、动滑轮机构和悬吊电机；减重电机固接立柱，减重电机输出端通过减重弹簧连接悬吊电机，减重弹簧和悬吊电机之间通过动滑轮系统转换运动方向；悬吊电机提拉穿绑在患者身上的绷带。

重心自平衡系统包括上悬臂梁、下悬臂梁和弹簧机构；平行的上悬臂梁和下悬臂梁在旋转系统和下肢外骨骼机器人系统之间连接构成四连杆机构，四连杆机构和下肢外骨骼机器人系统之间通过弹簧机构连接。

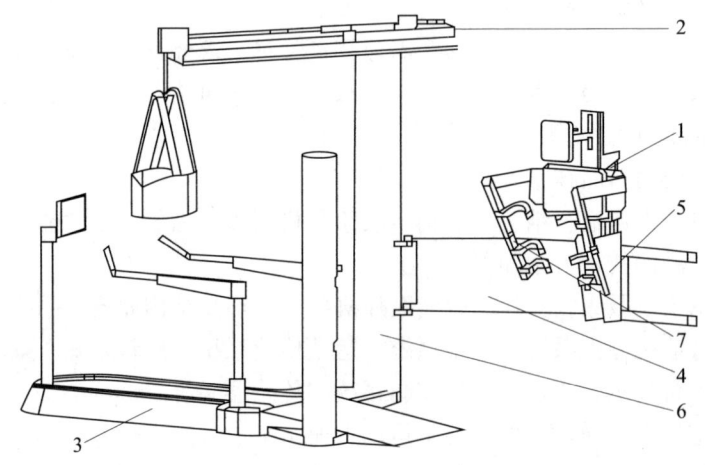

图 4-37　Z 公司产品结构示意图

（2）检索策略

检索数据库：CNABS 和 DWPI；

关键词：下肢，康复，机器人，悬吊，减重，步行，旋转，重心，平衡，云，显示，嵌入，控制，传感器；

分类号：A61H 1/02，A61H 1/00，G06F19/00，A61H 3/00，A63B 22/00，A63B 23/04，A63B23/00。

（3）侵权风险分析

本部分侵权风险分析分为以下两种情况：

第一,由于 Z 公司所涉及的智能医疗机器人,与 Hocoma 公司的产品极其相关,因此,首先锁定 Hocoma 公司在华授权专利进行侵权风险分析。另外,针对 Hocoma 公司在华申请而未授权的专利申请,因其显示了 Hocoma 公司未来在中国进行销售的产品预期,因此也就该篇未授权专利进行了侵权潜在风险评估。

第二,针对下肢康复机器人技术,采用上述检索策略进行侵权检索,并对其中的授权有效专利进行进一步的技术分析,从中选取高相关的 1 件专利作为侵权比对的对象。

以 Hocoma 公司专利为例,具体的分析过程和分析结论如下:

1)授权专利 CN10×××××3B

①基本信息

CN10×××××3B 涉及一种用于步态训练的设备,具体的信息如表 4-13 所示。

表 4-13 CN10×××××3B 基本信息

名称	一种用于步态训练的设备	申请人/专利权人	浩康股份公司
申请号	CN201×××××98.0	申请日	20131108
公开/公告号	CN10×××××3B	公开/公告日	20171110
同族	CN10××××3A……		
权利要求			
1. 一种用于步态训练的设备,其特征在于,包括:可移动底座,所述可移动底座……,从所述可移动底座延伸出……使得所述可移动底座(11;11A、11B)相对于所述人(113)的移动方向(82)而在预定距离范围内且在预定角度范围内跟随所述人(113)……。			

②侵权比对

将 CN10×××××3B 与 Z 公司产品对比得到表 4-14。

表 4-14 CN10×××××3B 与 Z 公司产品对比分析表

CN10×××××3B 权利要求 1	Z 公司下肢康复机器人	对比结果
一种用于步态训练的设备……	用于下肢康复治疗的智能医疗机器人运动传速系统的跑台	√
臂构造……	运动悬吊系统通过立柱安装于运动传速系统上方……	√
移动检测器……	传感器系统采集下肢外骨骼机器人系统、运动传速机构的运行参数及患者的人体参数	○

续表

CN10×××××3B 权利要求1	Z公司下肢康复机器人	对比结果
控制单元……	嵌入式控制系统实现下肢外骨骼机器人系统……	×
所述预定角度范围被选择为使得所述可移动底座在所述人的移动路径之外移动，使所述人使用包含障碍物及楼梯的训练要素		×

③侵权判定

由表4-14可知，Z公司的产品未覆盖权利要求1的全部技术特征，未落入该专利的保护范围内，初步判定Z公司的产品对专利CN10×××××3B未构成侵权。

2）未授权专利CN10×××××1A

①基本信息

CN10×××××1A涉及一种用于使用者的自动行走和/或跑步机训练的设备，具体的信息如表4-15所示。

表4-15 CN10×××××1A 基本信息

名称	用于自动行走训练的设备	申请人/专利权人	浩康股份公司
申请号	CN2014×××××05.8	申请日	20140620
公开/公告号	CN10×××××1A	公开/公告日	20160309
同族	EP2815734A1……		

权利要求

1. 一种用于使用者的自动行走和/或跑步机训练的设备（1），所述设备（1）包括：框架（10；11；12）和骨盆附接件（50），……

②侵权比对

将CN10×××××1A与Z公司产品对比得到表4-16。

表4-16 CN10×××××1A 与 Z公司产品对比分析表

CN10×××××1A 权利要求1	Z公司下肢康复机器人	对比结果
一种用于使用者的自动行走和/或跑步机训练的设备（1）	用于下肢康复治疗的智能医疗机器人	√
所述设备（1）包括：框架……	运动传速系统的跑台	√

续表

CN10××××××1A 权利要求 1	Z 公司下肢康复机器人	对比结果
包括：骨盆附接件（50）……		×
其特征在于，所述骨盆附接件（50）包括移位单元……		×

③侵权判定

由表 4-16 可知，Z 公司的产品未覆盖公开文本的权利要求 1 的全部技术特征，未落入该专利公开文本所要求的保护范围内，初步判定，Z 公司的产品对专利公开文本 CN10××××××1A 不存在侵权潜在风险。

2. 外观设计侵权风险分析

（1）Z 公司产品外观设计

经与投资人沟通，Z 公司将申请号为 201×××××57.X 的外观设计应用于下肢外骨骼机器人产品上。因此，按照申请号为 201×××××57.X 请求保护的外观设计作为 Z 公司产品的外观设计。

①产品的名称：一种下肢康复外骨骼机器人。

②产品的用途：用于脑瘫、脑中风、骨折等下肢行动不便患者进行下肢康复训练。

③设计要点：主要是产品形状，立柱外形似贝壳状，四肢外骨骼包裹设计为流线型，产品符合医疗器械特点，并给人安全、稳重和科技感。

④最能表明设计要点的图片或照片：立体图。

（2）检索策略

检索数据库：CNABS；

关键词：下肢，康复，机器人，悬吊，减重，步行，旋转，重心，平衡，云，显示，嵌入，控制，传感器；

分类号（洛迦诺外观设计分类）：24-01。

（3）侵权风险分析

经检索，得到高风险专利 1 篇，CN30××××××1S，具体的分析过程和分析结论如下：

基本信息简要说明：

①本外观设计产品的名称：下肢康复训练机器人。

②本外观设计产品的用途：本外观设计产品用于医疗器械。

③本外观设计产品的设计要点：产品的形状。

④最能表明本外观设计设计要点的图片或照片：立体图（见表 4 – 17）。

表 4 – 17　CN30××××××1S 与 Z 公司外观设计对比分析表

名称	下肢康复训练机器人	申请人/专利权人	上海 J 机器人有限公司
申请号	CN2013×××××27.8	申请日	20130325
公开/公告号	CN30××××××1S	公开/公告日	20130724
同族		无	
图片或照片			

将 Z 公司产品的外观设计与 CN30××××××1S 进行比对可知，两者属于相同种类的产品，均为下肢康复机器人。进一步地，通过对设计空间的分析，可以确定对外观设计整体视觉效果更具有影响的设计内容具有明显差异，从而可以判断两者形态不构成相同或者近似的外观设计，因此，未落入 CN30××××××1S 的保护范围，初步判定 Z 公司的产品外观对专利 CN30×××××1S 未构成侵权。

3. Z 公司技术侵权风险评价结果

根据以上两部分对 Z 公司的下肢康复机器人产品侵权风险进行评估，得到以下结论：

第一部分为产品所涉及的技术是否存在侵权风险。选取高产品相关度的厂家 Hocoma 在中国授权和公开专利进行侵权风险分析，同时选取高技术相关度的中国授权专利进行侵权风险分析，最终，得出 Z 公司产品与上述 3 篇专利相比侵权风险较低的结论。

第二部分为产品所涉及的外观是否存在侵权风险。通过检索获得一篇高相关外观设计授权专利，通过侵权比对，初步判断侵权风险较低。

4.3 案例 1 解析

应用案例 1 属于以投资并购对象评估为目标的企业经营类专利导航,遵循《专利导航指南 第 1 部分:总则》(GB/T 39551.1—2020)和《专利导航指南 第 4 部分:企业经营》(GB/T 39551.4—2020)的基本要求,以专利数据为基础,综合运用多种数据资源,与产业、市场和政策等信息进行关联分析,同时遵循标准中对以投资并购对象评估为目标的专利导航的基本要求,结合多维度产业经济数据,对拟投资并购对象进行技术创新实力和专利侵权风险的评估,帮助投资者更好地了解投资并购对象的技术实力和专利现状,并及时发现潜在的法律风险及可能带来的隐形法律成本,从而为投资并购决策提供可靠建议。

以下根据标准条文,对应用案例 1 项目实施的基础条件、项目启动、项目实施、质量控制、成果产出、成果运用及绩效评价等几个方面进行简要解析。

4.3.1 基础条件解析

专利导航项目实施的基础条件包括信息资源及人力资源。根据标准要求,实施以投资并购对象评估为目标的企业经营类专利导航,应当具备的信息资源首先包括《专利导航指南 第 1 部分:总则》(GB/T 39551.1—2020)中对信息资源的基本要求:世界知识产权组织规定的专利合作条约(PCT)最低文献量专利数据资源及相应的检索工具;与专利导航需求密切相关的产业、科技、教育、经济、法律、政策、标准等信息资源;与专利导航需求密切相关的企业、高等学校和科研组织等信息资源。除此之外,信息资源还宜包括企业信息、信用、舆情、金融活动等信息。在对人力资源的要求中,《专利导航指南 第 1 部分:总则》(GB/T 39551.1—2020)提出组织开展和具体实施专利导航工作宜由专业人员负责项目管理、信息采集、数据处理、导航分析和质量控制等工作,实施企业经营类专利导航的人力资源条件除满足总则的规定外,在实施以投资并购对象评估为目标的专利导航和以企业产品开发为目标的专利导航时,专利导航分析人员还宜满足具备 3 年以上专利权利稳定性和专利侵权风险分析的实务经验。

本案例在基础条件准备阶段,我们注重从多种具备较强公信力的渠道汇总企业信息,并重点关注专利数据的基本情况。主要采集的内容包括:

1)Z 公司所属行业的专利相关数据,产业和技术发展的政策信息和市场信息等。

2）Z 公司自身背景情况、主营产品、核心竞争对手、技术竞争力、研发团队等。

3）Z 公司行业内竞争对手的产品信息和专利数据等。

同时，由于本案例实施过程中还涉及专利侵权风险和权利稳定性分析，因此案例实施时配备了 2 名具有 8 年审查经验以及 3 名具有 4 年服务企业专利权利稳定性和专利侵权风险分析经验的专利导航分析人员，以保证充足的企业信息支撑和专利分析的准确性。

4.3.2　项目启动解析

以投资并购对象评估为目标的企业经营类专利导航项目实施对项目启动的要求与《专利导航指南　第 1 部分：总则》（GB/T 39551.1—2020）的要求一致，包括确定项目负责人、需求分析、组建项目团队和制定实施方案等内容。首先，根据项目的目标、复杂程度、实施特点等因素，确定项目负责人；之后，以资料调研等方式收集项目需求素材并进行甄别、提炼、分析，形成明确的专利导航项目需求分析报告；项目负责人根据需求分析报告组建项目团队，明确项目团队组织模式和任务分工等；制定项目实施方案，包括项目进度计划、人员分工计划、成本管理计划、质量控制计划、风险控制计划等。

在本案例实施的项目启动阶段，选定了长期从事专利导航、先后主持过数十项企业经营及研发活动类专利导航研究项目的高级专利咨询师作为项目负责人。对于科技型企业而言，其披露的专利数量、质量和技术前景，与其企业未来经营水平有着密切联系。项目负责人在明确了本项目是以对拟投资企业评估为目标后，提出需要有重点、有层次、有深度地披露出 Z 公司所处的专利环境，客观评价 Z 公司的创新能力和竞争力，揭示 Z 公司可能存在的专利风险，从源头防止技术的盲目引进、重复研发，避免投资并购过程中的技术风险和侵权风险，提高投资者科学决策水平和资金使用效益，由此形成了明确的专利导航项目需求分析报告。

根据项目需求分析报告，本案例特别遴选了具有人工智能和机器人相关专业背景或工作背景的 3 名专利咨询师作为信息采集人员，负责 Z 公司所在技术领域专利信息、经济信息等数据采集工作；1 名专利咨询师作为数据处理人员，负责数据清洗和标引；2 名兼具企业收并购实操经验和专利导航分析经验的高级专利咨询师作为专利导航分析人员，负责 Z 公司及其所在技术领域的专利信息分析；配备 2 名具有 8 年审查经验以及 3 名具有 4 年服务企业专利权利稳定性和专利侵权风险分析经验的专利分析人员；1名高级专利咨询师作为质量控制人员。团队组建完毕后，项目负责人制订了具体的实施计划，明确了项目时间安排和人员分工，并制订了项目组内的质量控制和风险控制计划。表4-18为Z公司投资并购评估专利导航项目实施计划表。

表4-18　Z公司专利评估专利导航项目实施计划表

序号	工作内容		时间安排
1	Z公司背景信息采集		1周
2	专利数据采集		2周
3	专利导航分析	Z公司所属领域分析	领域整体专利分析	1周
4			竞争对手专利分析	1周
5		Z公司专利权分析		1周
6		评价Z公司技术	Z公司技术先进性	1周
7			Z公司技术侵权风险	1周

在完成专利导航实施的基础条件准备和项目启动后，以投资并购对象评估为目标的企业经营类专利导航正式进入项目实施阶段。

4.3.3　项目实施解析

4.3.3.1　明确项目需求

以投资并购对象评估为目标的企业经营类专利导航项目的实施，根据标准要求，需要在专利导航分析前明确投资并购备选对象，针对备选对象所属产业和技术领域，调研产业和技术发展的基本情况，了解投资并购备选对象所处发展阶段等信息。

在进行投资资金较多或对经济社会发展影响重大的涉及知识产权的经济活动之前，先进行企业经营类专利导航分析，客观评价拟投资对象的创新实力和专利风险，能够有效保障投资者资金的合理投资和使用效益。在本案例实施过程中，经过与投资者的多次会议交流，明确拟投资的对象为Z公司，该公司属于人工智能机器人领域的新兴高科技公司，其自主研发出了一款新型下肢康复外骨骼机器人产品，并已申请一批专利进行成果保护，目前均处于审查状态，希望通过实施以投资并购对象评估为目标的企业经营类专利导航分析工作，为投资Z公司下肢康复机器人项目提供切实可靠的参考建议。

4.3.3.2 项目实施过程解析

实施以投资并购对象评估为目标的企业经营类专利导航分析，根据标准要求，首先检索投资并购对象的背景信息，主要包括投资并购对象的发展历程、人员规模、发展阶段、被投资或并购历史、主营产品的种类及市场占有率、营收状况，投资并购对象的主要竞争对手相关信息，以及投资并购对象核心研发人员的相关信息；其次，检索投资并购对象及其主要竞争对手的专利信息、相关技术领域的专利信息等；重点核查投资并购对象的专利权归属、专利权期限、专利权的法律状态、专利运用、专利涉诉等情况；筛选投资并购对象的主营产品或技术对应的较高技术水平的专利或专利申请，评价其专利的权利稳定性或专利申请的授权前景，专利（或专利组合）对核心技术方案的保护程度；评价投资并购对象的技术先进性和技术可替代性，可与现有技术进行对比分析；评价投资并购对象的相关专利或专利申请所使用的技术方案的侵权风险。

本案例实施中，首先对拟投资对象 Z 公司及其技术领域内的主要竞争主体背景信息进行全面调研，收集 Z 公司的发展历程、核心成员、主营产品等信息，并重点通过市场舆情信息了解 Z 公司在行业中的口碑地位和发展前景，增加后续对 Z 公司产品技术评估的准确性。同时，将 Z 公司的发展规模、主营产品与领域内的主要竞争主体进行对比，全面了解 Z 公司产品优劣势及行业竞争情况。

在进行专利信息检索时，首先检索出企业在全球范围内公开的全部专利信息，充分收集归纳下肢康复机器人领域关键词、分类号等不同表达方式。在进行检索策略的制定时，拓展相关检索要素，包括从技术问题和技术效果的角度进行拓展，针对"康复"这一技术要素进行关键词拓展，关键词包括"康健""恢复""病愈""痊愈"等词语，同时也从问题的角度进行拓展，包括"生病""恶化""损伤"等，不断提高数据精准性，并支撑多维度的专利信息分析。

针对 Z 公司现有专利申请，动态有效地核查专利的权属、期限、法律和运营等基本情况，避免出现因专利基本信息核查不及时导致投资并购失败的情况发生。由于目前 Z 公司所申请的全部专利均处于审中状态，因此在该案例中选择对 Z 公司涉及下肢康复机器人关键结构布局的专利申请进行授权前景评价，基于现有的权利要求，提炼关键词的中英文、相似相反等不同表达方式，开展专利文献检索，并根据检索出的对比文件，初步判断 Z 公司主营产品对应的较高技术水平的专利申请授权前景明朗。

在对 Z 公司技术先进性进行分析时，通过对 Z 公司产品的分解，将分解后的基本模块与对标企业的专利进行比对，认为 Z 公司的产品性能较为综合，能够更多与新技术不断融合，但在一些重要模块上与国际先进公司产品存在一定差距，不过与国内企业相比，Z公司的产品技术无论在结构还是控制方面都具有先进性。

最后，对Z公司的专利进行侵权风险评估，该环节也是投资并购前需要特别关注的核心环节，在本案例实施过程中，根据Z公司所在市场和产品特点，分别从产品涉及的技术和外观两个角度进行侵权风险分析，选择与Z公司主营产品高度相关的公司Hocoma在中国授权和公开的专利进行针对产品技术的侵权风险分析，同时选取高技术相关度的中国授权专利进行侵权风险分析，初步判断侵权风险较低。另外，对于Z公司产品的外观设计专利，通过检索获得一篇高相关外观设计授权专利，经过侵权比对，同样初步判断侵权风险较低。

基于以上分析，我们可以得出结论，全球对于下肢康复机器人领域暂未形成垄断，且国内蓝海市场特征明显，Z公司产品符合技术发展潮流，综合性能具有一定的竞争力，拥有相对稳定的核心研发团队，产品得到了较好的专利保护，专利申请授权前景明朗，而且产品侵权风险较低。

4.3.4　质量控制解析

针对以投资并购对象评估为目标的企业经营类专利导航的质量控制，要求满足《专利导航指南　第1部分：总则》（GB/T 39551.1—2020）中关于质量控制的规定：①在信息采集阶段，要确保数据来源的可靠性、时效性、全面性和准确性；②在数据处理阶段，要确保数据去重去噪的准确率、格式的规范性、数据标引与项目需求有效关联；③在专利导航分析阶段，要确保分析模型的有效性、分析方法的恰当性以及分析结论的可靠性。

本案例在实施中，项目组充分考虑Z公司所在行业、市场以及技术特点，制定评价指标并及时审视操作过程和实际结论是否满足对Z公司评估的实际要求、是否具有可操作性，并在发现偏差时及时提出修改建议并进行纠正。

1）保证结论的可信性和匹配性。背景信息从Z公司官网、行业协会、竞争对手公司官网等所展示的最新数据中获得，专利信息采集以最新官方数据为基础，数据来源经过严格筛选和相互验证，对数据进行高质量的整合和清洗，基于可靠数据进行多维度的满足对Z公司评估需求的导航分析，从而得出具有可信性和匹配性的决策建议。

2）保证结论的客观性和谨慎性。每一项指标均综合考虑产业背景和专利数据，客观可信，合理运用各项分析指标，做到内容真实严谨、数字准确、资料可靠，准确反映Z公司的实际情况。

4.3.5 成果产出解析

以投资并购对象评估为目标的企业经营类专利导航的成果产出标准与《专利导航指南 第1部分：总则》（GB/T 39551.1—2020）成果产出内容相一致，包括专利导航分析报告和数据集。根据标准要求，专利导航分析报告需要包括项目需求分析、信息采集范围及策略、数据处理过程与方法、专利导航分析模型和分析过程、结论和建议；数据集包括规范的数据信息和专利导航分析中形成的其他相关数据信息。总则中对成果产出质量控制的要求是要确保整体研究的系统性、分析方法的科学性、成果呈现的规范性。

在本案例的成果产出阶段，首先确认了专利导航分析报告严格包含标准要求的内容，以及评估建议可以满足对Z公司投资并购的决策需求。其次，按规范要求准备了该技术领域的专利导航数据集和经过加工处理的Z公司专利清单，保证了专利导航分析成果的准确性、成果交付的及时性和有效性。最后，根据实际需求，提炼总结专利导航分析报告的主要内容和结论，形成《Z公司投资并购考察报告》，提交给投资者领导层，强化了专利导航成果应用。

4.3.6 成果运用及绩效评价解析

以投资并购对象评估为目标的企业经营类专利导航的成果运用标准与《专利导航指南 第1部分：总则》（GB/T 39551.1—2020）成果运用内容相一致，应建立专利导航成果运用工作机制并采用多种途径应用专利导航的决策建议。专利导航成果运用工作机制宜包括以下内容：建立成果运用的相关规定和工作流程，确定责任部门、参与单位；制定成果运用的组织实施方案；对成果运用的实际效果进行评价和跟踪。采用多种途径应用专利导航的决策建议则包括嵌入企业经营的全过程管理，例如在企业战略制定实施、投资并购、上市、技术创新、产品开发等活动中以内部文件或合同等形式对决策建议予以固化。对于绩效评价部分的标准要求也与《专利导航指南 第1部分：总则》（GB/T 39551.1—2020）绩效评价内容相一致，由专利导航成果需求方也就是企业作为评价的主体，采取以关键绩效指标为核心的目标管理评价方法，对项目成果的采用程度、经济效益和社会效益进行评价。

在本案例的成果运用阶段，基于项目实施阶段对Z公司的技术创新实力和专利侵权风险的评估，该政府更好地掌握了Z公司的技术实力和专利现状，判断出Z公司作为国内人工智能和服务机器人领域的新兴高科技公司技术先进性较强且专利较为稳定，为后续的投资决策起到了决定性的参考作用。同时，人工智能和服务机器人领域行业前景明朗，综合该地发展规划的实际需求，该政府认为 Z 公司非常适合作为投资并购对象，最后成功投资 Z 公司。

在本案例的绩效评价阶段，该政府在成功投资 Z 公司后，一直持续关注 Z 公司的创新水平、竞争实力和经营收入等情况，并定期形成绩效评价报告，实现了专利导航成果的动态监测和有效评价。更重要的是，从政府角度积极引导 Z 公司发挥创新优势，通过给予 Z 公司研发资金补助、创新成果转化和产业化的扶持等政策鼓励 Z 公司发展，实现了专利导航成果与企业成果转化的有机结合。

4.4 应用案例 2——以企业产品开发为目标的专利导航

4.4.1 案例简介

为了方便介绍并突出研究基本思路线索，避免涉及太具体的企业技术或专利信息，案例涉及的企业名称被命名为 A 公司，并对原始案例研究报告的内容进行了大幅度简化和必要的信息加工。A 公司作为国内半导体显示行业的龙头企业，产业技术链条较长，产品覆盖度广泛，聚焦中小尺寸的 LCD、OLED 屏幕的研发、生产、制造和销售，早已形成自主可控的完整布局，产品广泛应用于手机和车载显示领域，多年来坚持创新驱动，持续加大研发投入，加强前瞻性技术布局与产品技术开发，通过技术创新实现产品领先，在 LTPS、AMOLED、柔性显示等方面已取得诸多技术成果，市场竞争地位较高，专利申请总量较大。本案例是以 A 公司开发半导体显示相关产品为目标实施的专利导航项目，阐述该应用场景下专利导航步骤与方法的实际操作过程。

本研究案例的整体思路是以企业现有基础为出发点，以专利技术为突破口，通过与产业、市场和政策等信息的关联分析，充分研究领域内各产品生产所需技术，基于企业目前已经掌握的产品技术，提出可作为企业重点突破开发的产品及开发相关重点产品所需的关键技术。根据企业所在技术领域实际特点使用多种分析手段对相关技术开展分析，包括但不限于技术发展趋势、技术生命周期、技术升级路线等不同手段，为企业产品开发方向、技术研发路径及风险规避提供建议，从专利角度出发结合市场等背景信息为企业产品开发所形成的技术专利布局阐明方向。

需要特别说明的是,本案例仅为专利导航探索研究所用,各种数据及其排名不代表本书研究组立场。

4.4.2 案例成果

4.4.2.1 A公司所在行业环境及市场需求

显示行业融合了光电子、微电子、化学、制造装备、半导体工程和材料等多个学科,具有投资大、技术迭代快、产业链长、多领域交叉等特点,对上下游产业的拉动作用明显。依托材料技术的发展,显示技术也从最初的阴极射线管显示技术(CRT)发展到平板显示技术(FPD),平板显示更是延伸出了等离子显示(PDP)、液晶显示(LCD)、有机发光二极管显示(OLED)等多条技术路线,各种显示屏幕在众多消费电子产品上得到了十分广泛的应用,已成为人们生活不可或缺的重要元素。2021年,全球显示产业产值超过1.6万亿元,其中显示器件产值1万亿元,显示材料产值和设备产值分别超过5600亿元和890亿元。以薄膜晶体管液晶显示(TFT-LCD)为代表的LCD技术已处于成熟应用阶段,在显示领域占领着绝对的市场份额。图4-38为全球LCD显示面板产值统计情况。

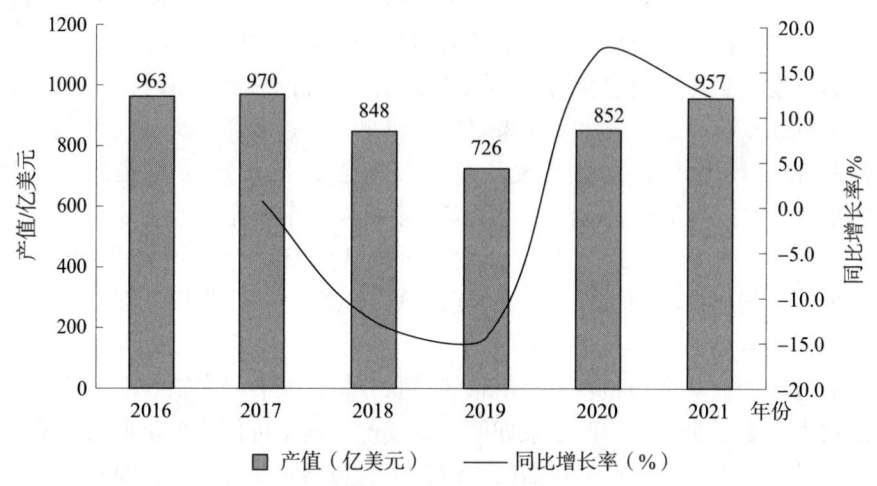

图4-38 全球LCD显示面板产值统计

自2009年起,我国政府陆续发布了包括《电子信息产业调整振兴规划》、《电子信息制造业"十二五"发展规划》、《2014—2016年新型显示产业创新发展行动计划》、《"十三五"国家战略性新兴产业发展规划》及《超高清视频产业发展行动计划（2019—2022 年）》等多项政策支持国内显示行业的发展。2021 年，我国显示行业产值约 5868 亿元，显示器件出货面积约 16058 万平方米，产值规模与显示器件出货面积在全球市场的占比分别提升到了 36.9% 和 63.3%，成为全球第一。

随着显示技术加速迭代，创新产品不断涌现，除液晶显示技术外，各种新型显示产品加速落地应用，如高世代 OLED、AMOLED、Mini LED、Micro LED、QD OLED 等。2022 年，能实现规模化量产的仅 OLED 显示技术，而 Mini LED、Micro LED、QD OLED 等新型显示技术的技术攻克均尚处于持续研发阶段，新型显示技术产品应用场景尚在不断拓展中。

我国十分重视新型显示产品的规模化应用，工业和信息化部、国家发改委于 2016 年 12 月印发的《信息产业发展指南》中，将"拓展新型显示器件规模应用领域，实现液晶显示器超高分辨率产品规模化生产"作为发展重点之一；2018 年，国家统计局将显示器件制造（行业代码 3974）纳入战略性新兴行业。在应用领域方面，2018 年，国家出台了《扩大和升级信息消费三年行动计划（2018—2020 年）》支持加快新型显示产品发展，支持企业加大技术创新投入，突破新型背板、超高清、柔性面板等量产技术；2019 年，国家出台了《超高清视频产业发展行动计划（2019—2022 年）》，按照"4K 先行、兼顾 8K"的总体技术路线，大力推进超高清视频产业发展和相关领域的应用。

根据 CODA 液晶分会数据，2021 年全球新型显示行业产值突破 2500 亿美元，同比增长 16%，营业利润率达 10% 以上。图 4-39 为中国新型显示产业规模统计情况，我国新型显示产业保持高速增长，2017—2021 年新型显示产业规模从 2758 亿元增长至 5868 亿元，复合年均增长率达 20.77%，2021 年显示面板年产能达到 2 亿平方米，有力支撑智能手机、电视、显示器、笔记本电脑、平板电脑等领域应用。我国新型显示产业已进入快速发展期，实现了从并跑到领跑的跨越式发展，并持续推动着我国新型显示产业向价值链的中高端迈进。

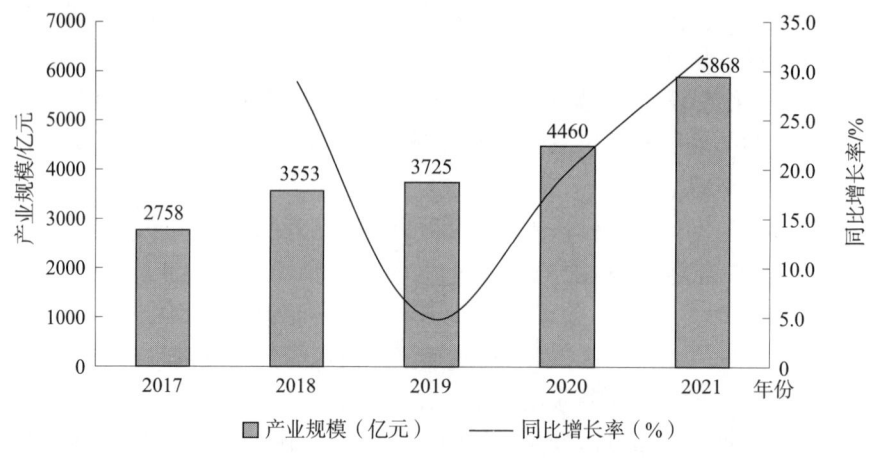

图 4-39 中国新型显示产业规模统计

4.4.2.2 A 公司发展现状及主要产品

A 公司是一家集液晶显示器的研发、设计、生产、销售和服务为一体的大型上市公司，旗下子公司与营销网络遍布全球，相关产品广泛应用于移动电话、车载显示、仪器仪表、家用电器等领域，图 4-40 为 A 公司主要产品。经过三十多年的发展，在技术水平、产品质量、产品档次及市场占有率等方面均居同行业前列，是目前国内中小尺寸显示领域的领军企业。A 公司在前瞻性技术和先进应用技术布局方面持续深耕，目前已自主掌握诸多国际先进、国内领先的新技术。

手机应用

数码相框/便携DVD应用

数码相机/摄像机应用

平板电脑应用

智能穿戴应用

工业显示应用

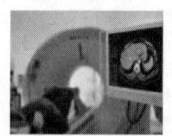
医疗显示应用

车载显示应用

图 4-40 A 公司主要产品

A公司积极把握市场增长机会，持续加大资源投入，深耕利基市场，深入推进产品结构升级，优化业务组合，不断提升高附加值产品占比。公司各成熟产线保持满产满销，a-Si业务持续提升效率与效益；LTPS业务在保持智能手机业务领先的同时，发力拓展笔记本电脑、平板电脑及车载显示业务，成长迅速；AMOLED柔性手机显示模组产品技术能力持续提升，出货量和销售额大幅增加，穿戴业务快速增长，市场和行业地位进一步提升。据A公司2022年年度营收报告显示，公司2021年实现营业总收入逾300亿元，达到历史最高水平。

A公司坚持以开放的国际视野和战略思维，凭借自身雄厚的技术实力，在中国多个城市和日本先后建有产业基地，并在德国、美国等全球多个国家设立了营销网络和技术支持平台，为全球近千家中高端客户定制全方位的显示解决方案，得到全球客户的广泛认可。目前，A公司已形成从无源、a-Si TFT-LCD、LTPS TFT-LCD到AMOLED的中小尺寸全领域主流显示技术布局，拥有多条TFT-LCD产线、AMOLED产线和TN、STN产线。除了主业涉及的LTPS TFT-LCD、AMOLED技术外，A公司近年来在Mini/Micro LED等新型显示技术上也开始投入研发，目前主要面向车载和中尺寸（平板电脑、笔记本电脑）显示领域，并持续积极关注全球技术的发展。

4.4.2.3　A公司技术领域分解

现代显示技术主要分为阴极射线管（CRT）和平板显示技术。CRT显示器体积大，能耗、辐射较高，画面显示存在闪烁现象。随着材料技术的发展，CRT显示不断减少，当前平板显示技术已取代CRT成为全球主流的显示技术。根据技术特点划分，如图4-41所示，平板显示技术主要包括液晶显示（LCD）、发光二极管显示（LED）、有机电致发光显示（OLED）。

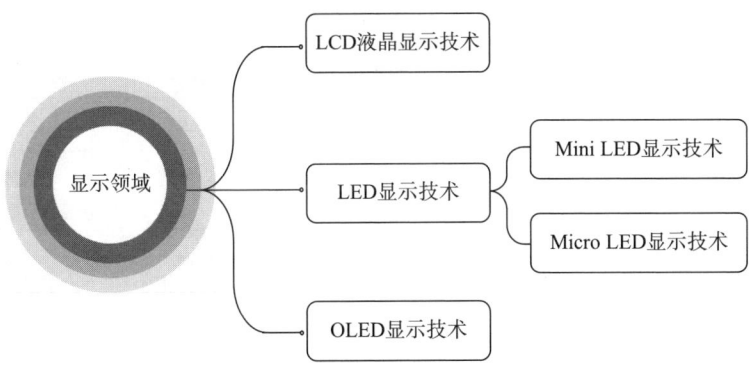

图4-41　主流显示技术分类

LCD 液晶显示技术是目前使用最广泛的显示技术之一，LCD 显示面板成本较低，具有轻薄、省电、高清等特点。

LED 显示技术严格来说也是 LCD 液晶显示器的一种，LED（Light Emitting Diodes）即"发光二极管"，LED 显示器是通过 LED 发光二极管来提供背光源，具有更高的对比度和更低的能耗。随着近年来超高清视频、沉浸式交互、万物互联互通等应用场景的突起，Mini/Micro LED 应运而生，通过缩小 LED 灯珠尺寸，使面板在保持面积不变的情况下可以容纳更多的灯珠数量，形成高密度集成的 LED 阵列，具有节能、轻薄化、宽色域、超高对比度和精细动态分区等多重优势，被认为是未来显示技术的趋势之一。

OLED（Organic Light - Emitting Diode）即"有机电致发光显示"，是一种利用多层有机薄膜结构产生电致发光的器件，当向它施加电流时，会发出明亮的光，在显示效果、响应速度、轻薄型等方面都具备明显的优势，应用于智能手机、电视、笔记本电脑、智能穿戴设备、车载显示等领域。

对比主流显示技术性能参数（见表 4 - 19）可以发现，Mini LED 芯片颗粒更小、显示效果更加细腻、亮度更高，同时比 OLED 更省电，而且支持精确调光，避免了普通 LED 背光不匀的问题。同时，Mini LED 的制造技术难度介于传统 LCD 与 Micro LED 之间，并且相比 Micro LED 而言，无须克服巨量转移的技术门槛，生产难度相对较低。与普通背光液晶显示相比，Mini LED 具有背光发光区域可控、亮度大幅提升、对比度更高、色域更宽等诸多优势。与 OLED 显示相比，Mini LED 背光显示在亮度、PPI、响应速度等方面占优，在使用功耗、HDR 效果、制程方面不足，但性价比更高是 Mini LED 重要的竞争优势，这使得 Mini LED 成为下一代显示技术的发展方向。

表 4 - 19　主流显示技术性能参数对比

参数	传统 LCD	Mini LED	Micro LED	OLED
对比度	5000∶1	∞	∞	∞
最大亮度	大	大	大	小
背光源	需要	自发光	自发光	自发光
厚度	厚	薄	较薄	薄
响应速度	大于 4ms	纳秒级	纳秒级	小于 0.001ms
寿命	较长	长	长	较短

续表

参数	传统 LCD	Mini LED	Micro LED	OLED
成本	低	较高	高	中等
功耗	高	较低	极低	低
量产进度	已量产	初步量产	研究阶段	已量产
产业成熟度	高	较低	低	中等

通过对显示领域及其主流产品进行专利数据检索，如图4-42所示可以看出，近年来全球显示产业规模不断扩大，整体专利申请持续走高，尽管受下游需求不振和行业周期下行等因素影响，全球显示产业仍然表现出较强的产业韧性和创新活跃度。从细分产品来看，LCD液晶显示技术发展已久，专利申请量积累较多，近年来创新产出速度逐渐趋于平稳。OLED显示技术目前处于稳步发展阶段，年专利申请量已超2000项，技术成熟度逐渐提高。相比之下，Mini LED显示技术的专利申请集中在近几年，处于初步发展阶段，技术创新活跃度高，已成为各国申请人争相布局的焦点。

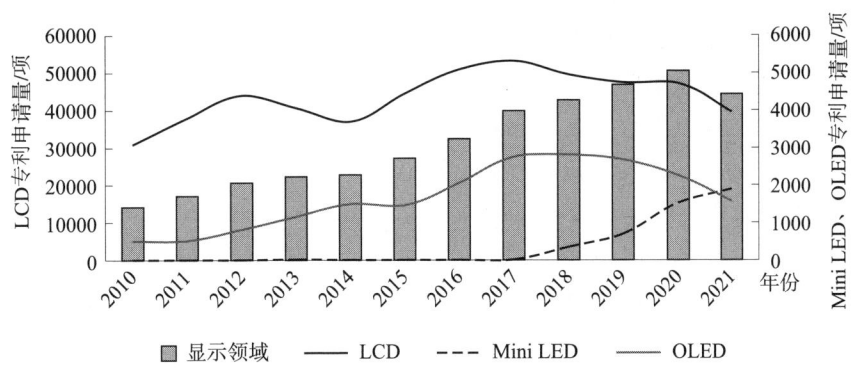

图4-42　2010—2021年显示领域及主流产品专利申请趋势

Mini LED被视为Micro LED的过渡期产品，是传统LED背光基础上的改良版本。与Micro LED相比，Mini LED的良率较高，成本较低，在量产方面具有明显优势。Mini LED是液晶显示技术的重要创新方向，大厂引领终端市场创新热潮，手机、汽车、VR等热门领域或将大量应用Mini LED技术。

4.4.2.4　A公司可重点开发的产品方向

Mini LED显示产品在2021年迎来商业化元年，产品年整体出货量约有1000万台，相比2020年10万台的整体出货量，有两个数量级的增长。根据

Arizton 数据显示,如图 4-43 所示,全球 Mini LED 市场规模将由 2021 年的 1.5 亿美元增长至 2024 年的 23.2 亿美元,2021—2024 年年均复合增长率为 149.2%。

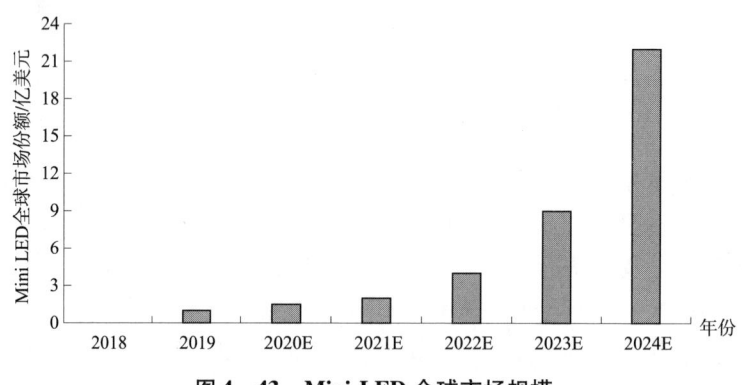

图 4-43　Mini LED 全球市场规模

同时 Arizton 数据显示,国内 Mini LED 市场规模将由 2019 年的 16 亿元增长至 2026 年的 400 亿元,2019—2026 年复合年均增长率为 58.4%。近年来,国内厂商如京东方、华星光电、三安光电等企业积极布局 Mini LED 这一新兴领域,或产生产业集群效应,使国内厂商在与外商的竞争中处于更有利地位,从增长的市场规模中获取更多份额。

苹果作为全球最具创新能力的消费电子厂商,一直积极探索 Mini LED 和 Micro LED 技术,并于 2019 年 6 月发布基于 Mini LED 的 6K 显示器 Pro Display XDR。Pro Display XDR 的发布激励了全球各厂家对 Mini LED 背光显示器加大研发投入,推动了 Mini LED 产品量产的加速落地。此后,苹果在 2021 年又陆续发布了搭载 Mini LED 背光显示屏的新款 12.9 英寸 iPad Pro 和新款 MacBook Pro。

巨头开路下,Mini LED 赛道变得热闹非凡,头部厂商相继推出 Mini LED 新品抢占中高端市场。三星、LG、TCL、小米等厂商在 2020 年、2021 年先后推出运用 Mini LED 技术的电视产品。三星及 LG 用 Mini LED 去重新定义中高端市场,与 OLED 电视展开竞争。同时中国品牌成为 Mini LED 电视更可观的驱动力,以更高的性价比来抢占市场份额。

由此来看,Mini LED 显示技术兼具了 LCD 和 OLED 的优势,具有更高的峰值亮度、更好的色彩表现,同时成本、寿命还要优于 OLED,满足了在 TV、Monitor、笔记本电脑、平板电脑、车载显示及 VR 智能穿戴设备等消费电子、IT 产品中有广泛的应用场景和需求,各大终端厂商均纷纷不遗余力地布局

Mini LED 产品。有相关数据显示，2021 年，全球 Mini LED 背光芯片产值规模 1.64 亿美元，到 2025 年，有望增长至 13.89 亿美元。由此也反映出，Mini LED 作为 LCD 产业的突破口，是传统 LCD 显示重要的技术升级高潜赛道，已成为 LED 产业下一个增长点。

A 公司凭借多年深耕显示领域的经验基础，近年来也早已投入 Micro LED 的研发浪潮，更是积极布局 Mini LED 显示技术，公司自主创新开发的 LTPS AM Mini LED HDR 液晶显示产品已在 2019 年 SID 年会展上展出。图 4-44 为 A 公司 Mini LED 相关专利申请情况，A 公司在 2013 年后开始持续、稳定地有 Mini LED 领域的相关专利产出。经过近年的技术沉淀，A 公司旗下多家子公司纷纷开始有新的技术突破。而随着第一轮技术成果得到了有效保护，A 公司在 2019 年后的专利申请形势有所放缓，相关技术有望迈入新的发展周期。

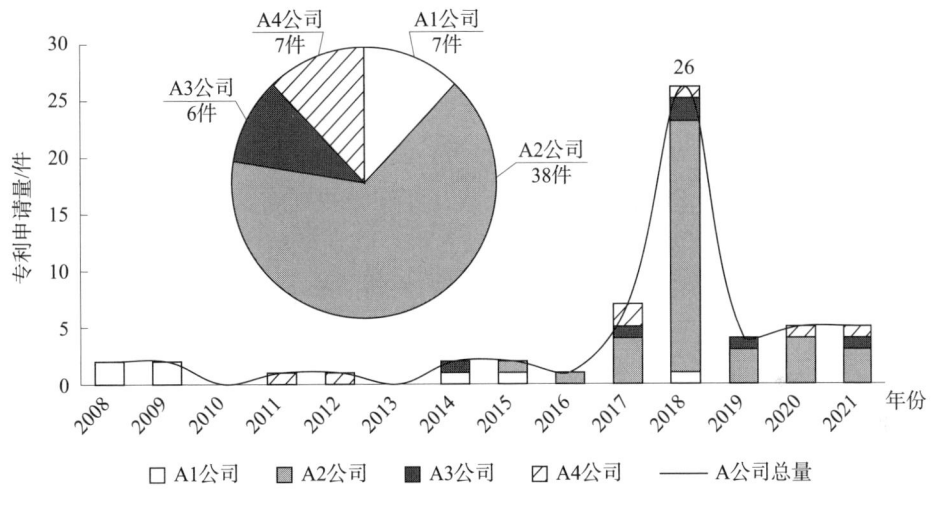

图 4-44　A 公司 Mini LED 相关专利申请情况

同时，从图 4-45 反映出的 A 公司在 Mini LED 技术领域现有的全球化技术布局来看，主要在中、美、日、德四个国家进行了专利布局。其中，A 公司在本土布局专利最多，达 57 件。美国作为 Mini LED 领域较为重要的目标市场国，也是 A 公司进行专利布局和市场开拓的重点地区，A 公司共通过 PCT 途径布局了 7 件专利并在该国推出了一系列产品。日本是 Mini LED 领域发展的先驱国家之一，相关技术一直处于世界领先地位，因此 A 公司对日本显示领域的技术发展尤为关注，通过设立分公司的方式共在日本布局了 4 件专利，积极构建自身专利壁垒。

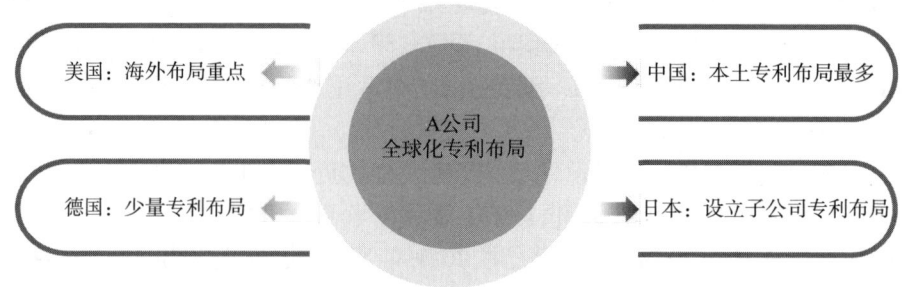

图 4-45　A 公司 Mini LED 技术全球化专利布局情况

综上分析，Mini LED 显示技术兼具了 LCD 和 OLED 的优势。对比普通 LED，Mini LED 可分区调光实现更高的峰值亮度、更好的色彩表现；对比 OLED，Mini LED 几乎不受面板制约，且寿命更长，无烧屏问题。成本上，Mini LED 背光零部件持续降价，其制造成本低于 WOLED 与 QDOLED。需求上，Mini LED 背光产品的应用场景逐步丰富。电视端、车载端、电脑端齐发力，高端化趋势下，应用版图将不断扩大。2021 年全球 Mini LED 已经迈入商用元年，我国 Mini LED 市场有望在未来几年迎来快速增长期，具有广阔的国内、国际市场前景。因此，A 公司可以把 Mini LED 显示产品作为当前 LCD 显示器的升级换代产品进行重点开发，积极取得新的技术突破，抢占高端市场。

4.4.2.5　A 公司开发产品所需的技术

结合 Mini LED 的应用场景来看，以局域调光（Local Dimming）为特色的 Mini LED 背光技术成为各面板厂商的重点发力区域，率先在 LED 显示领域掀起应用大潮。

背光源主要由光源、多层背光材料及支撑框架组成，具有亮度高、寿命长、发光均匀等特点。Mini LED 背光显示采用数十微米级的 LED 晶体制作的背光模组，形成高密度集成的 LED 阵列，通过独立控制每个 LED 灯珠的亮度，实现更精细的局部调光和高动态范围显示，提供更出色的画质和更高的色彩准确性。

Mini LED 采用直下式背光方式，可以看作普通 LCD 屏幕的升级版，将传统 LED 背光灯珠缩小，从而实现更为精细、密集的背光分区，配合区域调光（Local Dimming）的控制，提高亮度以及对比度，提升视觉感观体验。图 4-46 所示对开发直下式 Mini LED 显示产品背光源所需的关键技术进行分解，从制备背光源的结构和工艺角度，关键技术升级方向可以包括光转换层、LED 光源、LED封装方式、匀光膜材以及驱动架构。

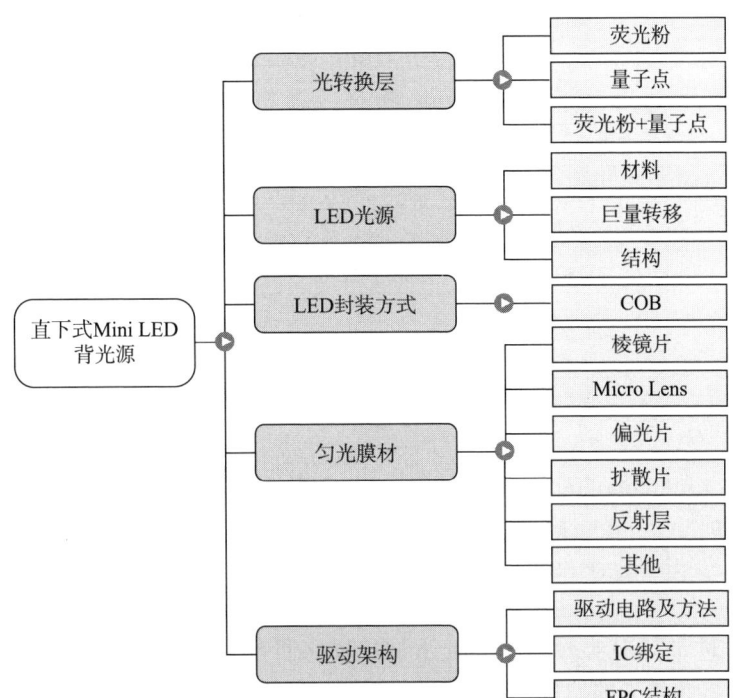

图4-46　直下式Mini LED背光源技术分解表

A公司在国内Mini LED显示领域起步较早，近年来一直致力于Mini LED领域的前沿技术探索，成果频出，目前已经在部分领域达到了国内乃至全球的技术先进水平。从表4-20所示的A公司目前在Mini LED领域的细分技术布局来看，光转换层和驱动架构是目前发展较好的技术方向，专利成果产出较多且发明占比高。相较而言，A公司目前在LED封装方式方向暂无专利产出，尚处于技术积累阶段。具体来看，A公司在驱动电路及方法、量子点和荧光粉方向均有超10件专利，说明A公司已拥有较为坚实的前沿技术基础。而在结构、Micro Lens和其他匀光膜材方向尚处于积极研发阶段，专利申请量较少，但现有成果均为有效/审中状态的发明专利，侧面体现出已有成果的高价值性；LED封装方式是A公司关注度较高的方向之一，目前正在对该方向进行技术攻关与探索。

表4-20 A公司的Mini LED技术专利布局结构

二级分支	三级分支	总申请量/件	有效/审中专利量/件	发明专利量/件
光转换层	荧光粉	10	10	10
光转换层	量子点	12	10	10
光转换层	荧光粉+量子点	3	2	3
LED光源	巨量转移	4	4	4
LED光源	结构	1	1	1
匀光膜材	棱镜片	3	3	3
匀光膜材	Micro Lens	1	1	1
匀光膜材	扩散片	2	2	2
匀光膜材	反射层	2	2	2
匀光膜材	其他匀光膜材	1	1	1
驱动架构	驱动电路及方法	12	11	12
驱动架构	IC绑定	2	1	1
驱动架构	FPC结构	8	6	6

国内Mini LED显示技术尚处于初步发展阶段，A公司在该领域内综合实力较强，具备领先的研发团队和充足的资金保障，且目前已在Mini LED显示领域有技术成果产出，专利申请在国内布局较早，因此建议A公司首先考虑通过自主研发的方式进行Mini LED显示领域的技术突破，重点研发聚焦光转换层、LED光源、LED封装方式、匀光膜材和驱动架构。

4.4.2.6 A公司的技术升级路线

选择Mini LED显示技术作为A公司产品升级的重点研发技术方向之后，需要依托对专利数据的分析，从全局视角切入技术发展的宏观竞争环境，选取多维度的分析方法，做到对Mini LED显示技术领域专利信息的全面把握。同时，针对A公司在领域内的重点竞争对手，对其技术动向和新产品推出情况进行重点追踪。更重要的是，对于A公司在产品升级过程中所关注的核心技术需求，通过深入分析该技术的发展趋势、技术生命周期、升级路径等多种手段，为A公司技术研发提供参考，并在分析过程中对发现的重点技术及时开展风险预警分析，为A公司自身产品上市保驾护航。

1. Mini LED技术的竞争环境分析

（1）全球Mini LED技术竞争环境分析

通过对全球范围内Mini LED显示技术的专利申请情况进行检索和分析可

以发现，如图 4-47 所示，Mini LED 技术目前正处于快速发展期，整体专利申请呈现积极增长的态势，2000 年之前年专利申请量有限，但随着 Micro LED 的发展陷入技术瓶颈，创新主体将技术攻关重心更加侧重于 Mini LED 领域，相关专利申请量突飞猛进，于 2006 年首次突破百项，之后年专利申请量略有波动，基本保持稳中有进的状态，并于 2018 年再创历史新高。2017 年前后，国内公司在 Mini LED 领域的专利成果纷至沓来，进一步推动了领域内相关技术的发展，如我国 TCL 公司在 2018 年柏林国际消费电子展上领先一步展示了 Mini LED 样机，并于 2019 年率先实现量产。2020 年，三星集团斥资 400 亿韩元在越南建立 50 多条 Mini LED 生产线，LG 发布了旗下首款 Mini LED 电视 QNED 系列，苹果公司也表示将于 2022 年推出 Mini LED 显示屏。众巨头的纷纷抢滩充分说明了 Mini LED 即将成为电子产业中新的"兵家必争之地"。目前，全球 Mini LED 背光显示的市场份额仍在逐步扩大，越来越多的厂商投入 Mini LED 的浪潮中，可以预见，未来全球各创新主体的技术成果还将持续增长。

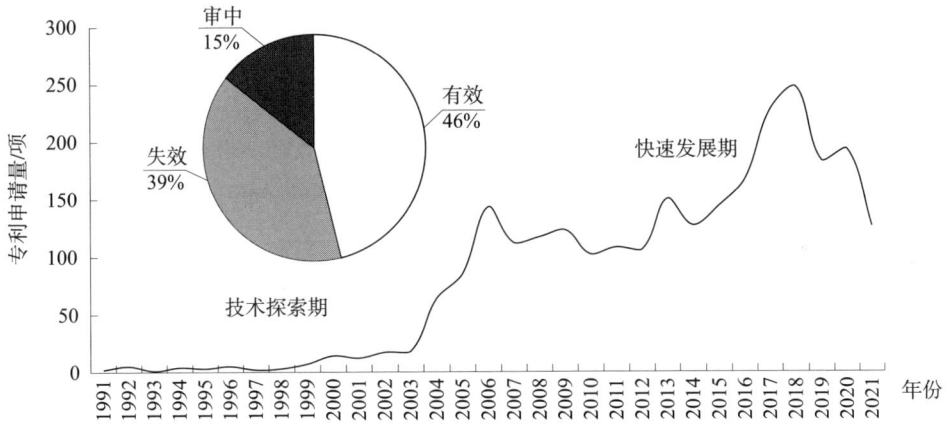

图 4-47　全球 Mini LED 相关专利申请趋势

从申请类型来看，如图 4-48 所示，全球 Mini LED 技术的专利以发明专利为主，占比达到 79%，反映出 Mini LED 技术是显示领域的前沿技术，专利技术价值度高。从全球 Mini LED 发明专利的法律状态来看，目前处于有效和审中状态的发明专利仅占 48%，失效发明专利占比 31%，大多是由于其专利未达授权条件而导致的驳回、撤回及放弃，也侧面反映了该领域专利的审查条件是比较严格的。

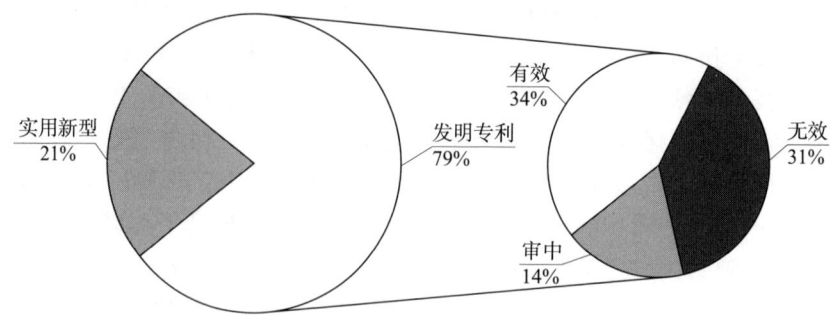

图4-48 全球Mini LED专利类型及法律状态

从全球Mini LED技术相关专利申请的技术来源国家/地区分布来看,如图4-49所示,我国申请人专利占比过半,其次是韩国、日本以及美国。近几年国内各省市相关政策的出台,推动我国跃升为Mini LED领域申请最活跃的国家,也为中国成为全球Mini LED产业规模最大的市场提供了充足助力。作为Mini LED领域的头部国家,韩国显示产业的蓬勃发展离不开政府和产学研机构的扶持支撑。事实上,韩国政府极度重视显示技术的发展,拟将OLED技术、量子点(QD)技术、微型发光二极管(LED)技术和纳米LED技术纳入本国的国家高科技战略技术清单之中。日本在全球显示市场独领风骚,凭借在液晶显示领域的先发优势,独揽全球90%左右的市场。但在爆发了日本历史上最严重的经济危机后,日本显示面板产业被韩国后来居上,从此市场份额逐步衰退。

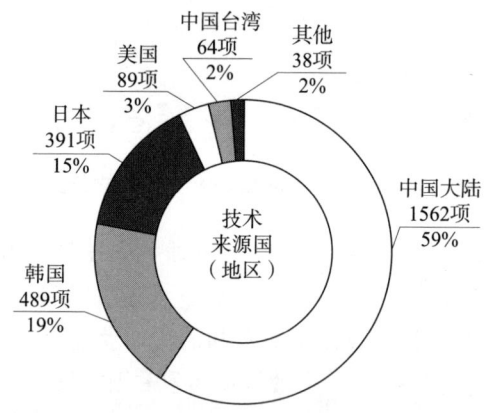

图4-49 Mini LED专利申请技术来源国家/地区分布

从全球Mini LED技术相关专利申请的目标市场国家/地区分布来看,如

图4-50所示,中国大陆地区仍是主要的专利布局区域,绝大多数都是本土申请人的专利申请,美国、韩国、日本等国申请人也在我国有着大量专利布局,可以看出,我国作为该领域的专利申请大国,市场也被各国家/地区普遍重视。结合对全球Mini LED专利布局的技术流向简单分析可以发现,美、日、韩等地区的专利申请人在以本土申请为重心的同时,对外始终保持积极布局,可见其对海外市场的重视程度。相比之下,我国申请人的专利申请基本集中在国内,在其他国家/地区的申请较少,与发达国家在知识产权保护意识上还存在差距。

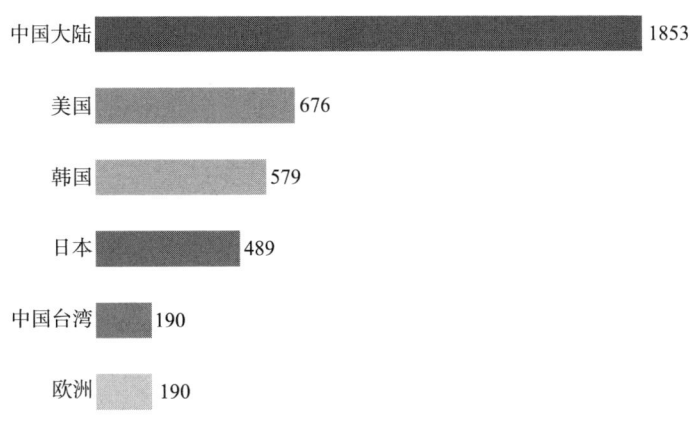

图4-50 Mini LED专利布局目标市场国家/地区分布(单位:项)

从Mini LED技术专利申请主体来看,发展初期技术主要由日本申请人所掌握,美国和韩国申请人在该时期开始投身于技术的研发当中。我国申请人于2000年前后开始涉足Mini LED领域,在短短20余年间涌现出大量技术成果,目前已在国际竞争中占据一席之地。

表4-21所示为全球专利申请量TOP15申请人排名情况,中国大陆地区占7席、韩国占2席、日本占4席。韩国LG公司占据首位,中国TCL公司位列第二。整体来看,全球TOP10申请人之间申请量差异明显,位于首位的LG公司总专利申请量是三安光电和友达公司的6倍有余。LG公司旗下的LG display公司专注于显示领域的技术探索,在液晶电视、车载显示、手机显示等应用领域均有拳头产品推出,Mini LED显示屏产品于2020年底正式开始大规模投产。TCL公司是国内Mini LED领域的技术先驱之一,早在2016年便开始对Mini LED技术进行布局,并在2018年发布了首款Mini LED背光的电视,成为国内首家实现Mini LED量产的企业。与之相比,三星公司于2020年左右才开始量产Mini LED电视产品,时间稍晚。但得

益于集团公司强大的科研团队与资金支持,其在 2021 年、2022 年陆续推出采用量子点技术的三星 QN85C Mini LED 电视等产品,逐步抢占全球市场份额。

表 4-21　全球 Mini LED 专利申请主体 TOP15

全球排名	国家（地区）	申请人	申请量/件
1	韩国	LG	238
2	中国大陆	TCL	207
3	韩国	三星	165
4	中国大陆	华灿光电	98
5	中国大陆	京东方	95
6	日本	夏普	86
7	中国大陆	A 公司	58
8	中国大陆	隆利科技	53
9	中国大陆	三安光电	39
10	中国台湾	友达	39
11	中国大陆	康佳	39
12	中国香港	信利	31
13	日本	索尼	28
14	日本	富士胶片	26
15	日本	JDI	24

聚焦到 Mini LED 专利申请的技术分布来看,如图 4-51 所示,首先驱动架构是全球申请人专利布局的主要方向,其中 LG、三星、TCL 是驱动架构方向的重点技术研发主体。其次是光转换层,其中量子点技术是目前各大厂商的核心技术攻关方向,LG 推出的 QNED 系列、三星推出的 Neo QLED QN90A 以及 TCL 推出的 8Series 系列产品中均采用了量子点技术进行颜色转换。LED 光源相关的专利申请中,LG、三星、TCL 这三家公司仍是其中创新活跃度较高的申请主体。除此之外,LED 封装方式的专利申请相对较少,COB 等封装方

法的技术壁垒较高,但也是各国申请人关注的核心技术方向之一,有待后续进一步研究发展。

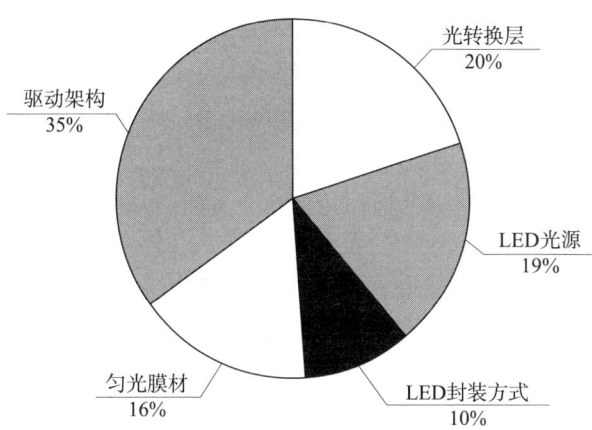

图 4-51 全球 Mini LED 专利申请技术分布

通过 Mini LED 显示技术生命周期可以明显看到,如图 4-52 所示,由于该领域技术刚刚进入快速发展阶段,行业壁垒较高,因此参与领域内技术研发的创新主体数量有限。整体来看,技术生长率基本均处于较高的水平,发展势头良好。

进一步地,对 Mini LED 显示技术细分方向的相关专利申请进行统计,从表 4-22 中可以看到,驱动电路及方法是 Mini LED 的底层技术,相关专利申请量以断层优势领先于其他技术。LED 驱动电路在输入电压和环境温度等因素发生变动的情况下能够有效控制电流大小,保证 Mini LED 的可靠性与寿命;COB 封装(Chip on Board)、POB 封装(Package - on Board)和 COG 封装(Chip on Glass)是目前 Mini LED 背光的三种技术方案,COB 封装由于背光模组更轻薄等优势,备受龙头企业关注,也是目前 A 公司最为关注的 LED 封装方式,专利申请量较大,是中长期的发展方向;对于光转换层方向,其技术历经"荧光粉—量子点—荧光粉+量子点"的迭代流程,荧光粉和量子点技术研发已久,而"荧光粉+量子点"技术尚处于探索阶段,虽仅有少量技术成果产出,但值得持续关注。

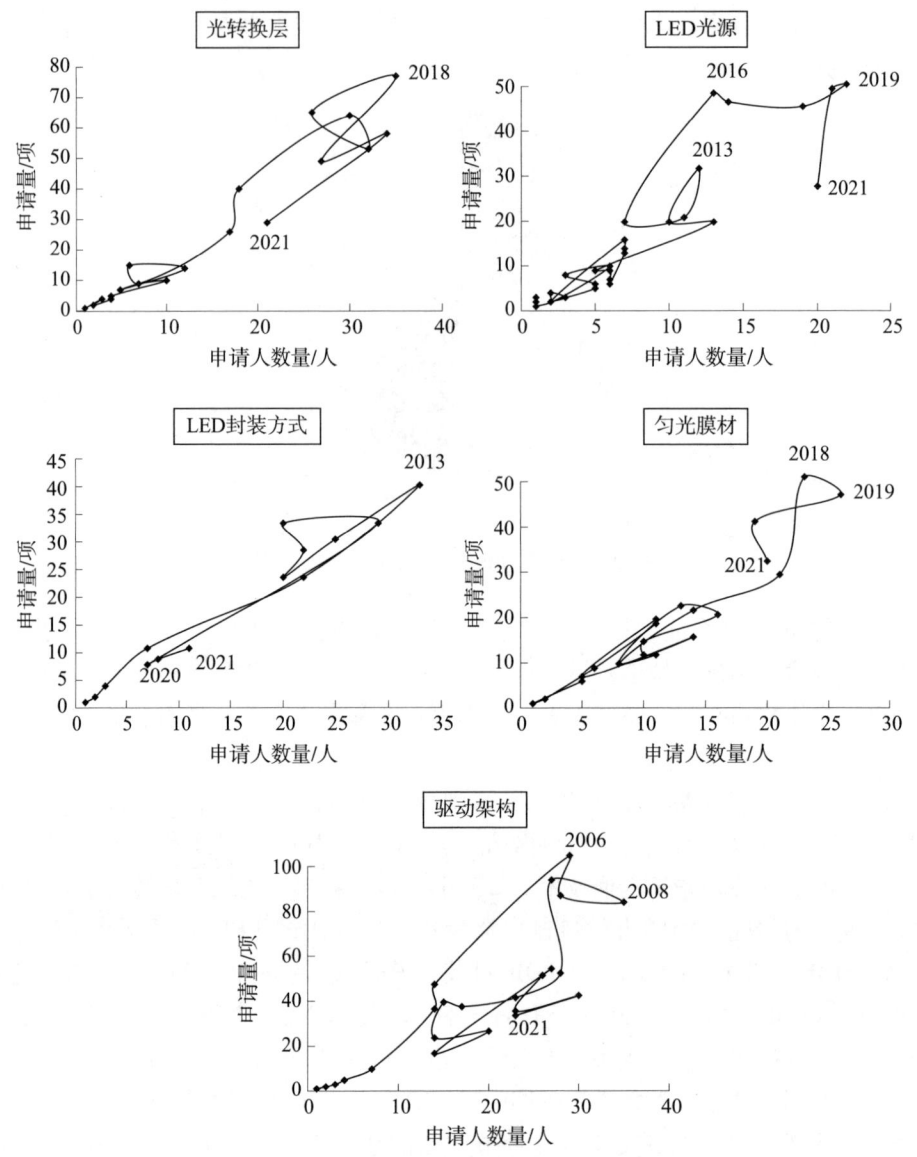

图 4-52 Mini LED 显示技术生命周期

表 4-22 全球 Mini LED 细分技术专利申请分布

二级分支	三级分支	专利量/项
光转换层	荧光粉	215
	量子点	291
	荧光粉+量子点	49

续表

二级分支	三级分支	专利量/项
LED 光源	材料	191
	巨量转移	93
	结构	233
LED 封装方式	COB	263
匀光膜材	棱镜片	50
	Micro Lens	61
	偏光片	41
	扩散片	132
	反射层	146
	其他匀光膜材	27
驱动架构	驱动电路及方法	754
	IC 绑定	43
	FPC 结构	153

分别来看 Mini LED 各技术方向上的申请主体排名情况，如表 4-23 所示，除驱动架构方向外，其余技术方向排在首位的申请人均来自我国。TCL 公司在光转换层和匀光膜材方面的专利申请量位列第一，在 LED 光源、驱动架构方向也均位列前 10，在业内拥有全景化专利布局。同样地，京东方公司也在这四个方向建树颇丰，均进入了 TOP10 企业名单当中。LG 和三星公司作为韩国显示产业首屈一指的企业，在光转换层和驱动架构方向拥有大量专利，技术水平较高。相较而言，三星在 LED 光源方向拥有更多专利产出，而 LG 更加侧重驱动架构领域的技术探索。相比之下，LED 封装方式的 TOP10 申请主体与其他技术大相径庭，这是由于 LED 封装方式所涉及的技术门槛较高，相关申请主体基本只专注于封装领域的技术突破，而其他技术方向的头部企业考虑到 LED 封装的技术研发成本等因素，更多地选择购买领域内企业的 LED 封装服务，而非自行进行技术研发，由此造成了不同技术间 TOP10 申请主体差异明显的现象。

表 4-23 Mini LED 各技术方向专利申请主体 TOP10

排名	光转换层		LED 光源		LED 封装方式		匀光膜材		驱动架构	
	申请人	申请量/件	申请人	申请量/件	申请人	申请量/件	申请人	申请量/件	申请人	申请量/件
1	TCL	81	华灿光电	97	鸿利智汇	7	TCL	47	LG	171

续表

排名	光转换层		LED 光源		LED 封装方式		匀光膜材		驱动架构	
	申请人	申请量/件	申请人	申请量/件	申请人	申请量/件	申请人	申请量/件	申请人	申请量/件
2	LG	32	三安光电	39	晶台	7	隆利科技	36	三星	122
3	京东方	30	康佳	27	国星光电	6	LG	33	TCL	67
4	天马	24	三星	17	硅能照明	5	京东方	19	夏普	63
5	富士胶片	22	日立	15	普斯赛特光电	5	芯瑞达	11	京东方	35
6	三星	20	乾照光电	14	聚科照明	4	夏普	9	索尼	25
7	东丽	13	京东方	12	永林电子	4	天马	9	天马	21
8	海信	13	TCL	11	中昊光电	4	友达	7	友达	20
9	芯瑞达	12	映瑞光电	9	华高光电	3	东洋纺绩株式会社	6	信利	19
10	信利	10	隆利科技	9	金源照明	3	康佳	6	JDI	17

对 TOP5 申请主体的细分技术方向进行分析,如图 4-53 所示,可以看到、LG、TCL、三星和京东方公司在众多技术上均有专利布局。驱动电路及方法是这四家企业共同的研发重点,LG 公司在该方向上专利申请量位列第一,三星公司在该方向也拥有超百项专利,相较而言,TCL 和京东方两家国内公司的专利数量稍显逊色。此外,光转换层的荧光粉和量子点技术也是 TCL 公司技术攻关的重点,在其发布的"D9 高色域电视"和"QLED 原色量子点智屏系列产品"中分别得到了应用,成功实现了技术成果转化。同样地,京东方公司在这两个方向也拥有一定量的专利。华灿光电专注于 LED 光源的结构方向的技术研发,是该方向首屈一指的技术强企,华灿光电还与京东方积极展开合作,共同开发了 Mini LED 主动式玻璃基技术,实现了 Mini LED 技术领域的重大突破。

(2) 我国 Mini LED 技术竞争环境分析

从国内 Mini LED 相关专利申请趋势看,如图 4-54 所示,国内发展略晚于全球,2006 年起技术开始有所突破,此后从技术探索期初步迈入了快速发展期。2013 年是专利申请的"高峰年",京东方等创新主体在这一时期产出了大量专利。在此之后,专利申请量稳中有进。市场发展成果正不断吸引更多国内企业加入 Mini LED 领域的技术探索浪潮,可以预料,国内 Mini LED 相关专利申请量将迎来井喷式增长。

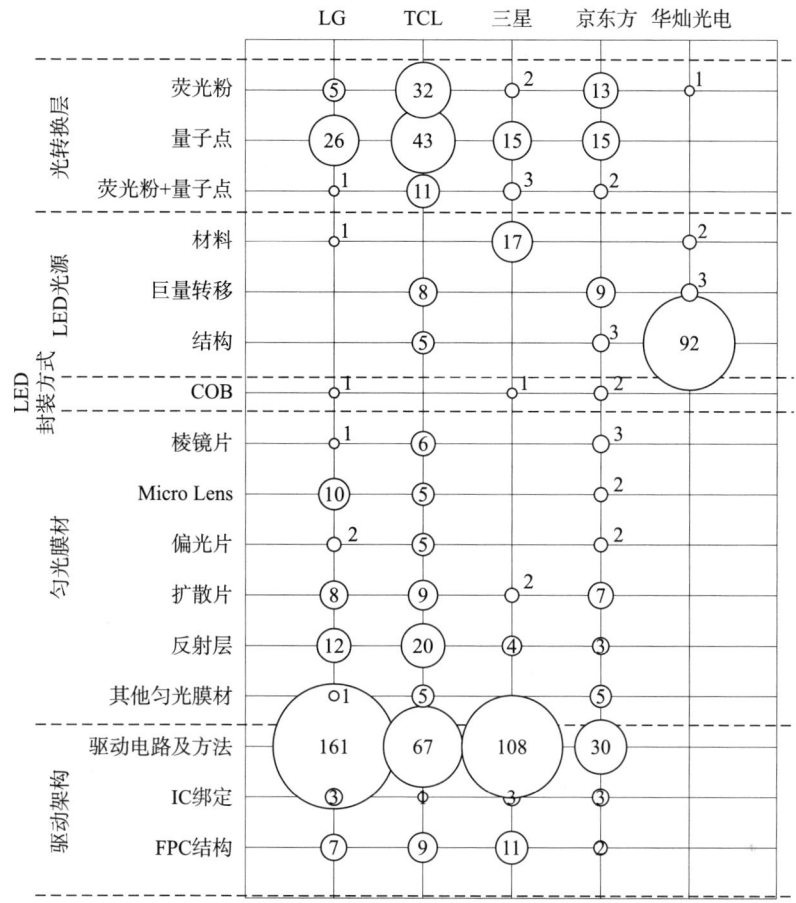

图 4-53　全球 Mini LED TOP5 申请主体细分技术专利申请分布（单位：件）

从申请类型来看，如图 4-55 所示，与全球专利情况相同，国内 Mini LED 领域的专利以发明专利为主，占比达到 65%，但相对全球 79% 的占比仍有一定差距，说明国内 Mini LED 技术的专利技术价值度相对全球水平还略有差距。从国内 Mini LED 发明专利的法律状态来看，目前处于有效和审中状态的发明专利占 46%，失效发明专利占比 19%，反映出 Mini LED 在国内仍属新兴技术且近年来发展势头良好。

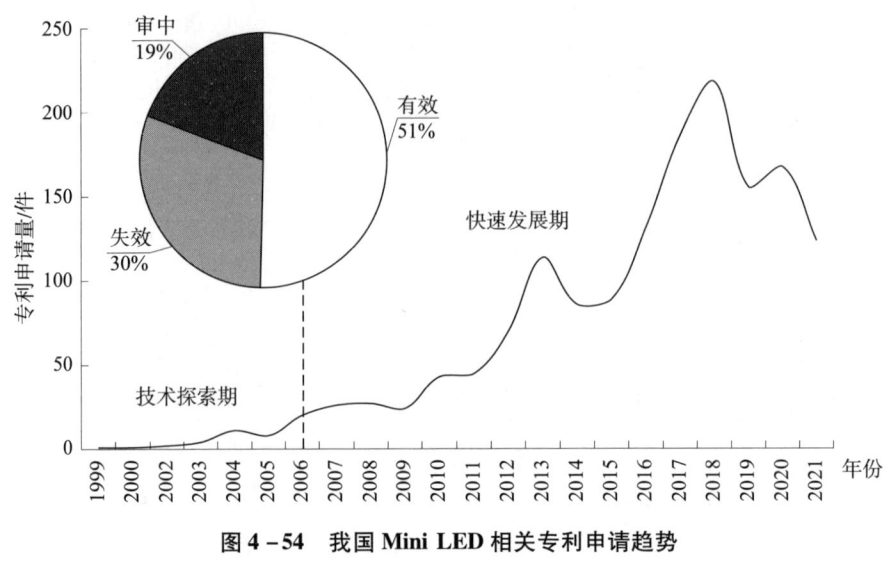

图 4-54 我国 Mini LED 相关专利申请趋势

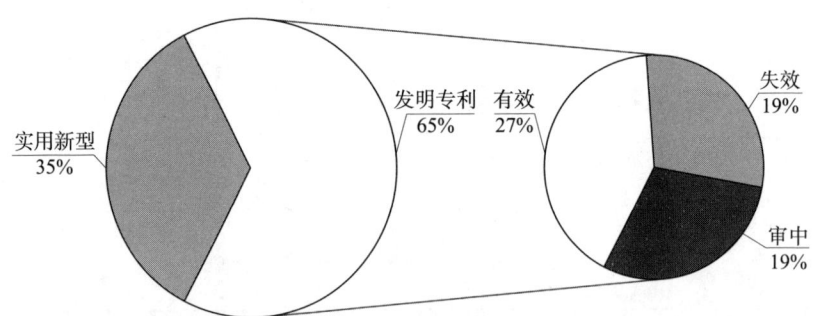

图 4-55 我国 Mini LED 专利类型及法律状态

近年来，我国在国家层面和各级地方政府层面纷纷出台针对显示行业的利好政策，引导国内企业的技术探索不断深入，通过专利申请的方式积极参与到国内乃至全球的竞争格局中。表 4-24 所示为国内 Mini LED 专利申请量 TOP10 申请人排名情况，前三位分别是 TCL、华灿光电和京东方公司。TCL 旗下的 TCL 华星专注于显示领域的技术攻关，近年来发力高端显示领域，从大尺寸显示龙头向全尺寸领先升级。京东方作为国内综合实力较强的创新主体，在北京、合肥、成都等地拥有多个制造基地，Mini LED 背光/直显产品均已实现量产，与创维合作推出了全球首款主动式玻璃基 75 英寸、86 英寸 8K Mini LED 电视。值得注意的是，A 公司位列 Mini LED 领域国内申请人排名的第四位，是业内的佼佼者。

表 4-24 我国 Mini LED 专利申请主体 TOP10

国内排名	申请人	申请量/件
1	TCL	204
2	华灿光电	98
3	京东方	92
4	A 公司	54
5	隆利科技	53
6	三安光电	39
7	康佳	39
8	信利	31
9	海信	24
10	友达	20

从国内 Mini LED 专利申请的技术分布来看，如图 4-56 所示，与全球情况不同的是，国内申请人更加侧重对 LED 光源方向的技术研发，驱动架构和光转换层同样是专利申请的重点技术方向。由于 LED 封装方式的技术入门门槛较高且研发难度较大，因此国内专利产出数量相对较少。

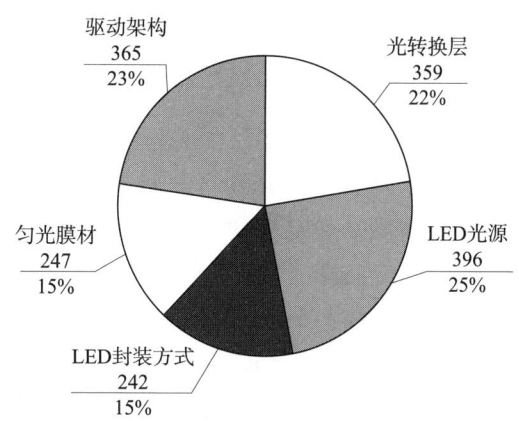

图 4-56 我国 Mini LED 专利申请技术分布（单位：件）

从国内 Mini LED 显示技术细分方向的相关专利申请来看，如表 4-25 所示，国内 COB 封装方式的专利申请量位居首位。尽管驱动电路及方法的专利申请量同样较高，位居各专利申请量排名的前列，但国内申请人在该方向申请量较国外申请人还有较大差距，仍需进一步进行技术研发攻关。而我国申请主体在光转换层的"荧光粉+量子点"方向已掌握一定的前沿技术，未来发展一片向好。

表 4-25 我国 Mini LED 细分技术专利申请分布

二级分支	三级分支	专利申请量/件
光转换层	荧光粉	164
	量子点	168
	荧光粉+量子点	37
LED 光源	材料	111
	巨量转移	91
	结构	196
LED 封装方式	COB	242
匀光膜材	棱镜片	33
	Micro Lens	23
	偏光片	25
	扩散片	86
	反射层	90
	其他匀光膜材	22
驱动架构	驱动电路及方法	225
	IC 绑定	31
	FPC 结构	111

综上所述，Mini LED 技术目前已初步进入快速发展期，年专利申请量不断增加，专利申请以发明专利为主，有效和审中发明专利占比近半，反映出 Mini LED 技术蓬勃发展的现状。驱动架构相关专利申请量较多，以驱动电路及方法为主，未来将继续保持良好的发展势头。COB 封装方式技术门槛相对较高，专利申请量略显不足，但一直是各国申请人持续关注的核心技术方向之一，具备良好的发展潜力。

国内 Mini LED 的研究略晚于美日韩等国，已成为全球 Mini LED 领域最大的技术来源国，也是最受重视的目标市场国。LED 光源、驱动架构和光转换层是研究重点。TCL 公司专利申请量位列国内申请人第一，华灿光电、京东方和 A 公司紧随其后。值得注意的是，除华灿光电专注于 LED 光源的结构方向外，其余企业均在领域内有着全景化布局，且已在液晶电视、智能手机面板和车载显示等领域得到了广泛应用。

2. 重点竞争对手分析

(1) 选取竞争对手并了解基本情况

考虑到企业的相关专利申请量与专利价值、企业在行业内的市场地位等诸多因素，以及 A 公司的实际需求，选取了韩国 LG、三星，日本夏普以及国内的 TCL 和京东方共五家公司进行竞争对手的技术分析。

LG Display，隶属于 LG 集团，是全球顶尖的液晶面板制造商，在 Mini LED、Micro LED 领域拥有雄厚的技术基础。LG Display 于 2020 年和苹果公司达成产品合作，为其 12.9 英寸 iPad Pro、16 英寸的 MacBook Pro 和 27 英寸的 iMac 产品提供 Mini LED 显示屏。此外，LG Display 在 2021 年发布了自主研发的首款 Mini LED 背光电视 QNED TV，包括 65 英寸、75 英寸、86 英寸三个尺寸，按分辨率分为 4K、8K 两个型号。

TCL 旗下的 TCL 华星公司是一家专注于半导体显示领域的产品和技术研发的创新科技公司。近年来，TCL 华星积极研发 Mini LED、Micro LED 等先进显示技术并在大尺寸触控模组、电子白板、拼接墙、车载、电竞等应用领域推出产品，产品全线覆盖大尺寸电视面板和中小尺寸移动终端面板。2022 年，TCL 公司推出了 Mini LED 产品 TCL Q10G，最高拥有 448 个独立控光分区，大幅度提升了色域空间，能够精准展现 10 亿色彩，呈现更多的细节层次，带来更好的画质体验。

三星电子是三星集团旗下最大的子公司，自 2021 年起开始推出采用 Mini LED 技术的 Neo QLED 系列电视产品。2022 年，三星电子在全新的 QN700B 型 Mini LED 电视中采用了量子点技术，将单颗灯珠体积缩小至原来的 1/40，使同尺寸屏幕能够容纳更多灯珠，让屏幕色彩更加明亮，显示效果更加细腻。

京东方科技集团股份有限公司（BOE）专注于显示领域，其研发的 Mini LED 产品具有高亮度、高分辨率等特性，画质效果可达百万级对比度。在 2020 年 7 月举办的 DIC EXPO 2020 展上，京东方展示了其可量产的 27 英寸和 15.6 英寸 Mini LED 产品，受到了参展嘉宾的高度关注。在 2022 年 5 月的国际显示周上，京东方推出的 86 英寸玻璃基主动式驱动 Mini LED 产品斩获了全球显示产业奖（Display Industry Award）。

夏普公司在显示行业内有着"液晶之父"的美誉，近年来，夏普公司致力于 Mini LED 技术和产品的研发生产，于 2022 年 6 月发布了其最新高端旗舰 4K 电视 AQUOS XLED 产品，该产品使用了主动式 Active Mini LED、量子点广色域和 Flare Brightness 光耀等多项新技术。

(2) 竞争对手的专利申请分析

图 4-57 为京东方、三星、TCL、LG 和夏普公司在 Mini LED 领域内的历年

专利申请情况。从时间上来看,三星、LG 和夏普公司申请开始较早,在 2004—2012 年期间陆续达到申请高峰,利用专利在 Mini LED 领域率先开展技术布局,知识产权意识较强,此后每年均保持有专利成果产出。相较而言,国内的 TCL 和京东方起步时间较晚。TCL 公司的专利申请量于 2012 年前后首次突破两位数,在此之后稳步增长,于 2013 年和 2018 年达到申请高峰。而京东方自 2006 年前后在领域内有首件专利产出后,专利申请量始终较少,近几年才开始有聚集性产出。

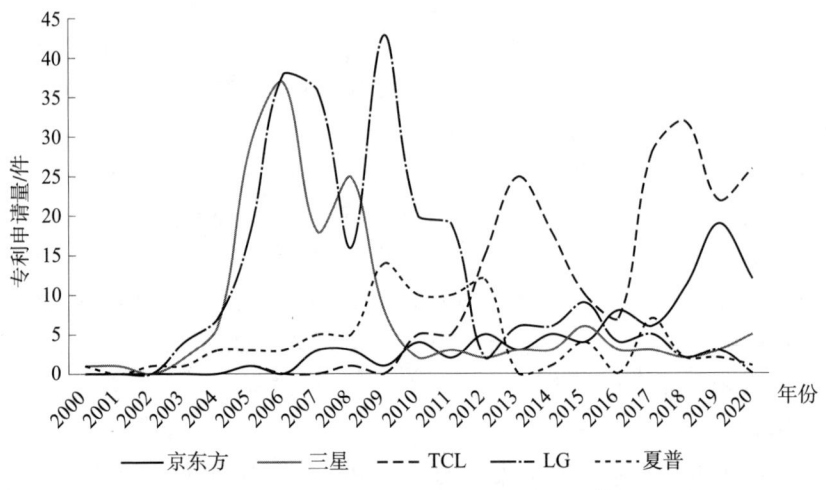

图 4-57 竞争对手 Mini LED 专利申请趋势

对五家竞争对手的专利申请技术分布进行分析,如表 4-26 所示,纵向来看,驱动架构是 LG、三星、夏普和京东方公司专利申请的"主阵地",而 TCL 则将技术发展着眼于光转换层方向,申请量以微弱优势多于驱动架构分支、排名第一。横向来看,除夏普公司外,其余四家竞争对手均有其优势的发展方向,其中 TCL 在光转换层方向、LG 在驱动架构方向发展优势明显,值得持续关注。

表 4-26 竞争对手 Mini LED 专利申请技术分布　　　　(单位:件)

二级分支	京东方	三星	TCL	LG	夏普
光转换层	30	20	81	32	2
LED 光源	12	17	13	1	6
LED 封装方式	2	1	0	1	0
匀光膜材	19	6	47	33	9
驱动架构	35	122	76	171	63

进一步聚焦到细分技术专利申请分布情况,如表 4-27 所示,纵向来看,驱动电路及方法是五家竞争对手专利申请量排名首位的核心研发方向,LG、三星在分支内拥有超百件专利,技术实力雄厚,TCL 和夏普也具备一定的技术底蕴。相较而言,由于起步时间较晚,京东方在驱动电路及方法的技术研发上有待进一步发展。光转换层的量子点技术和 LED 光源的材料分支也是各竞争对手较为关注的方向,量子点技术是 TCL、LG 和京东方公司在 Mini LED 领域申请量排名第二的细分技术,而 LED 光源材料则是三星和夏普公司除"驱动电路及方法"外的技术研发重点。横向来看,TCL 公司在 Mini LED 领域的技术发展较为全面、均衡,而 LG 公司在驱动电路及方法领域的专利申请量断层式领先于其余四家公司,说明 LG 公司或已在驱动电路及方法上初步构建了技术壁垒。

表 4-27 竞争对手 Mini LED 细分技术专利申请分布 （单位：件）

二级分支	三级分支	京东方	三星	TCL	LG	夏普
光转换层	荧光粉	13	2	32	5	5
	量子点	15	15	43	26	3
	荧光粉+量子点	2	3	11	1	0
LED 光源	材料	0	17	0	1	6
	巨量转移	9	0	8	0	0
	结构	3	0	5	0	0
LED 封装方式	COB	2	1	0	1	0
匀光膜材	棱镜片	3	0	6	1	0
	Micro Lens	2	0	5	10	3
	偏光片	2	0	5	2	0
	扩散片	7	2	9	8	0
	反射层	3	4	20	12	6
	其他匀光膜材	0	0	0	0	0
驱动架构	驱动电路及方法	30	108	67	161	57
	IC 绑定	3	3	1	3	1
	FPC 结构	2	11	0	7	5

从五家竞争对手在中美日韩欧的专利布局情况来看,如图 4-58 所示,各公司的布局策略有所差异。中国的 TCL 和京东方公司以本土布局为主,在日、韩和欧洲地区的布局量较少。韩国的 LG、三星公司专利布局也以本土为主,但近年来 LG 和三星公司越发重视中国市场,不断加大专利布局力度,抢夺市

场份额。夏普公司的全球专利布局较为均衡，除在韩国布局较少外，在其余各国家或地区均有数十件专利申请，但专利量相对其余四家企业来说整体较少。而从各国家的专利布局来看，美国作为 Mini LED 领域重要的目标市场国，各公司竞相以专利申请的方式在美构建技术屏障，保护自身产品在美国市场的正常投放，目前均有数十件专利成功布局。

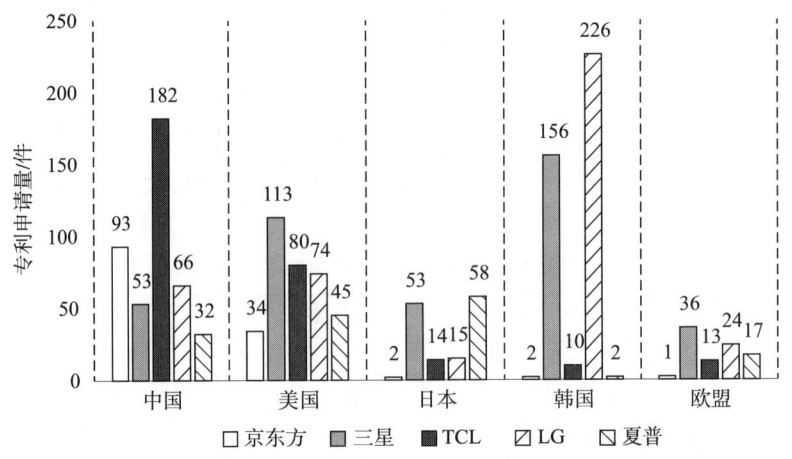

图 4-58　竞争对手 Mini LED 中美日韩欧专利布局情况

由此可见，京东方、三星、TCL、LG 和夏普公司在 Mini LED 领域内的专利申请量及创新活跃度较高，是强劲的竞争对手。从专利申请趋势来看，LG、三星和夏普公司的专利申请时间较早，且在之后持续有专利成果产出，TCL 和京东方的起步时间略晚但发展势头迅猛，近年来专利申请量激增。从技术分布来看，驱动架构是各竞争对手的主要关注点，京东方、TCL 和 LG 对光转换层相关技术的研究比较深入，均将量子点作为技术改进的重点方向。此外，三星和 TCL 在 LED 光源方面也拥有一定的技术积累，三星聚焦 LED 材料的改进，TCL 和京东方则在巨量转移技术上有较多成果产出。从全球专利布局来看，各竞争对手除在本土进行了大量专利布局外，均在美国有着大量的专利布局，美国作为全球 Mini LED 市场竞争的主阵地，A 公司也应积极采取措施，抢占更多的市场份额，为产品在美的持续销售提供保障。

3. Mini LED 的技术升级

（1）关键技术升级路线

基于对 Mini LED 背光显示技术的系统分析以及 A 公司对该技术领域的重点关注，结合本案例数据检索的实际情况，确认了需要进一步深入分析的关键技术：①背光模组层间结构，该结构主要包括光转换层和匀光膜材，分析将侧重于 Micro Lens 的改进方向；②LED 芯片封装及驱动，COB 封装技术是一种无支架型集成封装技术，将 LED 芯片直接贴装于 PCB 板上，在 PCB 板的一面做无支架引脚的 COB 高集成度像素面板级封装，在 PCB 板的另一面布置驱动 IC 器件，而不需要任何支架和焊脚，可以显著提升 LED 显示屏系统的像素密度和整体可靠性。

以背光模组层间结构为例，如图 4-59 所示为 Mini LED 背光模组层间结构技术升级路线，Micro Lens、光学片、荧光粉和量子点层结构均随着研发深入在不断改进，领域内各全球主要创新主体改进方向侧重点略有不同，LG、三星、TCL 华星等公司掌握着大量的重点专利技术。

在对 Micro Lens 的改进方面，2000 年，日本富士胶片公司（专利文献号：JP20×××××26A，下同）提出一种结构简单、能够高效率发射准直光的平面光源，其中 LED 芯片的发光元件分为两个尺寸，通过微透镜来组合从发光元件发射的光，通过光学元件准直，构成垂直于表面发射的平面光源；2005 年，LG（KR10×××××1B1）使用散射板将多个 LED 灯分隔开，散射板的透光率在 50% 至 90% 的范围内，以及位于散射板上方的多个光学片，从 LED 灯发射的光或者从反射片反射的光通过散射板和多个光学片射向液晶显示板；2010 年，LG（KR10×××××4B1）又提出通过具有微透镜阵列图案的扩散板来改善亮度和光均匀性；2019 年，TCL 华星（CN11××××× 4B）采用压滚成型的方法制作微透镜阵列，多个入光结构和多个出光结构采用不同的模具压滚成型，能够形成大面积的适用于 Mini LED 的微透镜阵列。

在对光学片的改进方面，2004 年，友达（TW1×××××B）通过设置支撑件来改善 LED 光源模组中反射片和扩散片的凹陷缺点，使得 LED 光源模组维持良好的光线均匀度；2012 年，京东方（CN10×××××7B）设置了反射部的增光膜，入射光线经过反射可透过高增透部到达彩色滤光层，解决入射至黑矩阵的光线全部被吸收的问题，提高光透过率，延长了 LED 的使用寿命；2018 年，夏普（CN1×××××79B）将光学片隔着空气层设置在 LED 的出射面侧，LED 的出射光的色度与印刷图案中的以非彩色光源为照明光时的反射光的色度相等，能够防止背光源出现颜色不均；2019 年，TCL 华星（US10×××××B2）为每一个 LED 发光芯片对应一个扩散块，使得相邻 LED 发光芯片之间的间隙被扩散光补充，优化 Mini LED 灯影问题，降低 Mini LED 模组成本。

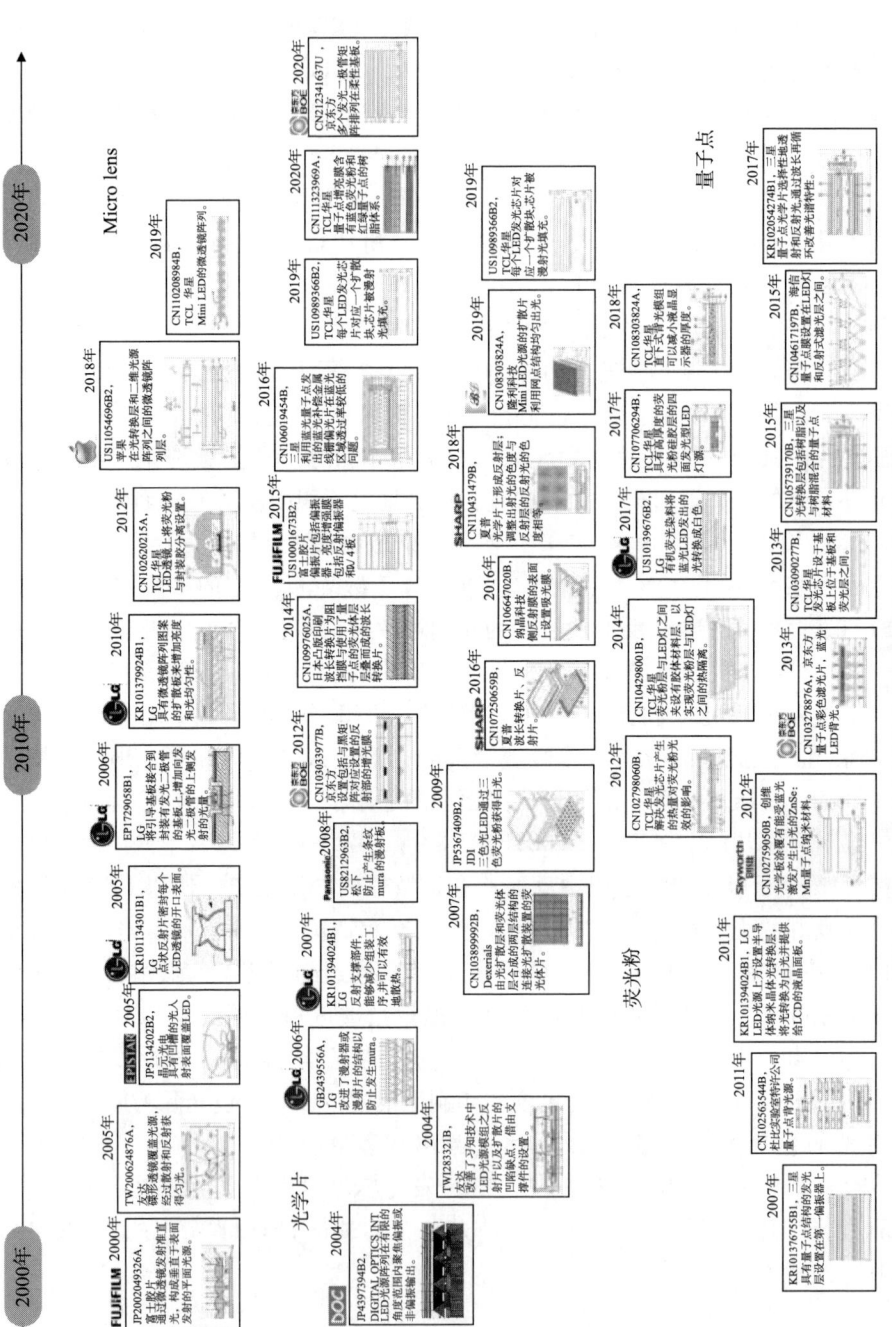

图 4-59 Mini LED 背光模组层间结构技术升级路线

在对荧光粉的改进方面，2009 年，JDI（JP5××××× B2）通过控制红色荧光粉的量将混合光调整到预定范围，有效抑制因封装光源的温度变化而导致的白色光的色度和亮度的变动；2012 年，TCL 华星（CN10×××××0B）将荧光粉与 LED 灯分离设计，把荧光粉涂覆在扩散板的入光面上，解决了热量对荧光粉光效的影响，还增加了色彩和亮度的均匀度，减少色偏现象，达到了 LED 灯箱薄型化的效果；2017 年，LG（US1×××××6B2）的光转换膜包含变换从光源发出的光的波长变换物质以及分散有波长变换物质的透光高分子树脂，光转换膜由 2 层以上形成，各层独立地具有彼此不同的最大发光波长。

在对量子点的改进方面，2007 年，三星（KR10×××××5B1）采用蓝光 LED，加入量子点磷光体作为光转换层，在不损坏液晶层的情况下提高了光利用效率；2012 年，创维（CN10×××××0B）在光学板上涂覆有能受蓝光激发产生白光的 ZnSe：Mn 量子点纳米材料，以此解决 LED 驱动的散热问题；2017 年，三星（KR10×××××4B1）提出的量子点光学片，通过波长再循环而具有优异的光谱特性，利用了光的选择性透射和反射，以及对水分和气体的优异阻挡性能；2020 年，TCL 华星（CN1×××××69A）将含有蓝色荧光粉和红绿量子点的树脂体系作为量子点增亮膜设置在 LED 光源一侧，背光采用紫外或近紫外 LED 激发，激发蓝色荧光粉和红绿量子点发射红绿蓝三色光，红绿蓝三色出射光型一致，从而解决了红绿蓝三色光型的差异问题，从而达到改善大视角色偏的问题。

（2）关键技术的风险预警

鉴于风险在企业行为中存在的普遍性和风险发生的不确定性，有必要将防范专利风险作为企业的一项常规管理工作内容。基于对直下式 LED 背光源结构的专利检索，结合 A 公司现有技术方案和产品升级方向，检索了一批可能存在风险的专利清单，发明点主要涉及直下式蓝色 LED、包含量子点膜结构以及 LED 驱动 IC 位于灯板背面的结构，部分清单如表 4-28 所示。

表 4-28 专利风险清单（部分）

序号	公开（公告）号	专利权人	申请年	标题	附图
1	US8×××××B2	三星电子株式会社	2011	背光单元和具有该背光单元的液晶显示装置	

续表

序号	公开（公告）号	专利权人	申请年	标题	附图
2	CN2×××××U	深圳创维-RGB电子有限公司	2020	一种直下式量子点背光模组及显示器	
3	CN2×××××U	深圳TCL新技术有限公司	2018	带高色域膜的蓝光LED灯条及其背光模组、电视机	
4	CN2×××××U	合肥惠科金扬科技有限公司	2016	直下式量子点背光模组及显示器	
5	CN1×××××B	TCL华星光电技术有限公司	2012	直下式背光模组	
…	…	…	…	…	…

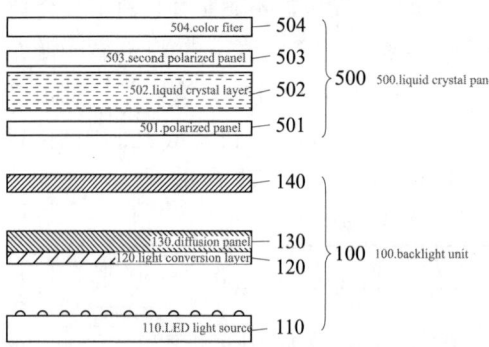

图4-60 US8×××××B2专利附图

基于对上述专利风险清单的进一步分析与判定发现，由三星电子在2008年9月7日申请的专利US8×××××B2可能存在较高风险，图4-60为该专利附图。该专利是美国申请系列的完全接续案，优先权日在2008年1月15日，已于2013年5月7日获得有效授权。该技术方案涉及一种使用发光二极管作为光源的LCD装置的背光单元，且通过将蓝光LED芯片的光输出改变为白光，且设置光转换层来保证光源的各项性能不会降低。

风险专利 US××××××B2 中独立权利要求 1 涉及一种用于液晶显示装置的背光单元，包括液晶面板、发光二极管光源、光转换层和准直系统。发光二极管光源包括至少两个发光二极管，光转换层为半导体纳米晶体层，设置在光源和液晶面板之间。A 公司所关注的产品技术方案同样为用于液晶显示装置的背光单元，包括至少两个发光二极管、光转换层和其他扩散膜材，光转换层为量子点层，属于半导体纳米晶体。

风险专利中独立权利要求 19 涉及一种液晶显示装置，包括发光二极管光源、光转换层、液晶面板以及准直系统。光源包括至少两个发光二极管；光转换层为半导体纳米晶体层，与光源存在间隔距离且设置于液晶面板下方，光源发出的光经过光转换层转换为白光，液晶面板利用白光显示图像。产品技术方案同样是一种液晶显示装置，包括发光二极管光源、光转换层、液晶面板以及其他扩散膜材。光源包括至少两个发光二极管；光转换层为量子点层，与光源存在间隔距离且设置于液晶面板下方，光源发出的光经过光转换层转换为白光，液晶面板利用白光显示图像。

风险专利中独立权利要求 32 涉及一种液晶显示装置的背光单元，包括液晶面板、背光单元、光转换扩散层以及准直系统。其中光转换扩散层的作用包括光转换和光扩散两种。

经过比对，A 公司所关注的产品技术方案针对上述风险专利中的独立权利要求 1、19 和 32 可能存在一定的侵权风险，因此，A 公司在对相关产品进行专利布局保护时，应注意三星公司的这项技术可能存在的风险点并加以规避。

基于此比对结果，我们继续对风险专利进行了专利无效检索，以求找到证据无效对方的专利，若专利被无效，自然不存在侵权的风险。通过对风险专利的审查历史档案及文献引用情况进行梳理，查询其同族专利情况；检索专利权人三星公司在先申请的所有相关专利；检索三星公司在市场上的主要竞争者的相关专利，如 LG、夏普、JDI 等；提取专利检索要素并构建检索策略，进行无效检索等一系列工作后，对检索结果进行筛选，确认是否可以对相关专利进行证据组合。经过上述操作对该专利的技术点进行检索，结果并未发现 X、Y 类文件，说明该专利具有创新性，暂时无法对其进行专利无效。

以上通过梳理 Mini LED 背光技术领域的相关重点专利，选定各大创新主体较为关注的方向——背光模组层间结构和 LED 芯片封装及驱动，通过专利信息对技术升级路线进行分析发现，在背光模组层间结构方面，聚焦以光转换层、Micro Lens 及其他光学片为主要改进点的技术发展，三星、LG、TCL 华星等申请人在该技术方向上的关注度很高。在 LED 芯片封装及驱动方面，COB 封装和驱动电路设计为研究重点，LG、三星、索尼等公司掌握着大量专利。

进一步地,为了避免最新研发成果带来的市场风险,还适时开展背光源结构技术的风险预警,切实提升了专利信息分析对产品开发的支撑作用。

4. Mini LED 全球专利运营情况

权利转移是最为常见的专利运营手段,三星作为全球 Mini LED 领域的"老大哥",专利权利转移事件时有发生,但以三星内部各子公司之间的运营行为为主。2000 年三星与飞利浦就其"用于利用 LED 光源增强照明性能的控制和驱动电路装置"发生了专利权利转移事件,丰富了自身驱动架构方向的技术。2011 年三星从 QD 视光公司手中购买了"量子点型照明"专利,补足了在 LED 光源方向的技术缺失,为下一步的全景化构建专利屏障奠定了基础。

表 4-29 为全球 Mini LED 专利权利转移活动 TOP10 企业,京东方是国内 Mini LED 领域发展较为优异的集团企业之一,与三星公司相同,京东方公司专利的权利转移也大多集中在集团内部各子公司之间。仅 2005 年从日本精工爱普生购买了一件驱动架构方向的发明专利"液晶装置,照明装置和电子设备"(JP×××××B2),技术价值较高且对公司在驱动架构方向的技术突破有着重要的参考意义。

表 4-29 全球 Mini LED 专利权利转移活动 TOP10 企业

序号	企业	权利转移专利量/件
1	三星	37
2	JDI	13
3	京东方	9
4	璨圆光电	8
5	华灿光电	6
6	夏普	6
7	珏琥显示	5
8	松下	4
9	A 公司	4
10	晶元光电	4

目前,Mini LED 市场中的专利质押事件较少,以 TCL 公司在 2012 年申请的"直下式背光模组"(CN×××××B)为例,该发明专利提供了一种全新的背光模组,在有效地解决了 LED 灯的发光芯片产生的热量对荧光粉光效的影响、增加了色彩和亮度的均匀度、减少了色偏现象的同时,成功减薄了背光模组中过厚的 LED 灯箱。基于上述三个突出的技术改进点,该专利备受其他 Mini LED 领域企业的重视,于 2019 年和 2020 年两次通过质押融资的手段

成功实现了专利成果的技术价值转化。

近年来全球 LED 领域的专利战此起彼伏。"日本 JOLED 起诉三星电子""日亚化学起诉首尔半导体"等国际巨头间的专利诉讼不胜枚举。事实上,我国 LED 领域的头部企业仅在美国就遭遇了三百余次的调查与地方法院诉讼,企业海外市场的拓展受到极大影响,高昂的纠纷解决成本也给企业带来了不小的负担。同时,我国企业也不断遭受海外企业的技术侵犯,开始涉足陌生的海外维权诉争。2021 年 12 月,LED 封装厂新世纪光电在中国台湾知识产权及商业法院知识产权法庭对苹果公司提起了专利侵权诉讼。诉讼文件中指出,苹果公司的 iPad Pro 系列产品侵犯了 Mini LED 封装、Mini LED 背光模块、LED 覆晶封装、白光芯片级封装等方向的共 9 项专利,新世纪光电要求苹果公司停止侵害并支付 2.1 亿新台币(约 4809 万元人民币)的侵权赔偿。

国内 Mini LED 龙头企业近年来也不断通过专利诉讼维护自身的权益,背光应用和 Mini LED 芯片是目前国内龙头企业抢占布局的关键市场。2020 年,三安光电在湖南长沙市中级人民法院立案庭和知识产权庭起诉华灿光电侵犯其第 ZL2012××××901.2 号(氮化物半导体发光器件以及制造其的方法)和第 ZL021×××2.9 号(半导体发光元件和半导体发光装置)发明专利,要求华灿光电停止制造、销售侵犯上述专利的应用(包括电视背光、消费显示背光、车载显示背光、显示和照明领域的 LED 芯片等),销毁全部用于生产侵权产品的设备及相关模具,并赔偿三安光电经济损失 8000 万元。

目前 Mini LED 领域尚处于快速发展阶段,各公司专注于自身技术的研发与布局,相关技术不断推陈出新,权利转移、专利权质押等专利运营事件相对较少。而从愈发频繁的专利诉讼不难看出,各龙头企业在尖端技术领域的竞争十分激烈,争相通过申请专利的手段对技术进行保护并构建专利壁垒,未来技术竞争形势或将更加严峻。

4.4.2.7 A 公司的专利布局方案

自苹果发布全球首款搭载 Mini LED 背光的平板产品 iPad Pro 起,越来越多的面板厂商加入对 Mini LED 背光的开发队伍中。苹果对 Mini LED 技术的采用会培育供应链企业更严格的技术要求、成熟工艺等,进一步加速了 Mini LED 产业发展。A 公司作为全球中小尺寸显示的领军企业,一直积极布局 Mini LED 和 Micro LED,如在技术研发的同时,进行针对性、策略性和前瞻性的专利布局,有利于在未来 Mini LED 背光市场竞争中占据一席之地。

1. 构建动态专利组合,提升核心竞争力

A 公司在 Mini LED 领域拥有一定的专利数量基础,且专利质量较高。数量越多越容易形成专利组合的规模效应,质量越高越容易形成专利组合的差异化效应。A公司可以根据自身在 Mini LED 领域的技术竞争优势,如显示屏背光模组层间结构、驱动 IC 等方向构建高价值专利组合,在侧重于保护性和防御性的前提下,也可以进一步考虑组合的攻击性和储备性。基于前期对 A 公司在 Mini LED 领域相关专利申请的分析,综合考虑了市场价值、技术价值、经济价值和法律价值等维度,建议 A 公司在构建专利组合时可优先考虑以下专利,详见表 4-30。

表 4-30　推荐优先纳入 A 公司高价值专利组合的专利清单

序号	标题	公开(公告)号	申请日	法律状态
1	直接型×××和使用该装置的液晶显示器	CN10×××××9B	2012-11-26	有效
2	LED 背光××××及其方法	JP6××××××B2	2015-06-09	有效
3	×××及显示装置	US10××××××B2	2015-02-11	有效
4	×××模组及装置	CN10××××××7B	2015-03-16	有效
5	×××模组及其驱动方法、显示装置	CN10×××××9B	2018-12-27	有效
6	×××及显示装置	CN10×××××1B	2018-03-08	有效
…	…	…	…	…

2. 把握关键技术升级方向,关注竞争对手布局动向

直下式 Mini LED 背光与传统侧入式背光模组在层间结构上有明显差异,建议 A 公司积极跟进行业内 Mini LED 背光模组层间结构的改进方向,尤其是 LG、索尼等竞争对手推出的 Mini LED 新产品的背光结构,可参考的重点专利及其改进手段、技术效果详情如表 4-31 所示。

表 4-31　微透镜阵列相关可参考的重点专利列表

序号	公开(公告)号	专利权人	技术问题	技术手段	附图
1	KR×××××7B1	LG	微透镜片与液晶面板的开口之间的对准问题	微透镜阵列中的每个单元透镜可以具有球形或非球形形状	251 121 123 121 100 / 120 / 130 / 0 / 240 / 119 / 100

续表

序号	公开（公告）号	专利权人	技术问题	技术手段	附图
2	US×××××0B2	松下/日立	微透镜不能充分地聚光，准直度要求较高	通过使用光谱学和光浓度的最佳组合可以获得高显示效率	（图）
3	US×××××7B2	夏普	大型面板显示视角受限	选择波导管的光提取位置，即提取像素与其对应的微透镜之间的距离，并改变显示视角	（图）
…	…	…	…	…	…

此外，Mini LED 背光的最大特点在于 LED 尺寸的微缩和区域调光的特性，因此对 LED 封装和驱动 IC 的要求很高，建议 A 公司关注 LG、京东方等企业在 Mini LED 芯片封装与驱动方向上的研发动向。表 4-32 为驱动及封装相关可参考的重点专利列表。

表 4-32　驱动及封装相关可参考的重点专利列表

序号	公开（公告）号	专利权人	技术问题	技术手段	附图
1	KR×××××0B1	LG	开关元件非运行区段期间出现功率损耗，导致功率转换效率下降	根据 LED 占空比信号生成与 PWM 信号相对应的开关控制信号，并且选择性地控制该开关元件的导通	（图）

225

续表

序号	公开（公告）号	专利权人	技术问题	技术手段	附图
2	CN×××××09B	京东方	亮景图像虽可实现很亮，但是暗景图像却暗不下去，导致暗景图像泛白，影响图像的对比度；出现运动模糊现象	各驱动单元可独立控制对应的发光元件的发光亮度和发光时长	
3	US×××××6B2	松下	控制复杂导致显示质量下降，连接控制器和多个LED驱动器的配线的数量大	多条数据线中的每条数据线共同连接到属于多个第二组中的相应一个的至少一个LED驱动器	
…	…	…	…	…	…

3. 促进灵活专利运用，强化专利价值

A公司的专利运营多集中在美日德等发达国家，企业综合竞争实力较强，对专利运营活动的重视程度较高。专利诉讼、许可、转让作为专利运营的常见形式，其事件发生的关键在于自有专利与对方的技术/产品密切相关。

从图4-61中A公司在Mini LED领域的专利引证情况可以看出，A公司在Mini LED相关技术的研发过程中，较多地引用了LG、京东方和三星等公司的相关专利作为技术参考，主要涉及驱动架构方向。同样地，A公司的技术也被京东方、华星光电和TCL等企业大量借鉴，特别是京东方公司，在其Mini LED领域的技术研发过程中引用了多件A公司的专利作为技术参考。A公司应密切关注己方专利的侵权与被侵权风险，特别是针对国内京东方和华星光电公司，A公司在光转换层的荧光粉和量子点方向较多地引用了上述公司的相关专利，在驱动架构方向的驱动电路及方法技术则被上述公司大量参考，相互之间的专利侵权风险较大，应当有针对性地提前进行被诉与起诉预案，以维护自

身权益。

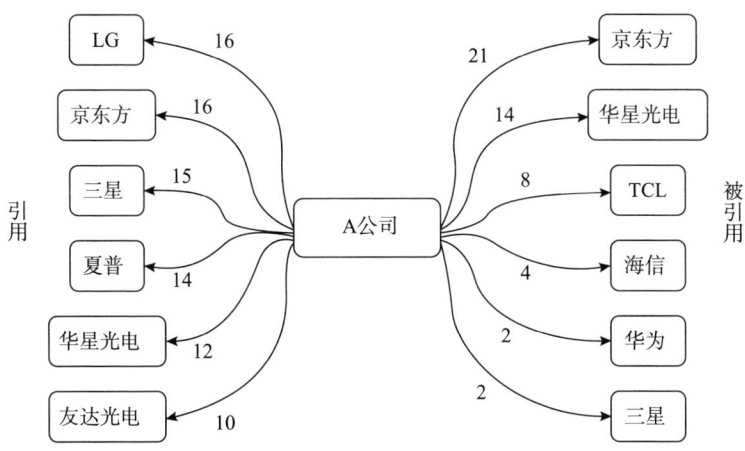

图 4-61　A 公司主要专利引证情况

4. 建立有效专利预警，防范企业专利风险

A 公司作为国内 Mini LED 领域的龙头之一，其在全球各地拥有全景化的技术与产品布局，美国作为 Mini LED 产业最重要的目标市场国之一，更是 A 公司布局的重中之重。在前面的分析中，我们对直下式 LED 背光源结构进行检索，列明了可能存在侵权风险的专利。事实上，专利预警正是通过对专利信息的检索和分析，揭示相关利益主体面临的专利风险，对利益主体发出预警预报，减少或避免未来可能的损失。

Mini LED 作为当下蓬勃发展的新兴领域，A 公司对其进行研发创新型专利预警的必要性有目共睹。在进行预警的过程中，A 公司首先通过研发方案的查新避免了重复研发，节约了研发经费。为了有针对性地选择研发路径，可参考前面对关键技术升级路径的分析，关注背光模组层间结构和 LED 芯片封装及驱动方面的技术升级，并建议 A 公司能根据自己的研发路径，制订中长期发展计划，合理规避技术研发风险。之后，对于 A 公司在 Mini LED 领域关注的重点竞争对手——三星、LG、京东方、夏普和 TCL 华星，通过前述分析我们已经发现，各公司在驱动电路及方法上均拥有较强的技术积累，将 Mini LED 背光的分区控制技术作为了关键研发方向。此外，光转换层的量子点技术和 LED 光源的材料改进也受到了各竞争对手的关注，TCL、LG 和京东方在量子点方面拥有一定的技术壁垒，而 LED 光源材料则是三星和夏普的研发重点。

进一步地，建议 A 公司针对 Mini LED 领域建立防范专利风险的预警机制，对于研发阶段发现的第三方专利，A 公司可以考虑采用专利规避设计，也可以考虑向权利人要求专利许可等途径规避风险。在竞争对手提起诉讼的情况下，A 公司也可以采用向竞争对手提起反诉的对抗策略。总而言之，建议 A 公司根据具体情况提前做好应对方案。

4.5 案例 2 解析

应用案例 2 遵循《专利导航指南 第 4 部分：企业经营》（GB/T 39551.4—2020）的基本要求，以专利数据为基础，综合运用多种数据资源，与产业、市场和政策等信息进行关联分析。同时遵循标准中对以企业产品开发为目标的专利导航的基本要求，充分研究生产相关产品所需的技术构成，结合企业自身现有产品技术和专利基础，合理选择可作为企业重点突破开发的产品及企业开发相关重点产品的方式，为企业产品开发方向、技术研发路径及风险规避提供建议。与本章前述的应用案例 1 不同的是，本应用场景聚焦企业产品本身及其技术开发布局方案的提出，在实施过程中不仅考虑专利技术情况，还要充分考虑市场和法律等多维度信息，综合得出适宜的产品及其研发路径。

以下根据标准条文，对应用案例 2 项目实施的基础条件、项目启动、项目实施、质量控制、成果产出、成果运用及绩效评价等几个方面进行简要解析。

4.5.1 基础条件解析

专利导航项目实施的基础条件包括信息资源及人力资源。根据标准要求，实施以企业产品开发为目标的企业经营类专利导航，应当具备的数据资源首先包括《专利导航指南 第 1 部分：总则》（GB/T 39551.1—2020）中对信息资源的基本要求：世界知识产权组织规定的专利合作条约（PCT）最低文献量专利数据资源及相应的检索工具；与专利导航需求密切相关的产业、科技、教育、经济、法律、政策、标准等信息资源；与专利导航需求密切相关的企业、高等学校和科研组织等信息资源。除此之外，信息资源还宜包括企业信息、信用、舆情、金融活动等信息。在对人力资源的要求中，《专利导航指南 第 1 部分：总则》（GB/T 39551.1—2020）提出组织开展和具体实施专利导航工作宜由专业人员负责项目管理、信息采集、数据处理、导航分析和质量控制等工作，实施企业经营类专利导航的人力资源条件除满足总则的规定外，在实施以投资并购对象评估为目标的专利导航和以企业产品开发为目标的专利导航时，专利导航分析人员还宜满足具备 3 年以上专利权利稳定性和专利侵权风险分析的实务经验。

在本案例实施的基础条件准备阶段,为确保研究结论的全面性和准确性,我们引入专利数据之外的多维度、多角度数据,并对数据整体进行关联分析、互相印证。在实际信息资源的收集和整理中,根据 A 公司所在行业特点和技术领域情况,包括但不限于企业发展历程信息、舆情信息、投融资并购等金融活动信息等,以做到能够客观分析企业实际情况并提供更多符合企业发展实际需求的决策建议。主要采集的内容包括:

1) A 公司所在行业的政策、市场规模及需求、技术发展趋势等。

2) A 公司背景信息,包括企业的发展历程、发展情况、主营产品、市场占有情况、营收状况等。

3) A 公司所在行业其他重点竞争主体情况,包括主营产品及市场占有率、推出的新产品及先进技术等。

本案例实施过程中还涉及专利权利稳定性分析、专利侵权风险分析等技术先进性评价相关内容,因此案例实施时配备了 3 名具有 5 年审查经验以及 4 名具有 4 年服务企业专利权利稳定性和专利侵权风险分析经验的专利导航分析人员,对应负责检索要素提取、技术特征检索和比对等技术操作性极强的环节,以保证结论的准确性和有效性。

4.5.2 项目启动解析

以企业产品开发为目标的企业经营类专利导航项目实施对项目启动的要求与《专利导航指南 第 1 部分:总则》(GB/T 39551.1—2020)的要求一致,包括确定项目负责人、需求分析、组建项目团队和制定实施方案等内容。首先,根据项目的目标、复杂程度、实施特点等因素,确定项目负责人;之后,以资料调研等方式收集项目需求素材并进行甄别、提炼、分析,形成明确的专利导航项目需求分析报告;项目负责人根据需求分析报告组建项目团队,明确项目团队组织模式和任务分工等;制定项目实施方案,包括项目进度计划、人员分工计划、成本管理计划、质量控制计划、风险控制计划等。

在本案例实施的项目启动阶段,根据项目的规模、复杂性和具体类型选择了长期从事企业专利信息咨询业务的部门总监作为项目负责人,并积极与 A 公司进行沟通交流,共同明确了实施专利导航项目的需求,详细了解了 A 公司对项目的预期和要求。通过资料收集、实地调研和座谈研讨等方式迅速获得需要的资料,逐步提炼成具体、明确的项目目标,分析各项任务实施的可行性。

对应于项目实施的各环节,优先选择具有半导体及电子信息工程领域专业背景和工作经历的 3 名专利咨询师作为信息采集人员,负责 A 公司所在技术领域专利信息、市场信息等数据采集工作;1 名专利咨询师作为数据处理人员,负责数据清洗和标引;3 名高级专利咨询师作为专利导航分析人员,负责 A 公司及其所在技术领域的专利信息分析;3 名具有 5 年审查经验以及 4 名具有 4 年服务企业专利权利稳定性和专利侵权风险分析经验的专利分析人员,对应负责检索要素提取、技术特征检索和比对等技术操作性极强的环节;1 名高级专利咨询师作为质量控制人员,以保证结论的准确性和有效性。项目负责人制定了可靠的人员分工计划和项目进度计划等一系列实施方案,如表 4-33 所示,确保项目开展的可行性。

表 4-33 A 公司产品开发专利导航项目实施计划表

序号	工作内容		时间安排
1	A 公司所在行业信息调研		1 周
2	技术领域分解,确定重点开发的产品		1 周
3	制定技术分解表		1 周
4	专利数据采集		2 周
5	专利导航分析	宏观竞争环境分析	1 周
6		竞争对手分析	2 周
7		技术升级路线	2 周
8		专利布局运营	1 周
9	A 公司专利布局方案		1 周

在完成专利导航实施的基础条件准备和项目启动后,以企业产品开发为目标的企业经营类专利导航正式进入项目实施阶段。

4.5.3 项目实施解析

4.5.3.1 明确项目需求

根据标准要求,专利导航实施方需要按照企业在项目启动时形成的目标明确的项目需求分析报告具体执行,包括企业自身产品开发的整体需求、项目背景、目标市场、需要特别注意的竞争对手、重点关注的产品和技术等。

本案例实施中,A 公司明确提出针对其 LCD 产品的升级需求,目前已形成初步技术方案,同时表示未来将通过新产品积极开拓美国等海外市场,需要重点追踪全球范围内的几大竞争对手在领域内的技术动向，并针对 A 公司自身重点研发的技术点进行深入分析。在全面了解了 A 公司的项目需求后，项目团队充分调研 A 公司所在领域的技术布局和市场动向，认为 A 公司现有的技术处于领先地位，产品市场前景广阔，该项目具有可实施性。

4.5.3.2 项目实施步骤

实施以企业产品开发为目标的企业经营类专利导航，根据标准要求，首先，结合企业所在行业，对相关行业国内外政策、市场环境开展全方面调研，重点了解本企业和主要竞争对手的发展历程、主营产品相关信息；对企业相关技术领域信息进行全面检索，包括专利信息和其他技术相关信息；对上述信息进行关联分析，汇总出企业可重点开发的产品；其次，对于上述产品所需的技术，制定有效的技术获取方式，提高产品开发效率；分析所需技术的专利信息，为企业技术研发提供参考和风险规避建议；最重要的，对企业取得的最新技术成果，提出专利布局方案，支撑和促进企业经营发展。

本案例实施中，首先梳理 A 公司所属行业的政策信息、国内外市场环境变化和对于新技术和新产品的需求情况，为后续产品开发建议提供依据。在获取 A 公司所属行业整体信息的基础上，还要重点关注 A 公司自身背景信息，梳理 A 公司发展情况、主营产品种类、营收状况、行业内竞争对手等信息，实现对企业背景信息全面客观的梳理。

随后，对 A 公司需求关注的技术领域按照主流技术分类进行层层分解，并针对每个技术方向开展专利信息和相关信息检索，初步分析各技术方向创新活跃度情况，判断行业技术发展动向和未来发展趋势。综合以上分析，全面评估政策、市场因素，结合 A 公司自身因素、技术因素和知识产权因素，最终确定了 A 公司重点开发的产品为 Mini LED 显示产品。随后，针对 A 公司自身在 Mini LED 显示产品方向上的专利申请进行检索，掌握了 A 公司现有技术基础和现有专利布局情况。

在此基础上，继续对 Mini LED 显示产品包含的技术进行详细分解，按照其产品结构制定技术分解表，包含 A 公司在开发 Mini LED 显示产品时需要关注的各重点技术，并由本专业领域的检索人员进行全面而准确的专利数据检索，在进行专利信息分析前还对检索到的专利进行人工标引，以保证导航分析结果的准确性。

对于重点开发的产品 Mini LED 显示技术，A 公司内部也全面评估了自身的技术基础，经过评估发现 A 公司自身目前的研发重心与全球发展保持一致，且由于 Mini LED 显示技术刚刚进入初步发展阶段，而 A 公司在其所属领域内为技术先进的领军企业，研发团队和资金力量雄厚，因此建议 A 公司选择自主开发的获取方式。

接下来，重点对 Mini LED 以及其细分技术开展专利信息的多角度分析，从全球竞争环境着手，分析宏观角度下的技术发展趋势，分析重点竞争对手的技术动向，通过技术生命周期图、专利申请技术构成等手段了解技术基本情况。为了深入了解关键核心技术的发展情况，对 A 公司选取的特别关注方向进行深层次的技术升级路线分析，利用技术升级路线图的方式梳理关键技术环节随时间发展的轨迹，进一步发现在 Mini LED 背光模组层间结构改进时主要聚焦的几种手段，为企业的研发路径、研发方案提供参考。同时，为了避免最新研发成果可能带来的市场风险，对相关技术进行有效的风险预警分析，有力地支撑了 A 公司在 Mini LED 显示产品上的研发工作。

在对 A 公司产品开发形成的技术成果提出专利布局建议时，瞄准 A 公司自身与竞争对手的现有市场和潜在市场，从技术保护升级和专利布局、转化运用等多层面综合考虑，帮助 A 公司提升整体专利布局价值。

4.5.4　质量控制解析

针对以企业产品开发为目标的企业经营类专利导航输出成果的质量控制，首先应满足《专利导航指南　第 1 部分：总则》（GB/T 39551.1—2020）中关于质量控制的规定：①在信息采集阶段，要确保数据来源的可靠性、时效性、全面性和准确性；②在数据处理阶段，要确保数据去重去噪的准确率、格式的规范性、数据标引与项目需求有效关联；③在专利导航分析阶段，要确保分析模型的有效性、分析方法的恰当性以及分析结论的可靠性。除此之外，还宜确保企业重点开发产品的建议符合企业发展实际；确保企业重点开发产品的技术开发策略具有可操作性。

本案例实施中，通过工具书、企业技术培训、行研报告等可靠性较高的信息来源，对 A 公司所属领域内最新的国家政策、市场统计、技术发展等信息进行收集整理，保证了信息采集的可靠性和时效性。

在对专利信息进行检索时，选取合适的专利数据库，对技术领域进行进一步的细化和分类来制定技术分解表并开展专利检索，构建以专利分类号和关键词为主的检索要素表，以 A 公司关注的重点申请人、发明人等作为补充检索要素，反复优化调整检索策略，对检索出的专利数据进行查全率和查准率的评估，保证了信息采集的全面性和准确性。随后，对已检索出的专利数据按照统一的处理标准进行去重去噪，并抽样检测，结合 A 公司产品开发需求，完善技术分解表和数据标引结果。

基于数据检索结果开展专利导航分析工作，建立有效的分析模型，积极配合 A 公司需求和专家意见修正分析过程的不完善之处，确保对 A 公司自身产品开发判断的准确性，并提出合适的支撑产品开发专利布局方案，包括产品开发时间和专利布局进度的考虑，以及专利布局重点区域和 A 公司产品上市区域的一致性。

4.5.5　成果产出解析

以企业产品开发为目标的企业经营类专利导航的成果产出标准与《专利导航指南　第 1 部分：总则》（GB/T 39551.1—2020）成果产出内容相一致，包括专利导航分析报告和数据集。根据标准要求，专利导航分析报告需要包括项目需求分析、信息采集范围及策略、数据处理过程与方法、专利导航分析模型和分析过程、结论和建议；数据集包括规范的数据信息和专利导航分析中形成的其他相关数据信息。总则中对成果产出质量控制的要求是要确保整体研究的系统性、分析方法的科学性、成果呈现的规范性。

在本案例的成果产出阶段，针对专利导航分析报告，严格核查其包含标准要求的全部内容，并确认内容及建议可以满足 A 公司产品开发需求，同时按规范要求准备了该技术领域的数据集。进一步地，根据 A 公司产品研发进度，给出一批供 A 公司关注的风险专利清单，及时交付给 A 公司，有效保证了专利导航分析成果的针对性和可靠性。

4.5.6　成果运用及绩效评价解析

以企业产品开发为目标的企业经营类专利导航的成果运用标准与《专利导航指南　第 1 部分：总则》（GB/T 39551.1—2020）成果运用内容相一致，应建立专利导航成果运用工作机制并采用多种途径应用专利导航的决策建议。专利导航成果运用工作机制宜包括以下内容：建立成果运用的相关规定和工作流程，确定责任部门、参与单位；制定成果运用的组织实施方案；对成果运用的实际效果进行评价和跟踪。采用多种途径应用专利导航的决策建议则包括嵌入企业经营的全过程管理，例如在企业战略制定实施、投资并购、上市、技术创新、产品开发等活动中以内部文件或合同等形式予以固化等运用方式。对于绩效评价部分的标准要求也与《专利导航指南　第 1 部分：总则》（GB/T 39551.1—2020）绩效评价内容相一致，由专利导航成果需求方也就是企业作为评价的主体，采取以关键绩效指标为核心的目标管理评价方法，对项目成果的采用程度、经济效益和社会效益进行评价。

在本案例的成果运用阶段，A公司十分重视知识产权工作，公司本身就制定有完善的知识产权体系和专门的知识产权团队，结合专利导航成果又制定了成果运用实施方案，加入到A公司Mini LED产品开发流程和策划方案的内部文件中，并在产品研发阶段和技术产出后的专利布局阶段均设有相应的责任部门和人员，对成果运用的实际效果进行评价和跟踪。

在本案例的绩效评价阶段，A公司的知识产权部门和产品研发部门均对专利导航成果给予肯定并采纳了关于产品开发的建议和专利布局方案，加大投入力度进行Mini LED产品开发，技术研发进程加快的同时专利申请质量也有所提升，提高A公司在Mini LED领域前沿技术上的创新水平，为企业增强竞争实力。

第5章 研发活动类专利导航应用案例

5.1 概 述

科技是国民经济发展的重要支撑,科技创新是增强经济竞争力的关键,战略高科技能力的不断提升是实现国家长久可持续发展的重要保障力量。实现科技创新的具体途径就是一系列由国家(政府)或企业、高校科研机构等创新主体发起的技术研发活动。技术研发活动往往具有一定的研究周期,投入大、成本高、风险多样,如果不能在研发前和研发过程中保持相关信息的及时性、准确性和敏感性,将会给研发活动本身带来较大的不可控风险。从历史溯源来看,研发活动类专利导航的主要思路方法,主要来自知识产权分析评议试点探索经验,在结合专利导航研发方法的基础上,针对研发立项前和研发过程中的竞争环境进行全面评估,在尽力降低研发风险的同时提出优化资源配置及优化研发路径的决策支撑信息。

根据《专利导航指南 第1部分:总则》(GB/T 39551.1—2020)的定义,研发活动类专利导航是指支撑研发立项评价、辅助研发过程决策的专利导航。研发活动类专利导航以服务技术或产品研发的全流程或特定环节为基本导向,以专利数据为基础,通过建立专利数据、产业数据等多维数据的关联分析模型,解构研发活动或其特定环节所面临的研发环境、研发风险、研发机遇等关键问题,针对评价研发立项、辅助研发过程等多样化具体研发活动提供决策支撑。

《专利导航指南 第5部分:研发活动》(GB/T 39551.5—2020)是系列指南标准中用于组织开展和具体实施研发活动层面专利导航项目的标准。如图5-1所示,研发活动类专利导航指南定义了两种研发活动的具体应用场景,一是评价研发立项的专利导航,包括在项目实施可行性与必要性、知识产权风险等维度对研发立项项目的研判,并基于此对研发立项的方向提出优化建议;二是辅助研发过程的专利导航,涉及在研项目已确定实施的情况下,通过对专利数据进行多维度分析，提出关于专利风险、技术方案规避或优化等方面的建议，辅助研发创新。

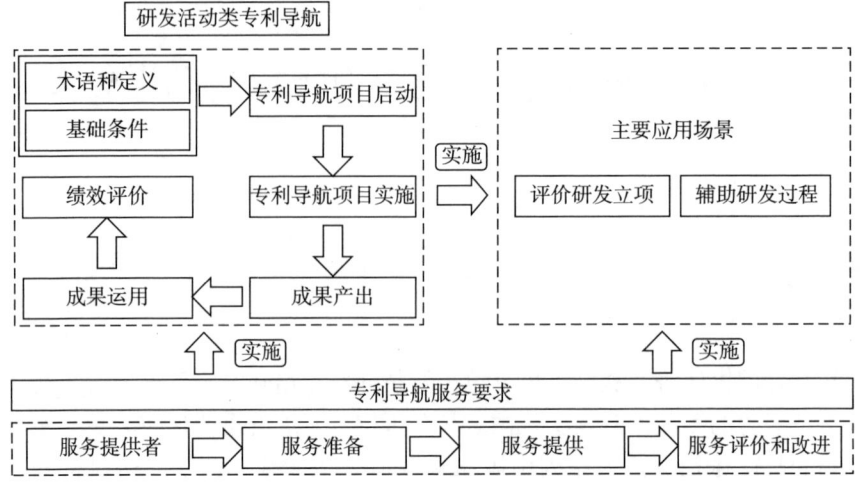

图 5-1　研发活动类专利导航指南结构框图

研发活动类专利导航实践中应用场景比较多的是辅助研发过程的专利导航，本章选编的案例正是以辅助研发过程为目标的研发活动类专利导航应用案例。

5.2　应用案例

5.2.1　案例简介

为了方便介绍并突出研究基本思路线索，避免涉及太具体的企业技术或专利信息，案例涉及的企业名称被命名为 T 公司，并对原始案例研究报告的内容进行了大幅度简化和必要的信息加工。本案例通过对国内外联合养路机械领域专利进行分析，准确把握相关技术主题发展中所体现的内在规律及影响程度，帮助研发团队揭示竞争格局、凝练技术创新方向、防范产品发展风险、提升专利运用水平，将专利运用嵌入技术创新和产品创新中，为 T 公司的专利布局提供策略建议，保证在研项目的有效性和安全性。

本案例的整体思路按照从宏观到微观的顺序，分别从产业发展环境、技术发展情况、竞争对手情况、研发主体发展情况四个方面展开分析，对于企业产品是否会侵犯他人专利权、技术方案如何优化等做出了全面的研判,最终得到立体的研发活动建议信息。

需要特别说明的是,本案例仅为专利导航探索研究所用,各种数据及其排名不代表本书研究组立场。

5.2.2 案例成果

5.2.2.1 T公司在研项目产业发展环境

1. 产业背景

铁路线路是由路基、轨道和桥梁隧道等建筑物组成的一个整体工程结构,其任何组成部分的改变或损坏,都将影响整体功能。养路机械是指养护修理铁路线路所使用的机械,一般是在线路大修、维修、改建或新建铺轨中配套采用。铁路养护的主要任务是预防设备发生不正常的永久变形以及各种病害,延缓设备各部件的老化,防止不正常磨损,延长使用寿命;消除设备的永久变形和各种病害,使设备经常保持良好状态;对线路和建筑物进行局部的或全部的周期性修理加固或更新,并根据运输发展或其他客观需要进行改建和改造。因此,铁路养护对确保铁路正常运营来说非常重要。

从地域来看,全球铁路养路机械市场分为北美、亚太地区、欧洲、南美洲、中东和非洲。欧洲是2023年全球铁路养路机械市场最重要的股东,德国、英国、法国、俄罗斯和欧洲其他国家都被视为欧洲地区的一部分,乘客大多选择地铁、高铁等更可靠、风险更小的交通工具来缓解道路交通压力。欧洲各国政府对铁路基础设施的支出增加是铁路养路机械市场发展的驱动因素,主要铁路养路机械行业参与者已签署协议,这是扩大和完善产品范围的重要发展战略。根据WK Research预测,铁路养路机械行业市场的增长取决于多种因素,包括铁路电气化项目数量的增加、发展中国家铁路网络升级的增长,以及越来越多的国家采用铁路养路机械,预计2023—2028年期间的复合年均增长率(CAGR)为6.38%。

我国铁路养护手段的发展,经历了从人力养护,到小型机械化养护,再到大型机械化养护的过程。国务院颁布的《国家中长期科学和技术发展规划纲要(2006—2020年)》明确提出要"围绕国家重大交通基础设施建设,突破建设和养护关键技术",并将"养护关键技术及装备"列为重点研究开发项目。2016年,国务院发布《"十三五"国家战略性新兴产业发展规划》,要"打造具有国际竞争力的轨道交通装备产业链。形成中国标准新型高速动车组、节能型永磁电机驱动高速列车、30 吨轴重重载电力机车和车辆、大型养路机械等产品系列"。如图 5-2 所示，截至 2018 年底，我国铁路运营总里程达到 13.1 万 km，高速铁路运营里程超过 2.9 万 km。传统的以人工为主的养护维修检测体系和检测手段已无法满足高速铁路养护维修工作的需要，列车运行速度的提高和运营密度的加大对高速铁路固定设施状态检测的精度与速度提出了更高的要求。

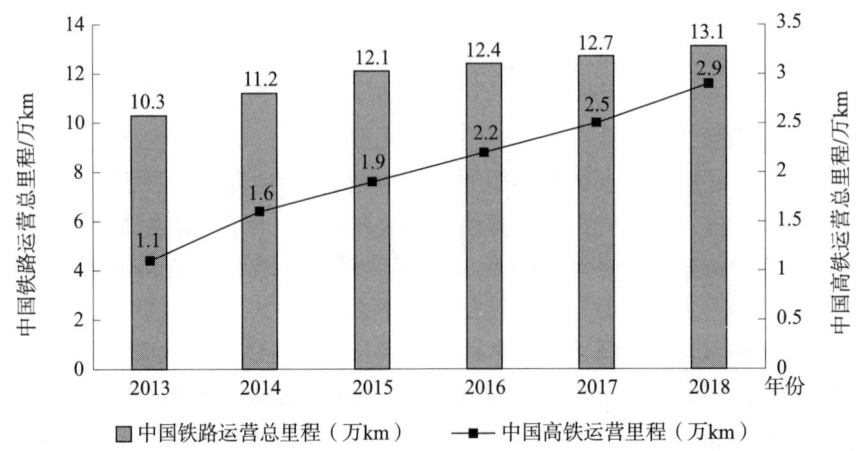

资料来源：前瞻产业研究院。

图 5-2 2013—2018 年中国铁路及高铁运营总里程情况

根据《中长期铁路网规划（2016 年调整）》，到 2025 年，全国铁路网覆盖规模将达到 17.5 万 km 左右，其中高速铁路 3.8 万 km 左右。到 2030 年，要基本实现内外互联互通、区际多路通畅、省会高铁联通、地市快速通达、县域基本覆盖。如此巨大的铁路营业规模，对能够完成线路高效、高精度综合维修的技术装备的需求很大。

目前，在铁路线路的养护维修工作中，大型养路机械因其智能化、信息化的特点，加之高效、高质量、高标准的养护效果，已经逐渐成为各线路养护维修工作的主体。与此同时，中小型养路机械因其结构简单、价格低廉、易于操作的特点，能够很好地帮助维修人员及时发现和修理铁路线路问题，也有着无法替代的重要作用。因此，在线路养护作业中，仍大量使用各类中小型养路机械，以配合大型养路机械快速、准确地对线路问题进行处理，以便可以最大化保障铁路线路质量，提高列车运行的安全性。联合养路机械属于中小型养路机械，特指搭载在平车上、不具备自走行功能且能够实现铁路线路养护维修作业需求的养路机械。

2. 产业专利申请情况

截至检索日,全球联合养路机械相关专利申请量共计约2299项,如图5-3所示为联合养路机械技术全球范围内的发展趋势以及国内外申请人的专利申请趋势。联合养路机械领域的全球专利申请量总体呈稳步增长趋势,近年来中国申请量的持续走高推动了全球产业发展的进一步提速。由图5-3可见,2009年以前国外申请人相关申请量始终高于国内申请人,2009年当年国内、外专利申请量分别为16项、10项,由此开始,国内逐步摆脱了对于国外相关专利申请量的追赶态势,年申请量首度超越国外。随着以中国为代表的联合养路机械产业的快速发展,市场不断扩大,技术的吸引力凸显,介入企业增多,全球联合养路机械领域专利申请数量急剧上升,并于2019年迎来申请"小高峰",当年全球年申请量达到414项,其中中国申请占比96.9%,已然成为联合养路机械领域最主要的技术贡献国。尽管由于2021年及之后的专利申请有一部分还未满18个月的公开期,相应年份数量有所下降,但总体来看,联合养路机械当前正处于技术成长期,仍然具备较好的发展前景。

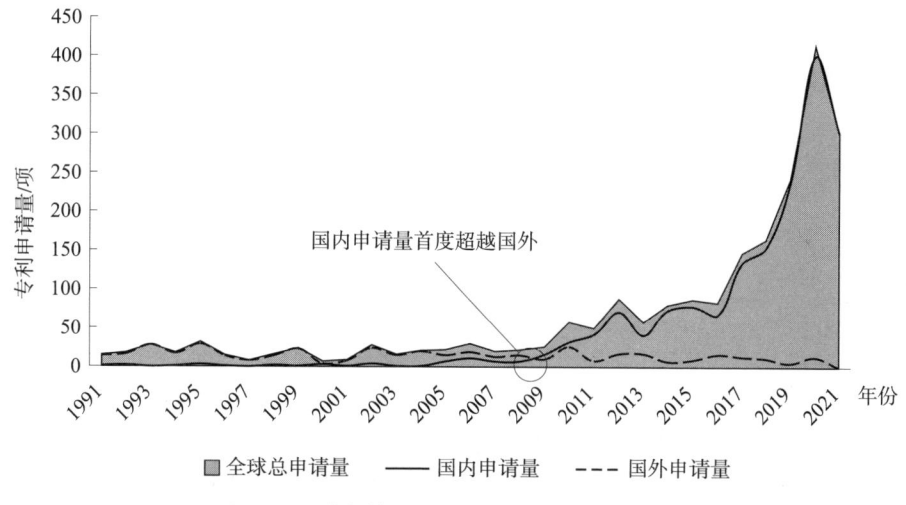

图5-3 联合养路机械全球专利技术发展趋势

通过对各主体的专利量进行统计得到全球主要申请人TOP20,如表5-1所示。可以看到,全球联合养路机械领域排名前20的申请主体主要分布在中国(12位)和日本(5位),另外,来自奥地利的弗兰茨普拉塞铁路机械工业股份有限公司以25项专利申请量跻身第五位。

表 5-1　全球主要申请人 TOP20

排名	申请人	国家	申请量/项	排名	申请人	国家	申请量/项
1	中国铁建高新装备股份有限公司	中国	99	11	江苏吉宏特专用汽车制造有限公司	中国	15
2	中国中车	中国	60	12	江苏安华汽车股份有限公司	中国	14
3	新明和工业株式会社	日本	54	13	MULLER UMWELTTECHN	—	14
4	淮安市专用汽车制造有限公司	中国	27	14	武汉楷迩环保设备有限公司	中国	13
5	弗兰茨普拉塞铁路机械工业股份有限公司	奥地利	25	15	森田特殊机工株式会社	日本	13
6	中联重科	中国	24	16	株式会社久保田	日本	12
7	金鹰重型工程机械股份有限公司	中国	23	17	江苏徐工工程机械研究院有限公司	中国	12
8	积水化学工业株式会社	日本	21	18	福建海山机械股份有限公司	中国	11
9	株式会社莋原制作所	日本	17	19	淮安市苏通市政机械有限公司	中国	10
10	昆明学院	中国	17	20	WIEDEMANN KARL	—	10

图 5-4 展示了联合养路机械领域全球主要申请人的排名情况，中国铁建高新装备股份有限公司、中国中车、日本新明和工业株式会社分别位居联合养路机械全球专利申请的前三名。具体来看，中国铁建高新装备股份有限公司实力强劲，在领域内拥有近百项专利申请，领先于排名第二的中国中车近四十项，同时遥遥领先于其他申请主体，是当之无愧的联合养路机械领域龙头企业。值得关注的是，专利申请前十位申请人中有 3 位均来自日本，其中日本新明和工业株式会社排名仅次于中国中车，积水化学工业株式会社和株式会社莋原制作所分别位居第八和第九位。由此可见，日本申请主体已在联合养路机械领域具备了一定的技术积累，且具备较强的知识产权保护意识，或将成为日后专利诉讼案中强有力的劲敌。

第 5 章 研发活动类专利导航应用案例

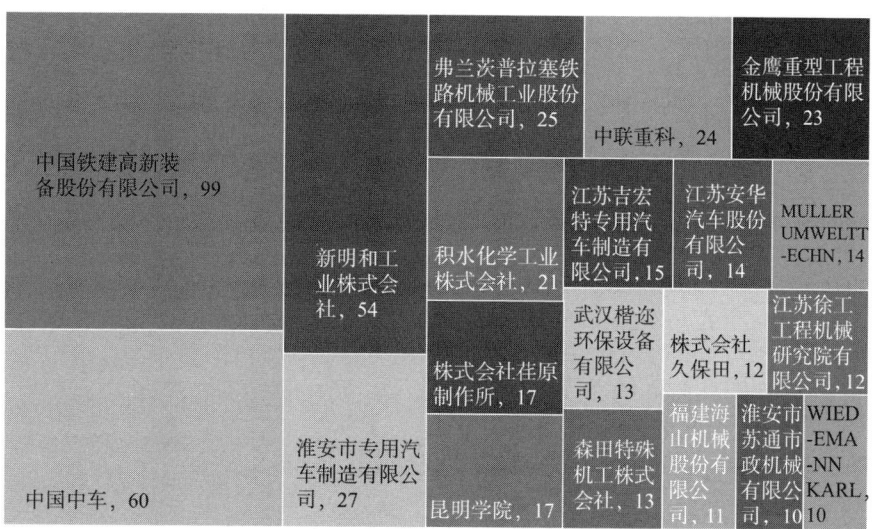

图 5-4　全球主要申请人 TOP20

图 5-5 中对联合养路机械技术全球专利申请的技术来源国家或地区进行分析，以反映各国家或地区在联合养路机械领域的技术实力和研发活跃程度。我国申请人累计申请了 1749 项专利，占申请总量的 76%，其次是日本、欧洲、韩国和美国。值得注意的是，我国申请主体申请的 1749 项专利中，包含 545 项发明专利，是日本和欧洲的两倍有余，也从侧面说明了我国正在积极抢占联合养路机械领域的发展先机，相关申请量暂居世界前列。

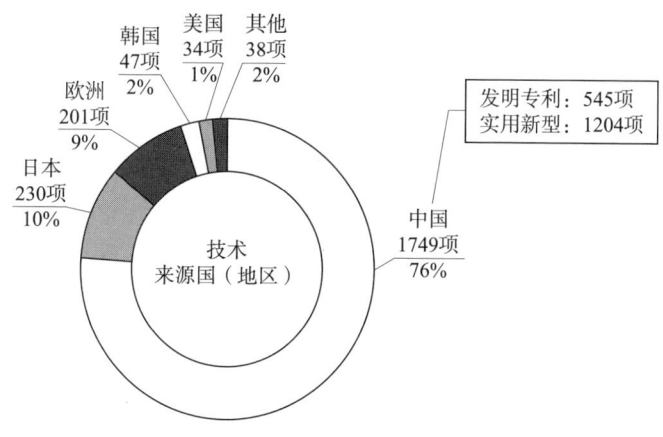

图 5-5　技术来源国（地区）

从中国、日本、欧洲、韩国和美国的历年申请量统计数据来看，如图 5-6

所示，各主要技术来源国家和地区在 2009 年前差距相对较小，相关专利年申请量均在 20 项以内。直到 2010 年后，中国中车、T 公司和金鹰重型工程机械等企业通过引入研发团队、增加研发资金投入等手段，推动了联合养路机械领域技术的飞速迭代和专利申请量的与日俱增，使得中国的专利申请量逐渐与其他国家和地区拉开距离。

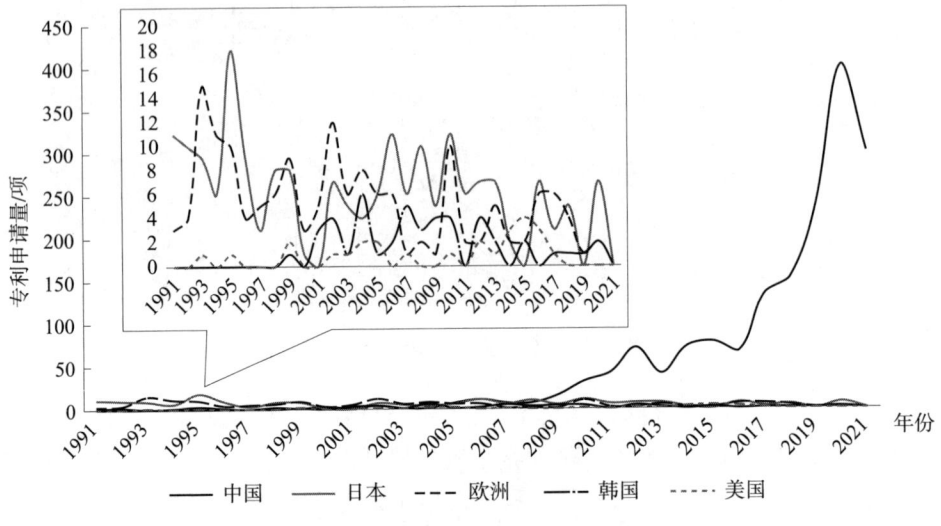

图 5-6　联合养路机械技术来源国专利申请趋势

图 5-7 展示了全球联合养路机械相关技术主要国家和地区的专利申请量情况。作为全球铁路规模最大的国家，中国"八纵八横"的铁路网辐射全国多个城市，拥有世界上最为庞大的铁路网和运输体系。铁路养护市场容量巨大，是全球联合养路机械最大的技术目标市场。

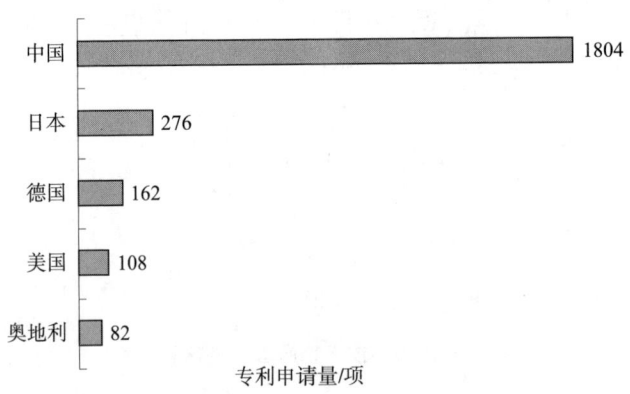

图 5-7　联合养路机械相关技术目标申请国家/地区分布

3. 市场专利壁垒宏观分析

在联合养路机械技术上，如果我国企业专利申请总体数量少，核心专利技术拥有量不足，这种态势将构成我国在发展该技术上的一种宏观专利风险。虽然这种风险在一定时期内并不由某个具体的社会创新主体所承受，但其影响面较大，影响时间较长，涉及该行业的企业都有可能受到该风险的影响，并且这种态势的扭转也需要全面系统的规划，通过形成区域、行业合力而改变。专利的特点之一就是具备地域性，因此同一技术领域在各个国家实施的专利风险是不同的。

如图5-8所示，根据对联合养路机械相关有效专利数据进行统计，目前联合养路机械技术的海外专利布局主要集中在日本、欧洲、美国、韩国等国家/地区，在欧洲布局量较多的有德国、西班牙等国家或地区。日本有55项（占26%）、欧洲专利局有27项（占13%）、美国有24项（占12%）、韩国有24项（占11%）、德国有18项（占9%）。除中国外，日本、美国和韩国是联合养路机械专利布局的主要市场国家，风险较高。

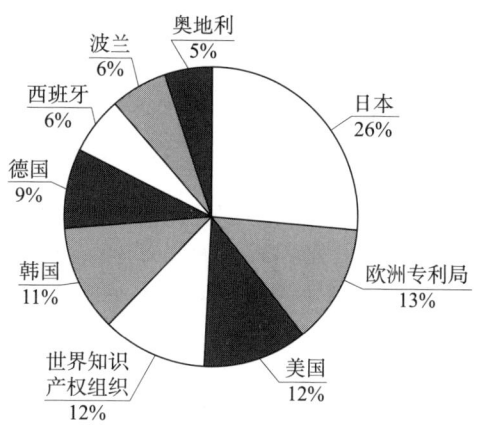

图5-8 主要海外市场分布（基于有效专利）

目前，中国、日本和美国专利保护环境相对成熟，有利于企业运用专利武器压制竞争对手，因此我国企业不仅要在本土做好专利风险预案，在进军美、日、欧等市场时同样需要做好风险预案。如表5-2所示，中国本土市场是专利布局最多的区域，尤其是在PSG-50排水沟淤泥装置相关技术方向目前已积累数量较多的有效专利。随着中国知识产权环境的不断改善，专利纠纷会逐渐向中国迁移，因此国内企业需要抓紧时机，做好"弹药"储备，以备不时之需。相对而言，目前西班牙、波兰等国的专利风险较低，中国企业可以在相应的市场加紧布局，同时进入这些国家/地区时注意合理规避专利风险。印度等"一带一路"国家的风险等级更低,中国结合"一带一路"总体规划,合理向这类国家布局联合养路机械专利,优先考虑核心专利组合的布局。

表 5-2 主要市场分布情况(有效专利)

国家/地区	有效专利总量/件	重点申请人	有效专利量/件	国家/地区	有效专利总量/件	重点申请人	有效专利量/件
中国	1033	中国铁建高新装备股份有限公司	38	日本	55	新明和工业株式会社	21
		中国中车	33			株式会社荏原制作所	9
		江苏吉宏特专用汽车制造有限公司	15			盛田	3
欧洲	27	普拉塞-陶依尔铁路工程机械出口有限公司	3	美国	24	普拉塞-陶依尔铁路工程机械出口有限公司	3
		WIEDEMANN KARL	3				
		弗兰茨普拉塞铁路机械工业股份有限公司	3				

5.2.2.2 T公司在研项目技术发展态势

1. 技术构成分析

根据实际情况,联合养路机械可被划分为通用技术和专用技术两种技术类型。联合养路机械的通用技术主要包括装置与平车的快速连接、装置与平车的重心匹配、气力输送、吊装、输送带抛带等相关技术。如图 5-9 所示,对于装置与平车的重心匹配、输送带抛带技术领域,创新主体目前投入研发力度相对较小,可能存在一定的技术壁垒。截至检索日,装置与平车的快速连接、气力输送和吊装技术的相关专利申请量均已超过 150 项,其中气力输送、装置与平车的快速连接两个分支申请量均占通用技术总申请量的 30% 以上,吊装技术分支申请量已达 177 项,占比达 29%,可见在联合养路机械领域,上述三项通用技术仍然作为当前研发热点,具有一定的发展空间,预计申请量将维持在较高水平。具体来说,装置与平车的快速连接技术主要针对装置和平车之间的连接结构等进行了改进,对平车上的空间合理进行了优化配置并有效提升了装置连接的安全性。气力输送技术主要针对改善或解决风机降噪问题,例如,通过设置内外吸音装置的手段进行消声降噪,或通过优化吸嘴腔体内部流场进行结构降噪,抑或通过合理改进风机结构实现降噪,相关申请人运用多种技术手段取得了较为明显的改进效果。

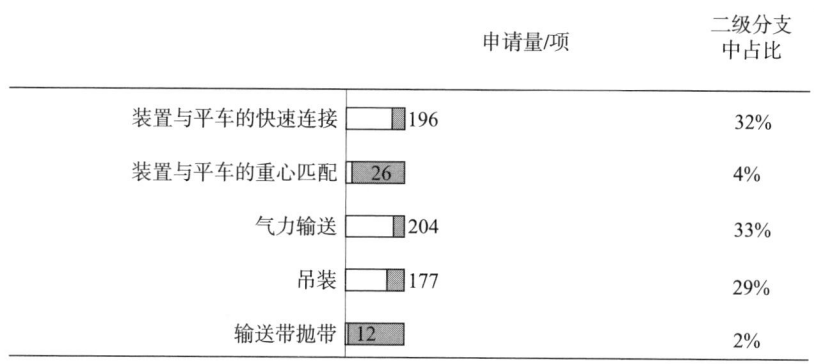

图 5-9 全球联合养路机械通用技术专利量及占比

从联合养路机械各专用技术方向的专利法律状态来看，如图 5-10 所示，铁路道床吸污装置、无砟轨道在线处理技术及装备和排水沟淤泥装置的有效专利占比均在 50% 左右，专利存活率较高，结合授权情况来看，这三个方向的有效高被引发明专利数量较多，较大程度上能够反映出在这些技术领域内已经拥有了一定的技术积累。与此同时，从日益增多的申请主体与专利数量可以看出，领域内专利权人正在积极投身技术创新与知识产权保护，以专利手段维护自身权益。铁路道床吸污装置的审中专利占比已经达到 27%，在专用技术五个技术分支中占比最大，在一定程度上说明了该方向正在被申请主体密切关注，可能是当下大力投入的研发方向。此外，值得注意的是，铁路吸砟车的失效专利占比高达 68%，这些失效专利几乎均为 2000 年之前由外国申请主体申请的发明专利，因期限届满而自动失效，现已成为公知技术，国内申请主体可以以这些公知技术作为基础，进一步发展我国铁路吸砟车相关技术。

2. 技术专利申请趋势

从图 5-11 中各通用技术三级分支的申请趋势可以看出，以风机降噪为攻关方向的气力输送分支自 1946 年开始有专利布局以来持续有专利产出，近年的年均专利量稳定在 20 项左右，中联重科在该方向累积了 12 项专利，是拥有最多专利的申请主体。吊装方向的专利申请始于 1949 年左右，中国中车在该领域累计拥有 15 项专利，位列第一。装置与平车的快速连接方向是近年来各申请主体关注的研发重点，自 2013 年以来专利申请量与日俱增，2020 年后的专利申请量始终维持在 40 项以上，值得密切关注。而装置与平车的重心匹配和输送带抛带方向的专利申请量较少，除在 2019 年分别拥有 19 项、4 项专利申请以外，其余年份的专利申请量均在 3 项及以下，专利申请量稍显不足。

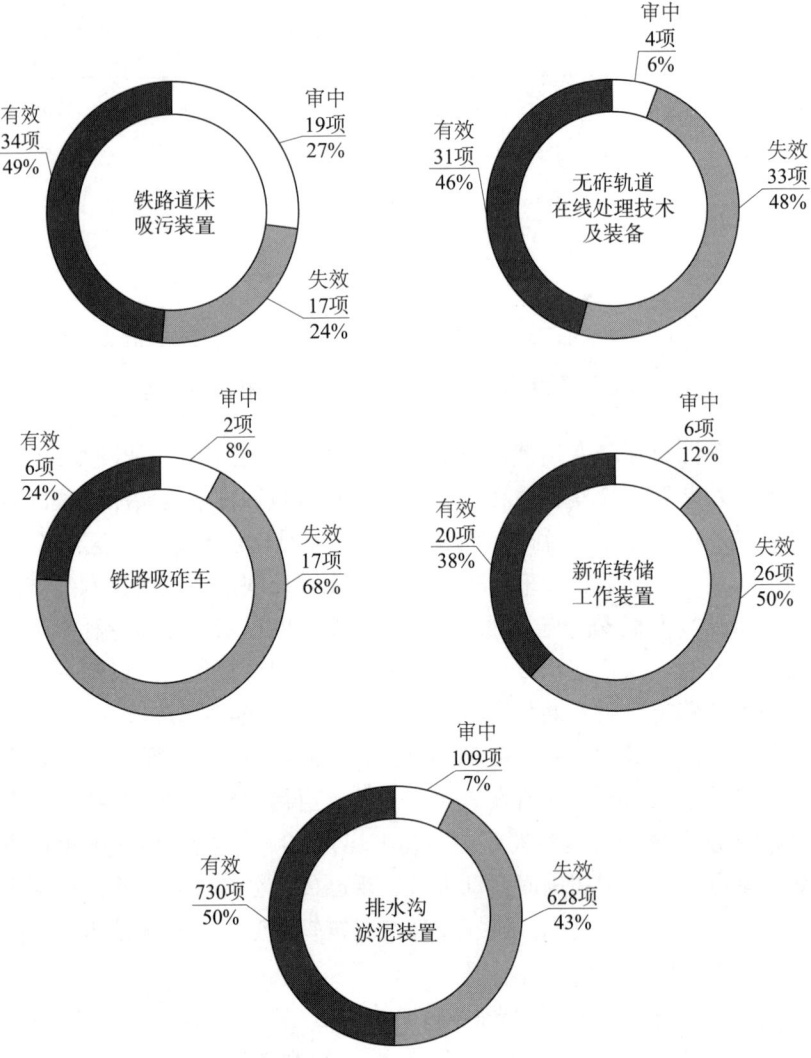

图5-10 专用技术相关专利的法律状态及占比

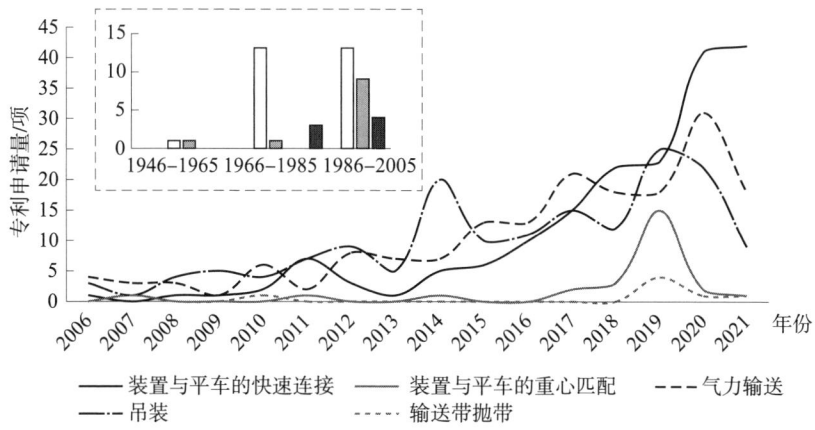

图 5-11 各通用技术三级分支申请趋势

从图 5-12 各专用技术三级分支的申请趋势可以看出，排水沟淤泥装置的相关专利申请量断层式高于其余四个分支，在 2017 年后的年均申请量显著增加，于 2020 年达到申请巅峰（290 项）。日本新明和工业株式会社是该方向上专利申请量最多的申请主体，近年来专利产出活跃，主要针对吸污装置的清污效果、装置结构等方面进行了技术探索与改进。

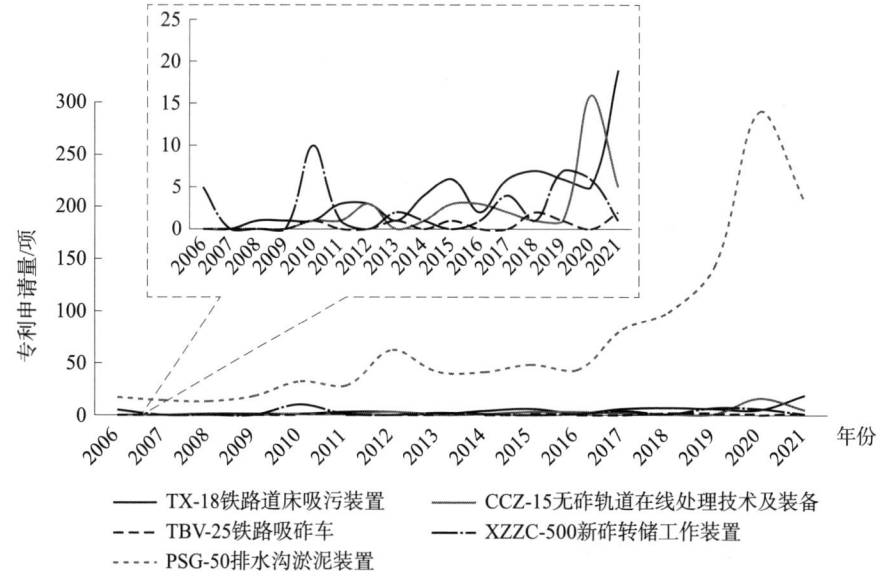

图 5-12 各专用技术三级分支申请趋势

除排水沟淤泥装置分支之外,其余四个分支的专利申请量均不足百项。从申请趋势看,铁路道床吸污装置方向的专利申请量稳步上升,于 2021 年达到巅峰(19 项)。无砟轨道在线处理技术及装备方向近年来有所发展,2020 年专利申请量激增,T 公司和泉州×××机械科技有限公司在当年针对上拱病害整治和仿形贴合定位技术共申请了 10 余项专利,特别是 T 公司在专利"铁路××吸污车"(CN×××2B)中对装置吸污性能技术改进效果明显,扩展同族累计被引 32 次。新砟转储工作装置的发展于 2010 年和 2019 年达到两次"小高峰",分别在当年申请有 10 项、7 项专利,T 公司是其中的核心申请主体,在专利"一种×××清筛机"(CN×××7U)中针对新砟转储的工作装置进行了技术改进,在提升作业效率的同时有效提升了施工人员的安全性,该专利 5 年内共被引 11 次,技术改进点突出。相较而言,铁路吸砟车方向的专利申请量始终维持在个位数,值得加大关注。

3. 技术生命周期分析

对联合养路机械领域通用技术中细分技术的技术生命周期情况做出详细分析,以便更好地了解联合养路机械领域通用技术的现状,推测未来技术发展方向。从图 5-13 中可以看出,装置与平车的快速连接、气力输送和吊装方向的技术正处于成长期,新进入领域的研发人员数量和专利申请量逐年递增,技术发展蒸蒸日上。相较而言,装置与平车的重心匹配和输送带抛带方向发展年份较短,专利申请人与申请量较少。

以装置与平车的快速连接技术的生命周期图为例,该技术在最初发展的前 5 年主要是个人申请人在进行技术探索,并通过专利申请的手段对已有成果加以保护。在此之后,以金鹰重型工程机械股份有限公司、中国中车等为代表的企业陆续加入技术创新的行列中来,企业的加入推动了技术的发展,分支的专利申请量自 2015 年左右逐年快速增加。相较而言,高校与科研院所开始进行技术探索的时间较晚,武汉科技大学、西南大学和重庆大学等一众高校于 2020 年之后才开始逐步有专利成果产出。可以预见,有了高校和企业对技术的不断探索,装置与平车的快速连接相关技术将得到长足的发展。

4. 全球主要地区技术主题比对

图 5-14 为联合养路机械各主要技术来源国家和地区的技术主题申请情况。总的来看,中国是技术的主要来源国,各分支的专利申请量较日、德、韩、美四国优势明显,在通用技术的装置与平车的快速连接、气力输送和吊装方向以及专用技术的排水沟淤泥装置方向产出了大量专利。我国更是新砟转储工作装置方向唯一一个拥有相关专利申请的国家。第二大技术来源国日本则着眼于排水沟淤泥装置方向的技术突破,专利量是第三名德国的两倍有余。

第 5 章 研发活动类专利导航应用案例

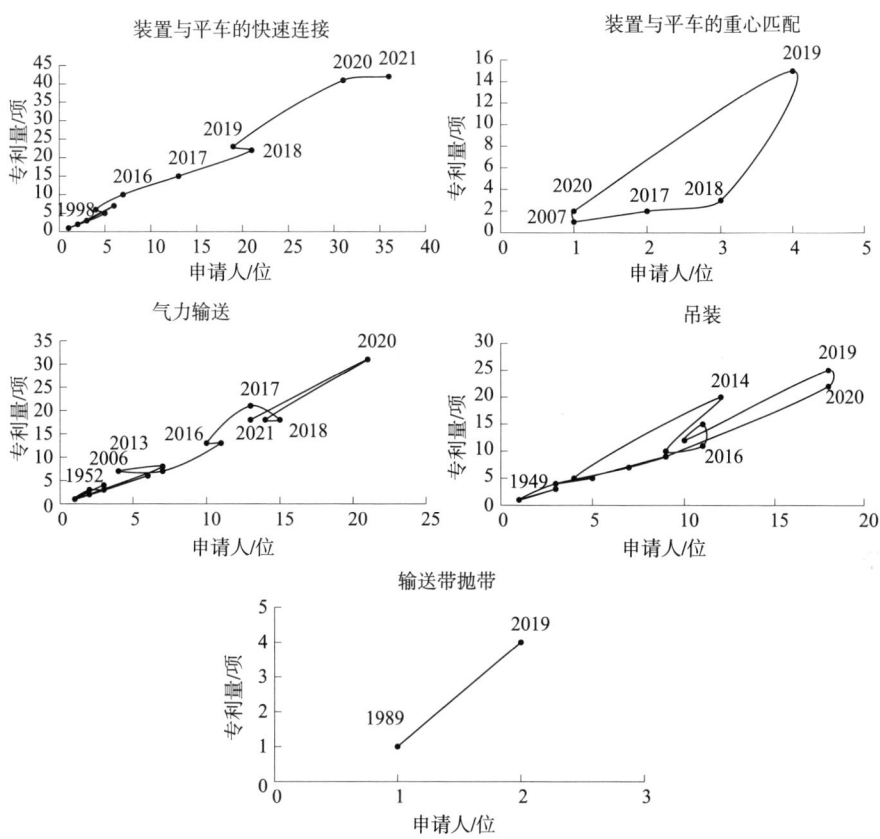

图 5-13 通用技术三级分支的生命周期图

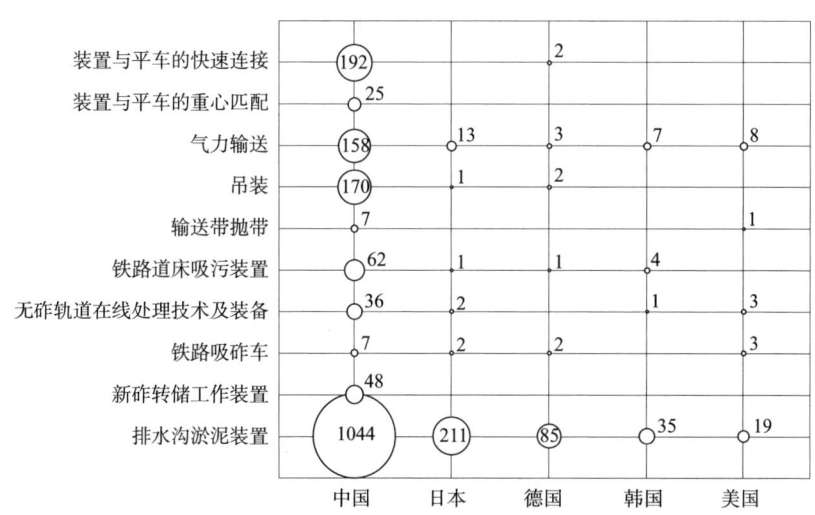

图 5-14 联合养路机械技术来源国技术主题对比（单位：项）

图 5-15 展示了联合养路机械各主要目标市场国家和地区的技术主题申请情况。可以看出,通用技术的装置与平车的快速连接、气力输送和吊装方向以及专用技术的排水沟淤泥装置方向是重要的技术布局领域,中国、日本和德国是主要的布局市场。此外,作为铁路发展较早的国家,奥地利以 82 项专利布局跻身目标市场国第五名,除本土申请人在本国布局了 39 项专利外,德国的申请人也在该国布局了大量专利。值得注意的是,专利申请人在奥地利的布局时间均在 2006 年及以前,近年来并无专利布局,说明近年来专利申请人已将布局重心转移至中、日、德等蓬勃发展的市场当中。

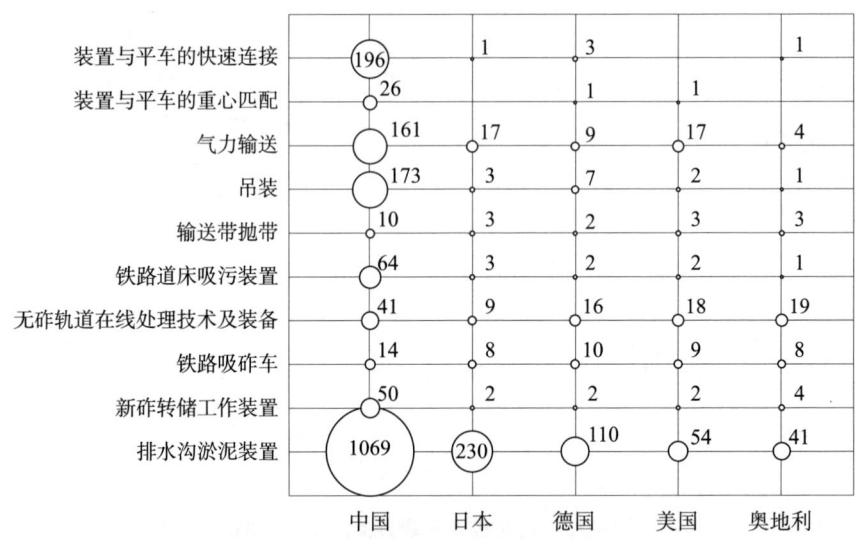

图 5-15 联合养路机械主要目标市场国技术主题对比(单位:项)

5.2.2.3 识别并监测主要竞争对手

1. 中国中车

中国中车是由中国北车股份有限公司、中国南车股份有限公司合并组建的,拥有世界领先的轨道交通装备研发制造平台,高速动车组、大功率机车、铁路货车、城市轨道车辆等产品全面达到世界先进水平,能够适应高温、高湿、高寒、风沙等各类复杂的气候环境条件,以及多样化的个性需求,是全球轨道交通行业实现产品类型全覆盖的企业之一。

截至检索日,中国中车共申请联合养路机械相关专利 55 项。如图 5-16 所示,2010 年至今,整体均保持较为平稳的增长态势,其中 2017 年和 2021 年分别提交了 9 项、8 项专利申请,是中国中车年申请量较多的年份。近年来，为适应我国铁路快速发展对线路维护提出的新要求，在国家及原铁道部的大力支持下，中车轨道工程装备通过技术引进、联合开发、消化吸收、自主创新的模式，逐步实现成果吸收转化、功能满足需求、技术创新领先的发展目标，全面掌握国际先进技术，创立系统完善的技术体系，开发了系列钢轨打磨车、钢轨探伤车、焊轨车、快速多功能综合作业车、边坡清筛机、起重机等一批具有国际水平的高端产品，形成了以钢轨维护、钢轨焊接探伤、多功能作业、边坡清筛和起重设备5大产品系列14个品种。除中国本土外，中国中车还较为重视俄罗斯市场的专利布局，以期在装备及相关产品的对俄出口等方面抢占俄罗斯市场。总体来看，经过多年的发展，中国中车在联合养路机械领域已具备了一定的技术力量储备，且呈现了积极的增长势头，值得引起关注。

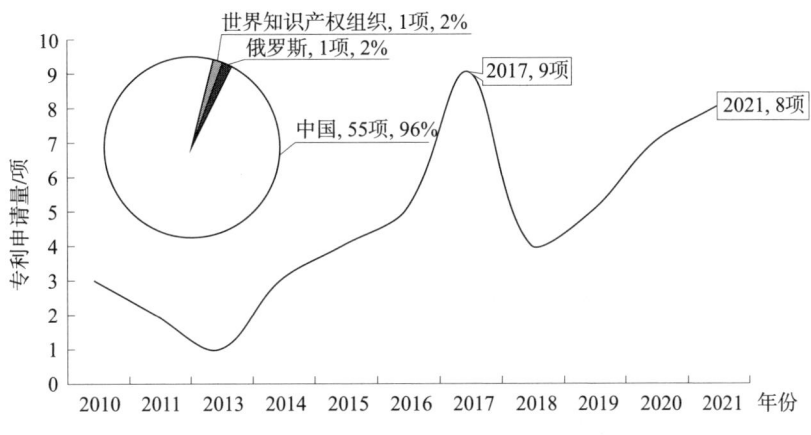

图5-16 中国中车相关专利申请发展趋势及目标市场分布

表5-3为中国中车在各技术分支上的时间分布图，不难发现中国中车主要的技术布局在装置与平车的快速连接、吊装及铁路道床吸污装置等技术领域，其技术几乎涵盖了联合养路机械关键技术的所有技术领域。近年来，中国中车全力开展关键核心技术攻关，截至2021年末，组建了8个协同创新团队，实施"先进轨道交通重点专项"7个研发方向共13个项目，当年新立机车、火车、城轨车辆等轨道交通产品、关键系统和零部件研发项目346个，各类项目有序进展。从各分支技术发展趋势来看，在装置与平车的快速连接、吊装技术方向上，中国中车从2015年至2021年基本均有稳定的专利产出，可见在上述方向上其始终保持着较大的研发投入力度。

表 5-3 中国中车近年相关专利技术布局特点

三级分支	申请年份						
	2015	2016	2017	2018	2019	2020	2021
1-1 装置与平车的快速连接	3	2	3	1		6	3
1-2 装置与平车的重心匹配				1			
1-3 气力输送			2	2			1
1-4 吊装	1		2	2	3	2	
2-1 TX-18 铁路道床吸污装置				2			3
2-2 CCZ-15 无砟轨道在线处理技术及装备			1				
2-3 TBV-25 铁路吸砟车							1
2-4 XZZC-500 新砟转储工作装置				1		1	
2-5 PSG-50 排水沟淤泥装置				1	1		1

2. 日本新明和

日本新明和工业株式会社创立于 1949 年 11 月 5 日,一直致力于"飞机""专用车""停车场系统""流体"这四大领域的业务拓展,相关主营业务及产品主要包括专用车(环卫、建设及物流相关车辆)、产业机械与环卫系统(自动电线处理机、环卫系统)等方面。

截至检索日,日本新明和共申请联合养路机械相关专利 49 项。如图 5-17 所示,自 20 世纪末起便开始进行联合养路机械专利技术布局,2006 年迎来近年来的申请波峰值,相关专利申请量达到 7 项,此后日本新明和的年申请量均维持在 2~5 项,进入较为稳定的发展阶段。日本新明和在中国的专利布局量已有约 2 项,可见新明和对于中国市场的重视程度较高,除了在日本本土的专利布局外,已着手在中国进行布局。结合新明和在中国设立的下属公司分布情况来看,目前在重庆、上海、台湾等地均已设立新明和子公司,其中新明和(重庆)环保科技有限公司主要从事污水处理设备的设计、制造、销售及售后服务,重庆耐德新明和工业有限公司则主要涉及垃圾中转设备与垃圾收集车等的制造和销售。

图 5-18 展示了日本新明和 2000 年以来相关专利技术布局变化趋势。由图可见,日本新明和近年来的专利申请主要集中于排水沟淤泥装置、气力输送技术方向,其中排水沟淤泥装置相关专利申请量始终占据最大比重。新明和于 2008 年提交了公开号为 JP5×××××B2(标题为××装置及配备××的吸泥车)的发明专利申请,该发明提供一种污泥吸引装置,能够根据吸引污泥

的距离高效率地进行污泥吸引作业。另外值得注意的是，该专利还曾被佛山高富中石油燃料沥青有限责任公司引用于专利CN10×××××4A（标题为一种污泥××装置）。

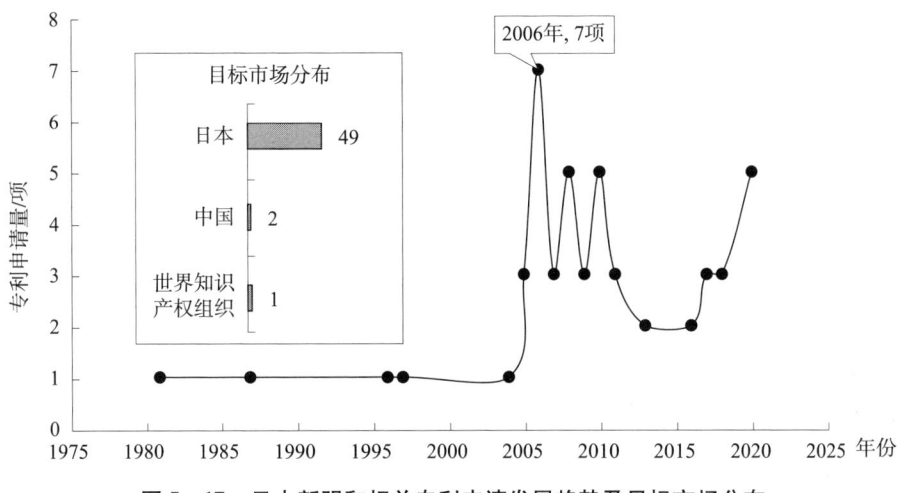

图5-17　日本新明和相关专利申请发展趋势及目标市场分布

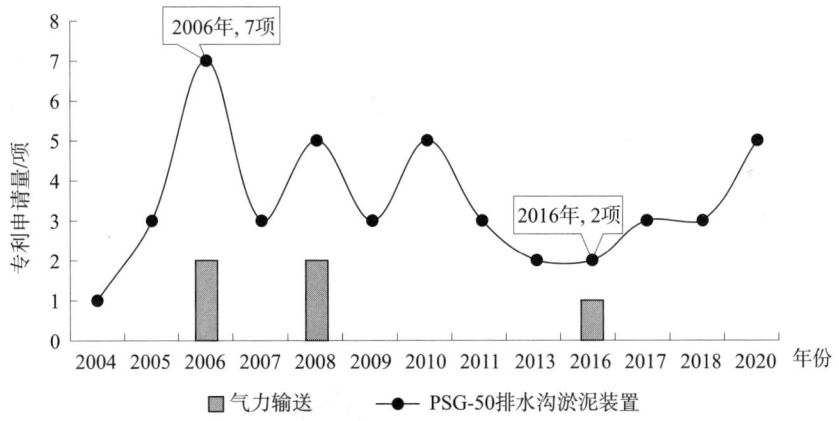

图5-18　日本新明和2000年以来相关专利技术布局变化

5.2.2.4　T公司在研项目专利情况

1. 专利申请趋势

截至检索日，T公司在联合养路机械领域相关专利申请量共计87项，整体保持持续上升的态势，图5-19展示出了T公司联合养路机械专利申请情况。T公司在联合养路机械领域的专利申请最早出现在2001年前后，2018年之前处于平稳发展期，专利申请量较少，历年申请量均不高；2018年后，依靠着多年的技术积累和长耕不辍的研发热情，T公司相关专利申请量开始逐步增长，2019年迎来一波"小高峰"，年申请量达到25项，T公司联合养路机械专利技术发展进入快速增长阶段。截至检索日，T公司联合养路机械相关专利申请量共计87项，由于近期的部分专利处在还未公开的阶段，随着更多专利申请陆续公开，相关申请量预计仍会有明显增加。

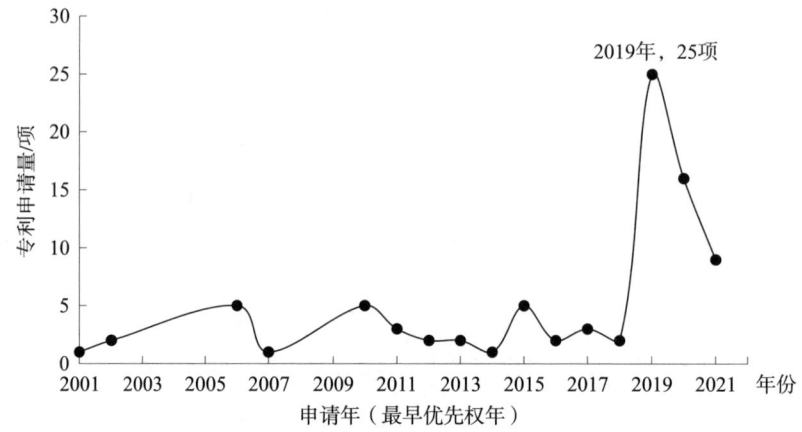

图5-19　T公司联合养路机械专利申请趋势

由图5-20 T公司联合养路机械专利类型及法律状态情况可以看出，其发明专利占到了55%的比重，相比实用新型高出10个百分点，说明T公司联合养路机械整体技术含量较高，优势较为明显。从已公开专利申请的简单法律状态来看，处于审中状态的专利占比为39%，与有效专利占比相近，表明T公司已公开的相关专利中增量申请已占据较大比重，这也与T公司目前所处在快速发展时期的情况相符，新加入领域内的申请人和专利申请量均在持续增多。

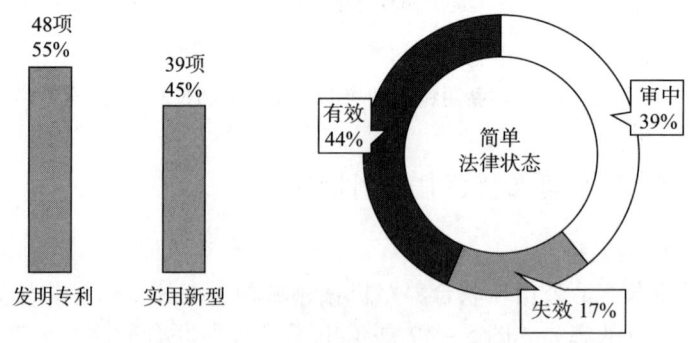

图5-20　T公司联合养路机械专利类型及法律状态

从存量专利的角度，即从有效专利和失效专利情况来看，有效专利占比最大，按有效专利占存量专利比重来看，T公司联合养路机械技术专利申请的授权率超过70%。据国家知识产权局工作数据统计结果，2021年我国共授权发明专利69.6万件，同比增长31.3%，发明专利授权率为55.0%。将T公司联合养路机械专利申请的授权率与2021年的这组数据进行对比，可以发现，T公司联合养路机械技术专利申请的质量相对较高，具备较强的竞争实力。

2. 市场布局分析

海外专利布局与企业的战略发展目标相关，需要考虑产业、市场等因素。图5-21为T公司联合养路机械海外专利布局的情况。T公司联合养路机械技术的海外申请仅占专利布局的14%，大部分专利仅在中国申请，海外布局能力相对较弱，说明目前T公司联合养路机械技术的市场主体仍在中国。此外，T公司海外专利申请的目标国家或地区分布不均，相比而言更集中在印度、巴西等"一带一路"沿线国家，可以看出，T公司积极响应国家"一带一路"倡议，审时度势优先将相关海外专利向"一带一路"沿线国家进行布局，为企业"走出去"以及产品出口奠定了基础。近年来，国内申请人在印度的专利布局逐渐增多，且印度的专利壁垒不高，有利于抢占其联合养路机械市场，未来仍可持续关注。

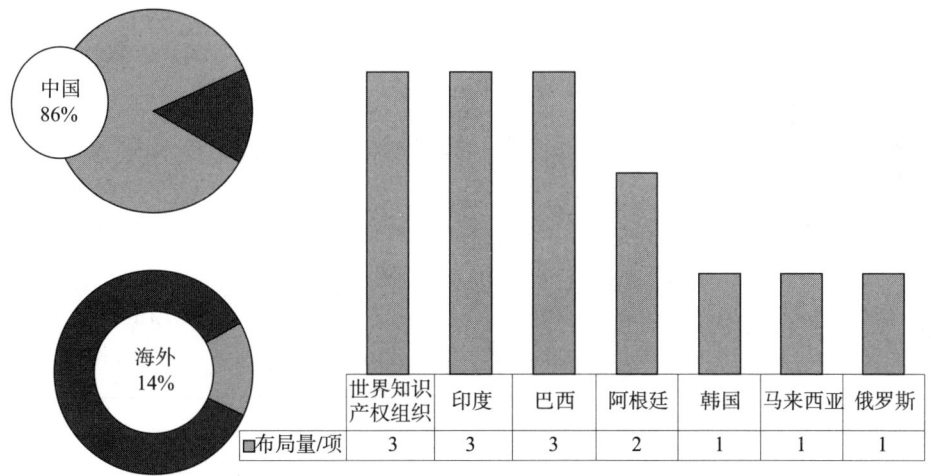

图5-21　T公司联合养路机械海外专利布局情况

3. 技术构成分析

图5-22展示了T公司联合养路机械各技术分支的申请量占比情况。从各技术分支分布可以看到，在通用技术领域，T公司对于装置与平车的快速连

接、吊装的申请量较多，专用技术中则更注重新砟转储工作装置、铁路道床吸污装置的专利申请，对于上述技术分支的申请量占比均在10%以上，反映出近年来T公司围绕养路机械相关技术领域持续投入研发，目前已经在联合养路机械诸多细分技术领域积累了较为丰硕的专利成果。

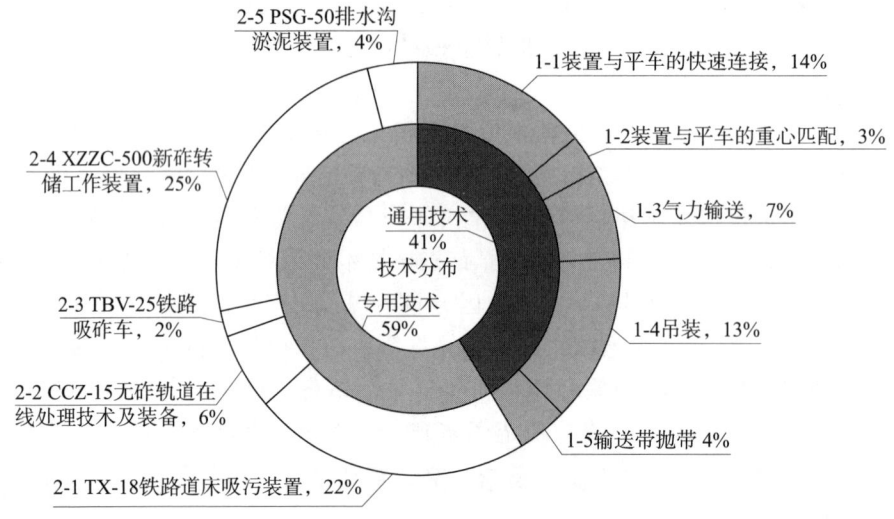

图5-22 T公司联合养路机械各技术分支分布情况

5.2.2.5 T公司在研项目技术方案的专利风险

以铁路吸砟车为例，围绕T公司关注的铁路吸砟车核心技术点（多自由度机械臂）开展数据检索，将检索所得专利按同族专利进行展开，根据产品特征对存在较高侵权风险的专利进行选择判断，最终得到表5-4所列风险专利清单。此外，针对铁路吸砟车相关技术，还筛选出了一批可供参考的潜在风险专利清单，以便研发人员在后续对照清单进行核查，及时排除风险。

表5-4 风险专利列表清单示例

序号	公开（公告）号	申请年	名称	申请人	法律状态
1	CN10××××deriv×9B	201*	用于××道砟的抽吸机	弗兰茨普拉塞铁路机械工业股份有限公司	授权
2	CN20×××××5U	201*	一种××清筛车	锦州B有限公司	授权
3	CN21×××××9U	201*	一种××大型清筛装置	昆明C有限公司	授权

需要说明的是，对于 T 公司关注的美国 M、瑞典 R 两家公司，以及关注的主要目标市场，本次检索结果显示，M 公司申请的专利 GB××××××A 已在德国进行专利布局，R 公司申请的 PCT 专利 EP3×××××B1 已在欧洲、俄罗斯、瑞典等国家/地区完成专利布局。也就是说，目前这两家公司在该领域的专利尚未在包括中国在内的目标市场进行专利布局。

关于专利 CN10××××××9B

专利 CN10××××××9B 包括一项独立权利要求 1 和 6 项从属权利要求 2—7，其中权利要求 1 请求保护一种抽吸机，用于吸取轨道的基床道碴，包括：

机架，可借助于××移动，且还包括真空发生器和吸入管，××××，旋转驱动装置与××相关联，其特征在于：

a) 在所述吸入口的区域，××，所述××设计成××在基本位置和操作位置之间摆转；

b) 在基本位置上，××，所述××构成所述吸嘴的断面的一部分；

c) 在操作位置上，所述××从所述吸嘴的吸入口径向地突伸出，其中，××。

该专利包括 4 项同族专利，分别分布在中国、奥地利和巴西。

经过对比可知（见表 5-5），T 公司铁路吸砟车产品（基于 CN××3A、CN××9A）覆盖了专利 CN10××××××9B 权利要求 1 的全部技术特征，存在对权利要求 1 的侵权风险，需提前做好风险应对预案。

表 5-5 企业技术方案和专利文献 1（CN10××××××9B）的特征对比分析表

		专利 CN10××××××9B	T 公司铁路吸砟车产品（基于 CN××3A、CN××9A）	比对结论
权利要求 1	(1)	一种抽吸机，用于吸取轨道的基床道碴	一种铁路道床道砟吸收车	相同
	(2)	包括机架，可借助于××移动	连接平台（相当于机架），可通过××移动	相同
	(3)	且还包括真空发生器和吸入管	连接平台上侧设置有风机系统（相当于真空发生器）固定套管总成（相当于吸入管）	相同
	(4)	所述吸入管借助于××相对于机架横向地和铅直地调节	固定套管总成借助于××相对于连接平台铅直地调节。固定套管总成借助于××相对于连接平台横向地调节	相同

续表

		专利CN10××××9B	T公司铁路吸砟车产品 (基于CN××3A、CN××9A)	比对结果
权利 要求1	(5)	其中,与具有××并可通过所述位移装置移动的所述××连接的××具有位于端部元件上的××吸入口	固定套管总成具有××,固定套管总成连接有××,具有××,所述××具有用于吸取道砟的吸入口	相同
	(6)	所述吸入口位于××的平面上	所述吸入口位于××的平面上	相同
	……	……	……	相同

5.2.2.6 重点技术领域重点和热点技术方向

以排水沟淤泥装置为例,如图5-23所示为T公司关注的清污车相关领域专利技术功效矩阵图,我们发现,在清污车的技术研发过程中,大部分的研究均着眼于提高效率、提高清污效果和增强实用性等技术功效,由此可见,这些效果是本领域中的热点。为实现上述技术功效,所用的技术手段多集中在改进气动清污机构、吸污管组件、机械清污机构等方面,这些区域即为技术密集区。该区域内拥有较多专利布局的申请人主要包括日本新明和工业株式会社、森田特殊机工株式会社、淮安市专用汽车制造公司等,在对该区域进行专利挖掘时要注意防止进入竞争对手的布局雷区,导致挖掘的技术方案不能授权甚至构成侵权,对于已有的核心专利应该采取规避设计。

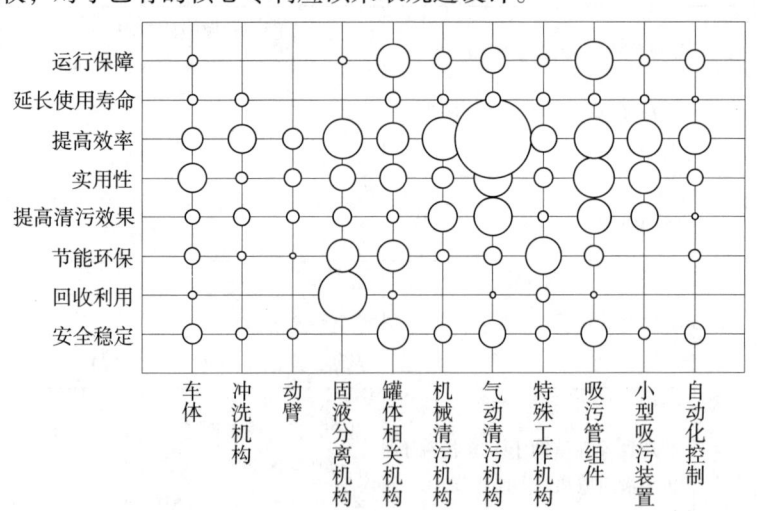

图5-23 清污车相关领域专利技术功效矩阵

为了达到延长使用寿命和回收利用等技术功效，本领域较少从车体、冲洗机构、动臂、机械清污机构、小型吸污装置和自动化控制等角度去涉足，因此这些区域为技术空白区。具体而言，在技术效果中，延长使用寿命包括减少磨损、减少腐蚀等方面，回收利用则包括污水过滤二次冲洗、污物污水分隔回收等方面；在技术手段中，车体包括整车结构空间布局、底盘重心、发动机等方面，冲洗机构、动臂和机械清污机构则均为吸污车中清污装置的主要组成部分，小型吸污装置则是指依靠滑轮行走的小型清污装置，自动化控制为利用系统控制等节省人力操作的改进。在这些区域进行专利挖掘时，会有更大的余地，但是同时应当从本领域技术人员角度上充分地考虑技术可行性以及市场前景等因素。该区域部分重点专利及技术手段效果如表5-6所示。

对于实现保障运行、节能环保和安全稳定等技术功效的研发区域大部分属于技术稀疏区，其中运行保障主要包括防堵塞、防溢流、密封性等方面，节能环保主要为降低运输能耗、避免废气废水排放污染环境等方面，安全稳定则包括人员操作安全性、车辆运行稳定性等方面。目前，对以上区域的技术改进手段主要涉及罐体相关机构、吸污管组件等方面，其他技术手段的专利申请较少。在对该区域进行研发时，可以从已有专利的改进着手，进一步挖掘关键专利，另外也要加大研发力度，综合各方面因素，挖掘形成自己的核心专利，占据有利先机。该区域部分重点专利及技术手段效果如表5-7所示。

5.2.2.7　T公司在研项目专利布局策略

1. 联合养路机械专利宏观分析和预警

从国内外申请趋势看，全球联合养路机械领域专利申请量呈稳步增长，2009年起国内逐步摆脱了对于国外相关专利申请量的追赶态势，年申请量首度超越国外。近年来中国申请量的持续走高进一步推动了全球产业发展提速，市场不断扩大，技术的吸引力凸显，介入企业增多，于2019年迎来申请"小高峰"，申请量远超美国、日本、欧洲和韩国。而作为全球铁路规模最大的国家，中国同样是全球联合养路机械领域最大的技术目标市场国，布局量远超日本、德国、美国和奥地利。

从专利布局看，通用技术中的"装置与平车的快速连接"、"气力输送"、"吊装"方向和专用技术中的排水沟淤泥装置方向是重要的技术产出与专利布局领域，众多申请人在领域内竞相布局专利，T公司、中国中车、日本新明和是领域内重要的研发主体。就T公司相关专利数据而言，目前T公司已经对于两项联合养路机械领域内的专利开展了海外专利布局，巴西、韩国、俄罗斯、印度是主要的出海市场国，新砟转储工作装置是"走出去"较为成功的技术方向。

表 5-6 排水沟淤泥装置技术空白点区域部分重点专利

公开（公告）号	申请日	标题	专利权人	技术手段效果	附图
CN21××××××0U	2019-06-26	一种×××下水道疏通清洗车	徐州X有限公司	硬质管路与软质管路的配合，能够降低吸污管路的×××，延长下水道疏通清洗车的××的使用寿命与可靠性	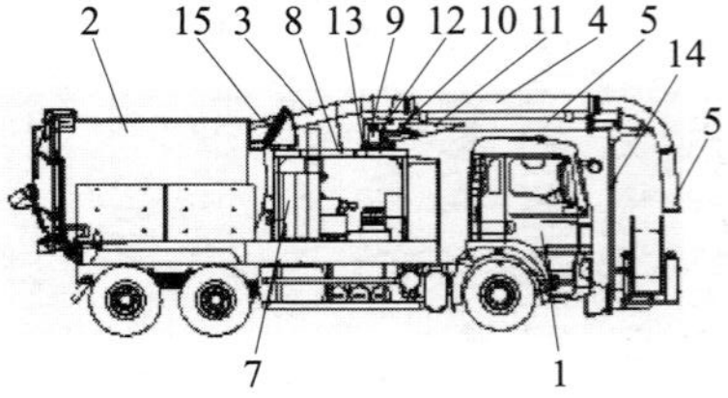
CN20××××××6U	2018-09-03	一种×××的生活垃圾吸污车	江西Z有限公司	采用×××设计，垃圾吸入罐体内送到垃圾中转站后，直接打开吸污车×××开关，从×××进入吸污车内，水直接对吸污车进行冲洗	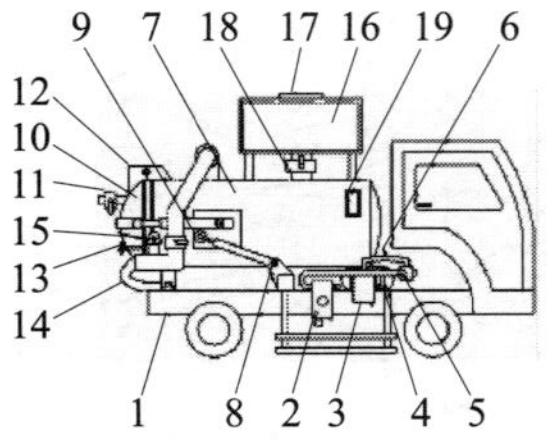
CN20××××××6U	2012-03-29	一种×××污车×××清洗装置	淮安S有限公司	疏通软管导向座内设置有×××装置，有效清除×××黏附杂质，提高了联合吸污车在作业过程中的××性能，延长了疏通软管的使用寿命	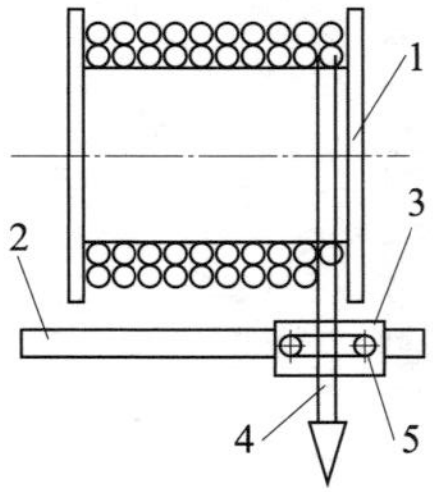

260

续表

公开（公告）号	申请日	标题	专利权人	技术手段效果	附图
CN20×××××9U	2018-12-06	一种×××联合吸排车	武汉Y有限公司	将×××物料进行分类抽取和储存和物料过滤的能力，去除×××中的杂质，将×××中的水和泥浆类物料进行分离，同时设计×××机构，对分离出的水进行×××后再排出	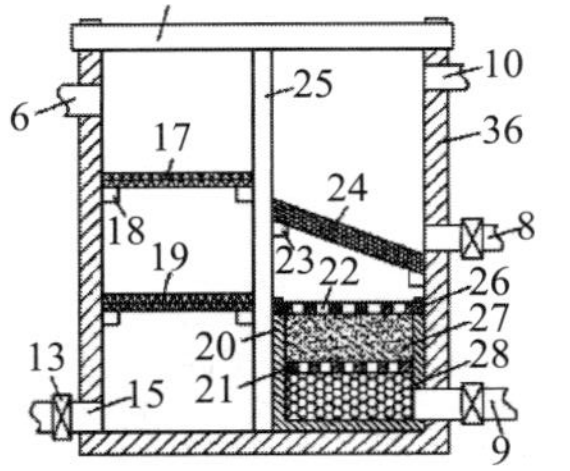
CN21×××××2U	2020-07-17	一种×××联合吸排车	江苏J有限公司	设置的×××和涡轮，从滤芯的内部进行反冲洗，同时反冲管转动，能够对滤芯进行×，便于对滤芯进行清理	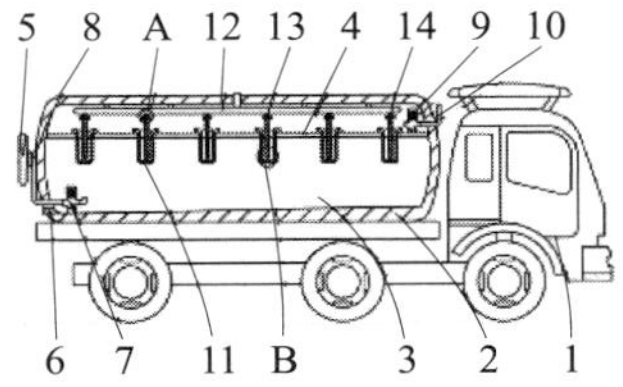

261

表 5-7 排水沟淤泥装置技术稀疏区域部分重点专利

公开（公告）号	申请日	标题	专利权人	技术手段效果	附图
CN10××××1B	2018-03-16	一种×××污泥清除装置	河北 G 大学	接线端接通×××机构，获取准确排水沟污泥量和给出的×××值，调节阀对污泥吸取力度×××，保障吸取口的通畅和电动机的正常运行，确保隧道内环境清洁	
CN10××××7B	2018-03-12	一种吸污净化车	福建 H 股份有限公司	采用×××作为吸污泵，采用×××对絮凝后污水进行脱水，专用装置均通过×××装置集中控制，整车体积小，作业效率高，噪声低，无二次污染	

续表

公开（公告）号	申请日	标题	专利权人	技术手段效果	附图
CN21××××6U	2019-09-04	一种×××淤泥清理装置	西南J大学	通过设置有×××号××将堆积在池底的淤泥××实现化整为零，便于污泥泵对淤泥的吸取	
CN20××××8U	2014-12-01	一种吸粪车×××装置	苏州J有限公司	罐内液体达到×××时，×××使控制电路收到×××后控制线路电源，防止发动机内液体进入×××造成×××损坏，保证对罐内液位的控制	

专利布局是一个延续性阶段性分周期进行的工作，要视研发动向、市场态势以及产业生态格局而变。从现阶段T公司已积累的专利基础以及专利布局宏观趋势出发，为T公司现阶段专利布局提供以下建议。一方面，加强进行国内的知识产权布局，同时针对本土制定专利风险预案。在进军美、日、欧等专利保护环境相对成熟的市场时同样需要做好充足的风险预案，防范侵权事件的发生。另一方面，对于西班牙、波兰等专利风险较低的国家，T公司尚未开展专利布局，可以抓住当下进行专利布局的良好时机，加速构建专利壁垒。此外，T公司还可以依托国内"一带一路"总体规划，结合现有专利基础，加紧在印度等"一带一路"合作伙伴进行核心专利的布局。

从市场专利壁垒来看，联合养路机械技术的海外专利布局主要集中在日本、美国、韩国和欧洲的德国、西班牙等国家，这些国家是联合养路机械专利布局的主要目标市场。其中，中国、日本和美国专利保护环境相对成熟，有利于企业运用专利武器压制竞争对手，因此我国企业不仅要在本土做好专利风险预案，在进军美国、日本、欧洲等市场时同样需要做好风险预案。中国本土市场是专利布局最多的区域，尤其是在排水沟淤泥装置相关技术方向目前已积累数量较多的有效专利。随着中国知识产权环境的不断改善，专利纠纷会逐渐向中国迁移，因此国内企业需要抓紧时机，做好技术储备，以备不时之需。

2. 微观层面的专利风险管控

在技术创新过程中，企业除了要面对可能存在的宏观专利风险，更多的是要面对单件专利带来的微观专利风险，即产品侵犯已有专利的专利权。目前T公司的铁路吸砟车产品（基于CN×××3A、CN×××9A）、铁路轨枕上拱病害产品（基于CN×××0B）已投入实施，为了避免产品后续投入国内外市场遭遇专利侵权风险，特对上述产品技术方案进行专利风险排查，形成相关风险专利清单。

经过与重点（侵权）专利比对分析，认为T公司现有铁路吸砟车产品完全覆盖了弗兰茨普拉塞铁路机械工业股份有限公司在专利"用于吸取轨道的基床道砟的抽吸机"权利要求1中的全部技术特征，存在较大侵权风险。而现有用于处理铁路轨枕上拱病害的产品分别完全覆盖了泉州×××机械科技有限公司"一种×××移动驱动机构"、"一种用于×××的机架定向机构"和"一种×××的机架水平调节机构"专利中权利要求1的全部技术特征，同样存在较大侵权风险。鉴于泉州×××机械科技有限公司现属于T公司的合作开发企业，发生诉讼的可能性并不高，T公司可以预先准备好风险预案。进一步地，T公司仍需持续跟踪重点技术领域与分析竞争对手的专利情报，如弗兰茨普拉塞铁路、美国M公司、瑞典R公司等，及时避免产品的重复开发或者造成专利侵权。另外，T公司可以进行常态化、动态化的专利风险识别和风险控制，通过常态化研究预警机制，及时开展专利查询与分析，全面掌握相关的专利情况。当可能发生侵权风险时，在时机窗口存在的情况下要及时作出产品的规避设计。更重要的是，在研发获得新成果时，及时将新的技术成果申请专利。

3. 联合养路机械专利挖掘及布局建议

从重点技术发展的角度看，降噪是气力输送技术的主要技术改进方向，降噪对象主要包括动力源、风机、风路、吸嘴等，降噪类型涉及隔离降噪、结构降噪、设备降噪和消声降噪。消声降噪方向是气力输送的技术密集区，申请主体利用设置消声器、膨胀管道、衰减管道或多级消声系统等手段来实现物料输送过程中的降噪，T公司在对该区域进行专利挖掘时要注意防止进入竞争对手的布局雷区，导致挖掘的技术方案不能授权甚至构成侵权，对于已有的核心专利应该采取规避设计。相比而言，风机的结构降噪、反噪声降噪，风路的综合降噪和隔离降噪，以及针对气力输送系统中除尘器、分离器等结构进行改良实现降噪的专利申请较少，是适宜进行专利布局的技术稀疏区，T公司可以从已有专利的改进着手，进一步挖掘关键专利，另外也要加大研发力度，综合各方面因素，形成自己的核心专利，占据有利先机。

高精度与高效地进行定位是仿形贴合定位的主要改进方向，申请主体通过利用铁轨、轨道板、承轨台、控制点或器械自身参考系统来进行精准定位。利用铁轨或器械自身参考系统进行高精度定位是仿形贴合定位技术的技术密集区，利用自身参考系统进行定位的方法多种多样，包括利用机器自身定位模块、机器内部传感器和机械框架等。以承轨台作为参照标准进行定位尚属目前的技术空白点，仅T公司在该方向有两项专利产出，建议T公司依托现有的先发优势与技术基础，在领域内不断深耕，利用专利布局构建技术壁垒。此外，关注风险专利，辅助并持续推动研发活动。

排水沟淤泥装置技术在研发过程中，申请主体主要在提高清洁效率、清污效果和增强实用性等方面进行了技术功效改良，对气动清污机构、吸污管组件、机械清污机构等结构进行的改良是当下的技术密集区，日本新明和工业株式会社、森田特殊机工株式会社、淮安市专用汽车制造公司等申请主体已在该领域进行了较多布局。T公司目前已有一定专利产出，仍需持续关注主要创新主体研发动向及相关风险专利。相较而言，实现保障运行、节能环保和安全稳定等技术功效的研发区域大部分属于技术稀疏区，而以延长使用寿命和回收利用等技术功效对车体、冲洗机构、动臂、机械清污机构等进行改进的领域尚属技术空白区，该区域值得持续挖掘与关注，同时也要注意从本领域技术人员角度上充分地考虑技术可行性以及市场前景等因素。

5.3 案例解析

应用案例遵循《专利导航指南 第 1 部分：总则》（GB/T 39551.1—2020）和《专利导航指南 第 5 部分：研发活动》（GB/T 39551.5—2020）的基本要求，从专利文献公开的内容入手，综合评价当前在研项目所涉及的产业发展环境、技术发展态势、是否存在专利风险，以及存在专利风险时如何通过技术方案优化或规避设计等方式来改进布局策略，最终保证在研项目执行效果的有效性和安全性。

以下根据标准条文，对应用案例项目实施的基础条件、项目启动、项目实施、质量控制、成果产出、成果运用及绩效评价等几个方面进行简要解析。

5.3.1 基础条件解析

根据标准要求，实施研发活动类专利导航，宜具备的信息资源包括世界知识产权组织规定的专利合作条约（PCT）最低文献量专利数据资源及相应的检索工具；与专利导航需求密切相关的产业、科技、教育、经济、法律、政策、标准等信息资源；与专利导航需求密切相关的企业、高等学校和科研组织等信息资源；产业环境相关信息，包括产业规划、产业政策等信息；产业相关统计数据；产业相关主要法人及自然人创新活动及市场活动信息。宜由专业人员负责项目管理、信息采集数据处理、导航分析和质量控制等工作，技术人员宜具备项目所属技术领域的教育背景，近 3 年连续在相关技术领域从业。

本案例遵循《专利导航指南 第 5 部分：研发活动》（GB/T 39551.5—2020）的基本要求，以专利数据为基础，综合运用了多种数据资源，结合产业政策市场环境、所在企业技术发展情况、竞争对手技术方案和在研项目重点热点技术方向，为企业制定相关专利布局政策。

根据《专利导航指南 第 1 部分：总则》（GB/T 39551.1—2020）中 4.1 的规定，在基础条件上，本案例的信息资源包括与专利导航需求密切相关的产业、科技、教育、经济、法律、政策、标准等信息资源，与专利导航需求密切相关的企业、高等学校和科研组织等信息资源，以及产业相关统计数据。基于以上信息资源，制定分总式检索式，然后在中国专利文摘数据库和 DWPI（德温特世界专利索引数据库）中检索分析所需专利数据。本案例项目组成员为熟悉专利导航业务，具有 6 年专利导航项目工作经验且具备机械领域专业背景的人员。

5.3.2 项目启动解析

按照标准要求,专利导航项目启动包括确定项目负责人、需求分析、组建项目团队和制定实施方案等内容。本项目首先确定了经验丰富的项目管理人员张某作为项目负责人。在明确了本项目是以对在研项目的技术研发情况及其技术竞争环境进行综合分析、提出风险规避及技术方案优化建议为目的的辅助研发过程的专利导航项目后,项目负责人组建项目实施团队,明确任务分工,严格把控项目实施进度及完成质量,如表5-8所示,以确保成果内容能够切实帮助企业的技术优化。本次项目确定以3名专利咨询师作为信息采集人员,负责专利信息、技术信息等数据采集工作;2名专利咨询师作为数据处理人员,负责数据清洗和标引;2名高级专利咨询师作为专利导航分析人员,负责指标体系的构建;3名高级专利咨询师负责专利预警与挖掘分析;1名高级专利咨询师作为质量控制人员,负责评价检测专利导航分析成果。

表5-8 联合养路机械专利预警与挖掘分析报告实施计划

序号	项目内容		实施时间
1	区域发展现状调研		1周
2	数据采集阶段		2周
3	专利导航分析	市场情况分析	1周
		技术发展情况分析	
		重点技术专利挖掘	2周
		竞争对手情况分析	2周
		研发主体情况分析	
4	成果验收与推广		—

实施进度计划制定完毕之后,项目即可进入实施阶段。

5.3.3 项目实施解析

5.3.3.1 信息采集解析

按照《专利导航指南 第1部分:总则》(GB/T 39551.1—2020)中的描述,信息采集过程应根据项目需求分析报告,开展针对性的信息检索,采集相关信息。在信息采集环节,本项目根据产业发展环境和技术发展态势,结合项目研发具体需求，确定数据获取的重点方向以及检索策略。由于辅助研发过程的专利导航实施过程对技术分析要求高且相对微观，因此，对信息采集环节的准确性以及聚焦性的要求更高，以为后续调整专利布局策略提供充足、有效的数据样本。此外，本案例对通过工具书、期刊文献等不同途径获得的技术方案描述格外关注，也进行了充分收集和全面理解，以提高技术分析环节的精准性。

5.3.3.2 数据处理解析

以辅助研发过程为目标的研发活动类专利导航项目实施对数据处理的要求与《专利导航指南 第1部分：总则》（GB/T 39551.1—2020）的要求一致，根据专利导航分析的需要将采集到的专利信息和非专利信息按照特定的格式进行数据整理，通过清洗、筛选、标引等方式对检索到的原始数据进行规范化处理，生成内容完整、形式规范的数据信息。

由于本项目主要关注的是辅助研发过程，更加关注法律维度的风险问题，因此，在数据处理过程中，除了要满足《专利导航指南 第1部分：总则》（GB/T 39551.1—2020）中对数据处理的基本要求外，还重点收集文献的法律信息，包括当前状态，是否存在诉讼、许可质押或转让等行为，并对上述信息进行标引。同时，本项目也涉及较多技术的微观化分析，因此，也需要重点关注对技术本身的判断、重点专利或其他相关技术内容的筛选，在数据初步去噪后，信息采集人员与技术人员共同进行人工筛选与多维度标引，从而保证在后续的分析中得出有价值的结论。

5.3.3.3 专利导航分析解析

以辅助研发过程为目标的研发活动类专利导航项目实施对专利导航分析的要求与《专利导航指南 第5部分：研发活动》（GB/T 39551.5—2020）的要求一致，分析步骤与方法一般包括：通过分析技术所在产业的政策环境、发展趋势、产业链结构、市场需求等情况，评价在研项目当前的产业发展环境；通过分析技术所在产业的技术发展趋势、主要技术路线、替代技术发展状况、技术竞争强度等情况，评价在研项目的技术发展态势；识别并监测主要竞争对手，通过分析其技术路线、技术方案、专利布局、可能的竞争行为等情况，评估在研项目相关技术方案的专利风险；通过分析在研项目相关技术领域的技术构成、总体趋势、专利技术活跃度、技术功效矩阵、具有较高水平的专利（或专利组合）等，综合判断该技术领域的重点和热点技术方向，为在研项目提供技术路线或技术方案的优化建议，并为可能涉及专利风险的技术方案提出规避设计建议；综合分析在研项目的产业发展环境、技术发展态势、专利风险及技术方案的优化或规避设计建议，制定专利布局策略。

本案例在对产业发展环境进行分析时，对于全球联合养路机械的申请趋势、申请人排名、技术来源国和目标市场国，以及市场专利壁垒进行了分析，对于联合养路机械的发展前景、主要申请人和在各国进行专利布局的壁垒情况等信息做出了解释。围绕全球联合养路机械的技术构成、各技术专利申请趋势、各技术生命周期和技术来源国与目标市场国的技术主题比对展开了分析，全方位剖析了在研技术的发展情况。同时，对重点技术进行了专利挖掘，为清污车等三个重点技术领域绘制了功效矩阵，揭示了其技术中涉及各部件的创新点分布情况。对中国中车和日本新明和两家具有代表性的竞争对手进行了申请趋势和目标市场以及布局结构等信息的分析，了解竞争对手的布局策略，作为自身专利技术布局的参考。对于委托方研发主体的专利申请趋势、市场布局、技术构成展开了分析，为研发主体的铁路吸砟车等两个重点技术领域分别筛选了风险专利列表，并且进行了重点（侵权）专利侵权分析，得出了部分专利存在高风险的结论。进一步地，就重点专利技术进行挖掘，对各技术领域的主要技术改进方向、技术密集区与技术稀疏区进行了揭示。

5.3.4 质量控制解析

以辅助研发过程为目标的研发活动类专利导航项目实施对质量控制的要求与《专利导航指南 第1部分：总则》（GB/T 39551.1—2020）的要求一致，按照标准要求，专利导航分析质量控制宜确保专利导航分析模型的有效性及分析方法的恰当性；分析结论的可靠性，可通过自我评价、需求方评价、第三方评价等方式进行检验。质量控制关系到辅助研发过程的专利导航工作结论的正确与否，若没有严格的质量控制，将难以保证研究结论的正确性，因此，质量控制需要贯穿专利导航工作各环节。

本项目除满足《专利导航指南 第1部分：总则》（GB/T 39551.1—2020）中6.4.5关于质量控制的统一要求外，由于该应用场景是针对辅助研发过程，因此，具体执行或监督人员在技术环节加强沟通，质量控制的各环节应由本领域专家或专业技术人员共同完成，从而提高质量控制的精准性。本应用场景主要为辅助研发过程服务，因此，在分析过程中适当弱化对专利宏观统计指标的分析，并加强技术分析部分的描述，例如，对当前研发主体的重点技术进行侵权比对，提出围绕已有专利布局现状如何开展后续研发的规避建议，以及采用哪一类的专利布局策略来提升技术研发的有效性等。

5.3.5　成果产出解析

辅助研发过程的研发活动类专利导航的成果产出标准与《专利导航指南 第1部分：总则》（GB/T 39551.1—2020）成果产出内容相一致，包括专利导航分析报告和数据集。根据标准要求，专利导航分析报告需要包括项目需求分析、信息采集范围及策略、数据处理过程与方法、专利导航分析模型和分析过程、结论和建议；数据集包括规范的数据信息和专利导航分析中形成的其他相关数据信息。总则中对成果产出质量控制的要求是要确保整体研究的系统性、分析方法的科学性、成果呈现的规范性。

本案例的成果包含研发活动类专利导航报告、数据集、研发路线优化方案及需关注的专利清单，留存了 Word、Excel 等格式的源数据，以方便后续数据的多角度展示和浏览。对于质量控制部分，保证分析项目整体质量可控，并在系统性、科学性和规范性方面加强监督，保证最终成果符合 T 公司实际需求。相较于其他类型的专利导航成果，本案例更加关注其是否能够完整呈现技术分析的核心内容，数据信息是否可支撑研发主体后续需求，并提供有效、准确的结论建议。

5.3.6　成果运用及绩效评价解析

辅助研发过程的研发活动类专利导航的成果运用标准与《专利导航指南 第1部分：总则》（GB/T 39551.1—2020）成果运用内容相一致，应建立专利导航成果运用工作机制并采用多种途径应用专利导航的决策建议。专利导航成果运用工作机制宜包括以下内容：建立成果运用的相关规定和工作流程，确定责任部门、参与单位；制定成果运用的组织实施方案；对成果运用的实际效果进行评价和跟踪。采用多种途径应用专利导航的决策建议则包括支撑制定研发活动等活动的实施方案等运用方式。对于绩效评价部分的标准要求也与《专利导航指南　第1部分：总则》（GB/T 39551.1—2020）绩效评价内容相一致，由专利导航成果需求方或企业管理者代表作为评价的主体，采取以关键绩效指标为核心的目标管理评价方法，对项目成果的采用程度、经济效益和社会效益进行评价。

在本案例的成果运用阶段，T 公司针对在研项目通过专利导航成果更加明确了在联合养路机械领域的技术路线和热点技术，并对公司自身技术方案的优化方向提供了重要参考，积极围绕专利导航成果中建议的技术点进一步挖掘和风险规避，加强了对在研项目的后续研究力度和专利布局工作，最终基于 T 公司现有技术基础挖掘出多个新的技术改进点并制定专利布局策略，提出了多件专利申请为 T 公司新产品的推出保驾护航。

在本案例的绩效评价阶段，专利导航成果已满足 T 公司对在研项目的实际需求，T 公司研发部门针对技术方案优化建议综合评估后认为参考性较高，协同其知识产权部门积极推动专利布局策略实施，在全方位保护在研项目技术成果的同时减少研发经费和研发周期，从技术和经济的角度均收到了良好效益。此后，将逐步开展专利导航分析作为研发过程中的重要环节和依据。

第6章 人才管理类专利导航应用案例

6.1 概　述

党的二十大报告指出，人才是全面建设社会主义现代化国家的基础性、战略性支撑，人才是第一资源。在深化供给侧结构性改革、激发各类市场主体活力、实现高质量发展方面，人才无疑已是区域发展、产业发展、企业发展最关键，也是最急缺的要素。中国各地正在竞相通过优惠政策吸引人才，全国多个城市从拼投资、拼产业更多地转向了争夺人才。

人才是创新的根基，如何遴选一流的创新人才，如何高效地识别、选拔、评价创新人才，对产业、企业发展具有重要意义，对于获得科技竞争优势、提升创新主体竞争力具有重要意义，但很多用人单位仍存在找不到对口人才、不懂如何甄别人才、不了解人才是否有"真才实学"等问题。以专利数据为基础，运用专利导航方法，开展人才管理类专利导航正是为了探索性地解决这些问题。

根据《专利导航指南　第1部分：总则》（GB/T 39551.1—2020）的定义，人才管理类专利导航是指支撑人才遴选、人才评价等人才管理决策的专利导航。人才管理类专利导航以服务人才的综合管理为基本导向，以专利数据为基础，通过构建专利数据、科技数据、企业数据、信用数据、市场数据等多维数据的关联分析模型，解构特定领域创新型人力资源分布及流动与专利、科技、企业及市场活动的互动关系等关键问题，针对人才遴选方向、人才综合评价等具体人才管理活动提供决策支撑。

《专利导航指南　第6部分：人才管理》（GB/T 39551.6—2020）是系列指南标准中用于组织开展和具体实施人才管理专利导航类项目的标准。人才管理类专利导航指南标准定义了两种应用场景，如图6-1所示。一是以人才遴选为目标的专利导航，通过对目标需求相关技术领域的全面检索，识别目标领域的高水平专利，进而识别创新技术人才。为产业发展、企业发展寻找合适的对口人才，建立人才库，为招才引智提供基础信息，解决无法发现人才、难以寻找对口人才等突出问题。二是以人才评价为目标的专利导航，通过对人才所拥有的全部或代表性专利的评价，实现对人才创新能力、匹配程度等方面的评价，鉴定人才信息的真实性，评价人才的使用风险，切实发挥好人才评价的"指挥棒"作用。

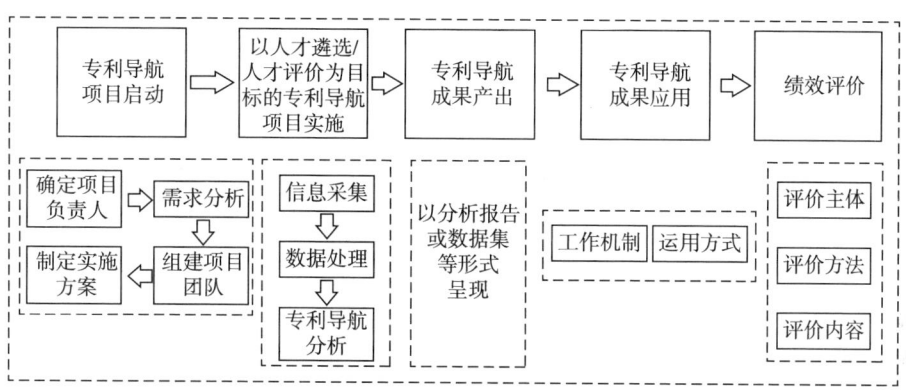

图 6-1 人才管理类专利导航环节

在具体应用实践中，人才遴选和人才评价两种场景都比较广泛地被应用，本章选编的案例是以人才遴选为目标的人才管理类专利导航应用案例。

6.2 应用案例

6.2.1 案例简介

为了方便介绍并突出研究基本思路线索，避免涉及太具体的区域及技术信息，案例涉及的城市被命名为 J 市，并对原始案例研究报告的内容进行了大幅度简化和必要的信息加工。产业是聚集人才的重要载体，人才是促进产业兴旺发达的重要动能。为产业发展提供强有力的人才支撑，促进人才链与产业链的深度融合，是地方促进经济发展的主要手段。J 市政府为发展经济，全面谋划部署招商引资、招才引智工作，多方位打造创新创业平台"筑金巢"，希望"引金凤""下金蛋"。J 市政府也希望"筑金巢"引来的是"真凤凰"，而非"假凤凰"。在此背景下，J 市知识产权局按照全市统一部署，开展重点产业人才遴选类专利导航，希望通过专利导航建立具有真才实学的人才资源库，为下一步的人才引进缩小范围、提供数据支撑。

需要特别说明的是，本案例仅为专利导航探索研究所用，各种数据及其排名不代表本书研究组立场。

6.2.2 案例成果

6.2.2.1 智能网联汽车产业环境及市场需求调查

1. 产业概况

《节能与新能源汽车技术路线图》[1] 对智能网联汽车定义如下：智能网联汽车是指搭载先进的车载传感器、控制器、执行器等装置，并融合现代通信与网络技术，实现车与X（车、路、人、云端等）智能信息交换、共享，具备复杂环境感知、智能决策、协同控制等功能，可实现"安全、高效、舒适、节能"行驶，并最终可实现替代人来操作的新一代汽车。智能网联汽车可以提供更安全、更节能、更环保、更便捷的出行方式和综合解决方案，是国际公认的未来发展方向和关注焦点。

根据上述定义可以对智能网联汽车进行两方面区分，即"搭载了先进的传感系统、控制系统、决策系统"的智能化汽车和"可通过通信网络技术实现车与车之间的联接、车与网络中心、智能交通系统等服务中心的联接"的车联网系统两者的融合。

《中国制造2025》将智能汽车按照其智能化程度由低到高分为 DA、PA、CA、HA 和 FA 五步。现阶段的汽车智能化的实现主要以 ADAS 高级驾驶辅助系统（Advanced Driver Assistance Systems）路径为主，从 L0 阶段逐步跨度到 L4 阶段，通过整合集成 ADAS 中的控制功能，实现真正的无人驾驶。目前的 ADAS 技术主要依靠摄像头、毫米波雷达、超声波传感器等设备，实现在某些环境和条件下的高级辅助驾驶功能，由 L2 逐渐向 L3、L4 演变。

智能网联汽车产业链包含上游的关键系统、中游的系统集成以及下游的应用服务。产业链上游涵盖传感系统、决策系统、执行系统、通信系统等关键系统，产业链中游涵盖智能驾驶舱、自动驾驶解决方案、智能网联汽车整车等集成系统，产业链下游涵盖出行服务、物流服务、数据增值等应用服务。

智能网联汽车产业链上游分为感知系统、决策系统、执行系统、通信系统四大板块。感知系统直接影响车辆的安全性和稳定性，主要包括摄像头、激光

---

[1] 节能与新能源汽车技术路线图战略咨询委员会，中国汽车工程学会. 节能与新能源汽车技术路线图 [M]. 北京：机械工业出版社，2016.

雷达、毫米波雷达、高精度地图和高精度定位。决策系统可以依据感知信息来进行决策判断，确定适当的工作模型，制定相应的控制策略，代替人类做出驾驶决策。传统意义上智能汽车的决策控制软件系统包含环境预测、行为决策、动作规划、路径规划等功能模块。执行系统主要为集成控制系统。通信系统使智能汽车实现与外界的信息交流，主要分为V2X通信模块、电子电气架构、安全解决方案、云平台四大类。

智能汽车产业链的中游分为智能驾驶舱、智能驾驶解决方案、智能网联汽车整车。智能驾驶舱将传统的驾驶信息、中控信息系统、全液晶显示仪表、抬头显示HUD、后座娱乐系统等融合在一起，并结合自动驾驶及车联网技术，提供更安全、更丰富的智能驾乘体验。智能驾驶解决方案主要包含环境感测能力、核心计算能力以及汽车自主进行判断的决策能力等，当前，各车企纷纷针对自动驾驶场景研发相应的解决方案。智能网联汽车为能够实现车与X（车、人、路、后台等）的信息交互，并具有智能决策能力的汽车。

智能汽车产业链的下游分为出行服务、物流服务、数据增值。在出行服务方面，无人驾驶技术让汽车从提供交通运输转为提供随处可得的基础服务，人们在车内的时间和注意力被释放出来，开始关注车内体验。智能汽车逐步转变为人们移动的私人智能空间，交通运输只是基础服务，车内的私人智能空间才是其新的核心价值，它将替代手机作为新的互联网入口，填补人们出行期间的互联网服务空白，让"家－路上－办公室"的互联网服务体验无缝衔接在一起。在物流服务方面，无人物流是物流行业向自动化、智能化发展的典型代表之一，是未来物流发展的大趋势。在数据增值方面，随着卖车模式越来越薄利，智能汽车领域企业需脱离汽车硬件本身，创造新的增长点。通过培养智能汽车用户的习惯，对相关授权使用数据进行大数据分析，构建用户画像，进而给用户带来更多的数据增值价值❶。

2. 技术分布

智能网联汽车融合了自主式智能汽车与网联式智能汽车的技术优势，涉及汽车、信息通信、交通等诸多领域，其技术架构较为复杂。根据《节能与新能源汽车技术路线图》，我国智能汽车技术发展主要进行三个时期、三个阶段以及通过"三横两纵"技术架构，最终达到从驾驶辅助走向完全自动驾驶阶段。

路线图将智能网联汽车技术架构分为"三横两纵"形式，如图6-2所示。

---

❶ 《中国智能汽车发展报告2021》，新华社瞭望智库。

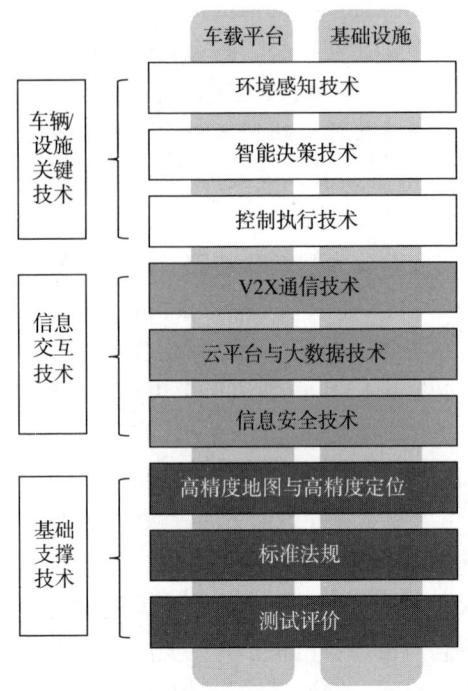

图 6-2　智能网联汽车"三横两纵"技术架构

基于此，项目组将智能网联汽车产业划分为三大技术分支：车辆/设施关键技术、信息交互技术、基础支撑技术，并在每一分支下细化结构分类或功能分类，兼顾了技术架构和专利分析的可操作性。在车辆/设施关键技术方面，主要研究环境感知技术、决策控制技术；在信息交互技术方面，主要研究 V2X 通信、云平台与大数据、信息安全；在基础支撑技术方面，主要研究对象包括高精度地图、高精度定位和路径规划三部分。从而得到的技术分类如表 6-1 所示。

表 6-1　智能网联汽车技术分支

一级分支	二级分支	三级分支	四级分支
智能网联汽车	车辆/设施关键技术	环境感知技术	雷达探测
			机器视觉
			车辆姿态感知
			乘员状态感知
			协同感知
			信息融合

续表

一级分支	二级分支	三级分支	四级分支
智能网联汽车	车辆/设施关键技术	决策控制技术	防碰撞辅助
			车道保持辅助
			交通拥堵辅助
			无人驾驶决策控制
	信息交互技术	V2X通信	短距离通信（蓝牙、Wi-Fi、专用短程通信DSRC、车间通信长期演进LTE-V）
			移动自组织网络
			网络融合
		云平台与大数据	平台架构
			数据存储与检索
			数据挖掘
		信息安全	存储安全
			传输安全
			应用安全
	基础支撑技术	高精度地图	三维动态高精度地图
		高精度定位	卫星定位
			惯性导航与航迹推算
			通信基站定位
			协作定位
		路径规划	导航路径规划

3. 重点关注企业

重点企业主要关注智能化和车联网两个方面。智能化方面，主要介绍目前提供 ADAS 系统的重点供应商；车联网方面介绍通信系统，尤其是 V2X 产业链的重点企业分布情况。

ADAS 有效推动了单车智能化的发展，不论整车厂商、互联网科技巨头还是创业型科技公司，都是从智能化的角度进行无人驾驶技术的开发和应用。ADAS 主要从"感知-决策-执行"三个具体技术层面展开。除了感知系统雷达、摄像头等传感器外，还有中央处理系统及一整套系统解决方案的供应商。根据公开资料整理的 ADAS 系统供应商如表 6-2 所示。

表 6-2　国内外重要的 ADAS 系统供应商

功能	硬件配置	系统解决方案供应商	
		国外	国内
自适应巡航控制系统	雷达、光达和摄像头	Bosch, Delphi, TRW Automotive, Hella, Continental 等	均胜电子
前方碰撞预警系统	雷达、摄像头和红外线传感器	Bosch, TRW Automotive, Delphi, Takata 等	均胜电子、北京双髻鲨、北京中科慧眼、北京智眸科技、上海智驾、深圳前向启创、深圳佑驾创新、武汉极目智能
行人检测系统	雷达、摄像头	Bosch, Continental, TRW Automotive 等	均胜电子、北京中科慧眼、北京智眸科技、上海智驾、深圳前向启创、深圳佑驾创新、武汉极目智能
交通信号及标志牌识别	摄像头	Map data Delphi, Continental 等	北京地平线、北京中科慧眼、北京智眸科技、深圳前向启创
车道偏离告警系统	摄像头、红外线感应器	Delphi, Continental, Hella, Valeo SA 等	均胜电子、北京智眸科技、上海智驾、深圳前向启创、深圳佑驾创新、武汉极目智能、南京创来科技
盲点检测系统	超声波传感器、摄像头和红外线感应器	Valeo 等	北京双髻鲨、深圳佑驾
夜视系统	近红外线传感器和远红外线传感器	FLIR 等	保千里
注意力检测系统/驾驶员疲劳监测系统	红外线摄像头	Saab 等	深圳自行科技
自动泊车系统、360度环视泊车系统	雷达、摄像头	—	苏州智华、上海纵目科技

单车智能化中,每辆车都是一座独立的信息孤岛,仅依赖自身传感器获取外界的有限信息。在车联网的协同下,实现 V2V、V2R、V2I、V2P 之间的通信,意味着车辆有更丰富的信息来源。车联网协同控制可提前预警、可在危急情况下主动控制执行端进行紧急制动等。表 6-3 列出了国内 V2X 产业链相关企业。

表 6-3 国内 V2X 产业链相关企业

产业链环节	公司	技术产品	公司布局
车内网 (CAN 总线)	雪利曼	CAN 总线	客户涵盖国内主流卡、客车企业
	威帝股份	CAN 总线	CAN 总线客车市场占有率第一
车际网 (V2X 芯片)	大唐电信	LTE 芯片	与恩智浦合作汽车芯片
	全志科技	LTE 芯片	收购东芯通信,东芯通信在 LTE 基带通信领域技术领先
	闻泰科技	V2X 芯片	绑定高通,V2X 芯片的 OEM 厂商
车云网 (TSP 平台)	亚太股份	车联网终端"钛马星"云平台	参股钛马信息
	千方科技	智能公交系统	主要面对政府交管平台
	均胜电子	车载信息系统	收购 TS 道恩的汽车信息板块业务
	索菱股份	车载信息系统	收购三旗通信和英卡科技
	兴民智通	车载信息系统	收购 INTEST
	鸿利智汇	UBI 车险、汽车共享、政企车队管理	参股迪纳科技、珠航校车,成立车联网产业基金
	四维图新	地图导航	收购杰发科技
	得润电子	UBI 车险	收购 Meta
	欧菲光	车载信息系统	60 亿元进军车联网
应用场景	中国汽研	试验场	加大与百度、大唐电信等合作

6.2.2.2 筛选高技术水平专利

在大量的专利文献中,可以通过对一些有效的分析指标的筛选来获得某一技术方向上比较关键甚至于核心的专利,如同族专利数量、被引用次数等。这些文献往往记载了该技术方向上的核心技术或者基础技术,值得关注,通常被称为重点专利。按照被引用次数的分布情况,我们选取被引次数大于10次的专利作为重点专利,并绘制各分支中重点专利占所有重点专利的比重以及各分支申请量占总申请量的比重,如图6-3所示。

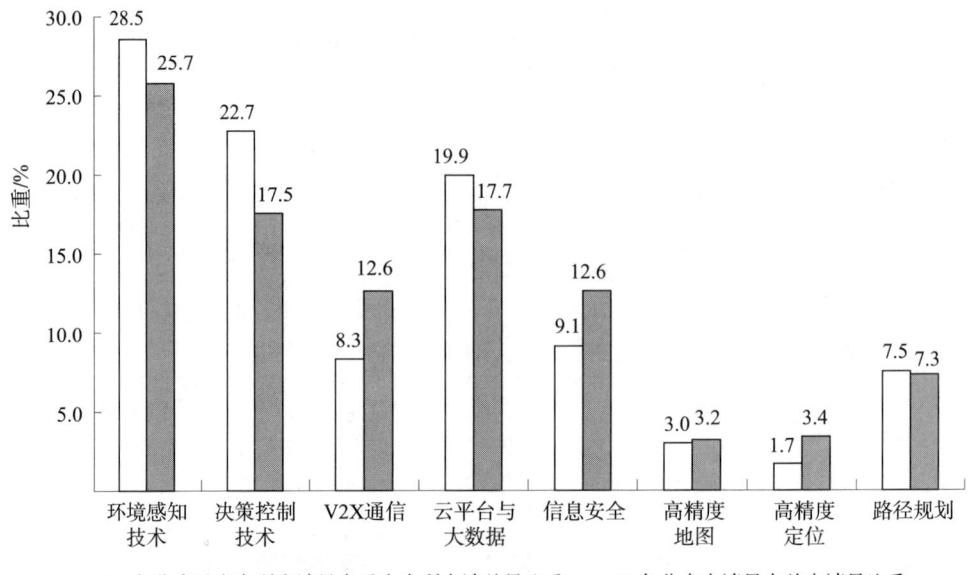

图6-3 智能网联汽车各分支申请量和重点专利申请量占比

整个智能网联汽车领域的重点专利约有11000件,其中各分支重点专利申请量占该数据的比例排名前三的分别是环境感知技术、决策控制技术和云平台与大数据技术,如图6-3所示,占比分别为28.5%、22.7%和19.9%,与各分支占总申请量的排名一致。

图6-4可以进一步说明过去重点专利的布局方向。可以看出,车辆/设施关键技术中,环境感知技术和决策控制技术的重点专利数量分别占到该分支专利申请的1/5以上,说明这两项技术在过去已经取得一定的发展;信息交互技术中,云平台与大数据技术的重点专利数量占比在1/5左右,而V2X通信和信息安全技术分支的重点专利比重较低;基础支撑技术中,路径规划的重点专利占比较高,而高精度定位方面重点专利的比重较低,说明该技术成熟度有待进一步发展。

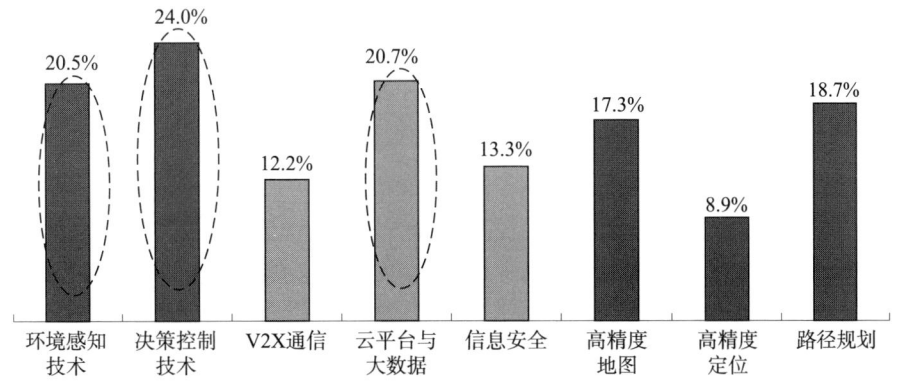

图6-4 智能网联汽车各分支重点专利占各分支专利申请量比重

6.2.2.3 发明人专利情况及关联分析

针对筛选出的11000件重点专利,对其中的发明人进行统计,获取发明人信息,如表6-4所示。

表6-4 智能网联汽车重点专利发明人(部分)

序号	发明人	单位	申请量/件
1	潘××	××大学	27
2	陈××	××公司	25
3	袁××	××大学	23
4	江××	××研究所	20
5	杨××	××大学	19
6	邢××	××公司	17
7	罗××	××公司	16
8	柴××	××大学	15
9	韩××	××大学	14
10	邓××	××大学	14

对初筛的发明人进行进一步调研,与信息采集阶段获取的发明人的获奖、技术产业化等代表其技术水平的其他信息进行关联分析,同时给出背景、专利、核查和评价等综合信息,如表6-5所示。

表6-5 智能网联汽车发明人关联分析

序号	发明人	单位	技术领域	背景	亮点	评价	专利申请量/件	有效专利量/件	合作申请占比	扩展同族数量/件	被引次数
1	张××	××大学	1.高精度卫星导航定位技术；2.北斗卫星导航定位技术；3.多源信息融合泛在定位技术；4.SINS/GNSS组合高精度定位技术	××大学教授，博士生导师。19××年××月生，吉林××人，主要从事高精度卫星导航定位技术研究。先后入选江苏省六大高峰人才计划、国土资源部（2018年改为自然资源部）首届杰出青年科技人才计划、科技部重点领域创新团队（第一合作人）和江苏高校优秀青年教师境外研修奖励计划	出国访学	积极引进	27	17	100.00%	41	125
2	冯××	××大学	1.卫星导航软件接收机；2.GPS、GALILEO、北斗、INS、无线等多源组合导航系统集成和组合导航算法；3.导航（组合导航、惯性导航）非线性滤波差建模理论及应用研究；4.静动态变形惯性精密测量技术研究；5.光纤光栅传感器性能、多物理量解耦及在监测、测量技术中的应用理论及技术研究	19××年××月生，安徽××人，从事导航定位、测控技术及光纤传感领域的科研和教学工作。2005年10月至2006年9月在"国家留学基金"项目下公派赴××大学电子工程系导航及相关应用专业进修访问。2001年4月被评为副教授，2007年4月被评为博士生导师	出国访学	不推荐	25	17	100.00%	39	224

续表

序号	发明人	单位	技术领域	背景	亮点	评价	专利申请量/件	有效专利量/件	合作申请占比	扩展同族数量/件	被引次数
3	蒋××	××大学	车辆主动安全、车辆底盘控制与系统设计、车辆整车动力学分析	2000年7月—2001年7月，在××股份有限公司从事新产品研发工作。2001年9月—2002年7月，在××股份有限公司从事新产品研发工作。2008年1月至今，在××大学汽车与交通学院交通运输系从事教学科研工作。2010年8月至今，在××汽车股份有限公司从事汽车主动安全和车辆电子控制研究（博士后），任主管汽车设计师。现任××大学汽车工程研究院副院长、副教授、硕导	企业任职经历	储备人选	23	19	100.00%	33	108

6.2.2.4 提出拟遴选人才名单

综合评价步骤,在前述一系列有关背景信息、专利信息、核查信息和评价信息分析的基础上,提出拟遴选人才名单。为了促进 J 市智能网联汽车产业发展,推进人才工作与产业发展深度融合,项目组从专利的角度给出产业专业型人才、创业型人才、科研型人才推荐名单。

1. 专业型人才

专业型人才是指行业内专门从事技术研发、攻关,拥有国际领先技术成果,或曾经在国际知名企业从事技术研发,为产业发展做出创新贡献的人。通过对专利的发明人进行统计,根据扩展同族专利数量、专利被引用数量筛选高水平专利,获取发明人信息,得到产业专业型人才名单,如表 6-6 所示。

表 6-6 J 市智能网联汽车产业专业型人才推荐名单

二级分支	三级分支	发明人	所在公司	专利申请量/件	专利平均被引次数
车辆/设施关键技术	11 环境感知技术	张××	××公司	39	25
		刘××	××公司	39	22
		…			
	12 决策控制技术	胥××	××公司	90	31
		邬××	××公司	65	16
		…			
信息交互技术	21 V2X 通信	晏××	××公司	27	9
		潘××	××公司	24	8
		…			
	22 云平台与大数据	潘××	××公司	57	14
		申××	××公司	30	11
		…			
	23 信息安全	郭××	××公司	28	12
		杨××	××公司	24	22
		…			

续表

二级分支	三级分支	发明人	所在公司	专利申请量/件	专利平均被引次数
基础支撑技术	31 高精度地图	毛××	××公司	20	7
		武××	××公司	20	5
		…			
	32 高精度定位	张××	××公司	29	8
		李××	××公司	17	21
		…			
	33 路径规划	卢××	××公司	44	22
		周××	××公司	31	16
		…			

进一步地，对其中的人才进行重点挖掘，综合考虑发明人的履历背景、创新实力及合作空间等，给出重点推荐引进的人才名单，例如：

在环境感知技术领域申请数量较多的郭××，为××公司感知系统部门技术人员，自2006年博士毕业于美国××大学电子及计算机工程专业以来，在××公司任职已超17年之久，相关专利信息如表6-7所示。其主要从事感知方面的研究，包括自动驾驶和安全驾驶方面的感知研究，曾任视觉系统团队技术首席、摄像及感知团队首席技术官等。在全球最知名企业核心部门任职的经历让其在该领域经验十分丰富，技术储备雄厚。

表6-7 郭××环境感知领域相关专利申请

序号	公开（公告）号	标 题	申请日
1	CN105480××××	基于信息融合的驾驶辅助系统及其方法	20××-03-28
2	CN105313××××	多车协同避撞方法及装置	20××-02-08
3	……		

目前，郭××是××公司下一代感知系统研究小组负责人，该团队主要负责××公司的下一代自动驾驶和安全驾驶感知系统研究，包括雷达、摄像头、地图、GPS等。

考虑到郭××极为相关的行业背景和顶尖企业的从业经历和华人背景（1997—2001年就读于××大学电气自动化专业）。强烈推荐J市通过优秀人才引进或技术合作的方式引进人才，增强本土产业研究和开发创新能力。

2. 创业型人才

创业型人才是指拥有行业内领先技术成果，有创业经验且有较强的经营管理能力的人才。通过对核心专利的第一发明人进行统计，分析发明人履历背景，重点考虑担任企业法人的人才、海归人才，即得到产业创业型人才名单。进一步地，对其中的人才进行重点挖掘，综合考虑发明人的履历背景、创新实力及合作空间等，给出重点推荐引进的人才名单，如表 6-8 所示。

表 6-8　J 市智能网联汽车产业创业型人才推荐名单

序号	发明人	公司名称	专利申请量/件	专利平均被引次数	技术擅长领域	人员简介	公司简介	亮点
1	任××	××公司	58	11	决策控制；V2X 通信；云平台与大数据；信息安全	××大学博士，1987 年毕业于××大学电子工程系，1993 年获得××大学通讯博士学位，后陆续担任××研究中心研究员、××工作组专家等职位，专心投身于电子通信行业的发展，进行无线通信的研究，推动无线电子通信的标准化和智能化。其发表论文 60 余篇，出版论著 2 本，登记专利、软件 80 余项，主持或参与国家重点科研项目 10 余项，担任××总体组专家期间，负责指导 60 余项国家科研攻关项目。2017 年创立××公司；2018 年，成立××公司	××公司由任××博士与××公司共同出资设立。其中，任××博士以其拥有的无形资产出资，包括 22 项计算机软件著作权、21 项专利技术、8 项专有技术。公司经营范围为：车联网、云平台与大数据	科研工作者、创业经历

续表

序号	发明人	公司名称	专利申请量/件	专利平均被引次数	技术擅长领域	人员简介	公司简介	亮点
2	田××	××公司	35	14	环境感知；决策控制；V2X通信；云平台与大数据；信息安全；高精度地图；路径规划	××大学自动控制专业博士学位，至今拥有15年互联网行业经验。现任××公司CEO，专注于研发与制造智能电动汽车。1998年任职于××。2005年担任××公司高级副总裁。2006年到2008年间在新加坡先后创立3家互联网公司。2010年和××公司合资，创办××公司。2018年投资创立了××公司	××公司是一家创新型互联网公司，成立于2018年12月。公司业务范围涵盖了新能源汽车、智能汽车系统、基于大数据与云计算的车联网服务和解决方案、创新技术产品的投资等	海外创业；××公司高级副总裁
3	……	……	……		V2X通信；云平台与大数据	……	……	外企

例如田××，××大学自动控制专业博士，至今拥有15年互联网行业经验。现任××公司CEO，专注于研发与制造智能电动汽车。1998年任职于××。2005年担任××公司高级副总裁。2006年到2008年间在新加坡先后创立3家互联网公司。2010年与××公司合资创办××公司。2018年投资创立了××公司。基于田××的多次创业经历，并曾担任××公司高级副总裁，从而强烈推荐J市通过优秀人才引进或技术合作的方式引进人才，增强本土产业研究和开发创新能力。

3. 科研型人才

科研型人才是指高校、科研院所等科研机构内部担任科研活动负责人的核心力量，拥有领先创新成果且创新活动活跃的人才。通过对高水平专利的发明人进行统计，并充分考虑科研机构的创新活跃人才，即得到产业科研骨干力量名单。进一步地，对其中的人才进行重点挖掘，综合考虑发明人的履历背景、创新实力及合作空间等，给出重点推荐引进的人才名单，如表6-9所示。

表 6-9 J 市智能网联汽车产业科研型人才推荐名单

序号	姓名	学校	主要领域	简介	亮点	专利申请量/件	有效专利量/件	专利平均被引次数	合作申请占比	扩展同族成员数量/件	扩展同族被引用次数
1	柳××	××大学	车辆环境信息融合、道路识别与自动驾驶技术；嵌入式汽车电子控制技术，包括：电动助力转向、ABS 控制单元、整车控制器、车上总线与线控技术，驾驶行为仿真现实技术；网络化测控系统与智能仪器仪表	工学博士，××大学电控学院控制科学与工程教授、博士生导师。与××大学汽车学院新能源汽车产业化研究中心、××大学网络与交换技术国家重点实验室、××大学移动计算实验室、××大学智能实验室、××大学等建立了良好的合作关系	留学经历，学界沟通能力	35	23	12	100.00%	18	75
2	陈××	××大学	车辆行驶环境感知技术和方法；智能车辆动力学系统建模与仿真技术；基于车路/车车协同的车辆智能驾驶系统；现代控制理论在电动汽车整车控制系统中的应用	男，汉族，毕业于××大学，教育部长江学者特聘教授，××省人工智能学会智能驾驶技术专委会副主任，××大学教授、博士研究生导师，现任××大学汽车工程系系主任。××学会常务理事	外企任职经历，J 市人	28	18	9	100.00%	15	94

续表

序号	姓名	学校	主要领域	简介	亮点	专利申请量/件	有效专利量/件	专利平均被引次数	合作申请占比	扩展同族成员数量/件	扩展同族被引用次数
3	韩××	××研究院	智能汽车信息感知与控制关键技术研究，自动驾驶汽车关键技术研究，具体包括：多源异构传感器信息融合的复杂环境感知技术；基于深度学习的视觉显著性区域识别技术；自动驾驶车辆周边目标行为识别与预测技术；智能汽车多目标纵横向动力学解耦控制技术；自动驾驶汽车驾驶权切换与人机共驾技术	女，××大学交通学院教授，博导，中国汽车工程学会会员，国家自然科学基金委交通评审专家等，在国内外学术期刊发表论文60余篇，其中SCI收录35篇，EI收录26篇，先后主持国家级课题5项、省部级课题9项	留学经历	9	9	7	100.00%	11	34
……	……	……	……	……	……	……	……	……	……	……	……

例如马××，现任××大学汽车工程研究院副院长、副教授、硕导，主要研究方向：车辆主动安全、车辆底盘控制与系统设计、车辆整车动力学分析。2008年1月至今，在××大学汽车与交通工程学院从事教学科研工作。2010年8月至今，在××汽车股份有限公司从事汽车主动安全和车辆电子控制研究（博士后），任主管设计师。基于××的多家企业任职经历，以及在进入××大学任职后与××汽车的合作经历，从而强烈推荐J市对马××进行合作招引。

综合以上信息，最终专利导航成果以可视化图谱的形式进行了呈现，如图6-5所示。

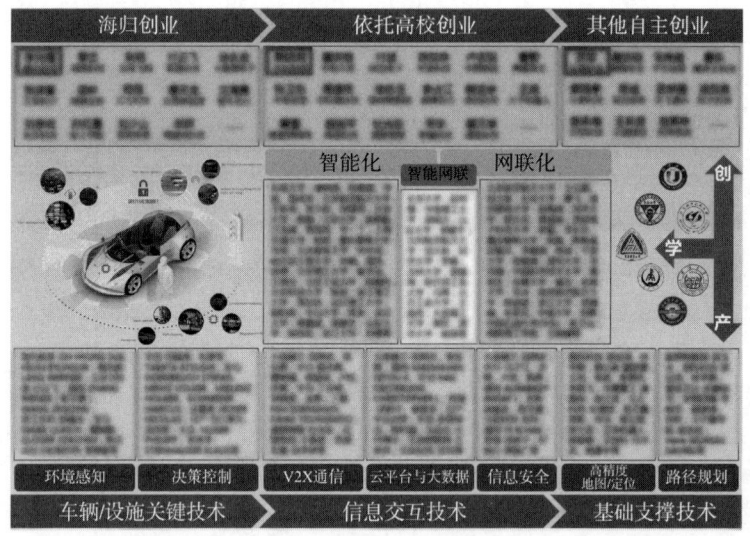

图6-5 J市智能网联汽车产业人才遴选类专利导航成果展现

6.3 案例解析

本案例遵循《专利导航指南 第6部分：人才管理》（GB/T 39551.6—2020）的基本要求，以专利数据为基础，综合运用了多种数据资源，如企业信息、学术论文数据库、专利引文数据库等。将专利的发明人信息与企业的法定代表人信息、企业高管信息、学术论文作者信息等进行了关联。

以下根据标准条文，对本案例项目实施的基础条件、项目启动、项目实施、质量控制、成果产出、成果运用及绩效评价等几个方面进行简要解析。

6.3.1 基础条件解析

专利导航项目实施的基础条件包括信息资源及人力资源。

根据标准要求,实施以人才遴选为目标的人才管理类专利导航,应当具备的信息资源首先包括《专利导航指南 第1部分:总则》(GB/T 39551.1—2020)中的基本信息资源:世界知识产权组织规定的专利合作条约(PCT)最低文献量专利数据资源及相应的检索工具;与专利导航需求密切相关的产业、科技、教育、经济、法律、政策、标准等信息资源;与专利导航需求密切相关的企业、高等学校和科研组织等信息资源。除此之外,根据《专利导航指南 第6部分:人才管理》(GB/T 39551.6—2020)对信息资源的基本要求,以人才遴选为目标的专利导航还宜包括专利引文数据库。

在本案例中,对上述信息均进行了采集,主要采集的内容有:

1)专利相关的数据。车辆/设施关键技术、信息交互技术、基础支撑技术等技术分支的专利数据,专利数据字段包括专利公开(公告)号、标题、摘要、申请日、被引用专利数量、优先权国家/地区、优先权日、当前申请(专利权)人、原始申请(专利权)人、发明人、法律状态/事件、转让、许可、质押、信托、诉讼等信息。此部分的数据成为整个案例联结其他类型数据的基础。

2)与专利导航需求密切相关的信息资源。包括智能网联汽车产业链具体环节、最新科技进展、行业政策等。

3)与专利导航需求密切相关的企业、高等学校和科研组织等信息资源。其目的在于结合收集到的企业、高等学校、科研组织等信息,整体性地审视遴选到的人才。

4)专利引文数据。根据同族信息、引文信息等内容对专利信息进行了加工,用于识别核心专利,以筛选出具有较高技术水平的专利及其背后的发明人。在后续专利导航分析中,将发明人信息与企业法定代表人信息、企业高管信息、学科带头人信息等进行了关联,丰富了人才遴选的层次,提升了建议精准度。

在对人力资源的要求中,《专利导航指南 第1部分:总则》(GB/T 39551.1—2020)提出组织开展和具体实施专利导航工作宜由专业人员负责项目管理、信息采集、数据处理、导航分析和质量控制等工作。实施人才管理类产业专利导航的人力资源条件除满足总则的规定外,专利导航分析人员还宜具有人力资源管理的基础知识。

在本案例中,上述条件均得到满足,人力资源配置如表 6–10 所示。

表 6–10 人才遴选类专利导航项目组人员配置

人员/职责	项目管理	信息采集	数据处理	专利导航分析	质量控制	个人履历
甲	√					5 年专利导航项目管理及实施工作经验
乙		√		√		3 年专利检索经验,2 年专利导航分析经验,初级人力资源管理师
丙			√			1 年数据处理经验
丁					√	6 年专利导航项目管理及实施工作经验

作为项目负责人的甲熟悉专利导航业务,具有 5 年专利导航项目管理及实施工作经验。在团队规划时,甲考虑到人才遴选类专利导航项目的特点,选择了具备 3 年专利检索经验、2 年专利导航分析经验,并同时具有初级人力资源管理师资格的乙承担信息采集和专利导航分析工作。乙在实际信息检索与分析时,借助自己专利和人力资源复合学科的优势,对岗位评估、用人单位需求有更深刻的理解。合理的人员配置,使得项目团队准确把握了用人单位的需求,给出了合适的人选建议。

6.3.2 项目启动解析

根据《专利导航指南 第 1 部分:总则》(GB/T 39551.1—2020)要求,专利导航项目的启动一般包括:确定项目负责人、需求分析、项目团队组建和实施方案制定四个步骤。除此之外,针对人才管理类专利导航,根据《专利导航指南 第 6 部分:人才管理》(GB/T 39551.6—2020)要求,以人才遴选为目标的人才管理类专利导航项目需求分析报告应明确人才的行业需求、岗位需求、专业技能需求、工作经验需求等。

本案例中,根据项目的目标、复杂程度、实施特点等因素选派了甲为项目负责人,组建了由甲、乙、丙、丁四人组成的项目团队。其中甲负责项目管理,乙负责信息采集和专利导航分析,丙负责数据处理,丁负责质量控制。由甲制定了《项目进度计划》《人员分工计划》《成本管理计划》。丁起草了《质量控制计划》和《风险控制计划》。

在需求分析过程中，项目团队了解到，J市知识产权局本身对重点产业的具体选择没有明确谋划，需求不够明确。通过获取和引导、反馈、激发相互结合的方式，J市明确自身尤其重视智能网联汽车项目的引入和发展，对重点产业的涵义范围进行了收敛。

原本模糊的需求进一步收敛，重点产业被明确为智能网联汽车产业，并在项目需求分析报告中得到了委托方的确认。进一步地，经过座谈、走访，项目组了解到J市建设了创业孵化器、科技园区等创业场所，对人才的需求主要集中在具备创业能力的人才和具备创新能力的科研骨干人才。摸清对人才的技术领域和专业技能要求，有助于明确实施阶段信息采集的方向和范围；摸清对工作经验的要求，可以在专利导航分析阶段筛除掉不符合要求的人选。在后续专利导航分析中，项目组重点推荐了具有创业能力的创新型人才，人才库名单和需求的适配性更高，遴选建议更为精准。

6.3.3 项目实施解析

专利导航项目的实施包括信息采集、数据处理和专利导航分析三个部分。

6.3.3.1 信息采集解析

根据《专利导航指南 第1部分：总则》（GB/T 39551.1—2020）规定，信息采集的步骤和方法一般包括：①对专利信息进行采集：根据需求特点，选择专利数据库；商定技术分解表；制定检索策略，选取检索要素，构建检索式，根据检索初步结果适时调整检索式；对检索结果进行检索质量评估，达到预期查全率和查准率时，可以终止检索。②对非专利信息进行采集：选择信息来源；采集与专利导航项目目标相关联的信息；对采集结果的完整性和准确性进行评估，达到预期时，可以终止检索。最终输出：检索的数据库类别及范围；检索策略及检索式；检索获得的原始数据；人才所属行业的基本情况分析报告，可包括行业概况、市场分布、技术分布、主要的企业、高等学校或科研组织等；人才所属行业对应技术领域的原始专利数据。

本案例中，项目组首先选取合适的专利数据库。项目组使用的专利文献数据库共收集了170个国家、地区和组织的专利数据，同时还收录了引文、同族、法律状态等数据信息。

专利数据来源包括全球170个受理局的超过1.84亿条专利数据，108个受理局的法律状态数据、138个受理局的预估过期日数据、66个受理局的专利许可数据、27个受理局的权利转移数据等。

专利数据字段包括专利公开（公告）号、标题、摘要、申请日、被引用专利数量、优先权国家/地区、优先权日、当前申请（专利权）人、原始申请（专利权）人、发明人、法律状态/事件、转让、许可、质押、信托、诉讼等信息。

鉴于在需求分析时项目组已经初步商定技术分解表，信息采集环节项目组对智能网联汽车技术进行进一步的细化和分类。采用一级、二级、三级、四级技术分支的划分结构，包括车辆/设施关键技术、信息交互技术、基础支撑技术等3个二级分支，环境感知技术等8个三级分支，雷达探测等25个四级分支。初步检索结果如表6-11所示。

表6-11 专利信息初步检索结果

一级分支	二级分支	三级分支	四级分支	专利申请量/件
智能网联汽车	车辆/设施关键技术	环境感知技术	雷达探测	3531
			机器视觉	3871
			车辆姿态感知	2136
			乘员状态感知	2578
			协同感知	1296
			信息融合	1498
		决策控制技术	防碰撞辅助	3116
			车道保持辅助	2784
			交通拥堵辅助	2119
			无人驾驶决策控制	2548
	信息交互技术	V2X通信	短距离通信（蓝牙、Wi-Fi、专用短程通信DSRC、车间通信长期演进LTE-V）	2457
			移动自组织网络	3490
			网络融合	2132
		云平台与大数据	平台架构	2949
			数据存储与检索	5211
			数据挖掘	3204
		信息安全	存储安全	2708
			传输安全	4102
			应用安全	2172

续表

一级分支	二级分支	三级分支	四级分支	专利申请量/件
智能网联汽车	基础支撑技术	高精度地图	三维动态高精度地图	1921
		高精度定位	卫星定位	674
			惯性导航与航迹推算	944
			通信基站定位	371
			协作定位	324
		路径规划	导航路径规划	4367

在技术分解表构建后项目组开展检索。专利信息采集人员根据选取的专利数据库的特点，制定检索策略。专利检索的主要要素以专利分类号、关键词为主，必要时以申请人、发明人等作为补充检索要素。通过对初步检索结果的浏览，根据发现的新的检索要素或者纯噪声检索要素，调整检索策略。

本案例还采集了与人才遴选密切相关的信息：①行业信息。收集了智能网联汽车产业链上中下游情况，产业链上游涵盖传感系统、决策系统、执行系统、通信系统等关键系统，产业链中游涵盖智能驾驶舱、自动驾驶解决方案、智能网联汽车整车等集成系统，产业链下游涵盖出行服务、物流服务、数据增值等应用服务。对主要关注的ADAS、V2X供应商进行了信息收集。②专利引文信息。信息采集阶段采集到的原始专利数据在涵盖基本著录项目信息基础上，还包括了法律状态信息、同族信息和引文信息。

可靠的专利信息和丰富的非专利信息，为后续专利导航分析打下了坚实的基础。

6.3.3.2 数据处理解析

根据《专利导航指南 第1部分：总则》（GB/T 39551.1—2020）和《专利导航指南 第6部分：人才管理》（GB/T 39551.6—2020）规定，数据处理的步骤和方法一般包括：①数据去重去噪：去除原始数据中的噪声数据和重复数据；②数据项目规范化：对数据项的格式和/或内容进行规范化加工处理，使处理后的数据符合后续分析需求；③数据标引：根据不同的专利导航分析目标，增加新的标识，以满足深度分析的目的。数据处理的输出一般包括：数据处理的方法和过程信息、规范的数据信息。数据处理质量控制宜确保：数据去重去噪的准确率、数据格式规范、数据标引与项目需求有效关联。

在本案例实施中，首先将检索结果按照技术分解表中的各个分支进行标识，然后去除各分支内部的重复数据，分别得到总数据和二级分支、三级分支数据表，对各个数据表中的专利数据进行项目规范化处理。项目组还为检索到的专利数据增加了专利质量等标签，用于判断人才在特定技术领域的技术地位，并将专利信息中的发明人信息与企业法定代表人信息、企业高管信息、学科带头人信息等进行了关联，实现了以专利数据为中心的数据维度扩展。

6.3.3.3 专利导航分析解析

根据《专利导航指南 第1部分：总则》（GB/T 39551.1—2020）和《专利导航指南 第6部分：人才管理》（GB/T 39551.6—2020）规定，专利导航分析的主要步骤和方法为：①针对信息采集阶段输出的专利信息，可选取同族规模、引证信息等指标进行量化分析或人工标引分析，筛选具有较高技术水平的专利，并获取发明人信息；②分析所述发明人在其所属行业对应技术领域的专利情况，并与发明人的获奖、技术产业化等代表其技术水平的其他信息进行关联分析；③提出拟遴选人才名单。专利导航分析的输出包括但不限于人才所属行业的基本情况和拟遴选人才的基本情况。

本案例中，项目组首先根据扩展同族专利数量、扩展同族专利被引次数筛选高水平专利。例如，在环境感知技术分支上，筛选的部分高水平专利如表6-12所示。

表6-12 环境感知技术高水平专利筛选（部分）

专利号	发明人	扩展同族专利数量/件	专利平均被引次数
CN10881××××	潘××	10	25
CN108819×××	陈××	8	22
DE102017110×××	袁××	3	31
DE102017207×××	江××	8	16
US20180332×××	杨××	6	9
US20180328×××	邢××	9	8
US20180330×××	罗××	2	14
US20180326×××	柴××	1	2
US20180330×××	韩××	3	1
GB2552×××	邓××	2	3
EP3401×××	潘××	1	1
US10124×××	陈××	1	0
US10127×××	袁××	1	0
US10126×××	江××	1	0
CN208085×××	杨××	1	0
CN108791×××	邢××	1	0

依据筛选出的高水平专利获取发明人信息,并分析所述发明人在其所属行业对应技术领域的专利情况,如表6-13所示。例如,对于筛选出的潘××等发明人,对其高水平专利数量和专利平均被引次数进行了统计。

表6-13 高水平专利持有者创新情况

技术分支	发明人	所在公司	专利申请量/件	专利平均被引次数
环境感知技术	潘××	××大学	39	25
	陈××	××公司	39	22
	袁××	××大学	25	16
	江××	×××研究所	11	18
	……			

综合考虑发明人的履历背景、创新实力及合作空间等,给出重点推荐引进的人才名单。将遴选人才细分为产业专业型人才、创业型人才和科研型人才,以供委托方不同目的的使用。

例如,对于较高技术水平专利持有者田××,项目组与获取到的其他相关信息进行关联分析(其在新加坡先后创立3家互联网公司,2010年与××公司合资创办××公司,2018年投资创立了××公司),将其列入拟推荐的创业型人才名单,推荐J市通过优秀人才引进或技术合作的方式引进人才,增强本土产业研究和开发创新能力。

对于较高技术水平专利持有者马××,项目组与获取到的其他相关信息进行关联分析(现任××大学汽车工程研究院副院长、与企业界的开放合作态度),将其列入拟推荐的科研型人才名单,推荐J市对马××进行合作招引。

通过提出的专业型人才、创业型人才、科研型人才等细分名单,推荐了不同方向上的适配人才名单,人才库名单和需求的适配性更高,遴选建议更为精准。

6.3.4 成果产出解析

根据《专利导航指南 第1部分:总则》(GB/T 39551.1—2020)和《专利导航指南 第6部分:人才管理》(GB/T 39551.6—2020)规定,人才管理类专利导航的成果产出包括可支撑决策的分析结论,可以分析报告或数据集等形式呈现。根据标准要求,分析报告的内容包括:项目需求分析、信息采集范围及策略、数据处理过程与方法、专利导航分析模型和分析过程、结论和建议;数据集包括:规范的数据信息、专利导航分析中形成的其他相关数据信息。

本项目成果的展示以方便高效地展示研究内容为原则，最终通过报告（全本报告和简要报告）、人才数据库、专利导航图谱三种方式展示。检索式、检索数据集也作为专利导航成果的有机组成部分最终提供给委托方。其中，图谱的形式能够直接、迅速地传递信息，本案例依托报告内容，将遴选的人才信息按照"产""创""学"进行了分类呈现，分别对照报告中的"专业型人才""创业型人才""科研型人才"。并分别按照细分领域进行了分类展示，例如创业型人才又分为海归创业、依托高校创业和其他自主创业。科研型人才又按照研究领域偏智能化和偏网联化进行了划分。专利导航图谱如图6-5所示。

6.3.5　质量控制解析

根据《专利导航指南　第1部分：总则》（GB/T 39551.1—2020）和《专利导航指南　第6部分：人才管理》（GB/T 39551.6—2020）规定，人才管理类专利导航的质量控制在信息采集阶段宜确保：①数据来源的可靠性，包括工具书、统计年鉴、政府公开信息等可靠性较高的信息来源；②数据的时效性；③数据的全面性和准确性，可以借助抽样方法，对样本数据进行查全率和查准率评估；④确保对用人单位及其所属行业情况分析的真实有效；⑤确保正确理解用人单位的实际需求。在数据处理阶段宜确保：①数据去重去噪的准确率；②数据格式规范；③数据标引与项目需求有效关联。在专利导航分析阶段，宜确保：专利导航分析模型的有效性及分析方法的恰当性；分析结论的可靠性，可通过自我评价、需求方评价、第三方评价等方式进行检验。成果产出宜确保：整体研究的系统性，包括研究目标明确、项目需求得以满足、决策建议具有可操作性等；分析方法的科学性，包括使用的工具、方法合理，分析论证的过程可靠、逻辑严谨等；成果呈现的规范性，包括成果的表达准确、内容完整、重点突出等。

本案例在信息采集阶段，数据来源选择了行业协会公开数据、社会信用信息等可靠性较高的信息渠道；利用实时分析工具和技术，快速处理和响应数据流。通过实时分析，及时发现数据中的价值数据，提高数据的时效性。借助抽样方法，对样本数据进行查全率和查准率评估。

数据处理阶段通过利用自动化脚本和工具，快速处理数据清洗、转换和整合，规范数据项格式，提高数据处理的效率。数据标引与项目需求有效关联，为检索到的专利数据增加了技术分支、专利质量等标签，用于判断人才在特定技术领域的技术地位。并将专利信息中的发明人信息与企业法定代表人信息、企业高管信息、学科带头人信息等进行了关联。

在专利导航分析过程中，项目组在提出初步拟遴选人才名单后，邀请企业界、学界外部专家参加现场评审会，对初步名单进行论证，确保分析结论的可靠性。成果产出阶段，项目组从形式和内容层面进行审核。采用排版校对工具加人工审校的方式，系统性地对成果物进行审核。

本案例的质量控制策略主要体现在各个阶段对用人单位实际需求的准确把握。在信息采集、数据处理和专利导航分析阶段，通过对产业化市场数据的采集、处理和关联分析，保障项目成果能被委托方实际采用。

6.3.6 成果运用及绩效评价解析

以人才遴选为目标的人才管理类专利导航的成果运用标准与《专利导航指南 第1部分：总则》（GB/T 39551.1—2020）成果运用内容相一致，应建立专利导航成果运用工作机制并采用多种途径应用专利导航的决策建议。专利导航成果运用工作机制宜包括以下内容：建立成果运用的相关规定和工作流程，确定责任部门、参与单位；制定成果运用的组织实施方案；对成果运用的实际效果进行评价和跟踪。采用多种途径应用专利导航的决策建议则包括支撑制定人才管理等活动的实施方案等运用方式。对于绩效评价部分的标准要求也与《专利导航指南 第1部分：总则》（GB/T 39551.1—2020）绩效评价内容相一致，由专利导航成果需求方或者经济、产业或科技主管部门作为评价的主体，采取以关键绩效指标为核心的目标管理评价方法，对项目成果的采用程度、经济效益和社会效益进行评价。

在本案例的成果运用阶段，以专利导航成果为依据，按照"专业型人才""创业型人才""科研型人才"对人才进行了分类遴选，最终以人才库信息的形式呈现，成为当地招商部门、组织部门的政策制定依据和参考材料，最终形成了支撑J市制定人才遴选的工作方案。

在本案例的绩效评价阶段，J市招商部门和科技部门均对成果进行了不同程度的采纳，并且在优化资源配置层面取得了显著的社会效益。J市招商部门反映，推荐人才库信息推动了当地从单纯引才、单纯招商向"人才、资金、项目"打包引进的模式转变，引进的创业型人才兼具技术、资金和项目，为当地招商引智、招才引智工作打开了新思路。J市科技部门表示，遴选的人才库信息，在当地科技人才引进项目、科技创业人才引进项目开展过程中提供了重要的信息支持，提升了财政资金的使用效率。

附 录

附录1 2020年以来国家层面专利导航重要政策文件汇编

附录1.1 国家知识产权局办公室关于加强专利导航工作的通知

国知办发运字〔2021〕30号

各省、自治区、直辖市和新疆生产建设兵团知识产权局,四川省知识产权服务促进中心,广东省知识产权保护中心:

按产业领域加强专利导航是知识产权运用促进工作的重要内容,对于提高创新效率、节约创新成本、加强专利保护具有重要意义。为深入贯彻落实习近平总书记在中央政治局第二十五次集体学习时的重要讲话精神,认真落实党中央、国务院的决策部署,研究实行差别化的产业和区域知识产权政策,推广以产业数据、专利数据为基础的产业专利导航决策机制,为科技创新提供有效支撑,现就进一步加强专利导航工作有关事项通知如下:

一、背景和意义

2013年4月,国家知识产权局发布《关于实施专利导航试点工程的通知》,首次正式提出专利导航是以专利信息资源利用和专利分析为基础,把专利运用嵌入产业技术创新、产品创新、组织创新和商业模式创新,引导和支撑产业实现自主可控、科学发展的探索性工作。随后国家专利导航试点工程面向企业、产业、区域全面铺开,专利导航的理念延伸到知识产权分析评议、区域布局等工作,并取得明显成效。2018年,在深化党和国家机构改革中,专利导航被确定为重新组建后国家知识产权局的工作职责,全面整合了专利导航试点工程、重大经济科技活动知识产权分析评议试点工作、知识产权区域布局试点工作等内容。2021年6月,用于指导规范专利导航工作的《专利导航指南》(GB/T 39551—2020)系列国家标准正式实施。

开展专利导航工作,能够推动建立专利信息分析与产业运行决策深度融合、专利创造与产业创新能力高度匹配、专利布局对产业竞争地位保障有力、专利价值实现对产业运行效益支撑有效的工作机制,实现产业运行中专利制度的综合运用;有助于促进创新资源的优化配置,增强关键领域自主知识产权创造和储备,助力实现高水平科技自立自强,保障产业链、供应链稳定安全。

二、总体要求和主要目标

(一)总体要求。紧扣产业创新发展需求,坚持问题导向、目标导向和结果导向,贯彻实施《专利导航指南》系列国家标准,强化专利导航工作支撑体系,促进专利导航成果服务应用,提高专利导航产业发展的质量效益,将专利导航工作推向深入,助力提升知识产权治理能力和治理水平,有力支撑知识产权强国建设。

(二)主要目标。争取到2025年,专利导航项目规划设计、资源保障和成果应用进一步加强,财政投入专利导航项目管理制度措施更加完善,各地区建成一批比较成熟的专利导航服务基地,构建起特色化、规范化、实效化的专利导航服务工作体系,专利导航产业创新发展重要作用得到有效发挥。

三、提高专利导航组织效率,助力关键核心技术突破

(一)建立重点产业专利导航工作对接机制。围绕地方经济和社会发展规划实施,对接地方政府、产业集聚区、龙头企业等创新发展需求,梳理制约产业发展的瓶颈问题和关键核心技术,建立健全知识产权部门与经济、产业等主管部门的专利导航工作对接机制。

(二)实施重点产业专利导航项目。响应地方关键核心技术攻关需求,制定专利导航工作计划,组织实施重点产业专利导航项目,强化产业发展方向、产业发展定位和产业发展路径分析,指导市场主体根据分析结果调整市场布局、产品等经营策略,实现围绕关键核心技术攻关的有效专利布局。

(三)开展重点产业专家咨询活动。立足专利导航成果的产业推广应用,在专利导航项目需求分析、信息融合分析、成果运用、绩效评价等工作环节中合理引入产业专家资源,探索创新各种务实有效的服务形式,为关键核心技术领域专利导航提供业务指导。

四、筑牢专利导航工作基础,加强资源要素供给

(一)加强专利导航服务基地建设。各地区要结合本地实际,依托企业、高校院所、服务机构等单位建设或完善本地急需的专利导航服务基地,并逐步形成专利导航服务的常态化、市场化。要指导专利代办处、知识产权保护中心、知识产权信息中心等公益事业单位,以支撑政府部门组织实施专利导航专项政策、支撑政府部门规划实施专利导航项目、承担政府部门专利导航业务联动机制日常工作等为主要工作职责,为推进服务基地建设做好服务。

(二)推广《专利导航指南》系列国家标准。在全社会宣传普及专利导航理念,面向相关政府部门推广区域规划、产业规划专利导航项目组织实施方式、成果运用方法,指导企事业单位在企业经营、研发活动、人才管理等创新活动中应用国家标准,引导各类主体拓展专利导航应用场景,创新专利导航分析方法。

(三)强化专利导航人才培养。紧贴本地区经济发展实际和专利导航工作需求,制定专利导航人才培养计划,组织开展线上线下专利导航工作培训,分类满足各类主体的个性化技能培训需求,推动构建地方专利导航人才队伍。

(四)提供专利导航服务产品。结合专利导航应用场景需求,集成数据、人才等专利导航工作资源,指导具有公益属性的机构,开发公益性专利导航工具类产品,创新促进专利导航服务效能提升的工作模式,满足专利导航服务定制化、便利化、实效化的工作需求。

五、提升专利导航服务效能,强化项目成果应用

(一)构建专利导航成果共享机制。充分利用专利导航综合服务平台,组织开展本地区专利导航项目成果的入库备案和评价,定期向国家知识产权局报送包括分析研究报告、成果应用材料在内的专利导航项目成果,并及时向本地区经济、产业相关部门推送支撑创新决策的专利导航成果信息。

(二)构建专利导航成果发布机制。挖掘凝练本地区专利导航工作典型案例,构建专利导航成果发布机制,面向重点产业链相关企业发布专利导航报告,促进专利导航成果的广泛利用。

(三)构建专利导航成果运用资源对接机制。针对专利布局、高价值专利培育、知识产权运营等专利导航成果运用需求,畅通专利导航成果运用所需优先审查、集中审查、快速预审、快速维权,专利权利转移转化等各类资源的对接渠道,加速专利导航成果的落地与运用。

六、组织保障

（一）加强组织领导。各省级知识产权管理部门要充分认识加强专利导航工作的重要意义，围绕地方经济社会发展规划及产业创新发展需求，完善产业专利导航政策机制，组织实施专利导航专项工程，引导建设专利导航服务基地，完善专利导航工作体系。

（二）加大资源投入。国家知识产权局将与各部委、各地区加强政策资源横向协调和纵向衔接，促进专利导航与经济、产业等相关工作深度融合。各省级知识产权管理部门要加强与本地区相关职能部门的沟通协调，争取相关政策、经费的配套支持，为专利导航工作提供资源保障。

（三）强化跟踪服务和考核。为便于对专利导航工作的开展进行指导，各省级知识产权管理部门应推荐1家工作开展较好的专利导航服务基地作为工作联系点。各联系点应每年年底前向我局运用促进司报送工作总结，根据需要召开联系点会议，交流工作经验，听取工作建议，予以必要支持和指导。各省级知识产权管理部门要每年报送本地区专利导航工作成效，定期报送专利导航项目工作成果，并及时备案专利导航服务基地建设相关情况。我局将把专利导航工作任务及成效作为省、市、园区等知识产权强国建设试点示范工作的重要考核评价指标，并作为支撑国家知识产权运营服务体系建设重点城市建设的必做任务。

七、有关要求

（一）各省级知识产权管理部门要将专利导航服务基地建设作为加强地方专利导航工作的重要抓手，做好布局规划。请于2021年年底前，向我局运用促进司备案第一批地方专利导航服务基地，同时推荐1家联系点。

（二）各省级知识产权管理部门于2021年7月底前报送本省专利导航工作联系人（处级）及联系方式。

特此通知。

国家知识产权局办公室
2021年7月6日

附录1.2 国家知识产权局办公室关于开展专利导航工程支撑服务机构建设工作的通知

国知办发运字〔2022〕28号

各省、自治区、直辖市和新疆生产建设兵团知识产权局,四川省知识产权服务促进中心,各地方有关中心,各有关单位:

为贯彻落实中共中央、国务院印发的《知识产权强国建设纲要(2021—2035年)》和国务院印发的《"十四五"国家知识产权保护和运用规划》,协同推进实施专利导航工程,完善支撑关键核心技术攻关工作体系,根据《关于加强专利导航工作的通知》相关要求,开展国家级专利导航工程支撑服务机构建设工作。现将有关事项通知如下:

一、总体思路

围绕充分发挥专利制度功能,增强知识产权、产业发展、市场竞争、投资融资等各类信息的融合运用效能,深入实施专利导航工程,以强化专利导航成果应用为导向,以助力政府科学决策、支撑关键核心技术攻关、服务产业创新发展为重点,建设一批国家级专利导航工程支撑服务机构,发挥树标杆、强支撑、带全局的"排头兵"作用,支持专利导航服务基地建设,带动专利导航服务体系整合升级,提升知识产权转化运用水平,有力推进知识产权强国建设,服务经济高质量发展。

二、推进方式

通过建立健全培育提升、指导服务、供需对接机制等方式,推进国家级专利导航工程支撑服务机构建设。

(一)建立培育提升机制。建设一批基础实力雄厚、专业水平高、支撑响应能力强的专利导航服务机构,先行打造国家级专利导航工程支撑服务机构标杆。研究制定国家级专利导航工程支撑服务机构建设和评价标准,不断吸纳符合标准的机构进入建设序列,形成动态调整、持续提升的培育机制。

(二)构建指导服务机制。国家知识产权局设立专利导航业务指导中心,负责实施专利导航相关业务培训、标准推广、绩效评价、研究支撑等工作。支持指导中心建设集专利导航课程教学、项目备案、成果发布、公益服务等功能为一体的综合服务平台,提升专利导航业务数字化指导与服务水平。

（三）搭建供需对接机制。结合国家和地方相关政策制定与实施，推动国家级专利导航工程支撑服务机构重点支持专利导航服务基地建设，定向对接重大项目、重点产业、关键核心技术攻关创新主体实际需求，提供高质量、标准化服务，实现专利导航优势资源对创新发展的有效支撑。

三、建设任务

国家级专利导航工程支撑服务机构应在加强自身能力建设基础上，切实承担示范引领、需求支撑、服务供给职责，积极优质高效完成以下重点任务。

（一）发挥引领作用。高水平实施《专利导航指南》国家标准，规范服务行为，提高业务质量。围绕关键核心技术攻关等产业重大需求，实施一批具有全国影响力的专利导航示范项目，持续产出能够实际应用的代表性成果。科学推进实践探索和理论创新，丰富专利导航运用模式，发掘专利导航各类应用场景，深度参与新产品、新标准研发，完善以产业和专利数据为基础的专利导航服务产业创新发展工作方式和制度体系。

（二）强化重点支撑。加强基础数据资源和业务能力储备，及时响应并满足国家重点领域相关支撑需求。围绕关键核心技术攻关需要，协助创新主体确立研发方向，提升研发成效和专利布局质量。对接服务政府重大项目立项和区域、产业规划研究制定，助力提升科学决策水平，有效防范知识产权风险，避免低水平与重复投入。聚焦促进产业链创新链深度融合，引导市场主体提高专利运用效能，协同增强核心竞争力与市场控制力，发挥创新引领、补链强链作用。

（三）加强服务供给。参与打造专利导航综合服务平台，积极开展课程制作、业务培训和咨询辅导，带动服务能力普遍提升。主动备案发布政府资助的项目成果，分享实施应用典型案例，推广有益经验。编制发布产业、区域专利导航图谱、报告，开发普及性应用工具、产品，提高专利导航数字化、智能化、便利化水平。

四、遴选核定

首批国家级专利导航工程支撑服务机构通过申报遴选和申请核定相结合的方式确定。

（一）申报遴选。

1. 申报方式。各省级知识产权局组织本地单位进行申报，在推荐名额（见附件1）内向国家知识产权局推荐，知识产权分析评议示范服务机构等予以优先。国家知识产权局复函支持的产业知识产权运营中心建设运营主体单位，如符合相关条件，可通过所在地省级知识产权局申报、推荐，不占所在省份名额。

2. 申报条件。

（1）业务规模。申报主体应为法人单位。知识产权服务机构申报的，近三年专利导航相关收入应占全部营业收入三分之一以上。其他企事业单位或行业组织申报的，应设有专门从事专利导航相关业务的二级部门。

（2）业务团队。申报单位应具有不少于20人从事专利导航相关工作的专业人员。

（3）业务开展。申报单位近三年应服务3个以上省域，完成专利导航类项目不少于30项。

（4）成果应用。申报单位近三年应具有5个以上示范性的专利导航成果应用（地市级及以上），公开发布专利导航成果不少于10次。

（5）数据资源。申报单位应具有来源合规、稳定的知识产权、产业等数据资源。拥有自主数据资源及常态化数据加工、更新与服务能力的优先。

（6）基础保障。申报单位应具备资金、设备和场地等必要条件，近三年内没有发生严重违法、违规、失信等行为及转包专利导航业务的情况。

3. 遴选程序。

（1）各申报单位按照要求提交申报材料，包括申报书（见附件2）及相关证明材料（见附件3）。省级知识产权局对申报材料进行审核，严格按照申报条件遴选确定推荐对象，填写推荐意见并加盖公章，将推荐名单和申报材料报送国家知识产权局。

（2）国家知识产权局通过评审、答辩等方式确定首批10家左右国家级专利导航工程支撑服务机构名单，经公示无异议后，发文予以认定。

（二）申请核定。

1. 申请。支撑国家专利导航产业发展实验区建设的机构、国家专利导航项目研究和推广中心建设单位、承担国家知识产权局关键核心技术攻关专利导航工作任务的单位，可向国家知识产权局提交申报书及相关证明材料，申请予以核定。

2. 核定。国家知识产权局对申请单位上报的材料进行审核，确定核定名单，与遴选确定的机构一并发文认定。

五、组织保障

（一）国家知识产权局负责国家级专利导航工程支撑服务机构的规范、指导和布局。地方各级知识产权管理部门强化工作协同和支持，统筹协调项目安排,形成机构支撑服务基地、基地服务产业需求的建设合力。

(二)国家级专利导航工程支撑服务机构应制定完善建设规划和工作计划,加强人员、信息、技术、基础设施等条件保障,并确保安全自主可控,满足承担建设任务的基本要求。

(三)国家知识产权局对支撑服务机构实行动态管理,针对机构项目实施质量、成果应用效果、工作支撑水平、公益服务贡献等定期进行考核评价。对不符合建设标准、没有完成建设任务的,要求限期整改。对整改不合格,或负面影响较大的,公告退出建设序列。

请各省级知识产权局高度重视,严格按照有关要求完成推荐工作,于6月6日前将相关材料报送我局知识产权运用促进司。

特此通知。

附件:
附件1 国家级专利导航工程支撑服务机构推荐名额分配表
附件2 国家级专利导航工程支撑服务机构申报书
附件3 证明材料清单

国家知识产权局办公室
2022年5月6日

附件1　国家级专利导航工程支撑服务机构推荐名额分配表

省份	分配名额
北京	2
天津	1
河北	1
辽宁	1
黑龙江	1
上海	2
江苏	2
浙江	2
安徽	1
福建	2
江西	1
山东	2
河南	1
湖北	2
湖南	1
广东	3
广西	1
重庆	1
四川	1
贵州	1
陕西	2
甘肃	1
宁夏	1
新疆	1

注：各省推荐名额按照省级知识产权局完成备案的专利导航服务基地数量的10%计算；计算得数为小数的，按1计算；未备案的暂不分配名额。2022年国务院督查激励知识产权工作成效突出的省份（北京、上海、江苏、浙江、湖北），增加1个名额。

附件2　国家级专利导航工程支撑服务机构申报书

国家级专利导航工程 支撑服务机构

申 报 书

申 报 单 位：_____（签章）

负 责 人：_____

联 系 人：_____

联 系 电 话：_____

推 荐 单 位：_____（签章）

填 报 日 期：_____

国家知识产权局运用促进司
2022 年制

填写说明

一、申请书内各项内容应填写完整、实事求是、简明扼要、表述明确。表格内容字体为四号仿宋，行距28磅。如各栏空格不够，均可加行、加页。

二、申请书为A4纸，于左侧装订成册。一式四份加盖公章。

三、申报单位填写完成后，由推荐单位填写明确的推荐意见（申请核准认定的单位，推荐意见可空缺）。

一、申报信息

申报内容		国家级专利导航工程支撑服务机构					
申报单位	单位名称						
	负责人		电话		手机		
	联系人		电话		手机		
	电子邮箱						
	单位类型	□服务机构　□高等院校　□科研院所 □企业　□事业单位　□行业协会　□其他					

申报单位意见：
（自愿申报，承诺提交信息和资料真实有效，并承担相应责任。）

　　　　　　　　　　　　　单位负责人（签章）：　　　　　（单位公章）
　　　　　　　　　　　　　　　　　　　　　　　　　　年　月　日

推荐单位	单位名称						
	联系人		电话		手机		

推荐单位意见：
（符合申报条件、推荐程序，同意推荐。）

　　　　　　　　　　　　　单位负责人（签章）：　　　　　（单位公章）
　　　　　　　　　　　　　　　　　　　　　　　　　　年　月　日

二、基础条件

单位名称					
单位地址			营业场所面积		
年度营收（元）	2021 年		年度导航业务收入（元）	2021 年	
	2020 年			2020 年	
	2019 年			2019 年	
内设部门数			从事专利导航业务的内设部门名称		
人员总数			从事专利导航人员数		
近三年服务省域			近三年完成专利导航项目数		
数据资源					
数据库名称	数据库所有人			数据库网址	
专利导航工作专业人员					
姓名	专业资质	学历		专业	从事导航年限及项目
（可加行）					
专利导航项目					
项目名称	项目来源	项目金额		项目成果	推广应用
（可加行）					

三、典型案例

（从项目来源、实施过程、成果产出、应用成效、工作经验等方面梳理案例）

四、建设方案

（围绕国家级专利导航工程支撑服务机构建设任务要求，制订建设方案及三年工作计划）

附件3 证明材料清单

1. 专利导航项目合同（协议）及结项证明
2. 从事专利导航工作的专业人员社保证明
3. 地市级及以上专利导航成果应用或领导批示证明
4. 专利导航成果公开发布证明
5. 数据库主界面及主要功能截图，非自有数据库的，还应提供相应数据使用合同（协议）
6. 单位营业执照（复印件或影印件）、2021年度财务审计报告及其他资质证明材料

附录1.3 国家知识产权局办公室关于确定首批国家级专利导航工程支撑服务机构的通知

国知办函运字〔2022〕811号

各省、自治区、直辖市和新疆生产建设兵团知识产权局，四川省知识产权服务促进中心，各地方有关中心，各有关单位：

按照《国家知识产权局办公室关于开展专利导航工程支撑服务机构建设工作的通知》（国知办发运字〔2022〕28号）要求，经申报遴选、申请核定程序，确定首批26家国家级专利导航工程支撑服务机构。其中，通过申报遴选方式确定中国信息通信研究院等13家机构（见附件1），通过申请核定方式确定国家知识产权局知识产权发展研究中心等13家机构（见附件2）。原国家专利导航项目研究和推广中心、知识产权分析评议服务示范机构等称号不再保留。

我局将通过建立完善专利导航业务指导机制，建设运用国家专利导航综合服务平台，汇集共享全国专利导航工作资源，监督管理国家级专利导航工程支撑服务机构建设，促进专利导航支撑关键核心技术攻关、服务区域产业发展效能的全面提升。各省（自治区、直辖市）知识产权管理部门要充分运用国家专利导航综合服务平台和国家级专利导航工程支撑服务机构，培育提升地方专利导航服务基地的能力水平，形成推进实施专利导航工程的工作合力。各国家级专利导航工程支撑服务机构要认真落实建设规划和工作计划，全力支持国家专利导航综合服务平台和地方专利导航服务基地建设，充分发挥树标杆、强支撑、带全局的"排头兵"作用。

特此通知。

附件：
附件1 国家级专利导航工程支撑服务机构（遴选）名单
附件2 国家级专利导航工程支撑服务机构（核定）名单

国家知识产权局办公室
2022年9月15日

附件1　国家级专利导航工程支撑服务机构（遴选）名单

序号	机构名称
1	中国信息通信研究院
2	中国移动通信集团有限公司
3	中国汽车技术研究中心有限公司
4	中国科学院大连化学物理研究所
5	上海图书馆（上海科学技术情报研究所）
6	上海专利商标事务所有限公司
7	江苏省知识产权保护中心（江苏省专利信息服务中心）
8	江苏大学
9	六棱镜（杭州）科技有限公司
10	广州奥凯信息咨询有限公司
11	横琴国际知识产权交易中心有限公司
12	成都行之专利代理事务所（普通合伙）
13	中国科学院西北生态环境资源研究院

（注：名单按行政区划排序）

附件 2 国家级专利导航工程支撑服务机构（核定）名单

序号	机构名称
1	国家知识产权局知识产权发展研究中心
2	国家知识产权局专利局专利审查协作北京中心
3	北京国知专利预警咨询有限公司
4	华智数创（北京）科技发展有限责任公司
5	北京交通大学
6	国家知识产权局专利局专利审查协作天津中心
7	国家知识产权局专利局专利审查协作江苏中心
8	济南大学
9	国家知识产权局专利局专利审查协作河南中心
10	国家知识产权局专利局专利审查协作湖北中心
11	国家知识产权局专利局专利审查协作广东中心
12	重庆市知识产权保护中心（重庆摩托车（汽车）知识产权信息中心）
13	国家知识产权局专利局专利审查协作四川中心

（注：名单按行政区划排序）

附录1.4　国家知识产权局办公室关于同意建设国家专利导航综合服务平台的函

国知办函运字〔2022〕976号

中国专利保护协会：

《关于申请建设国家专利导航综合服务平台的请示》收悉。《"十四五"国家知识产权保护和运用规划》部署实施专利导航工程，提出深化专利导航服务模式，组织开发专利导航数据产品、分析工具、应用平台。加快专利导航数字基础设施建设，建设数字化、一体化综合服务平台，对于加快提升专利导航服务水平、优化专利导航服务供给、提升专利导航助力产业创新的效率和效益具有重要意义。

经研究，我局同意你协会组织开展国家专利导航综合服务平台建设工作。请按照我局工作部署，加强平台建设的机制和条件保障，统筹协调各方力量，按阶段推进完成平台建设工作，规范平台运营管理，确保按进度实现预期功能，有效发挥出其公益型公共服务平台的作用。我局将在政策协同、业务指导、宣传推广等方面对国家专利导航综合服务平台建设予以支持，运用平台推进完善专利导航工作机制，推动形成共建、共治、共享的专利导航服务体系。

特此致函。

国家知识产权局办公室
2022年11月11日

附录1.5 国家知识产权局办公室关于面向重点产业组织开展国家级专利导航服务基地建设工作的通知

国知办发运字〔2022〕58号

各省、自治区、直辖市和新疆生产建设兵团知识产权局，四川省知识产权服务促进中心，各地方有关中心，各有关单位：

为贯彻落实党的二十大精神，推进落实《知识产权强国建设纲要（2021—2035年）》和《"十四五"国家知识产权保护和运用规划》决策部署，有效发挥专利导航对产业高质量发展的服务支撑作用，根据《关于加强专利导航工作的通知》要求，面向重点产业组织开展国家级专利导航服务基地建设工作。现将有关事项通知如下：

一、工作定位

立足按产业领域加强专利导航的工作职责，面向重点产业领域，以服务产业实际需求为导向，以推动专利导航成果应用为目的，以各地产业园区和公益性事业单位为载体，布局建设一批国家级专利导航服务基地，承担专利导航需求对接、组织实施、推广应用等任务，发挥专利导航工作推进和信息沟通的关键节点作用，构建由服务基地对接产业需求、服务机构支撑服务供给、服务平台实现资源整合的专利导航服务产业创新发展工作机制，推动打造统一、开放、高标准的专利导航服务体系，促进专利制度在产业运行中的综合应用，有力支撑相关主管部门和区域、产业发展决策，助力重点领域关键核心技术攻关，保障产业链供应链稳定安全。

二、主要任务

国家级专利导航服务基地的主要工作任务：

（一）开展需求对接。面向产业主管部门、重点创新主体等服务对象，建立专利导航需求对接机制，组织开展调研、研讨，针对产业规划与政策制定、重大项目决策、人才评价与引进等政府财政投入的重大科技经济活动以及重点创新主体的发展需求，挖掘对专利导航工作的实际需求，明确具体应用场景。根据需求和场景，制定专利导航工作计划，明确支撑服务的重点领域、服务对象和目标任务。利用国家专利导航综合服务平台拓展信息对接渠道，实现区域、产业专利导航工作需求与业务资源的高效匹配和充分互动。

（二）加强组织管理。印发专利导航服务基地建设规划或方案，明确建设目标、工作职责、管理规范和推进机制，建立完善工作组织和保障机制。结合业务实际，完善专利导航工作体系，加强人才队伍和基础设施建设，强化业务资源保障，确保满足服务需求的项目经费投入。配合主管部门做好专利导航项目立项、招投标、执行、验收等管理工作，组织专利导航服务机构和服务对象共同制定项目实施方案，确定任务需求和成果应用形式，做好项目组织实施、过程监管和绩效评价，确保专利导航项目完成质量和实用性。

（三）强化应用推广。做好专利导航项目实施中和实施后的跟踪服务，组织专利导航服务机构主动配合服务对象推动项目成果落地使用，打通成果应用的最后一公里。通过国家专利导航综合服务平台做好项目备案，组织推荐、宣传优秀成果、案例，扩大成果共享和应用范围。面向重点领域、重点群体组织开展专利导航公益服务，加强专业培训和研讨咨询，普及推广专利导航的工作理念和知识技能。结合产业发展实际，深化专利导航的运用模式，拓展应用领域和场景，推广专利导航工具产品，提升创新主体运用专利导航的意识和能力。

三、组织申报

（一）申报条件。

国家级专利导航服务基地的申报主体应满足以下条件：

1. 应为省级以上产业园区或具有专利导航相关工作职责的公益性事业单位。

2. 具有负责专利相关工作的专业部门或机构，从事专利导航相关工作的人员在5人以上。

3. 建立较为完善的专利导航项目实施和成果运用工作机制，面向产业管理部门、创新主体等开展相关服务5次以上。

4. 具有组织开展专利导航工作所需的稳定的经费保障、办公场地、数据资源等基础条件。

5. 近三年未发生严重违法、违规、失信等行为。

（二）申报程序。

1. 各省级知识产权局负责组织辖区内申报主体开展国家级专利导航服务基地申报工作。

2. 各申报主体结合本地区重点产业领域，按照申报条件和任务要求，填写国家级专利导航服务基地申请表。省级以上园区或省属事业单位向省级知识产权局提交，其他申报主体报所在地市知识产权局同意后向省级知识产权局提交。

3. 各省级知识产权局对申报材料进行审核，择优向国家知识产权局推荐，推荐数量不超过 3 个；国家级知识产权保护中心、国家级知识产权强国建设示范园区、原国家专利导航产业发展实验区及原国家专利导航试点工程研究基地作为申报主体的，不占所在省份名额；符合条件的地方专利导航服务基地应予优先推荐。

4. 相关部委所属单位，可作为申报主体，由所属部门（相关司局）向国家知识产权局推荐。

5. 国家知识产权局对申报材料进行复核，确定国家级专利导航服务基地名单，经公示无异议后，发文予以确定。原国家专利导航产业发展实验区和原国家专利导航试点工程研究基地等称号届时将不再保留。

四、保障举措

（一）各地方知识产权管理部门要高度重视，将国家级专利导航服务基地作为组织推进本省专利导航工作的主要载体，完善相关政策，加大支持、指导和管理力度，强化各级专利导航服务基地的工作衔接与配合，充分发挥专利导航促进产业知识产权运用、支撑创新驱动发展的重要作用。

（二）国家知识产权局将加强政策支持与工作协同，不断强化国家级专利导航服务基地在服务产业发展中的基础性功能，一体推进知识产权运用促进各项重点工作，将基地建设情况和工作绩效作为知识产权强国建设示范工作、专利转化专项计划、专利奖评选，以及相关考核激励的重要依据。我局将利用国家专利导航综合服务平台，对国家级专利导航服务基地进行综合指导、考核评价和动态管理，充分发挥基地的服务效能。

请各省级知识产权局按照通知要求完成组织推荐工作，于 2022 年 11 月 24 日前将相关材料报送我局知识产权运用促进司。

特此通知。

附件：国家级专利导航服务基地申请表

国家知识产权局办公室
2022 年 11 月 11 日

附件：国家级专利导航服务基地申请表

国家级专利导航服务基地

申 请 表

申 报 主 体：_____（签章）

负 责 人：_____

联 系 人：_____

联 系 电 话：_____

推 荐 单 位：_____（签章）

填 报 日 期：_____

国家知识产权局
2022 年制

填写说明

一、申请表内各项内容应填写完整、实事求是、简明扼要、表述明确。表格内容字体为四号仿宋,行距 28 磅。如各栏空格不够,均可加行、加页。

二、申请表为 A4 纸,于左侧装订成册。一式四份加盖公章。

三、申报主体填写完成后,由推荐单位填写明确的推荐意见。

一、申报信息

基地名称		国家级专利导航服务基地			
申报主体	名称				
	负责人		电话		手机	
	联系人		电话		手机	
	电子邮箱				

申报主体意见：

（承诺提交信息和资料真实有效，并承担相应责任。）

负责人（签章）： （主体公章）

年 月 日

推荐单位	名称				
	联系人		电话		手机	
	电子邮箱				

推荐单位意见：

（符合申报条件，同意推荐。）

负责人（签章）： （主体公章）

年 月 日

二、申报主体基础条件

申报主体					
地　址			专利导航工作场地面积		
年度决算（万元）	2021 年		年度专利导航工作支出（万元）	2021 年	
	2020 年			2020 年	
	2019 年			2019 年	
内设部门数			从事专利导航的内设部门名称		
人员总数			从事专利导航相关人员数量		
近三年组织实施专利导航项目数			近三年组织发布专利导航成果数		
数据资源					
数据库名称	数据库供应商		数据库网址		
（可加行）					
从事专利导航工作人员					
姓　名	专业资质	学　历	专　业	从事导航相关工作年限	
（可加行）					
已组织开展专利导航项目					
项目名称	项目来源	项目金额	承接单位	项目成果	推广应用
（可加行）					

三、基地建设方案

服务产业领域		
服务对象	产业、知识产权主管部门	
	重点创新主体	
经费保障	经费来源	□主要支持单位：
		□自筹：
	年度金额	□300 万以下 □300—500 万 □500 万以上
机构建设		
人才队伍建设		
基础设施建设		
工作目标		
工作机制		
工作内容		

附录 1.6　国家知识产权局办公室关于确定首批国家级专利导航服务基地的通知

国知办函运字〔2022〕1079 号

各省、自治区、直辖市和新疆生产建设兵团知识产权局,四川省知识产权服务促进中心,各地方有关中心：

按照《国家知识产权局办公室关于面向重点产业组织开展国家级专利导航服务基地建设工作的通知》(国知办发运字〔2022〕58 号)要求,经主体申报、地方推荐、材料复核等程序,确定首批 104 家国家级专利导航服务基地(见附件)。原国家专利导航产业发展实验区和原国家专利导航试点工程研究基地等称号不再保留。

国家知识产权局将加强政策支持与工作协同,将国家级专利导航服务基地建设情况和工作绩效作为知识产权运用促进工作相关考核激励的重要依据,通过国家专利导航综合服务平台对基地进行备案管理和绩效评价,不断强化国家级专利导航服务基地在服务产业发展中的功能作用。各地方知识产权管理部门要将国家级专利导航服务基地作为组织推进本级专利导航工作的主要载体,完善相关政策,加大支持、指导和管理力度,强化工作衔接配合,形成专利导航服务区域产业创新发展合力。各国家级专利导航服务基地要认真落实建设方案,积极承担完成专利导航需求对接、组织实施、推广应用等主要任务,充分运用国家专利导航综合服务平台,发挥好协同推进和信息沟通的节点作用,有力支撑相关部门和区域、产业发展决策,避免研发投入风险,助力重点领域关键核心技术攻关,保障产业链供应链稳定安全,促进产业高质量发展。

特此通知。

附件：国家级专利导航服务基地名单

国家知识产权局办公室
2022 年 12 月 29 日

附件：国家级专利导航服务基地名单

序号	省份	基地名称
1	北京	北京市知识产权保护中心
2		中关村知识产权保护中心
3	天津	天津滨海高新技术产业开发区
4		天津市东丽区华明高新技术产业区
5		天津市知识产权保护中心
6		滨海新区知识产权保护中心
7		天津市科学技术发展战略研究院
8	河北	石家庄高新技术产业开发区
9		河北石家庄装备制造产业园
10		河北省知识产权保护中心
11	山西	山西省知识产权保护中心（山西省知识产权信息公共服务中心）
12	内蒙古	内蒙古自治区知识产权保护中心
13		呼和浩特市知识产权保护中心
14	辽宁	沈阳市知识产权保护中心
15	吉林	长春双阳经济开发区
16		吉林省知识产权保护中心
17		长春市知识产权保护中心
18	黑龙江	深圳（哈尔滨）产业园
19		黑龙江省知识产权保护中心
20		中国林业知识产权信息中心
21	上海	上海市漕河泾新兴技术开发区
22		上海奉贤经济开发区生物科技园区
23		上海市知识产权保护中心（上海市知识产权发展研究中心）
24		浦东新区知识产权保护中心
25	上海	上海市卫生和健康发展研究中心（上海市医学科学技术情报研究所）
26		上海市知识产权服务中心（上海市知识产权援助中心）

续表

序号	省份	基地名称
27	江苏	南京江宁经济技术开发区
28		南京江宁高新技术产业开发区
29		南京浦口经济开发区
30		江阴高新技术产业开发区
31		苏州市知识产权保护中心
32		常州市知识产权保护中心
33		镇江市高等专科学校①
34	浙江	杭州高新技术产业开发区
35		湖州市南浔区
36		温州市知识产权服务园
37		浙江省知识产权保护中心
38		杭州市知识产权保护中心
39		宁波市知识产权保护中心
40		温岭市知识产权保护中心
41	安徽	合肥高新技术产业开发区
42		安徽新芜经济开发区
43		安徽淮北高新技术产业开发区
44		合肥市知识产权保护中心
45	福建	福建省知识产权保护中心
46		泉州市知识产权保护中心
47		宁德市知识产权保护中心
48	江西	南昌市知识产权保护中心
49		江西省陶瓷知识产权信息中心
50	山东	济南高新技术产业开发区
51		青岛高科技工业园
52		潍坊高新技术产业开发区②
53		博兴经济开发区
54		济南市知识产权保护中心

续表

序号	省份	基地名称
55	山东	淄博市知识产权保护中心（淄博市知识产权事业发展中心）
56		东营市知识产权保护中心
57		烟台市知识产权保护中心
58		潍坊市知识产权保护中心
59		德州市知识产权保护中心
60		临沂市知识产权保护中心
61	河南	安阳高新技术产业开发区
62		濮阳经济技术开发区
63		长垣经济技术开发区
64		荥阳市先进制造业开发区③
65		新乡市知识产权维权保护中心
66	湖北	武汉市知识产权保护中心
67		湖北知识产权研究中心
68		黄石市知识产权运营中心
69	湖南	长沙经济技术开发区
70		宁乡高新技术产业园区
71		湖南省知识产权保护中心
72		长沙市知识产权保护中心
73		湘潭市知识产权保护中心
74	广东	广州经济技术开发区
75		东莞松山湖高新技术产业开发区
76		广东省知识产权保护中心
77		广州知识产权保护中心
78		深圳市知识产权保护中心
79		珠海市知识产权保护中心
80		汕头市知识产权保护中心
81		佛山市知识产权保护中心
82		广东省科技图书馆（广东省科学院信息研究所）
83	广西	广西壮族自治区知识产权发展研究中心
84	重庆	重庆高新技术产业开发区
85		重庆两江协同创新区

续表

序号	省份	基地名称
86	四川	四川省知识产权保护中心
87		四川省知识产权发展研究中心
88		中国科学院成都文献情报中心
89	贵州	贵阳市知识产权保护中心
90	云南	昆明高新技术产业开发区
91		昆明经济技术开发区
92		昆明市知识产权保护中心
93	陕西	陕西省知识产权保护中心
94		西安市知识产权保护中心
95		陕西省知识产权服务中心
96		宝鸡市知识产权服务中心
97		渭南市食品药品和知识产权服务中心
98	甘肃	甘肃省知识产权保护中心
99	宁夏	宁夏回族自治区知识产权服务中心
100		银川市生产力促进中心
101	新疆	乌鲁木齐甘泉堡经济技术经开区（工业区）
102		克拉玛依市知识产权保护中心
103		新疆维吾尔自治区知识产权服务促进中心
104		新疆维吾尔自治区纤维纺织产品质量监督检测研究中心

注：①原国家专利导航试点工程研究基地；
②③原国家专利导航产业发展实验区。

附录1.7　专利导航工程实施评价方案

国知办发运字〔2023〕4号

为深入实施专利导航工程，有序推进全国专利导航工作水平提升，制订本方案。

一、总体思路

以习近平新时代中国特色社会主义思想为指引，深入贯彻落实党的二十大精神，认真落实《知识产权强国建设纲要（2021—2035年）》，按照《"十四五"国家知识产权保护和运用规划》关于实施专利导航工程、加强专利导航项目评价的部署要求，立足按产业领域加强专利导航工作职责，以服务产业发展需求为导向，以推动产业实际应用为目标，依托国家专利导航综合服务平台（以下简称综合服务平台），面向各地方知识产权管理部门、各类服务载体等，组织开展专利导航工程实施评价，发挥评价工作引领促进作用，指导各地加强专利导航工作机制和载体建设，以支撑政府投资项目决策、关键核心技术攻关及地方产业规划为重点，推进供需对接，强化成果运用，充分发挥专利导航服务产业创新发展效能，助力提升产业链供应链韧性和安全水平。

二、评价范围

（一）工作评价。针对各省级知识产权管理部门"十四五"期间专利导航工程实施情况开展工作评价。其中，2023年对2021年以来的3年工作进行总体评价，2024—2025年对本年度工作进行评价。

（二）专项评价。根据专利导航服务基地、专利导航工程支撑服务机构等各类服务载体和项目建设管理需要，组织开展专项评价。

其他有关单位可参照本方案，运用综合服务平台组织开展专利导航相关评价工作。

三、评价内容

重点围绕专利导航的项目实施、应用成效、基本保障等三方面内容进行评价。

（一）项目实施。主要包括专利导航项目投入力度、对接服务产业部门和创新主体、成果备案发布等情况。

（二）应用成效。主要包括专利导航项目在支撑区域产业发展规划、政府投资的重大项目决策、关键核心技术攻关以及其他类型场景中发挥的直接作用和取得的实际成效。

（三）基本保障。主要包括专利导航相关政策制定、工作机制和人才队伍建设、产品工具开发等情况。

四、组织实施

评价工作依托综合服务平台数字化基础，以日常备案统计与集中填报评价相结合的方式进行。

（一）信息备案。

1. 主体备案。各省级知识产权管理部门、各级各类专利导航服务载体等，通过综合服务平台主体备案入口，填报单位基本信息和专利导航工作信息，在一定范围内予以部分公开。

2. 成果备案。完成备案的主体及其他通过注册的相关单位，可通过综合服务平台项目成果备案入口，填报专利导航项目成果信息。同一项目成果优先由项目组织单位进行备案，在一定范围内予以部分公开。

除评价工作开展期间外，备案发起者每月均可对备案信息进行一次更新，经平台审核予以确认。

（二）评价程序。

1. 2023—2025 年每年末启动工作评价，以综合服务平台项目成果备案信息、各类主体备案和发布信息为主要依据，结合集中填报信息，对各省级知识产权管理部门工作情况进行指标评分（评价指标见附件）。

2. 根据工作安排，通过平台统计项目成果备案信息、各类主体备案上报和发布信息，结合评价指标，对各类专利导航服务载体、项目成果等开展专项评价。

（三）结果使用。专利导航工程实施评价结果，将作为支持各地专利导航等知识产权运用促进各项重点工作开展的重要依据。专项评价结果将作为各类专利导航服务载体建设管理、专利导航优秀项目评选等的直接依据。

附件：专利导航工程实施评价指标

附件 专利导航工程实施评价指标

一级指标	二级指标	评分标准
项目实施（28分）	1. 项目投入（15分）	辖区内备案专利导航项目投入总金额，最高得15分，以各地投入总金额的最高值作为标杆值，得分＝当地投入金额/标杆值×15分（以下简称标杆值公式）
	2. 服务对象（5分）	项目对接服务的各级政府部门、产业园区、企事业单位等，每个项目得0.5~1分，最高得5分
	3. 项目备案（8分）	辖区内开展的专利导航项目成果在综合服务平台备案发布的数量，最高得5分，按标杆值公式计算
		入选示范项目数量，最高得3分，按标杆值公式计算
应用成效（50分）	4. 政府投资决策（15分）	为各级政府投资项目提供决策咨询，在规避投资风险和经济损失、防控技术与知识产权风险、优化项目实施方案、提高人才引进精准度等方面发挥实际作用，每项1~5分，最高得15分
	5. 关键核心技术攻关（15分）	支撑服务关键核心技术研发活动，助力优化技术研发路径、支撑核心专利布局、推动协同创新等，每项1~5分，最高得15分
	6. 产业规划制定（15分）	支撑地方各级政府产业规划等政策文件研究制定，主要成果纳入文件、为文件制定提供直接支撑，以及支撑政策施行取得突出成效等，每项1~5分；最高得15分
	7. 其他类型应用（5分）	服务企业、成果发布、案例推广等其他各类场景应用取得成效，每项0.5~2分，最高得5分
基本保障（22分）	8. 政策体系（5分）	专利导航工作纳入地方法律法规、地方政策，每项0.5~2分，最高得3分
		出台专利导航专项及相关政策，每项得0.5~1.5分，最高得2分

续表

一级指标	二级指标	评分标准
基本保障（22分）	9. 机制建设（7分）	建立专利导航专项工作机制，得1分
		开展专项工作、活动，得0.5～1分
		建设并备案国家级和地方专利导航服务基地数量，最高得3分，按标杆值公式计算
		通过平台发布工作信息，每条得0.2分，最高得2分
	10. 人才队伍（7分）	专利导航人才体系建设情况，最高得2分
		辖区内从事专利导航人员数量，最高得2分，按标杆值公式计算
		辖区内专利导航相关人才入选国家和省级相关各类人才体系情况，最高得2分，按标杆值公式计算
		专利导航公益培训开展次数，每次0.2分，最高得1分
	11. 产品开发（3分）	辖区内各类主体开发的专利导航服务工具产品、产业专利专题库、数据资源服务开放接口，按照通过综合服务平台发布数量计算，每个0.5～1.5分，最高得3分

附录1.8　国家知识产权局办公室关于开展 2021—2023年专利导航工程绩效 评价工作的通知

国知办函运字〔2023〕571号

各省、自治区、直辖市和新疆生产建设兵团知识产权局，四川省知识产权服务促进中心、各地方有关中心：

为贯彻落实《知识产权强国建设纲要（2021—2035年）》和《"十四五"国家知识产权保护和运用规划》部署，深入实施专利导航工程，引导各地提升专利导航工作质量和支撑产业创新发展效能，根据《国家知识产权局办公室关于印发专利导航工程实施评价方案的通知》（国知办发运字〔2023〕4号）要求，决定启动开展2021—2023年专利导航工程绩效评价工作。现将有关事项通知如下：

一、评价内容范围

本次评价的内容为2021年至2023年9月30日期间，各地在推动开展专利导航工作过程中投入、产出、应用的所有成果，包括各类专利导航工作信息、专利导航报告、产业专利专题库、专利导航工具等。

二、评价工作原则

（一）注重过程管理。依托国家专利导航综合服务平台，实时接收并审核各单位报送的专利导航新闻资讯、通知公告、政策文件、导航信息等表征专利导航工作活跃度与时效性的内容；实时接收并审核各单位报备的专利导航报告、专利导航工具、产业专利专题库、成果应用证明等表征专利导航工作成果投入、产出与效益的内容；实时监测各单位发布、备案内容的点击量、报告请求下载数量、用户评论以及成果应用情况变更等内容。年末将由系统自动记录、统计打分，从而引导促进全国专利导航工作的常态化开展。

（二）注重以用为要。更加注重专利导航工作在政府端、企业端、高校和科研机构端的实际应用价值，引导区域规划类、产业规划类专利导航成果产出更多高质量支撑政府领导及相关部门决策的应用证明。依托国家专利导航综合服务平台，更加便捷地将产业规划类、企业经营类、研发活动类等专利导航报告、产业专利专题库、专利导航工具按产业领域精准推送至全国知识产权优势示范企业、试点示范高校和科研机构,由企业研发、知识产权及经营管理人员在线上进行反馈评价,定向接收创新主体的实际需求和意见建议,从而引导提升专利导航服务机构能力、专利导航成果质量,扎实促进产业高质量发展。

(三)注重客观量化。依托国家专利导航综合服务平台,依据专利导航工程实施评价指标,对专利导航工作的投入、过程、成果数量以及应用反馈实现全量化评价,对于专利导航报告、产业专利专题库、专利导航工具等成果质量在政府端、企业端、高校和科研机构端用户价值反馈实现全量化评价,通过系统自动记录统计与人工校验、专家审核相结合的方式,实现对各省级知识产权管理部门全省域、全要素主体专利导航工作的全过程督导与评价。

(四)注重要素互动。依托国家专利导航综合服务平台,国家知识产权局邀请国务院相关部门、全国知识产权优势示范企业,各省级知识产权管理部门邀请省内产业、科技、金融、人才等部门,使用全国各地发布报备到平台上的专利导航报告、产业专利专题库、专利导航工具等成果,并通过线上点赞、收藏、评论等各种方式对成果价值进行评价反馈,引导各方用户深化理解专利导航工作理念,借鉴应用优秀专利导航成果经验,学习专利导航方法和工具,激发潜在专利导航用户市场需求与专业服务机构培育势能,加快形成共建、共治、共享的专利导航服务产业发展生态。

三、评价工作准备

(一)专利导航项目成果备案。9月30日前,各省级知识产权管理部门组织辖区内知识产权管理部门、专利导航服务载体及相关企事业单位、服务机构等,通过国家专利导航综合服务平台完成专利导航项目成果备案及成果应用情况更新。国家各级财政投入的专利导航项目成果,原则上均应备案。9月30日以后备案的成果作为下一年度评价依据。

(二)专利导航数字化成果备案。9月10日前,国家专利导航综合服务平台开放产业专利专题库、专利导航工具等数字化专利导航成果备案专门通道,集成推广全国各地财政投入建设的数字化专利导航成果。

(三)专利导航年度工作信息集中填报。10月15日至31日,在国家专利导航综合服务平台开通各省级知识产权管理部门用户端填报通道,组织集中填报《省级知识产权管理部门专利导航工程实施年度信息表》。

四、评价工作程序

(一)指标评分。准备工作完成后,由国家专利导航综合服务平台对评价期内备案、发布、上报的专利导航成果内容信息进行审核、校验和统计,按照专利导航工程实施评价指标,对评价对象的工作绩效进行量化评分。

(二)项目评优。根据成果备案要求和参与意愿,由国家专利导航综合服务平台对专利导航项目成果进行初筛,按所属产业领域推送至用户端,组织重点企事业单位完成线上评价和意见建议反馈,根据评价反馈结果形成备选案例库。国家知识产权局组织有关部门和相关专家从中评选出2021—2023年专利导航优秀项目成果。优秀项目结果将作为加分项计入各省级知识产权管理部门综合评分。

(三)结果确定。国家知识产权局综合指标评分和项目评优情况确定绩效评价结果,并适时予以公布,对优秀项目进行通报。

(四)结果应用。绩效评价结果将作为国家知识产权局支持各地专利导航、试点示范、专利运营等知识产权运用促进各项重点工作开展的主要依据。通过全国性宣传、展示、交流活动及主流媒体等渠道,针对优秀项目成果及其他优秀案例和工具等进行重点宣传推介。

五、评价有关要求

(一)请各省级知识产权管理部门高度重视,认真配合做好专利导航工程实施评价工作,指导辖区内各类主体高质量常态化完成成果备案。

(二)上述涉及专利导航项目成果备案、信息集中填报、资讯及产品发布等均依托国家专利导航综合服务平台(平台地址:https://www.patentnavi.org.cn/)。

(三)针对国家级专利导航服务基地、国家级专利导航工程支撑服务机构的专项评价将参照本通知相关内容另行组织实施。

(四)2024年开始,专利导航工程评价工作将针对全国各地每年新增业绩情况开展常态化评价工作。

特此通知。

国家知识产权局办公室
2023年7月14日

附录 1.9　国家知识产权局办公室关于公布 2023 年度专利导航优秀成果的通知

国知办函运字〔2023〕1093 号

各省、自治区、直辖市和新疆生产建设兵团知识产权局，四川省知识产权服务促进中心，各地方有关中心：

为深入实施专利导航工程，引导提升专利导航工作质量和服务产业发展效能，根据《国家知识产权局办公室关于开展 2021—2023 年专利导航工程绩效评价工作的通知》（国知办函运字〔2023〕571 号）要求，经自愿申报、材料初评、企业评价、专家评审等程序，确定 2023 年度专利导航优秀成果 30 项（名单见附件），现予以公布。

我局将通过开展宣传、交流、培训等活动，扩大优秀成果应用推广范围。各地方知识产权管理部门要进一步强化需求为本、应用为要的专利导航工作导向，优化工作资源配置，强化工作组织管理，充分发挥专利导航支持创新、服务产业的功能作用。专利导航服务基地和服务支撑机构等要学习借鉴优秀成果经验，不断加强能力建设，持续产出高质量成果，加快提升服务支撑水平。

特此通知。

附件：2023 年度专利导航优秀成果名单

国家知识产权局办公室
2023 年 12 月 26 日

附件：2023 年度专利导航优秀成果名单

序号	成果名称	所属省份	工作委托单位	工作承担单位	服务支撑机构
1	珠海市集成电路产业专利导航	广东省	珠海市市场监督管理局（珠海市知识产权局）		横琴国际知识产权交易中心有限公司
2	江苏省石墨烯电子器件产业专利导航	江苏省	江苏省知识产权局	江苏省发明协会	
3	乌鲁木齐市风电产业专利导航	新疆维吾尔自治区	乌鲁木齐市市场监督管理局	新疆金风科技股份有限公司	华智数创（北京）科技发展有限公司
4	中山市精密仪器设备产业专利导航	广东省	中山市市场监督管理局（中山市知识产权局）	电子科技大学中山学院	广州三环专利商标代理有限公司
5	安徽省安庆市化工新材料专利导航	安徽省	安庆市高新区综合执法局	北京化工大学安庆研究院	国家知识产权局知识产权发展研究中心
6	江苏先进制造业集群专利分析及培育对策研究	江苏省	江苏省知识产权局	江苏省知识产权保护中心（江苏省专利信息服务中心）	
7	宁夏"东数西算"枢纽建设产业规划类专利导航	宁夏回族自治区	宁夏回族自治区知识产权局		北京国知专利预警咨询有限公司
8	如皋经济技术开发区氢能及燃料电池产业专利导航	江苏省	如皋经济技术开发区		南通钟山知识产权服务有限公司
9	沈阳市数控机床产业专利导航	辽宁省	沈阳市市场监督管理局（沈阳市知识产权局）		知识产权出版社有限责任公司

续表

序号	成果名称	所属省份	工作委托单位	工作承担单位	服务支撑机构
10	沈阳市新材料产业专利导航	辽宁省	沈阳市市场监督管理局（沈阳市知识产权局）		北京国知专利预警咨询有限公司
11	烟台市清洁能源产业专利导航	山东省	烟台市知识产权保护中心		国家知识产权局知识产权发展研究中心
12	淄博高新区智能制造装备产业专利导航	山东省	山东省知识产权事业发展中心	淄博高新区市场监督管理局	山东发思特知识产权信息服务有限公司
13	江苏省水污染防治设备产业专利导航	江苏省	江苏省知识产权局		华睿（无锡）知识产权运营有限公司
14	沈阳市航空产业专利导航	辽宁省	沈阳市市场监督管理局（沈阳市知识产权局）		北京中强智尚知识产权代理有限公司
15	高性能压力管道制造关键技术专利导航	浙江省	浙江省市场监督管理局（浙江省知识产权局）	浙江久立特材科技股份有限公司	六棱镜（杭州）科技有限公司
16	德州市食品加工产业专利导航	山东省	山东省知识产权事业发展中心	德州市市场监督管理局	华智众创（北京）投资管理有限责任公司
17	沈阳市医疗装备产业专利导航	辽宁省	沈阳市市场监督管理局（沈阳市知识产权局）		北京国知专利预警咨询有限公司
18	昆明市工业大麻产业规划类专利导航	云南省	昆明市市场监督管理局		广州奥凯信息咨询有限公司
19	压水堆核电厂反应堆结构关键技术专利导航	上海市	上海市知识产权局	上海核工程研究设计院有限公司	上海容智知识产权代理有限公司
20	淄博高新区生物医药产业专利导航	山东省	山东省知识产权事业发展中心	淄博高新区市场监督管理局	山东发思特知识产权信息服务有限公司

续表

序号	成果名称	所属省份	工作委托单位	工作承担单位	服务支撑机构
21	宜昌市水利水电产业专利导航	湖北省	宜昌市市场监督管理局		湖北三峡水利水电知识产权运营有限公司
22	江苏省大数据产业专利导航	江苏省	江苏省知识产权局		南京九致信息科技有限公司
23	昆明市先进装备制造产业专利导航	云南省	昆明市市场监督管理局	中国铁建高新装备股份有限公司	华智数创(北京)科技发展有限责任公司
24	沈阳市生物医药产业专利导航	辽宁省	沈阳市市场监督管理局(沈阳市知识产权局)		知识产权出版社有限责任公司
25	南京江宁高新区生物医药及新型医疗器械专利导航	江苏省	南京市知识产权局	南京江宁高新技术产业开发区管理委员会	江苏省知识产权保护中心(江苏省专利信息服务中心)
26	杭州市高端装备制造产业专利导航	浙江省	杭州市知识产权保护中心	杭州市知识产权保护中心	
27	株洲市轨道交通装备产业专利导航	湖南省	株洲市市场监督管理局	湖南省知识产权保护中心	
28	沈阳市新能源汽车产业专利导航	辽宁省	沈阳市市场监督管理局(沈阳市知识产权局)		知识产权出版社有限责任公司
29	吉林省半导体激光技术产业专利导航	吉林省	吉林省知识产权局	中国科学院长春光学精密机械与物理研究所	长春中科长光知识产权运营有限公司
30	黑龙江省中医药产业专利导航	黑龙江省	黑龙江省知识产权局		哈尔滨市阳光惠远知识产权代理有限公司

附录 2　关于全面深化推进专利导航工作的思考

关于全面深化推进专利导航工作的思考[1]

作为国家知识产权局专利导航试点工程及国家知识产权局推进专利导航重要专项工作的全程参与者,笔者有幸亲历了专利导航的历次重要工作,特别是从研究层面深入参与了一系列试点示范项目、理论与实践探索工作。近年来,随着这项工作的深入持续推进,出现了一些亟待面对的新情况。

党的二十大胜利召开以来,我国经济社会发展进入了新的发展阶段,在中国式现代化建设的伟大历史征程中,如何继续并充分运用专利导航理念所释放出来的方法、工具力量,助力区域、产业和企业的高质量发展,成为新时代专利导航从业者必须思考的问题。本文通过对专利导航历史发展的回顾与总结,对专利导航当下和未来发展进行系统地思考并提出建议。

一、国家专利导航试点工程的回顾

(一)五年试点情况

2013 年 4 月,国家知识产权局发布《国家知识产权局关于实施专利导航试点工程的通知》(国知发管字〔2013〕27 号),部署开展为期五年的国家专利导航试点工程,试点工程由原国家知识产权局专利管理司具体指导实施。试点工程力图以全新的理念和方法为创新发展提供专利版解决方案,努力推动专利工作融入经济社会发展主战场,为解决专利工作对接实体经济发展"最后一公里"问题探索具体路径。

---

[1] 本文作者为本书主编张勇,本文曾获国家知识产权局"学习贯彻二十大,人才奋进新征程"征文活动优秀奖,刊登于《知识产权(增刊)》,中国知识产权研究会,(2023)京新出刊增准字第(305)号,第 299 – 310 页。

试点工程之始，我们对专利导航的基本理念认识是：通过有效运用专利数据信息，以产业的视角，对专利包含的技术、法律和市场等信息进行深度挖掘，把握产业链中关键领域的核心专利分布，明晰产业发展方向、格局定位和升级路径，引导企业进行专利布局、储备和运营，实现产业创新驱动发展。

国家专利导航试点工程是自上而下推动进行的。从不同角度几个示范项目起步，其理念以星星之火燎原之势，迅速在全国范围内被广泛接纳，被誉为"升级版的专利信息分析"。据统计，除个别地区外，目前全国各主要省市区都开展过不同类型的专利导航项目，为各级政府、产业园区及企事业单位提供了十分有效的决策支撑，也在探索中极大地丰富了专利导航实践，拓展了专利导航概念内涵，并积累了对接产业、企业的丰富研究和实务经验。

(二) 五年试点的理念升华

在五年试点的过程中，伴随着实践的不断深入和拓展，我们对专利导航理念有了更加清晰的认识并不断升华。

专利导航是一种专利与大数据结合的新思维。专利数据是一种多维度、全球化、更新快的海量数据，其符合大数据的基本技术特征。专利导航的基本思路就是运用专利大数据，采用大数据分析方法，寻找数据之间的相关性或因果性，为不同层面、多种类型的创新发展提供发展定位、发展方向和发展路径的决策支撑。将多维度数据的相关性分析用于决策支撑，正是大数据运用最本质的特征之一。因此，专利导航最本质的特征之一就是对包含产业信息在内的专利大数据的多维度挖掘和运用。

专利导航是一种专利与产业相融合的新方法。专利数据中包含了除技术之外的法律、市场、人才、企业等多维度信息，这些信息统一承载在专利文献之中，其相互之间必然存在特定的相关关系。运用大数据方法挖掘这种相关关系，则可将专利本身及专利大数据运用推动融入产业企业的发展之中。这种看似跨界、实则平滑融入的方式，在保持专利的专业性的同时，以一种富有亲和力的姿态接近产业企业发展，是专利融入经济社会发展的有效助推剂和润滑剂，也是加速实现专利融入经济社会发展主战场的有效抓手之一。

专利导航是一种支撑创新发展决策的新模式。传统的决策支撑有多种理论模型及其具体操作模式，一般而言，在依赖专家意见或者抽样数据分析的决策系统中，决策情报结论的客观性难以充分保障。大数据分析技术的引入，对于决策支撑模式毫无疑问是一种颠覆性的革新。决策支撑从对人的依赖转向对数据的运用，从对抽样数据的运用转向对全量数据的分析，使得决策支撑的客观性、科学性及其效率都大大提高。作为和技术创新关系最密切的专利大数据，在产业企业创新发展决策中发挥出方向引领、资源配置、路径选择的决策支撑作用。毫无疑问,其必将进一步丰富目下的创新发展决策模式,提供可供选择的决策支撑新思路、新方法。当然,专利导航提供的决策支撑模式,是拓宽而不是取代,是融入并不是改变。

在上述理念升华的基础上,通过试点实践,我们对专利导航的认识更加清晰明了:专利导航是一种运用大数据理念,以与产业相融合的目标和方式,通过对以专利数据为主的多维度数据的融合分析,为创新发展提供决策支撑的新方法、新理念和新模式。

(三)专利导航试点工程的成果固化

2018年底,专利导航试点工作圆满结束。经过对国家专利导航试点园区及试点企业的系统评估,不同角度的数据及案例都初步证明了专利导航这种运用专利大数据理念支撑创新发展决策、服务产业企业发展的新型决策方法的有效性和科学性,专利导航理念和方法已经越来越被社会各界认同并运用。也就是说,国家专利导航试点工程的成果已经通过各种方式被固化。

专利导航工作的推进已经职责化。在国家专利试点工程的收官之年2018年,专利导航被正式写入中央对国家知识产权局的"三定"方案中,这是专利导航工作的一个里程碑,标志着专利导航通过试点,从一项创新性的工作上升为由中央认可的国家知识产权局的基本职能职责之一。目前,"专利导航"一词成为出现在从国家到地方的各类政策文件中的高频词。

专利导航理念在实践中已方法化。专利导航理念的提出是基于长期的专利信息运用实践,但从理念再次返回到专利导航实践时,需要新方法的支持。经过专利导航试点工程的探索,专利导航不再是抽象的理念,而是由众多"工具包"及使用"工具包"的操作规程形成的具象化方法,由此完成了从实践到理论再到实践的螺旋上升。目前,专利导航在产业企业创新发展中已经被逐步重视并应用。

专利导航工作的推进已经体系化。经过试点工程的探索,专利导航工作从点上起步、线上延展,到面上铺开,政府、行业组织和企业相互协作,区域、产业及企业不同层面的典型应用相互联动、相互支撑,形成了专利导航多位一体工作体系化新格局。体系化的工作推进形成了工作合力,丰富了工作层次,调动了各方力量,有力推动了专利导航融入经济社会发展大潮流。

专利导航业务实现已经标准化。2019年开始,立足专利导航的实践与理论探索,在国家知识产权局运用促进司牵头指导下,以华智数创(北京)科技发展有限公司为主要支撑单位的专家团队正式组建,开始全面系统总结专利导航的经验与理论，专家团队首先全面梳理了专利导航试点工程的经典案例，形成并出版了《专利导航典型案例汇编》；2020年11月，凝聚专利导航实践经验的《专利导航指南》（GB/T 39551—2020）系列国家标准正式发布，并于2021年6月正式推广实施；2022年7月，《专利导航指南解读》正式出版。这一系列理论成果的正式出版发行，一方面固化了专利导航的实践成果，另一方面也有力地推动了专利导航未来业务实践的规范化发展。

专利导航的跨界融通已经国际化。专利导航理念是中国知识产权人的智慧结晶，通过专利导航打通专利服务经济社会发展的瓶颈是我们的初衷，跨界融通是专利导航的基本属性。在专利导航试点工程取得圆满成功的今天，我们的理念不但跨越了产业、行业边界，融入中国创新发展，而且跨越国界，得到了来自国际同行的关注和学习。目前在ISO56005国际标准中，专利导航理念被正式写入。它是中国知识产权人对世界知识产权乃至全球产业创新发展的智慧贡献，功在当前，利在长远。

立足于专利导航试点工程的实践和社会各方的认同，我们应当对专利导航及其试点工程作出基本的判断与评价。专利导航概念的提出和实践的成功绝不是偶然的，它是当代知识产权先行者站在我国经济社会发展与知识产权发展的历史交汇点，立足现实，面向未来，放眼世界，为解决专利事业发展面临的现实问题，更为了解决专利工作深度融入经济社会发展的长远问题，在长期思考、艰难探索、反复实践中进行的又一次战略性探求，它是继往开来的蜕变，更是务实求真的创新。

专利导航试点工程的成功实施，在证明了专利导航理念的先进性与科学性的同时，也鼓舞着职能部门和相关从业者将专利导航实践从面上推开，向纵深推进，以更好地融入并服务经济社会发展主战场。

二、新形势下专利导航工作面临的问题

作为一项全新的工作，专利导航从试点工程开始，一路披荆斩棘，克服了诸多困难，取得了令人瞩目的成绩。试点工程结束后，又经过近五年理论与实践探索，而今全面分析专利导航工作目前面临的新形势和新问题，有利于我们发现问题、破解难题，从而纵深、全面推进专利导航各项工作。

（一）概念阐释不清，衔接错位

2000年前后，专利信息运用工作在我国开始起步，近二十年来，先后出现的与之关联的概念主要包括：专利信息分析、专利预警、专利评议、知识产权区域布局、专利导航等，这些概念相互之间有很强的关联性，但又有各自独

特的内涵。据调研，到目前为止，尚未有指导性文件对上述概念进行系统性清晰辨析，也没有对上述工作开展的侧重点进行权威解析。

在2018年机构改革之前，这些工作分属国家知识产权局不同部门推动指导，相互之间协同不够，有职责的交叉，也有职能的缺位，很多工作落实到地方都被事实混同，专利导航的概念亦是如此。这客观上导致了专利导航工作对于很多地方管理部门人员或服务机构的执行人员而言，有两种现象出现：一是不知道专利导航和其他工作的区别从而无从开展；二是认为专利导航只不过是过去工作"换汤不换药"的标签改变，从而以不变应对来自国家知识产权局各司、各部门的不同工作安排。这些情况，客观上导致了国家知识产权局的倡导和地方实际所念"经文"的不一致，工作衔接错位。这些年，在地方实际开展的工作中，把上述各种工作混同是常态，专利导航新概念在一定层面上被认为只是一种新提法。在2020年以后国家知识产权局发布的一些文件中，对专利导航概念进行了诠释，指出专利导航概念囊括传统专利分析的多个概念，这种解释的力度仍然不够，社会知晓程度和理解程度十分有限。

因此，专利导航工作的概念和内涵在理论上的清晰阐释、权威界定，并配合机构改革后专利信息运用工作的整合推进，是专利导航工作向纵深推进的基础性工作，这个事情说不清楚或者不说清楚，工作推进就会因为思维的混乱仍陷于目标不清的泥潭。

（二）创新总结不足，升华不够

专利导航概念提出以后，首先以试点工程的形式探索性推进。这种工作方式显示了概念提出者及组织者审慎务实的工作态度，因为，专利导航是一项没有参考的全新工作。

试点工程起步，以实验区执行示范项目开始。这一阶段主要在产业专利导航层面，研究理念、数据运用、组织模式、成果形式等诸多方面，都有从无到有的突破性进展，奠定了整个专利导航工作的推进基础，验证了专利导航理念的科学性，使得专利导航1.0版本迅速被誉为"升级版的专利信息分析"。

近年来，在专利导航研究的重大困难被破解之后，研究工作节奏放缓。虽然此后企业层面、区域层面不断有大的研究进展，取得了实质性的突破，具体的研究方法、思路也不断有所创新，但系统化的总结和升华总体略显不足，精心打造的高质量成果相对缺少。并且即使有一定层面的总结，但由于宣传和推广力度的相对不足，客观上使推出专利导航更高版本的节奏大大放缓。

作为一项以创新促进创新的工作，专利导航本身的创新不能放缓，任何放缓都会违背专利导航的初衷。因此，加强对既往创新的总结升华，在专利导航标准总结的业务类型等的基础上,不断推出升级版专利导航解决方案,是专利导航工作面临的新形势和新要求。

(三) 市场竞争无序,缺乏引导

专利导航的概念虽然被社会各方迅速认可,专利导航标准也开始实施,但专利导航服务市场实际上处于一种半无序状态,不对称的市场竞争使高端的专利导航服务低端化甚至无法生存。这主要有以下两个方面的原因:一是专利导航服务的需求方和提供方不了解专利导航的本质特点和作用,因此无论是服务的提供还是服务的选择都缺乏透明度,拉低了专利导航的市场切入层次;二是地方政府把新生的专利导航服务等同于传统的专利服务,限制外地高端机构的本地化切入,大量原本不了解专利导航的传统服务机构无成本地低端切入、低价竞争,造成了专利导航服务市场的不良循环,因此,专利导航服务市场目前正处于劣币驱逐良币的混战期,亟需政府给予有力的规范引导。

(四) 产业认同欠缺,融入困难

专利导航的目标是服务于产业企业创新发展。但是,在一些高质量的创新示范项目取得预期成果之后,虽有专利导航标准的实施,但标准的宣贯力度不足,社会认同程度不够,大量低层次、仍然念着就专利说专利"老经文"的所谓专利导航项目的涌入导致不了解专利服务市场的产业界对专利导航的服务效果产生了怀疑。有的仍认为专利导航与传统的专利分析无区别,有的认为专利导航的理念并没有贯穿于专利导航的服务中,总之就是没有效果或者效果不佳。这使得原本希望通过专利导航对接经济社会发展"最后一公里"的努力事倍功半,也是专利导航融入产业发展依然要面临较大的困难。

(五) 衔接运营不够,协同失调

专利导航的概念在提出之初与专利运营密切关联,即可以通过专利导航为专利运营提供一定的路径支持。但客观情况是,由于专利运营更接近于产业或者资本,迅速得到了更多的关注和投入。专利导航作为一种更为基础性的工作,由于其需要长时间的实践积累和理论突破,因此与专利运营的步伐并没有同步。当专利运营工作在迅猛发展之后返过身寻求包括专利导航在内的工作支撑时,却发现二者相距已远,甚至已不在同轨之上。作为国家知识产权局的两项重要工作,当前两项工作都进入攻坚期,统筹推进专利导航和专利运营工作,是当前我们可以运用的一个有效抓手。

(六) 工作碎片化多，系统化少

专利导航工作近年来经常出现在各类政策文件之中，但大多数已经不在国家专利导航试点工程的框架之内，并且随着试点工程的结束，这些工作的推进缺乏顶层系统设计，使其有碎片化倾向。显然，如果不能继续体系化地推进专利导航工作，一方面，不能使专利导航的工作深化推进；另一方面，无法发挥作为一种全新理念的方法论的体系优势，以及通过专利导航服务融入经济社会发展的重要出发点，也由于碎片化工作力度较小而很难得以落实。

(七) 社会杂音滋生，混淆视听

专利导航作为一种创新性的理论，其理念是开放包容的，它是一种基于实践的、在实际中不断丰富和发展的解决实际问题的理论体系，我们欢迎各方的参与和声音。但是，在专利导航工作推进过程中，由于方方面面的原因，专利导航工作在总体平稳运行的同时，也被误解甚至有很多杂音：有的认为专利导航不过就是专利分析的改头换面，没有实际用处；有的认为专利导航只有当前提出的区域、产业和企业三种应用场景，教条运用专利导航；有的则出于商业逐利的目的，过分夸大了专利导航的作用，造成了产业界的抵触；还有的自我标榜，打专利导航之名，行江湖招摇之实，名为支持，实为诋毁。这些杂音的存在，虽然不可避免，并且原因多元，但一定程度上是我们权威声音的相对不足、升级换代节奏相对放缓，为噪声滋生带来了特定的土壤。作为一项起步不久的创新性工作，虽然开放包容，但应有必要的限度，应当防止非主流噪声影响工作的长效推进。

自我分析问题、发现问题，不是妄自菲薄，更不是自我怀疑，而是在已经取得阶段性重大成果的今天，正视问题，解决问题，从而为取得更大突破做必要准备。以上问题的发现和分析，虽然有不同角度，有一定代表性，但还是难以面面俱到，所以仍需要在实践中及时发现各种问题并及时应对。

三、持续推进专利导航工作的基本原则

持续健康推进专利导航工作，有效高效解决上述问题，必须坚持基本的工作原则，这些原则，有的是专利导航的基本出发点，有的是专利导航试点工程中经过实践检验行之有效而必须长期坚持的原则。

(一) 不忘初心，服务产业

专利导航提出目的不是为了解决专利问题，而是为了服务产业，为专利工

作有效对接经济社会发展"最后一公里"问题探索解决方案。通俗地说，专利导航导的不是专利或专利工作者自身，而是我们以外的各类需求主体。在这个过程中，专利数据只是一种工具，是手段而非目的，最终专利导航的成败取决于服务产业创新的效果以及产业的接受程度。专利线和产业线是专利导航的两条线索，专利线是工作的抓手，但它是隐形线索，应当显示出来的是产业线。"由专利入，从产业出"是专利导航的初心，是专利导航的最低也是最高要求。因此，我们绝不能自说自话地做专利导航，不能就专利说专利，这都不是专利导航的初心。这些原则要一以贯之，这些倾向要时刻戒备。

（二）继往开来，统筹兼顾

专利导航概念的提出是基于专利信息利用工作的长期实践，基于专利社会服务工作的长足发展。所以专利导航自带了继往开来的历史基因，这就要求，一方面要继承过去包括专利预警、专利评议、知识产权区域布局等相关概念；另一方面，要在联系的基础上，辩证地看待上述概念的关系，在统筹推进的总体要求下，构建新的专利导航体系化新概念，搭建框架，统一思路，辨析概念，明晰应用场景，既要传承，又要发展，从而做到体系化统筹推进上述各项工作。统筹推进还包括将专利导航工作与其他关联工作（比如专利运营等工作统筹推进），以及将专利导航与产业创新发展相关联。

（三）政府引导，市场驱动

专利导航从试点开始，就是一项自上而下推动的工作。作为一项全新的工作，这种方式是行之有效并且十分高效的，在短期内积累了丰富的经验，升华了专利导航的理论。在今后很长一段时间内，都应当继续坚持政府自上而下推动引导的总体工作模式，以确保工作的总体方向和效率；在一些通过实践证明的工作模式（服务场景）被固化之后，可以通过推广国家标准等方式面向市场推广，以社会化需求推动专利导航工作的可持续发展。即在政府引导下成熟一种模式，市场化推广一种模式，引导形成健康规范的专利导航服务体系。在探索期间的任何放任都会导致工作的倒退或者混乱。

（四）开放融通，升级发展

专利导航是一种开放的、与时俱进的理论体系，因此，包容性、开放性都是它的主要特点。基于专利导航融入产业、服务产业的出发点，在其发展过程中，就必须善于融合多方力量，共同参与、共同研究、共同尝试、共同校验、共同反馈提升，包括知识产权、产业、技术、法律、政策等领域的多方融通，是促进其以自身的创新发展支撑产业创新发展的必由之路。唯有开放融通、海纳百川，方可不断以专利导航理念寻找新的应用场景、应用模式、应用体系，以博大精深的理论体系和丰富多样的实践方法，在持续升级发展中追求对产业升级发展的不断支撑。

四、持续推进专利导航工作的长效策略

十年来的专利导航实践探索，一方面检验了专利导航理念的先进性和方法的科学性，另一方面也让我们充分地认识到，专利导航试点工程的开展不过是专利导航工作持续推进的一小步，未来还有更多更复杂的工作需要完成。特别是专利导航工作成为国家知识产权局的职能之后，如何建立工作推进的长效机制，是我们必须面对和思考的问题。

（一）目标分解，阶段推进

作为国家知识产权局一项新的工作职能，在没有经验可循、没有路径可考的条件下，唯一的推进方法就是在实践中探索推进。但是实践不能没有目标，否则就是在为社会提供专利导航的同时不知专利导航身处何处、去往何处，从而陷入谁来为专利导航"导航"的逻辑怪圈。因此，应当制定三年、五年等分阶段工作规划目标，细化年度工作任务，逐步推进，及时调整。

（二）加强组织，协同联动

专利导航作为一项需要系统化部署推进的新职能、新工作，需要多方的协同方能高效推进，而协同推进需要组织机制的保障和顶层设计。在国家知识产权局多项专利信息运用相关工作中，专利预警工作已经设立了局层面的领导小组，可以参考其机制建立专利导航工作的领导小组（起步不一定是局层面的工作小组），逐步形成包括由国家知识产权局主管部门、地方政府管理部门、研究机构、产业需求部门等有代表性的领导、专家形成协同工作组，以方便资源整合，优化工作模式，做好专利导航工作的顶层设计。

（三）固化成果，强化创新

通过分析专利导航工作推进中面临的一些问题，我们认识到不断强化创新、总结创新经验、固化研究成果的重要性。在当前系统总结专利导航研究成果、专利导航国家标准的基础上，需把总结阶段性小创新和突破性大创新常态化，把专利导航体系理论的升级研究机制化，一些重要的成果及时通过文件、发布会、出版物等多种形式沉淀下来，鼓励社会各方协同创新。

(四) 立足应用，统筹推进

立足专利导航的出发点，专利导航应当瞄准服务产业的总体目标，在注重理论研究的同时，更应当注意以实践应用推动理论研究而非纯粹的学术化理论研究。当前和今后的一段时间，专利导航的应用推广可以和专利运用试点城市、强省强市强企等工作密切结合，推进专利导航在区域创新评价、产业规划制定、精准化招商引资、招才引智、高价值专利培育等不同层面的运用，以点带面，引导地方开展专利导航工作。

(五) 培育机构，培养人才

专利导航工作的持续开展，需要专业化的研究机构和研究人才，根据国家知识产权局的最新文件精神，已经将原有的知识产权评议示范机构（原国家知识产权局知识产权保护司）、知识产权服务示范机构（原国家知识产权局规划司）等统筹。2022年以来，批准了一批国家级专利导航服务机构，并在地方批准了一批国家级专利导航服务基地。今后应当本着严格准入的原则，加大服务能力和服务质量考察力度，以政府或行业协会授予示范机构荣誉等方式引导社会选择高质量的专利导航服务机构。在条件成熟时，可以参照ISO9000的模式建立服务机构提供服务的市场化自愿标准认证模式。在加强人才培养方面，可以引导建立社会化的专利导航专业人员培训认证方式，将取得培训资格作为成为示范机构的参考条件，全面提高服务从业人员素质。

(六) 加强推广，注重交流

专利导航的实践探索和理论研究常态化是专利导航升级持续发展的源动力。但探索研究并非最终目标，目标是社会化推广。因此，应当建立专利导航研究成果的常态化推广和交流机制，比如，通过定期召开专利导航相关方的不同层次的研讨会来推动成果的交流互动，特别是一些优秀典型案例的研讨；指导社会化的专利导航高端论坛，使论坛逐步具备专业化、品牌化的可持续发展能力，形成多渠道的推广交流格局。2023年2月15日，由国家知识产权局指导的专利导航综合服务平台启动会议在北京召开，会议在系统总结专利导航十年发展的基础上，从不同角度展示了专利导航的最新研究成果。类似的会议可以考虑未来的持续性。

(七) 指导行业，规范市场

连接政府职能部门和终端需求者的是专利导航服务机构，从指导行业规范市场的角度来看，目前国家知识产权局缺少必要的抓手，难以有效指导市场化运作的服务机构。因此，从长远发展考虑，建议由相关管理部门指导成立专利导航服务机构联盟性质的行业性组织，一方面可以加强交流，另一方面也方便管理部门指导，起到行业自律等承上启下的作用。上述有关机构的授牌、人员的培训等工作可以主要由该组织完成，从而搭建政府和服务企业之间的有效沟通指导桥梁。

（八）考核评价，激励发展

在专利导航工作在国家知识产权局层面职能化之后，职能落实必然要向下沉降。在落实的过程中国家知识产权局应当适时建立面向地方特别是各类试点示范城市、试点示范园区、试点示范企业的考核评价机制，逐步探索地方专利导航（符合标准的有效专利导航）工作的量化评价指标，将其纳入地方知识产权综合运用评价总体体系，激励地方快速深入开展专利导航工作。

（九）理念输出，多元互动

专利导航的基本出发点就是融入产业、服务产业，因此要始终坚持专利导航理念和方法向产业的不断输出和全面融入。在此过程中要始终坚持专利导航工作与产业发展的密切互动，强化部门之间、区域之间、行业之间、产学研之间的专利导航研究与实践互动，将专业化的专利导航工作变得更有亲和力，强调专利导航支撑发展理念，强调专利导航的决策支持功能，避免专利导航被误解为增加行政门槛或者取代原有方式，以不断融合和优质支撑服务来促进专利导航与产业需求的协调发展。在专利导航的理念输出方面，要善于利用国内国际两个平台，加大专利导航这种中国理念的国际输出，提升中国专利工作模式创新的国际影响力。

（十）持续投入，资源保障

如前所述，专利导航的深入持续开展需要不断深化研究和规范化推广。基于对服务市场尚未成熟建立时期的逐利性和盲目性危害的认识，建议国家知识产权局未来持续给予专利导航工作一定的政策供给、资金投入和人力配备。政策供给主要是做好顶层设计，引导专利导航工作规范化发展，激励优质专利导航模式的推广；资金投入主要是对于尚未成熟的专利导航新场景、新应用给予稳定的资金支持，确保基础性公益性研究工作的持续投入；人力配备主要是保障专利导航工作管理层面和研究层面的相对稳定性和连续性。

五、优化专利导航工作的具体举措

长效机制的建立非一蹴而就,需要常抓不懈,久久为功。在党的二十大胜利召开、国家知识产权局再次成为国务院直属局的大背景之下,就当前专利导航工作的开展而言,一方面,要着手建立长效工作机制;另一方面,在长效机制的总体规划之下,从点上突破,迅速打开专利导航工作推进新局面,打造国家专利导航试点工程之后的专利导航新版本。为此,提出以下工作建议。

(一) 以专利导航概念统领专利信息分析运用体系

全面系统面向全国宣贯《专利导航指南》(GB/T 39551—2020)国家标准,以专利导航为核心概念,统领与专利信息运用相关的专利信息分析、专利预警、专利评议及知识产权区域布局等各种提法,以更加丰富的专利导航内涵搭建专利信息运用新框架,讲好专利导航新故事,从而实现专利导航概念对专利信息运用工作的整合与统和。当然,这并非简单的概念合并或者粗暴的工作合并,而是在专利导航理念之下的自然整合。上述理念要面向社会反复宣讲,以消除概念交叉带来的不利影响。

(二) 在重点应用场景加速突破专利导航运用瓶颈

根据《专利导航指南》(GB/T 39551—2020)的定义,目前,专利导航的应用主要包括五大类。今后应当在着力研究之前经验的基础上,结合专利导航概念对多种专利信息运用方式的统领,分类探索,扩展新的应用场景,并及时固化,实现专利导航的不断迭代升级。目前,招商引资和招才引智作为产业需求十分活跃的应用场景,应当加大研究与推广力度,突破研究障碍和产业运用障碍,探索形成系统规范的专利导航研究及运用方法。

(三) 建立专利导航工作统筹推进的工作联动机制

适时成立专利导航工作协调工作组,强化顶层设计,及时统一思想,研究部署最新工作方向。指导国家级专利导航服务机构召开常态性的联席工作会议,逐步推动形成专利导航服务联盟,促进工作交流,提升业务水平,加强行业自律,规范市场竞争。试行推动专利导航服务机构的培育认证工作。指导探索行业自律组织发布行业性工作标准。

（四）推动专利运营试点城市开展专利导航新试点

加强专利导航与专利运营工作的联动，可以在专利运营工作重点城市中，选择具有一定专利导航工作基础的城市开展专利导航在高价值专利培育、区域产业规划、招商引资、招才引智、重大项目投资等方面的探索性高端示范研究工作，及时固化研究成果并推广。

（五）启动常态化专利导航工作多方交流研讨论坛

依托国家级专利导航服务机构建立常态化专利导航工作交流机制，例如，通过工作研讨会、论坛等方式，塑造专利导航品牌，强化理念推广。此项工作可以和国家知识产权局的专利导航工作总结和部署会议、专利导航服务机构联席会议相结合统筹安排。

（六）探索开展重点专利导航项目第三方监理机制

引导地方政府提升专利导航专项资金利用效率，加强专利导航项目质量考核，在专利导航工作较为活跃、成熟的城市或专利导航实验区推荐尝试引入项目实施的第三方项目监理制度，由独立第三方依据专利导航国家标准以市场化方式加强项目实施监督，确保专利导航项目质量。

（七）加大专利导航专业化研究人才培训培养力度

在统一专利导航开展思路的基础上加大管理人员和从业人员的培训培养力度，加大面向地方管理人员和专利导航服务从业者的培训力度，培训可以通过政府公益性和社会化培训相结合的方式，探索社会化专利导航人才培训考核模式，建立并塑造具有公信力的专利导航培训考核平台和品牌。

（八）探索知识产权综合运用中的专利导航新模式

在专利、商标、地理标志等工作统筹国家知识产权局管理的当下，应当立足当前、拓展视野，把专利导航工作置于知识产权综合运用推动产业发展的大视野、大格局之中，发挥专利导航在助推区域品牌塑造方面的技术支撑、资源配置等方面的作用。例如，在2018年开展的郫县豆瓣产业知识产权综合运用模式的基础上，寻找示范研究着力点，进一步丰富案例，总结经验，探索专利导航升级发展新路径。

专利导航是我国深化创新驱动发展，在专利信息运用方面及时总结的一系列新机制、新方法和新模式。这不仅是改革开放以来知识产权中国化应用的理论新突破,更是新时代中国知识产权运用体系建设支撑性的制度创新成果。理论研究和实践探索已经让我们充分相信,在专利导航工作进入第二个十年之际,全面、系统、规范、科学、持续、深入地推广应用专利导航,对于助力区域、产业和企业高质量发展,提升各层面的知识产权治理能力与水平,以知识产权力量推动中国式现代化的发展具有重要的作用。